本书由国家自然科学基金项目："大型水利枢纽下游冲积河道岸滩崩塌机理及预测模式研究"（项目批准号：51179208）和"水系连通性对江河水沙变异的响应机理与预测模式研究"（项目批准号：51679259）联合资助

冲积河流崩岸与防护

王延贵　匡尚富　陈　吟　著

Bank Failure and
Protection of Alluvial River

科 学 出 版 社
北　京

内 容 简 介

本书采用野外调研、水槽试验、模糊数学、理论研究等方法研究了冲积河流的崩岸与防护，深入分析了崩岸的崩塌特点与过程，揭示了崩岸的崩塌与防护机理，提出了崩岸的崩塌分析和预测模式，总结了冲积河流崩岸的防护措施与适用性。全书共13章，包括综述、河流崩岸机理试验、河流崩岸过程与稳定分析模式、河流崩岸影响因素与岸滩稳定性评估、崩岸对河床冲淤的响应机理、近岸河床演变对崩岸的影响、岸滩侧向淘刷宽度与崩退速率、洪水期的河流崩岸问题、典型土壤结构岸滩的崩岸问题、河流窝崩及其机理、河流崩岸间接防护、河流崩岸岸脚防护、河流崩岸岸坡防护。

本书可供从事泥沙运动力学、河床演变与整治、河岸防护、防洪减灾等方面工作的科技人员及高等院校有关专业的师生参考。

图书在版编目(CIP)数据

冲积河流崩岸与防护／王延贵等著. —北京：科学出版社，2020. 1

ISBN 978-7-03-062408-6

Ⅰ. ①冲…　Ⅱ. ①王…　Ⅲ. ①冲积河流-安全防护　Ⅳ. ①TV147

中国版本图书馆CIP数据核字（2019）第210712号

责任编辑：李　敏　杨逢渤／责任校对：樊雅琼

责任印制：吴兆东／封面设计：无极书装

科学出版社出版

北京东黄城根北街16号

邮政编码：100717

http://www.sciencep.com

北京建宏印刷有限公司 印刷

科学出版社发行　各地新华书店经销

*

2020年1月第　一　版　开本：787×1092　1/16

2020年1月第一次印刷　印张：20 3/4

字数：500 000

定价：288. 00元

（如有印装质量问题，我社负责调换）

前　言

当冲积河流岸滩土体的受力状态发生变化而不能满足其稳定条件时，岸滩土体就会发生失稳而崩塌，这一过程称为河流崩岸。实际上，河流崩岸是水流和岸滩相互作用的结果，是一种重要的侧向演变过程，也是普遍发生和存在的自然现象。

河流崩岸对人类的生命财产造成危害，对江河大堤、岸边建筑物和农田的安全产生威胁，同时崩岸也会增加河道输沙量，还会造成河床演变的变化，对航运造成影响，而且人类为了治理河流崩岸花费了大量的物力人力。例如，1949 年祁家渊险工在汛期发生崩岸，堤身断裂，几乎招致大堤溃决；长江宜都河段洋溪码头附近于 2008 年 4 月发生滑崩险情，河岸崩塌长度约 400m，最大崩宽约 30m，塌方总量约 2 万 m^3，使得傍河而行的 S254 省道被拦腰截断，造成交通中断。针对长江中下游河道的崩岸险情，开展了大量的抛石、沉排、护坡等护岸工程，截至 1998 年，长江护岸长度达 1189km，抛石达 6689 万 m^3，沉排 410 万 m^2。1998 年长江、松花江、嫩江发生了历史上罕见的特大洪水以后，国家对江河堤防非常重视，拨巨资进行江河堤防加固及护岸工程，对重要险情河段进行治理，确保了我国大江大河的防洪安全。

河流崩岸既属于土力学中土坡稳定性问题，又是河床演变学中的河岸冲刷后退问题，是典型的学科交叉课题。河流崩岸机理十分复杂，不仅与河岸土壤特性与结构有关，而且与河流水沙运动和河势变化有重要的关系。虽然有很多学者就崩岸机理进行了深入研究，但大部分停留在岸边土壤地质结构、水流条件和河床冲淤演变彼此分离的研究状态，岸滩崩塌发生条件、崩塌机理等问题还没有很好地解决，特别是缺乏利用土力学、河流动力学和河床演变学的理论进行综合研究。在此情况下，我们于 21 世纪初开展了“冲积河流岸滩崩塌机理的理论分析与试验研究”的工作，深入探讨了不同类型崩岸的稳定性、河床演变对河流崩岸的影响、洪水期的崩岸问题、河流窝崩的机理等，取得了一系列重要研究成果。随着我国水（能）资源的不断开发，江河上修建了许多大型水利工程（如长江三峡水利工程，黄河小浪底工程)，造成下游河道严重冲刷和下切，河岸崩塌特点发生变化，我们又开展了国家自然科学基金项目“大型水利枢纽下游冲积河道岸滩崩塌机理及预测模式研究”，在冲积河流岸滩稳定性评价、河岸崩退速率估算、洪水期岸滩崩塌综合比较、典型土壤结构岸滩的崩岸问题等方面进行了深入研究并取得重要成果。在此基础上，我们又对冲积河流崩岸防护机理与特点进行了分析，总结了目前常用的崩岸防护措施。这些研究成果无疑丰富了土力学与河床演变学的内容，具有重要的理论意义和应用价值。

本书系作者近几年有关冲积河流崩岸与防护方面的研究成果，全书共分 13 章，各章节主要内容如下：第 1 章综述，主要包括河流崩岸、典型河流的崩岸问题、河流崩岸的危害、河流崩岸研究与治理状况；第 2 章河流崩岸机理试验，主要包括崩岸机理试验和研究内容、崩岸试验布设及试验方案、岸崩试验用沙的主要特性、主要试验现象；第3章河流崩岸过程与稳定分析模式，主要包括河岸稳定性分析、崩岸过程及崩滑面形态分析、岸滩稳定边坡形态、崩岸稳定分析模式；第4章河流崩岸影响因素与岸滩稳定性评估，主要包括崩岸主要影响因素、崩岸影响因素的层次分析模型与权重分析、岸滩稳定性综合评价与分析；第5章崩岸对河床冲淤的响应机理，主要包括河床冲淤对崩岸的影响、河岸挫崩力学机制、河岸挫崩的崩塌高度、河道冲刷引起的崩岸实例；第6章近岸河床演变对崩岸的影响，主要包括近岸及岸脚淘刷机理、弯道横断面形态、主流变化与侧向冲刷对崩岸的影响、河流崩岸与河型的关系；第7章岸滩侧向淘刷宽度与崩退速率，主要包括岸滩侧向淘刷宽度、岸滩侧向崩退、岸滩崩退速率、典型河流岸滩崩退速率的计算与检验；第8章洪水期的河流崩岸问题，主要包括洪水期的崩岸研究与水位变化、洪水浸泡后的崩岸问题、洪水上涨期的崩岸分析、洪水降落对岸滩稳定性的影响、洪水期岸滩稳定性的综合比较、渗透险情与河流崩岸的关系、洪水期崩岸试验成果与实例；第9章典型土壤结构岸滩的崩岸问题，主要包括河岸土壤结构与崩岸、典型二元结构岸滩的崩岸分析、沙质壤土夹层结构岸滩的崩岸问题、典型二元结构崩岸试验成果；第10章河流窝崩及其机理，主要包括窝崩机理研究、河流窝崩及其分类、液化窝崩力学机制与崩塌模式、淘刷窝崩力学机制与崩塌模式；第11章河流崩岸间接防护，主要包括实体丁坝和透水丁坝护岸防护机理与应用、河势控制工程护岸特点、崩岸间接防护措施的综合分析；第12章河流崩岸岸脚防护，主要包括河流岸脚淘刷与护脚措施、抛石护脚措施的防护机理与应用、沉排（体）护脚措施的防护机理与应用、透水构件护脚措施的防护机理与应用、岸脚防护措施的综合分析；第13章河流崩岸岸坡防护，主要包括硬体护坡防护机理与应用、土工模袋护坡防护机理与应用、绿色植物护坡防护机理及应用、崩岸岸坡防护措施的综合分析。

本书由王延贵、匡尚富执笔完成，陈吟参与了部分章节的撰写工作。史红玲、金亚昆等参加了部分研究工作，李希霞、朱毕生、李惠梅等参与了部分试验工作；此外，在现场考察的基础上，作者还从一些网站和参考文献上搜集了有关的图片资料，保证了河流岸滩崩塌与防护机理的完整性，在此一并表示诚挚的感谢。

限于作者的水平和时间仓促，书中欠妥之处敬请读者批评指正。

作　者
2019年5月

目　　录

第1章 综　述

1.1 河流崩岸

1.1.1 岸滩及类别

岸滩（含堤防）实际上就是自然形成或人为修建于河流两侧、海洋、湖泊和水库周围等处的堆积体，它约束控制着水流的运动。结合岸滩的地貌特征，根据岸滩约束控制水流的种类不同，可以分为河流岸滩、海岸滩、湖泊岸滩和水库岸滩，其中河流岸滩（或称河岸）是本书研究的重点。文献［1］从构成河岸的地貌类型把河岸分为河谷河岸（谷岸）、滩地河岸（滩岸）、堤防河岸和水库库岸（库岸）。根据河岸组成物质的不同，又可把河岸分为基岩河岸、岩土河岸和土质河岸[2]，其中土质河岸主要由更新世沉积物或近代冲积物组成。由更新世沉积物组成的河岸一般分布在山区丘陵地区的河流中，通常为阶地的边坡，其抗冲性和稳定性都较强，因而不易受水流的冲刷。由近代冲积物组成的河岸主要分布在平原地区的河流中，一般为河漫滩、边滩及江心洲的边坡岸滩，抗冲性较弱，在水流作用下很容易发生变形。这类由近代冲积物组成的土质河岸称为冲积河流岸滩，即冲积河岸，主要位于河流的中下游河段，如黄河下游、长江中下游及渭河下游河道中均分布着大量的冲积河流岸滩，这类岸滩是本书的研究重点。

对于冲积河流岸滩，又可根据其土质不同而划分为非黏性土岸滩、黏性土岸滩、黏土岸滩和混合土岸滩[1,3,4]。①非黏性土岸滩：河岸土体组成在垂向上的分层结构不明显，主要由砂和砂砾组成，中值粒径 D_{50}>0.10mm。例如，渭河下游咸阳河段，滩岸结构单一，主要由砂土组成，中值粒径 D_{50} 约为0.36mm，属于典型的非黏性土河岸。②黏性土岸滩：河岸土体组成在垂向上的分层结构不明显，主要由细砂、粉粒、黏粒和胶粒组成，中值粒径 D_{50}<0.10mm。例如，黄河下游的孙口河段，其岸滩土体主要由亚黏土组成，中值粒径 D_{50} 为0.02～0.06mm，属于典型的黏性土河岸。③黏土岸滩：河岸土体组成在垂向上分层结构不明显，主要由黏粒和胶粒组成，可含有少量的粉粒，其中值粒径很细，具有保水性好、透水性差、脱水后强度高等特性。④混合土岸滩：

与前3种河岸土体组成不同，该类型河岸具有很明显的垂向分层结构，一般上部为黏性土层，下部为非黏性土层。例如，长江中游下荆江河段的土质岸滩通常呈二元结构，属于典型的混合土河岸[5]，该河岸上部为黏性土层，下部为深厚的中细沙层。对于平面摆动较为频繁的弯道，河岸中的黏性土层较薄，其厚度只有2～3m；对于较为稳定的河道，河岸中的黏性土层厚度可达20～30m。

1.1.2 崩岸及种类

在水流和岸滩相互作用下，岸滩失稳的过程称为崩岸。崩岸在河流、湖泊、水库和海岸等岸滩中都普遍地存在着，对应的岸滩崩塌分别称为河流崩岸、湖泊崩岸、水库崩岸和海岸崩塌[4,6]，各种崩岸的主要特征见表1-1。

表1-1 各种崩岸种类及主要特征

崩岸类型	典型崩岸	崩岸比例/%	年崩塌量	发生时段	崩岸特点
河流崩岸	长江中下游	35.7		1960～1988年	分为滑崩、挫崩、落崩和窝崩
湖泊崩岸	巢湖	34.87	33.74万m^3	1955～1985年	湖岸陡峻、锯齿状冲刷明显、湖岸裂隙发育，以洗崩为主
水库崩岸	三门峡水库	38.11	70 100万m^3	1960～1996年	黄土类夹层崩岸最为强烈，黄土类土与沙砾层组成的库岸崩塌次之，黏土沙砾岩石组成的库岸塌岸较弱
海岸崩塌	江苏滨海县沿海		侵退200～300m	一年内	以洗崩为主

1）河流崩岸。河流崩岸主要是由水流作用或水沙条件变化引起河道冲刷演变，使河流岸滩土体受力条件发生变化，当土体受力不能满足岸滩的稳定条件时，河岸失稳形成岸滩崩塌。其影响因素主要是河岸边界特性、土壤地质结构、水流条件和河床冲淤演变特性。在平原冲积河流中，崩岸是一种很重要的侧向演变，而且占有很大的比重。例如，在长江中下游，崩岸现象十分严重，1960～1988年崩岸长度占长江中下游全部江岸的35.7%[7]。黄河下游河道岸滩崩塌也十分严重[8,9]，1949～1958年，铁桥至孙口河段平均每年坍塌面积为53.2km^2，1960～1964年，铁谢至孙口河段平均每年坍塌面积为395.8km^2。西非尼日尔河[10]和美国俄亥俄河[11]的崩岸问题也是非常典型的。

2）湖泊崩岸。一般情况，湖泊水流进出变化较小，同时水面较宽广，对应的水流运动较弱，但是在风力作用下，水流也具有较强的冲击能力。因此，湖泊崩岸主要由风浪冲击岸滩使岸体失稳所形成，其中天气变化、风力风向和堤岸抗蚀能力是影响湖泊崩岸的主要因素；在大型湖泊中，崩岸现象十分常见，如巢湖崩岸占湖岸线的34.87%[12]，其中严重崩岸占24.03%，见表1-1。

3）水库崩岸。水库崩岸的特点与湖泊崩岸类似。水库在正常蓄水状态下，由于水深较大，水流流速很小，因此风浪冲击水库库岸是形成库岸崩塌的主要原因。此外，水库运行引起的水位变化，也是水库崩岸的诱因之一，在水库处于汛前水位降落过程中，饱和状态的库岸土壤在水压力的作用下会失去平衡而发生崩塌，此时水流流速增加，水库末端的水流横向侵蚀同样会使岸体发生崩塌。因此，水库崩岸的发生不仅与风力风向、库岸土壤抗蚀能力有关，还与水库运行方式有关[13-15]。

4）海岸崩塌。在风浪和潮汐的作用下，海流冲击岸滩而发生淘刷，使岸滩失稳发生崩岸。海岸崩塌主要受风浪、潮涨潮落和海岸土壤抗冲能力的共同影响。钱塘江河口是举世闻名的强潮河口，海潮高度可达3m左右，流速一般为6～8m/s，实测最大海潮压力为70kPa，最大流速为12m/s，其动力条件强劲，对海塘、丁坝、海岸等破坏力极大，在强潮暴潮作用和滩地冲刷影响下，曾多次出现海塘倾滑、崩坍或溃决等灾害[16]。

1.1.3　河流崩岸类型及特点

在冲积河流中，河流崩岸是水流和岸滩相互作用的结果，是一种很重要的侧向演变过程，也是普遍发生和存在的自然现象。由于河岸崩塌机理十分复杂，河岸土质结构、水流条件的不同将会导致河岸崩塌形式、崩塌过程等发生很大的变化，对应的崩塌危害和治理措施也不同。因此，系统了解河岸崩塌的类型与崩塌过程是非常重要的。目前，河流崩岸的分类方法比较多，主要是从崩塌体形态、崩塌成因、崩塌面形态等方面进行分类。

1. 崩塌体形态分类

从崩塌体的大小和崩塌形式进行分类[4,7]，崩岸一般分为窝崩、条（片）崩、滑崩和洗崩，如图1-1所示。

1）窝崩。窝崩是指在一定的边界条件下，岸滩受到水流的剧烈冲刷，或土体失去承载能力，导致岸滩逐块逐块地连续大范围的崩塌［如图1-1（a），图中数字为崩块大致崩塌次序］，在平面长宽尺度上相当于“口小肚子大”的窝。窝崩具有突发性，崩坍尺度（或直径）为几十米，甚至百余米和数百米，崩蚀纵深可达百余米，往往造成巨大的灾害。窝崩一般是在河岸上层黏性土壤较厚的情况下发生，窝崩形成的条件不同，

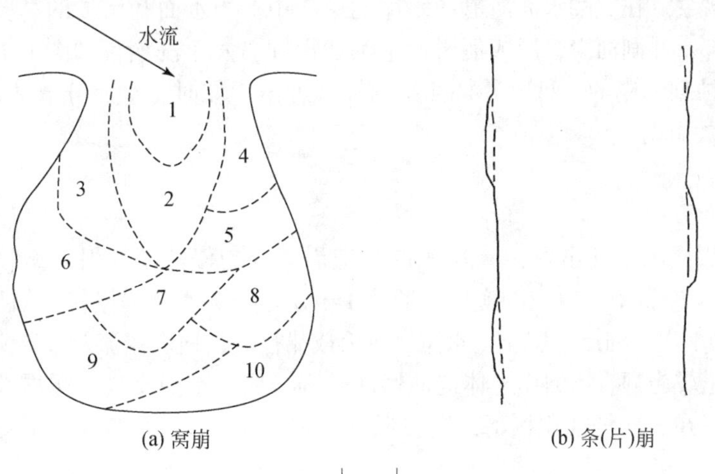

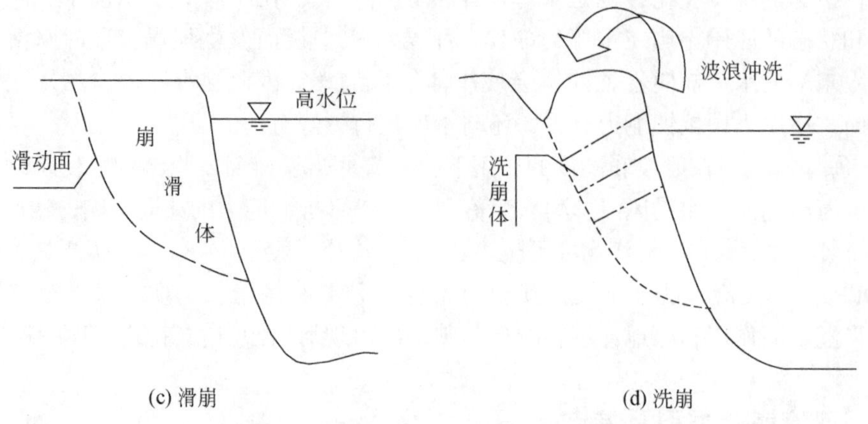

图 1-1 崩塌体形态分类崩岸类型示意图

窝崩的形态也有差异。当遭受水流强烈冲刷，河岸崩塌速度较大，使岸线形成连续的锯齿状的窝崩；当受到土体内排渗不畅，汛后河水位退落较快时，局部河岸土体失去稳定而产生孤立窝崩；当河岸有突出建筑物或天然矶头或局部耐冲土咀时，其上游或下游因强烈的回流作用而产生口袋形窝崩。窝崩发生的特征是窝变咀，再由咀变窝，相互交替，深泓逼近，岸槽高低悬殊，突发性强，同时水流方向和河岸夹角不同，窝崩发展规律也有大小缓急的区别。

2）条（片）崩。条（片）崩是指由于河岸上层黏性土层较薄或土壤较为松散，在水流冲刷作用下，临空面增大或者形成陡坎，致使小块岸滩在平面上呈条状倒入河中，岸线逐渐后退，如图 1-1（b）所示。条（片）崩在河流崩岸中普遍发生，其特点是岸槽高差大，崩岸呈条状崩塌，岸线逐渐崩退，发生较为频繁。

3）滑崩。滑崩即所谓的滑坡崩岸，在岸滩土质为均质较松散的土壤条件下，当水流横向冲刷岸脚到一定程度，或汛后江水位退落较快，河岸土体内排渗不畅时，岸边崩体失稳形成滑崩。其破坏面（或称崩塌面）为曲面，且崩塌土体较大，如图 1-1（c）所示。

4）洗崩。洗崩主要是在宽阔水面河道或水库，因风浪作用或航运冲击波浪对岸滩产生的一种侵蚀现象。在宽阔水面河道和水库的岸滩中，当水面和岸坡的高差较小时，波浪越过河岸顶部，冲刷河岸，形成河岸面上沟状侵蚀，发生洗崩，如图 1-1（d）所示，洗崩是下述侵蚀型崩岸的一种。其特征是当风浪冲击岸坡时，水流分散冲击整个岸滩，多以碎块的形式崩塌。

2. 崩塌成因分类

从崩岸坍塌成因特征出发，文献［17］把崩岸分为侵蚀型、坍塌型、滑移型和迁移（流滑）型 4 种类型，对应的实例如照片 1-1 所示。各类型崩岸特点如下[17]。

1）侵蚀型崩岸。河岸表层土受水流、风浪或船行波、地表径流及外营力侵蚀出现崩解坍塌。若河道较为顺直，河岸土体抗冲性能较强，侵蚀型崩岸具有缓慢性和持久性的特点。此类河岸在长期侵蚀积累下，岸坡形态虽有一定改变，但稳定性尚好，岸线缓慢

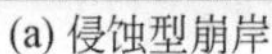
(a) 侵蚀型崩岸　　(b) 坍塌型崩岸

(c) 滑移型崩岸　　(d) 迁移(流滑)型崩岸

照片 1-1　崩塌成因分类崩岸类型实例

后退，或随着水位升降呈现出阶梯状坡面形态。

2）坍塌型崩岸。河岸受严重侵蚀，坡度变陡，在土体自重、裂缝及渗流等多种因素作用下，大块土体倾倒、塌落或崩解，即坍塌型崩岸。坍塌型崩岸主要有三个特征：①塌落土体垂直位移远大于水平推移，或被水流分散搬运，或堆积在坡脚处；②土体在一段时间内分多次塌落，间隔时间有长有短，呈现渐进式破坏；③河岸逐渐形成新的稳定坡度，上部土体一般仍维持假性稳定状态。

3）滑移型崩岸。河岸存在薄弱面（或层），在多种因素影响下，数十万立方米甚至上百万立方米的大体积土体出现整体性滑移，形成崩塌，土体破坏形态既有线状也有窝状。滑移型崩岸的特征包括：①崩塌土体呈整体性失稳破坏；②破坏土体水平位移大于垂直位移；③崩塌虽可能间歇地多次出现，但均具有突然性和随机性。

4）流滑型崩岸。河岸受严重侵蚀，大块土体不断崩落，破坏形态一般也表现为窝状。流滑型崩岸主要有三个特征：①土体崩落随时间连续多次间歇性地发生；②崩落土体被水流迅速分散搬运；③土体崩落破坏了其后部土体的平衡条件，引起的连锁反应使土体崩落不断出现，且破坏程度逐渐增大，形成所谓流滑，往往自坡脚处逐级向后溯源破坏，最终形成大面积崩塌。

3. 崩塌面形态分类

作者通过对河流崩岸的实际调查和试验研究，并且考虑河岸崩塌成因或破坏面形态，认为河岸崩塌可分为滑崩、挫崩、落崩、窝崩和洗崩等，如图 1-2 所示。其中滑崩、窝崩和洗崩与崩塌体形态分类是一致的，在此仅做一补充，各崩岸类型的崩塌形态和特点分述如下[4,18]。

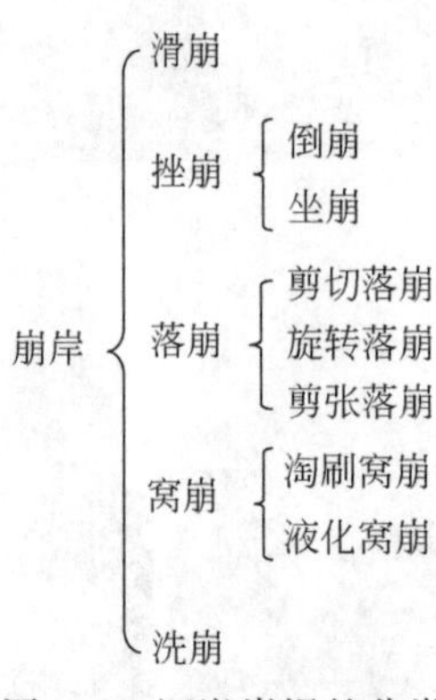

图 1-2 河岸崩塌的分类

1）滑崩。滑崩定义及特点参见崩塌体形态分类，其崩塌面（或称破坏面）为曲面。这一崩塌类型在实际中经常发生，在模型试验中也模拟到这一类型，如照片 1-2 所示。照片 1-2（a）和（b）分别为长江宜都河段洋溪和试验河段洪水骤降后发生的滑崩[4,19]。

(a) 长江宜都河段

(b) 崩塌试验

照片 1-2 天然河流与试验模型中的滑崩实例

2）挫崩。对于具有纵向裂隙的黏性土壤岸滩，当河流冲刷加深到一定程度，岸坡土体下部失去支撑，岸坡在重力 W 的作用下发生挫落崩塌，其破坏面为平面。挫落崩塌块体沿河岸多呈条形，横向宽度较小，其体积较滑崩小，其发生过程较短且简单，如图 1-3 所示。图 1-3（a）、（b）分别为东方红水库泄空冲刷期间和长江荆江沙市河段发生的挫崩，图 1-3（c）为挫崩示意图。

3）落崩。当岸滩的岸脚被淘刷，上部岸滩处于临空状态，临空块体在重力（矩）

(a) 东方红水库

(b) 长江荆江沙市河湾三八滩右汊右岸①

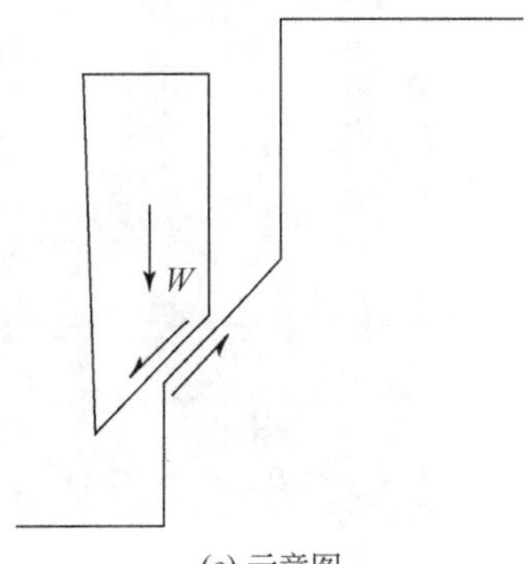

(c) 示意图

图 1-3　挫崩实例与示意图

作用下发生坍落，形成落崩，其破坏面多为平面。根据岸滩落崩成因与机理差异，落崩分为剪切落崩（或称剪崩）、旋转落崩（或称倒崩）和拉伸落崩，如图 1-4 所示，其中图 1-4（a）为试验河段发生的旋转落崩，（b）和（c）分别为荆江学堂洲河段和三门峡库区发生的剪切落崩，图 1-4（d）为落崩示意图。

4）窝崩。窝崩定义及特点参见崩塌体形态分类法，其崩塌面一般为曲面。结合窝崩发生的机理与成因，窝崩一般分为淘刷窝崩和液化窝崩。照片 1-3（a）和（b）分别为荆江同济院下游河段和汉江中游皇庄河段发生的窝崩。

5）洗崩。洗崩发生过程与特点参见崩塌体形态分类法，无明显固定的崩塌面。这一类型在湖库中经常发生，在宽河道中也有发生，如照片 1-4 所示。

① 长江水利委员会荆江水文水资源勘测局. 荆江险工段崩岸监测预警简报，2016，(11)。

(a) 试验河段

(b) 荆江学堂洲河段①

(c) 三门峡库区

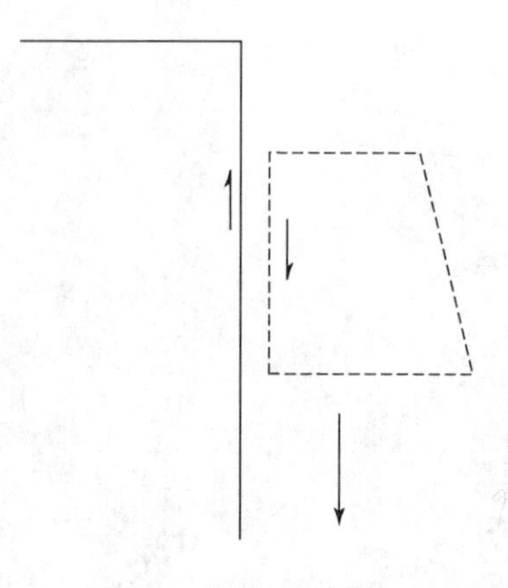

(d) 示意图

图 1-4 落崩实例与示意图

(a) 荆江同济院下游窝崩①

(b) 汉江中游皇庄河段窝崩[19]

照片 1-3 窝崩实例

① 长江水利委员会荆江水文水资源勘测局．荆江险工段崩岸监测预警简报，2016，(2)。

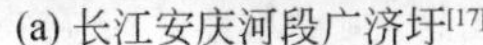

(a) 长江安庆河段广济圩[17]

(b) 黄河下游滩地

(c) 库区崩岸

照片 1-4　洗崩实例

1.2　典型河道的崩岸问题

河流崩岸是河床侧向演变的重要形式，在冲积河流中普遍存在，如长江中下游、汉江中下游、黄河下游河段等崩岸时有发生。

1.2.1　长江中下游河道崩岸

长江中下游河道由于地质地貌边界条件和水文泥沙特性的不同而构成不同的河型[7]（表 1-2 和图 1-5）。宜昌至城陵矶河段为弯曲性河段，而城陵矶以下河段为分汊河道，各河段的冲淤演变特性见表 1-2。长江中下游河道在三峡水库修建以前，虽然长期处于纵向输沙基本平衡状态，但河道平面变形引起的河流崩岸问题仍比较严重。截至 1988 年[7]，长江中下游两岸崩岸总长度达 1518. 2km，占岸线总长度的 35. 7%，其中湖南、江西、江苏和上海的崩岸比例更高，一般都在 43. 5% 以上，见表 1-3。长江中下游河道不同河段的崩岸强度也有较大的差异，崩岸速率从几米到数十米甚至数百米。例如，江都嘶马镇 1984 年 7 月发生大面积崩塌，坍塌口宽 330m，坍进 350m。又如，下荆江河段，由于该河段属蜿蜒型，横向变化大，也是长江崩岸最剧烈的河段，1962

年六合夹河段年最大崩宽达600余米。

表1-2　长江中下游河道冲淤与河型分布

河段	宜昌至枝城	枝城至城陵矶（荆江河段）		城陵矶至徐六泾	徐六泾以下
		上荆江	下荆江		
长度/km	66.5	167	170	1237	167
河型	河流出峡向平原过渡的河段	微弯型河段	蜿蜒型河段	分汊型河段	河口段
特点	河道稳定	曲折率为1.72，江心洲稳定，河势稳定	曲折率为2.83，裁弯较频繁，河势较稳定	汊道多，河道局部摆动较大，汊道冲淤交替发展	河道宽阔，兼受径流和潮流的往复作用，冲淤变化复杂
两岸地质结构	江两岸为山丘、阶地	二元结构	二元结构	二元结构	二元结构
备注		有松滋、太平、藕池和调弦分流口，湘、资、沅、澧四水，江湖关系复杂			

表1-3　长江中下游不同河段的崩岸和护岸情况（截至1988年）

省市		湖北	湖南	江西	安徽	江苏	上海	合计
江岸长度/km		1658.0	161.8	133.5	797.5	1090.7	407.6	4249.1
崩岸	长度/km	402.0	70.5	82.7	238.0	515.9	209.1	1518.2
	占河岸百分数/%	24.3	43.5	47.3	31.2	47.3	51.3	35.7
护岸	长度/km	276.0	57.6	34.2	194.0	378.1	209.1	1149.0
	占崩岸百分数/%	68.7	81.7	41.3	81.5	73.3	100.0	75.7

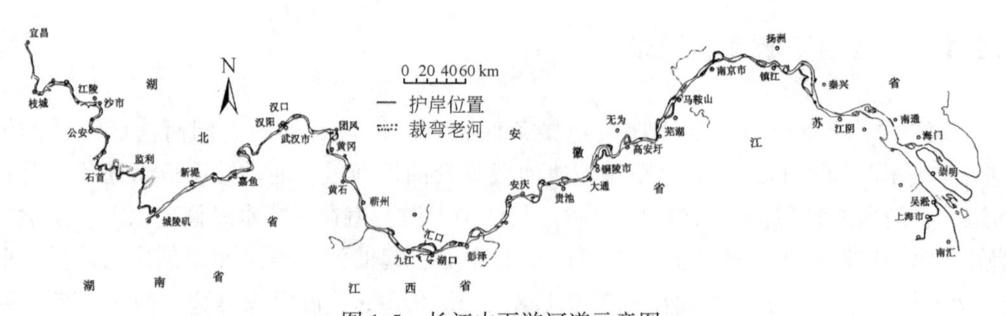

图1-5　长江中下游河道示意图

长江中下游河岸地质结构为第四纪底层，属二元结构，上部为黏性土，下部为沙性土。河岸上层黏性土层较薄，在水流冲刷作用下，河岸易发生落崩，发生条形落崩的比例较高。当河岸上层黏性土壤较厚及不连续时，在水流强烈淘刷及渗透力的作用下，岸滩可能发生窝崩，长江中游下段和下游河段都曾发生过较大规模的窝崩，如南京市、马鞍山市等河段。洗崩是在长江口和滨海地带因风浪作用对滩面产生的一种侵蚀现象。

三峡水库 2003 年蓄水运用以来，中下游河道严重冲刷，崩岸频繁发生。据不完全统计[19,20]，2003 ~ 2018 年长江中下游干流河道共发生崩岸险情 947 处，总长度为 704.4km，如表 1-4 所示。其中，三峡水库围堰蓄水期，长江中下游河道崩岸较多，2003 ~ 2006 年共发生崩岸 319 处，总长度为 310.9km，年平均崩岸约 80 次、崩岸长度为 77.7km；随着护岸工程的逐渐实施，崩岸强度、频次逐渐减轻，水库初期蓄水期（2007 ~ 2008 年）和试验性蓄水后（2009 ~ 2018 年）共发生崩岸分别 81 处和 547 处，崩岸总长度分别为 40.4km 和 353.1km，对应的年平均崩岸次数分别为 41 次和 55 次，年平均崩岸长度分别为 20.2km 和 35.3km。

表 1-4　2003 ~ 2018 年长江中下游干流河道崩岸情况统计表

时间	崩岸总长度/km	崩岸处数/处					
		总数	湖北	湖南	江西	安徽	江苏
2003 年	29.2	41	18	2	8	10	3
2004 年	133.5	109	25	10	9	26	39
2005 年	108.8	96	61		9	26	
2006 年	39.4	73	40	9	3	12	9
2007 年	20.9	30					
2008 年	19.5	51	14	17	11	8	1
2009 年	45.5	105	14	43	26	12	10
2010 年	47.7	67	40	4	6	16	1
2011 年	44.8	65					
2012 年	6.6	18					
2013 年	25.5	44					
2014 年	101.6	79					
2015 年	20.6	49					
2016 年	31.0	53	34	6	1	7	5
2017 年	18.0	38	15	2	5	10	6
2018 年	11.8	29	8		4	11	6
2003 ~ 2018 年	704.4	947					

1.2.2　汉江中下游河道的崩岸特点

汉江是长江最大的支流。从汉江河源至丹江口水库为上游河段，丹江口水库至皇庄为中游河段，皇庄至汇合河口为下游河段，如图 1-6 所示。表 1-5 为汉江中下游河段的基本特性。从表可知，汉江中下游的河道形态是上直下弯，上浅下深，上宽下窄，上游荡下稳定，上为卵石河床下为沙质河床，中游河段和下游河段具有各自不同的河道特性[13]。

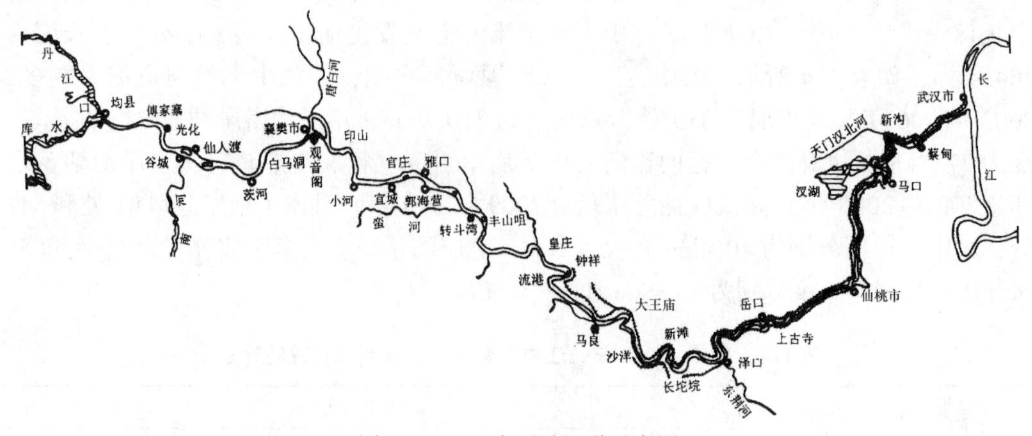

图 1-6　汉江中下游河道示意图

表 1-5　汉江中下游河道基本特性

河段	中游	下游
位置	丹江口水库至皇庄	皇庄至汇合河口
长度/km	270	382
弯曲系数	1.42	1.58 ~ 1.89，局部达 4.77 ~ 10
河宽/m	800 ~ 3000	600 ~ 800
河型	游荡型或过渡段	弯曲河型
冲淤演变特点	河道宽浅，洲滩密布，支汊繁多，河泓多变，流路散乱，具有一定的游荡性。丹江口蓄水后有一定的冲刷下切	主流摆动较小，河势稳定，河道断面单一
岸边特点	两岸山势逐渐展开，河谷也逐渐开阔	有完整的堤防系统

丹江口水库始建于 1958 年，1967 年开始蓄水运用。其中，1960 ~ 1967 年为滞洪期，1967 年后为蓄水运用阶段，水库采用“蓄浑排清”的运行方式，汛期蓄水，汛后水位降落，进入下游的水沙过程发生重要变化。丹江口水库蓄水运用后，不仅下游河道的河床冲淤发生变化，而且其崩岸特征也发生了一定的变化。根据文献［13，14，21］的研究，汉江中下游的崩岸具有如下特点。

1）汉江下游河道的崩岸段数多于中游，崩岸长度下游大于中游，右岸崩岸长度大于左岸。20 世纪 60 年代和 70 年代河道地形资料分析表明，下游崩岸段为 46 段，崩岸总长为 136 085m，而中游崩岸段为 32 段，长度为 94 000m；右岸崩岸段为 46 段，而左岸为 32 段，见表 1-6。

表 1-6　丹江口水库下游河道崩岸统计

河段	崩岸段数/段			崩岸长度/m		
	左岸	右岸	小计	左岸	右岸	小计
中游	10	22	32	30 340	63 660	94 000
下游	22	24	46	66 230	69 855	136 085
总计	32	46	78	96 570	133 515	230 085

2）水库蓄水运用后，拦截了上游来沙量，下游河道发生冲刷，致使蓄水期（后）的崩岸长度大于滞洪期（蓄水前）的崩岸长度。据汉江中下游不同时期的年崩率及护岸统计[14]，蓄水前19年中，崩岸长度为248.6km，崩率为10.1m/a；蓄水后18年中，崩岸长度为309.5km，崩率为13.3m/a，即蓄水后的崩率比蓄水前增加了32%。其中，襄樊至泽口河段增加最多，年崩率比蓄水前增加了约1.1倍；襄樊以上和泽口以下河段有增有减，但以减少为主。崩岸长度增加的河岸累计长度为851km，约占整个河岸长度的2/3；崩岸长度减少的河岸累计长度为439km，约占整个河岸长度的1/3，可见蓄水后下游河道崩岸总长度是增加的。

3）水库“蓄洪排清”运用后，洪峰流量明显减小，枯水流量加大，水量年内分布均匀化，致使水库下游河道崩岸强度，蓄水后小于蓄水前，这也是水库采用“蓄清排浑”所不同的。例如，皇庄以上河段[21]，滞洪期在13段崩岸中，有8段的崩岸强度超过100m/a；蓄水后，在18段崩岸中，仅有2段的崩岸强度超过100m/a。据文献调查[14]，蓄水前襄阳的袁营、白家湾、东津、施官营，宜城的南洲、周楼、余家棚等地，一次崩宽达10m左右，剧烈段则达20~30m，年崩宽可达100m以上；蓄水后，一次崩宽一般在5~7m，年崩宽一般在30~40m。又如，天门市聂家场河段，1958年、1960年弯道冲刷崩岸宽度达数百米，而蓄水后的相同洪水年中，这样大的崩岸宽度在下游河道没有再出现。

4）丹江口水库下游河道的崩岸形式，主要为滑崩、挫崩和落崩三种类型，以滑崩、挫崩占绝大多数。①滑崩、挫崩是由于岸脚受水流淘刷，上层土体失去平衡，而发生平面上和横断面上均为弧形的阶梯状土体滑挫。滑崩、挫崩的强度最大，在汉江一次崩宽可达十多米，年内崩岸总宽可达100m以上。这类崩岸都具有一个明显的崩塌面。宜城市郭安、钟祥市襄河，就是这种类型崩岸的例子。②落崩是由于水流将沙层淘刷，岸坡变陡，上层黏性土层落入江中。崩塌后的岸壁陡峻，每次崩坍的土体多呈条形，其长度和宽度一般要比滑崩、挫崩小，在汉江一次崩宽为1m左右，但崩塌频率要比滑崩和挫崩大。荆门市矶头附近和宜城市红山头的崩岸，就是这类崩岸的例子。此外，在汉江中下游还有大坝下游消能余浪、船行波、风浪造成的洗崩以及地下水的渗透使河岸土质液化而产生的窝崩等形式。

1.2.3　黄河下游河道的崩岸概况

在黄河下游河道的两岸都修建了防洪大堤（图1-7），大堤间距比较大，一般为几千米，甚至十几千米。在洪水期，当遭遇较大的洪水时，水流漫滩后到达黄河大堤，对堤岸具有一定的浸泡作用，威胁大堤安全，在弯道凹岸处一般都修建堤防护岸工程（险工），防止大堤的冲刷崩塌；枯水季节水位较低，水流集中归槽，流速较大，对两侧嫩滩的冲刷十分强烈，边滩崩退也较快，相应的二滩和老滩冲刷崩塌也非常严重，有时崩塌的沙量几乎与床面的纵向淤积量相当，尤其在游荡型河段。表1-7为黄河下游滩地崩塌情况[8]，黄河下游在修建三门峡水库之前，黄河滩地坍塌极为强烈，1949～1958年平均每年坍塌面积为53.2km²，河南段崩塌多于山东段。

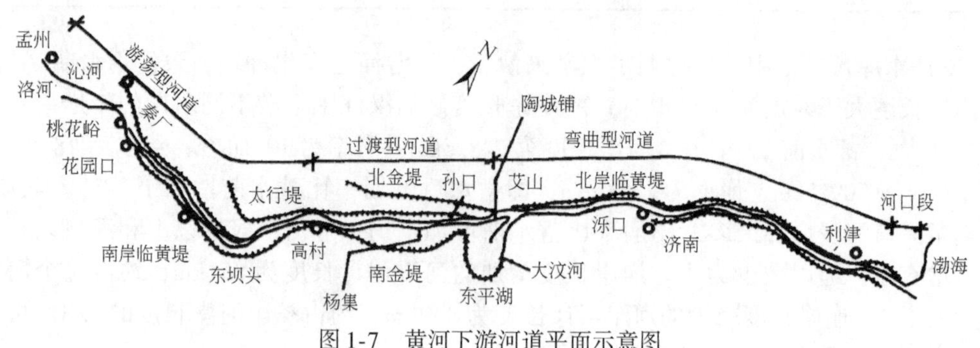

图1-7　黄河下游河道平面示意图

表1-7　黄河下游滩地崩塌情况

河段		铁谢至花园口	花园口至东坝头	铁桥至东坝头	东坝头至高村	高村至孙口	合计
1949～1958年	坍塌面积/km²			29.3	11.5	12.4	53.2
	坍塌土方/亿m³			0.91	0.38	0.62	1.91
1960～1964年	坍塌面积/km²	61.4	186.7		71.3	76.4	

注：1959年为建设期

三门峡水库修建后，在蓄水拦沙期间（1960～1964年），下泄清水引起下游滩岸的严重淘刷与崩塌，滩坎坍塌、滩地损失的数量是惊人的，造成部分河段持续展宽。据统计，花园口至高村河段约有258km²的滩地崩塌，滩地的大量崩塌使该河段的河槽宽度增加，一般河槽宽度增加40%。如花园口至东坝头河段，河槽宽度由2563m增至3633m，增加近1000m[9]。在这四年中，下游平均每年冲刷泥沙5.58亿t，其中有近35%的细泥沙来自滩地的冲刷与崩塌[22]。小浪底水库1999年进入蓄水运用状态后，黄河下游河道严重冲刷[19,23]，至2014年平均冲刷深度1.5m左右，利津以上河段累积冲刷17.61亿t。高村以上河段冲刷较多，高村以下河段冲刷较少。如此严重的河道冲刷会造成下游河道滩地不断崩塌，据估计小浪底至苏泗庄河段的累计坍岸面积可达41km²。鉴于黄河下游河道滩地多为沉积泥沙，多属于均质岸滩，岸滩崩塌多为挫崩和落崩，如照片1-5所示。

1.2.4　美国密西西比河崩岸

密西西比河（the Mississippi River）是美国最长的河流和世界第四长河，发源于密苏里河和上密西西比河两大河源，两源流在圣路易斯汇合后为密西西比河，两岸汇入俄

(a) 挫崩

(b) 落崩

照片 1-5　黄河下游河道岸滩崩岸

亥俄河、田纳西河、阿肯色河、累德河等支流向南流入墨西哥湾。其中，源流密苏里河发源于美国西部蒙大拿州落基山脉的密苏里河支流红石溪，全长为6021km；源流上密西西比河发源于美国北部的艾塔斯卡湖，全河长为3767km。密西西比河流域面积为322万 km^2，占美国本土面积的41%，覆盖了东部和中部广大地区。河口平均年径流量为5800亿 m^3（包括阿查法拉亚河），平均年输沙量为3.12亿t，如图1-8所示[24]。

图 1-8　密西西比河流域示意图

美国学者 Thorne 等调查研究表明[25-27]，在密西西比河上，常常存在近岸流、迎岸流、管涌、风浪等方面的河岸冲刷，特别是河岸的淘刷，使得河岸岸坡变陡峭，当河岸的坡度达到 1/2 ~ 1/1.5 时，甚至处于临空状态，河岸发生崩塌。密西西比河常发生的崩岸类型主要包括挫崩、滑崩、落崩、窝崩等，如照片 1-6 所示。当河岸发生崩岸破坏后，河岸坡度将会大幅度降低，边坡坡度减至 1/3 或 1/4，并在坡脚处形成抗冲层，河岸趋于稳定；在水流动力的继续作用下，稳定边坡在岸脚将继续被冲刷侵蚀，直到河岸再次变为陡峭或临空状态，致使河岸发生崩塌，河岸持续崩退。密西西比河在路易斯安那州哈德逊港（Port Hudson）处的河岸侵蚀速率为 6.8 ~ 23m/a，冲积河谷的河岸侵蚀速率为 45.2 ~ 59.1m/a，路易斯安那州河岸侵蚀速率为 14.9 ~ 40.5m/a。

(a) 滑崩

(b) 挫崩

(c) 落崩

照片 1-6　密西西比河典型崩岸类型

1.2.5 非洲典型河流崩岸

1. 尼罗河

尼罗河（Nile）是世界第一长河，流经非洲东部和北部，发源于赤道南部东非高原上的布隆迪高地，干流流经布隆迪、卢旺达、坦桑尼亚、乌干达、苏丹和埃及等国，跨越撒哈拉大沙漠，最后注入地中海[24]，如图1-9所示。尼罗河干流自卡盖拉河源头至入海口，全长6670km，流域面积3 254 853km^2，占非洲大陆面积的1/9以上。入海口处年平均径流量810亿m^3。

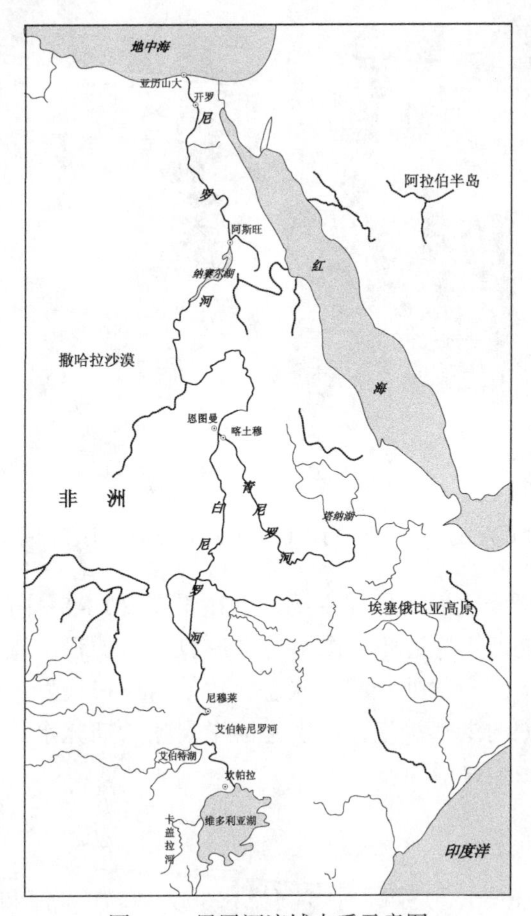

图1-9　尼罗河流域水系示意图

据有关资料表明[28,29]，尼罗河的河岸是沙质河床上覆盖有不同厚度的黏性土层，其颜色从棕色到黑色各不相同。河岸土体主要由黏土和淤泥组成，上层是高黏性土壤，含有大量的黏土和淤泥，黏土占30%～40%，淤泥占30%～35%，沙土占26%～46%。因此，在河岸许多位置的顶层形成密集的深层张力裂缝，这些张力裂缝对河岸的稳定性造成了很大的影响。尼罗河河道底层土壤中存在软弱或疏松的土壤层，在河道水流的作用下，特别是在弯道水流的作用下，导致软弱或疏松的土壤层被侵蚀冲刷，使河岸坡度变陡，甚至河岸上部土层处于临空状态，进而引起河岸崩塌，如照片1-7所示。其中，苏丹的尼罗河大部分河段遭受岸坡侵蚀，1989～1999年尼罗河的40多个地方发生了严重的河岸侵蚀，河堤上的各种保护工程都遭到了破坏。埃及阿斯旺大坝修建后，尼罗河下游的水流得到了很好的控制，但坝下游河道仍有一些河段容易遭受侵蚀冲刷，河岸侵蚀长度达12%，崩岸也时有发生。据有关河岸冲刷保护工程评估成果表明，1981年的护岸长度占总侵蚀长度的28.3%，1988年这个比例上升到54.3%。

(a) 落崩

(b) 挫崩

照片1-7 凯里迈–栋古拉（Karima-Dongola）河段河岸侵蚀

另外，尼罗河河岸侵蚀崩塌过程主要发生在汛期（7～9月），特别是洪水上升期和洪水消退期。洪水初期，弯道环流作用与水流剪切力加强，弯道凹岸淘刷严重，特别是底层被冲刷后，上部土层处于临空状态，致使河岸很快发生崩塌；在洪水消退过程中，由于河岸长时期的洪水浸泡，特别是河岸裂隙长期充水浸泡，其土壤抗侵蚀能力减弱，洪水消退导致崩岸增加。

2. 尼日尔河三角洲河段

尼日尔河（Niger River）是西非主要河流，是仅次于尼罗河和刚果河的非洲第三长河，发源于几内亚境内的富塔贾隆高原，流经几内亚、马里、尼日尔、贝宁和尼日利亚，支流遍及科特迪瓦、布基纳法索、喀麦隆、乍得等国，全长约4200km，流域面积为150万km^2，年平均入海径流量为2000亿m^3。距河口180km处起，尼日尔河进入三角洲地带，经过非洲最大的三角洲抵达几内亚湾。有关研究成果显示[10,30]，尼日尔河三角洲由尼日尔河冲积形成，由淤泥、粉砂组成，地势低平，湖泊、沼泽、废弃河道星罗棋布。三角洲内气候湿热，年降水量为2300mm。汛期洪泛常引起河流改道，三角洲前沿河口多达20多处。尼日尔河三角洲河段河岸平均高度为2～13m，在水流的作用下，河岸发生冲蚀，特别是粉质黏土层底部沙层的淘刷，致使河岸土壤非常陡峭，河岸崩塌时有发生，崩岸发生的形式主要是落崩和挫崩。

尼日尔河三角洲地区崩岸主要是由洪水期水流冲刷河床造成的，岸滩崩塌的发生实际上与尼日尔河流域的降雨过程有很大的关系[10]。图1-10为尼日尔河三角洲地区降雨与河岸崩塌频率的关系。在3～7月，尼日尔三角洲地区降雨量逐渐增加，相应的河道流量和水流流速不断增大，河岸破坏频率随之增大；在汛期7～10月，区域降雨量虽然较大，河道流量和水位都处于较高水平，岸滩破坏频率反而逐渐减小；10月以后，随着区域降雨量的不断减少，河道洪水逐渐衰退，洪水位降低，由于河岸受到洪水的浸泡，其土壤抗剪强度减弱，再加上河岸裂隙孔隙水压力的作用，河岸抗稳定性降低，河岸崩岸频率有所恢复和增大。

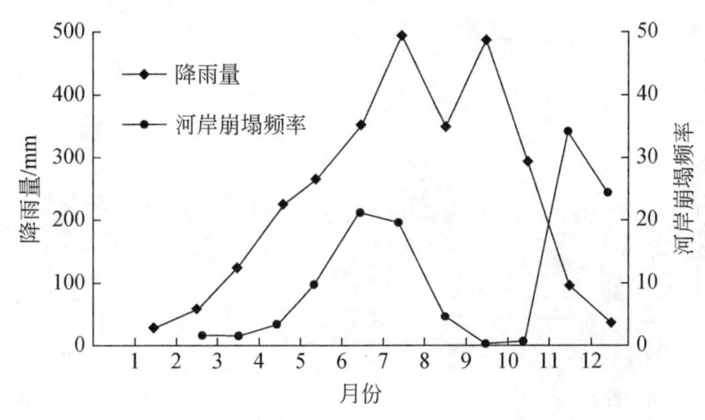

图1-10　尼日尔河三角洲地区降雨与河岸崩塌频率的关系

1.3　河流崩岸的危害

河流崩岸对人类的生命财产产生重要影响，崩岸危害的具体表现主要包括崩岸威胁江河大堤的安全、崩岸威胁岸边建筑物及农田的安全、崩岸对河床冲淤的影响、崩岸对航运和环境的影响等。

1.3.1　崩岸威胁江河堤岸的安全

江河防洪的成败与两岸地区人民的生命财产安全直接相关，堤岸安危是江河防洪成败的重要标志。1998年长江、松花江和嫩江都发生了历史上最大的洪水[31-34]，堤防险情百出。其中长江流域有5处发生堤岸溃决，特别是江西九江大堤的溃决更是触目惊心，造成了不可估计的损失。江河湖泊险情主要是由渗漏、管涌、崩岸等引起的，其中崩岸约占全部险情的15%。据日本有关资料表明[35]，在日本历史上的决堤事故中，河道侵蚀和冲刷引起的事例占10%；在我国黄河的决堤中[36]，由侵蚀和冲刷所引起的事例同样占10%左右。显然，崩岸是江河湖泊防洪的主要险情。

崩岸对江河及其沿岸的危害极大。一方面，崩岸使河堤外滩宽度趋于狭窄，造成大堤或江岸直接遭受主流顶冲或局部淘刷，使大堤防洪能力大大降低，崩岸直接威胁堤岸的安全。例如，长江中游荆江大堤曾出现堤外无滩或窄滩的堤段长达35km，堤身高达10余米，形势十分险要，素有“万里长江，险在荆江”之称，水流冲刷引起的崩岸直接构成对荆江大堤防洪安全的威胁[7]。1949年祁家渊险工在汛期发生崩岸，堤身挫裂，几乎招致大堤溃决[7]。另一方面，崩岸往往会造成堤基渗漏或增加新的渗漏、管涌机会，一旦遇到大洪水则可能出现堤防溃决的险情。例如，安徽省安庆地区同马大堤的汇口险段，1964年汛期江水位为19.6m左右，险情并不突出。至20世纪60年代后期却成为一个大险段，1974年汇口水位不到20.0m时就险情百出[37]，外滩崩塌变窄是其原因之一。1998年长江出现的一些重大险情或溃决与堤岸长期崩塌、水流直逼堤岸有重要的关系。典型河道堤防崩塌实例如照片1-8所示[20]。

(a) 新沙洲河段护岸

(b) 四邑公堤护岸

(c) 下荆江姜介子河段护岸

(d) 安庆官洲河段护岸

照片1-8　长江中下游堤防与护岸工程的崩塌

1.3.2　崩岸威胁岸边建筑物及农田的安全

一般说来，江河湖泊岸边是人类居住集中、活动频繁的区域，为满足生活和发展的需求，在江河湖泊的两岸或附近都修建大量取水建筑物，用以农田灌溉及城市供水；但是岸滩的不断崩退，不仅损坏取水建筑物，而且使一些村镇企业临于岸边，随着崩岸的不断加剧，岸线逐渐向建筑物或企业逼近，直接威胁两岸建筑物的安全。如果护岸不完善，取水建筑物或村镇企业会倒塌入河，影响农田灌溉和城市供水效益的发挥，导致村镇企业的损失。例如：①长江江都嘶马镇1984年7月发生大面积崩塌[7]，在63h内坍失土地11.6万m^3，以致该镇许多居民和工厂企业被迫拆迁。②1996年1月3日和1月8日，江西省九江市彭泽县长江马湖堤相继发生两起特大崩岸事件[38]，坍毁防洪大堤1210m、电排站1座、耕地18hm^2、造纸厂、取水泵房及输水管道、民房21户92间；并造成人畜伤亡，直接经济损失4670余万元。③长江界牌河段临湘江一岸1949～1962年崩进1.5km，损失耕地2.5万亩①[7]。黄河下游河道和永定河支流洋河崩岸给防洪和人民生命财产造成了很大的危害。据统计[39]，1949～1971年河南省境内的滩区耕地崩塌损失约4.3万hm^2，塌河村庄123个。1953～1987年，下游险工及控导工程的抢险次数达957次。表1-8为永定河支流洋河1924年遭遇大洪水时典型河段的塌岸调查情况[40]，崩岸给当地人民造成了很大的损害。崩岸引起岸边建筑物和一些农田坍塌的实际场景如照片1-9所示。

表1-8　1924年洋河塌岸调查

位置	塌岸情况				洪灾说明
	长/m	宽/m	高/m	塌方/万 m^3	
老龙湾	2000	300	5	300	塌岸倒房，村庄被迫后迁
沙岭子	2500	500	5	600	南关戏楼、西堡和东关的一半被洪水冲走
样台	3000	300	5	450	样台、或先、南坝口、大三合地、小三合地五个自然村被洪水吞没
朱官屯	2000	200	5	200	南街被冲走，河神庙尚存，冲毁三节地

(a) 河岸公路崩塌

(b) 芜湖江岸工厂崩塌

① 1亩≈666.67m^2。

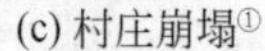

(c) 村庄崩塌①

(d) 淮河干流安徽蚌埠段崩岸②

(e) 荆江河段七弓岭崩岸③

照片 1-9　河岸建筑物与农田的崩塌

1.3.3　崩岸对河床冲淤的影响

崩岸使得滩地或耕地损失和减少，也是下游河道泥沙的重要来源，直接影响下游河道的冲淤变化。崩岸使下游河道的泥沙来量短时间迅速增加，含沙量超过水流挟沙能力，部分崩岸泥沙在下游河段（或弯道凸岸）淤积下来，导致下游河势冲淤演变发生变化，影响下游两岸工矿企业的取水安全。

黄河泥沙主要来源于西北黄土高原。据统计分析，黄河泥沙出现高峰年的主要原因就是晋陕峡谷两侧的黄土崩塌，由于直立的黄土岸滩在水力淘刷悬空后，岸滩发生严重崩塌[41]。三门峡蓄水拦沙期内和小浪底水库蓄水运用后，黄河下游河道有相当一部分泥沙来自于滩地的崩岸泥沙[22]，据《中国河流泥沙公报 2015》发布的泥沙资料[19]，黄河干流小浪底水文站和伊洛河黑石关水文站、沁河武陵水文站 2015 年

---

① 长江安徽无为段黑沙洲部分江岸崩塌受灾群众得到妥善安置 . http：//news. hexun. com/2008-10-07/109557517. html［2016-6-15］.

② 安徽蚌埠：无序采砂致崩岸严重 造成度汛隐患 . http：//pic. people. com. cn/n/2015/0515/c1016-27006944. html［2016-6-15］.

③ 长江水利委员会水文局荆江水文水资源勘测局 . 荆江险工段崩岸监测预警简报，2016，(7).

实测径流量分别为236.6亿m^3、13.46亿m^3和2.147亿m^3，而对应的实测年输沙量皆为0，进入黄河下游的实测年径流量和年输沙量分别为252.2亿m^3和0，进入黄河下游的实测年输沙量首次为0，但2015年黄河下游高村和艾山水文站的实测年输沙量分别为0.417亿t和0.535亿t，显然这些泥沙主要来源于黄河下游河道冲刷和岸滩崩塌。

就长江中下游河道而言，1996～1998年遥感调查资料表明[42]，从武汉至南京划子口约1479km的江岸，两岸崩塌河段占22%，30年来岸滩崩塌总面积89.1km^2，如平均江岸高差3m，那么崩入长江的泥沙就有$267\times10^6m^3$。再如南京河段，由于七坝、西坝头和八卦洲头崩塌，各自造成对岸梅山钢铁股份有限公司、南京炼油厂有限责任公司和南京钢铁厂码头和取水泵房的淤积；镇扬河段由于江北六圩岸线崩退达2km，南岸镇江港面临淤废状态，先后于20世纪五六十年代开辟焦北、焦南航道，于80年代又开挖新的航道[7]。长江金沙江白格于2018年10月11日和11月3日两次发生山体滑坡（滑崩），形成堰塞湖（照片1-10）[20]，在两次山体滑坡形成的堰塞湖疏通过流后，大量泥沙石块被挟带至下游，使下游水文控制站巴塘站和石鼓站输沙量分别增加约1450万t和1440万t，增加量分别为2001～2017年均输沙量的74%和47%。据测算，滑坡点附近及其下游河道内仍有较多的沙石滞留，将继续影响下游附近河道。

(a) 10月11日　　(b) 11月3日

照片1-10　金沙江白格发生山体滑坡形成堰塞湖

对于我国最大的内陆河塔里木河而言[19,43]，流域产流主要来源于融雪，无泥沙产生。阿拉尔站多年平均年径流量为45.82亿m^3，多年平均年输输沙量为2253万t，来水多年平均含沙量为4.85kg/m^3，与其他多沙河流相比，其来沙量并不是太多。但是，由于干流河道河岸主要由粉沙类松散物质组成，河岸滩具有很大的可动性，河岸冲刷崩塌严重，崩岸产生的泥沙量是下游河道来沙的重要组成部分，对干流河道的河床演变产生重要的作用。黄河下游和塔里木河中游河道岸滩崩塌实况如照片1-11所示。

1.3.4　崩岸对航运和环境的影响

由于发生崩岸甚至大窝崩，河道主流发生摆动，崩岸附近的流态也会发生变化，

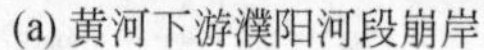

(a) 黄河下游濮阳河段崩岸

(b) 塔里木河上游崩岸

照片 1-11　多沙河流崩岸

可能会出现回流、急流和斜流等流态，航船发生搁浅、摇摆，甚至会发生翻船的危险。例如，1994 年 6 月[34]，下荆江石首弯道切滩撇弯，河势突变，崩岸加剧，下游碾子湾水道出浅，碍航达 23 天。另外，崩岸造成下游河道的淤积，相应的河势也可能发生变化，同样会使航运的水流边界条件发生变化，以致影响航运。

此外，崩岸的发生一方面会使岸滩的植被倒入江河湖泊之中，促使滩槽的转化及湿地面积发生变化，另一方面也会使堤岸的有害物质进入水中，污染水质。

1.4　河流崩岸研究与治理状况

1.4.1　崩岸研究方法

冲积河流崩岸影响因素较多，崩岸机理比较复杂，关于崩岸的崩塌机理与发生条件的研究方法和成果也很多，但各具特色及优缺点。目前，河流崩岸的研究方法主要包括理论研究、试验研究、数学分析与模拟、经验分析等，现将几种主要研究方法的原理与特点归纳为表 1-9。

表 1-9　各类预测方法特点与适用性

分析研究方法		原理	研究内容与特点	适用范围或不足
理论研究	岸滩力学平衡分析法	崩体受力平衡理论	理论性强，受力清晰，较容易确定河岸的稳定性	对于土体性质或外形复杂的河岸，结果可能与实际情况不符

续表

分析研究方法				原理	研究内容与特点	适用范围或不足
试验研究		水槽试验		河岸土壤稳定与泥沙运动	直观模拟河岸的崩塌过程、崩体冲淤和条件、崩塌防治技术等，可为理论分析和数模计算提供支撑	适用于研究河岸崩塌现象和过程、崩体冲刷、崩岸治理新技术等方面
		模型试验		河岸土壤稳定、泥沙运动、水沙模拟、模型相似律等	考虑模型相似选定模型沙和试验条件，直观模拟不同河型、不同边界和水流条件下河岸崩塌的现象、过程和条件、防崩措施等，为解决典型河流崩岸问题提供技术支撑	适用于不易开展数学模拟的复杂河道崩岸，目前多为概化试验，以研究崩岸影响因素为主
数学分析与模拟	数学分析	层次分析法		将定性分析和定量分析相结合的多目标决策分析方法	①分析思路清楚，系统性强；②简洁实用的判断方法；③所需实测数据较少	①定量数据较少，定性成分多，不易令人信服；②考虑因素过多时，统计量大，权重难以确定
		概率稳定性分析方法		数理统计原理	①考虑了影响因子的随机性；②能够量化河岸多大程度上的稳定	研究影响因子随机性过程中，需要大量有关河岸地质的实测数据，给实际应用带来不便
		模糊数学方法	模糊统计聚类理论	数理统计多元分析	①客观地得到各影响因子的权重；②消除人为因素的影响，正确对河岸进行归类；③使原有的“硬性分类”得到了软化，避免了以往那种“一刀切”的做法	①适用于有大量的崩岸前后实测资料的河岸；②对于具有不同特点的河流要分别对其进行统计分析，其适用范围仅针对某一特定河段
			模糊决策理论	综合目标函数判定河岸的危险程度	考虑了多因素下对崩岸的综合影响	过多依赖于主观赋值，缺乏较强的客观性
		BP 神经网络法		通过其非线性逼近能力，尽可能使网络输出和期望输出值一致	①拟合各种因素与崩岸之间错综复杂的关系；②考虑因素较为全面，具有较高的模拟精度和较好的预测能力	①建立崩岸的学习样本，需要大量的实测数据，目前尚有一定的难度；②学习速度慢、容错能力差、算法不完备
		数学模拟		泥沙运动、河床演变、河岸稳定等理论	①理论基础强；②使用灵活方便；③模拟崩塌过程；④预测河流崩岸	适用于局部河段
经验预测				前人对崩岸的理解和认识	机动性强，便于人们迅速应对突发性的崩岸情况	对岸滩的危险情况粗略判断，不能具体量化河岸的危险程度

理论研究主要是指岸滩力学平衡分析法[44,45]，由于其物理机理清楚、适用性强，目前仍是岸滩稳定性分析的主要方法，是分析河岸崩塌的理论基础，但在河道岸滩崩塌机理研究和崩岸预测过程中，由于河流崩岸机理的复杂性，许多影响因素难以定量分析，因此理论研究的方法仍然受到一定的局限性。

试验研究是崩岸研究的重要手段，主要通过室内水槽和模型进行研究，前者在利用水槽开展岸滩土壤性质、土壤崩塌等方面研究[46,47]的同时，也进行了水沙条件、河床演变等对河流岸滩崩塌的影响研究[4,48,49]，以及崩岸防治措施的研究[50,51]，为理论研究和数模计算提供支撑；后者主要是针对特定的实际河道崩岸问题，根据模型相似率，按模型比尺制作模型，考虑模型相似选定模型沙和试验条件，直观地模拟不同河型、不同边界和水流条件下河岸崩塌的现象、过程、条件和防治措施，为有效解决典型河段崩岸问题提供技术支撑。但是，鉴于河流崩岸发生的特殊性和崩塌过程的复杂性，试验测量手段还不够先进，目前关于河流崩岸的试验仍然以水槽试验为主，试验成果也是初步的，还需要进一步探索。

数学分析与模拟方法是崩岸研究的主要手段，可分为数学分析方法和数学模拟方法。数学分析方法主要包括层次分析法[52,53]、概率分析方法[54]、模糊数学方法[55,56]、神经网络法[57]等，它们都是随着崩岸分析的实际需要近期逐渐引用的，促进了崩岸机理和崩岸预测的发展，但目前还很难应用于实际，还需要不断完善和研究，如概率稳定性分析法作为一种非确定性方法，它将崩岸影响因素的随机性考虑到岸滩稳定性分析中，使得岸滩稳定性的评价不再是简单的二元性（安全、不安全），而是以岸滩的破坏概率来描述岸滩的稳定性；层次分析法可以很好地估算崩岸各影响因素的权重，对其主次性排序，人为和经验性的作用很大。而模糊统计聚类理论、模糊决策理论、BP神经网络法等作为新的研究手段用于崩岸分析中，但由于需要较多的实测资料，在一定程度上制约了其应用。数学模拟方法是以泥沙运动力学、河床演变学、河岸稳定理论等为基础，通过求解水流、泥沙、土壤控制方程，就河流岸滩崩塌过程进行数值模拟[44,58]，达到预测河流崩岸的目的；但由于河流崩岸理论还不成熟，数模方法的应用受到一定的限制，正处在研究过程中。

经验分析法是分析崩岸的辅助方法，主要来源于实际和经验，在崩岸实际发生过程中，通过实际调查，结合实际经验进行分析。

关于崩岸研究方法及相关成果，将在第2~第4章陆续介绍。其中第2章重点介绍目前冲积河流崩岸试验方法和主要试验现象；第3章主要介绍河岸崩塌的稳定分析方法和模式，属理论分析；第4章介绍崩岸的影响因素及作用，主要介绍层次分析法在崩岸研究中的应用。

1.4.2 崩岸机理研究

河流崩岸是来水来沙条件、河道冲淤演变、岸边土壤地质构造等诸因素共同作用的结果[4]。其中河岸土质条件是崩岸发生的内因，河势水流条件是崩岸发生的外因。至20世纪末，专家学者从不同影响因素或不同侧面研究了冲积河流岸滩崩塌机理，主要从岸坡稳定与土质影响、河流动力与河床演变的作用两个方面进行研究，前者以土力学边坡稳定理论为基础，重点分析河岸土壤力学参数对崩岸的影响；后者则以河床冲淤演变理论为基础，重点考虑河流动力因素与河床冲淤对崩岸的作用。进入21世纪以来，一些学者开始以边坡稳定和河床演变理论为基础，同时分析河岸土壤性质与河流动力因素的影响，并取得重要成果[4]。

1. 河岸稳定性与土质影响

崩岸是河岸土坡失稳破坏的一种表现形式，河岸作为一种边坡形态，其稳定性可用土力学中的土坡稳定性理论进行受力分析。国内外有很多学者利用土坡稳定性理论深入分析崩岸发生的条件[44,58-61]。

在水流条件不变的情况下，崩岸强度的大小主要取决于河岸抗冲强度的不同，而河岸抗冲强度是由地质结构和土壤特性决定的，如果河岸为松散的沙土组成，就容易发生崩岸；如果河岸系密实的黏土或其他抗冲较强的土质组成，其发生崩岸的可能性就相对较小。土壤结构组成对崩岸形式有很大的影响，均质岸滩崩塌一般以滑坡的形式发生；对于多元或二元地质结构，其抗冲能力较弱，黏性土和砂性土的厚度与埋深对崩岸有重要的影响。当表层黏性土厚度较大时，发生崩岸的块体较大，形成窝崩的机会较多；当表层黏性土厚度较小时，崩岸多以落崩的形式进行。文献［62，63］就夹层二元结构河岸进行了崩岸分析，研究方法仍然是崩体稳定性分析，同时考虑夹层的渗透性或者夹层泥沙冲蚀性等不同情况。

土质渗透性对崩岸发生有重要影响，直接影响岸滩的稳定性。不同的土质，如软土（淤泥、淤泥质、黏土、亚黏土）和沙性壤土岸坡，其渗透性和保水性有很大差异，其崩岸性质也大不相同。文献［64］针对汉江汉阳河段岸滩的淤泥质组成，分析了软土岸滩崩塌的特征，当软土岸滩处于长期浸泡状态，其抗冲和抗剪能力减弱，当遇到外界因素影响时，就会发生失稳而破坏。而对于沙质土壤的岸滩，因沙质土壤的透水性较好，渗透压力释放快，对岸滩影响较小，但沙质土壤的抗冲能力弱，沙质土壤岸滩的崩塌仍然较快。

另外，在岸滩稳定性分析的过程中，对于一定条件的岸滩土壤，在水流浸泡和水位变化过程中，岸滩土壤发生液化或管涌，使土壤强度尽失或土壤尽快流失，直接导致崩岸的发生[65-68]。

2. 河流动力与河床演变

河流水流条件与流势流态变化等是河床冲刷和岸滩侧向侵蚀的主要因素，直接影响河流崩岸的发生与发展。河道水流因子包括河道来流量、流势和流态、水位变化等；河床演变则主要从河流地貌与河岸侵蚀两个方面开展研究。

河道流量的大小直接反映水流强弱，水流条件的差异使得其造床刷岸的作用也不相同，水流造床作用与其输沙能力的大小及持续时间的长短有关。文献［69］针对长江下游大窝崩的发生特点，利用 $\sum Q^2T$ ①来判别长江下游窝崩的发生，指出当 $\sum Q^2T < 2.0\times10^{11}$ 时（Q>45 000m³/s），窝崩发生较少，在 $\sum Q^2T \geqslant 2.5\times10^{11}$ 后，窝崩发生就较为频繁。

水流流势和流态对崩岸的影响主要体现在河道水流的主流方向变化和环流作用大小方面。主流方向变化直接反映河道主流对河岸冲击的作用，其中主流顶冲对河岸冲击作用是比较大的，对崩岸发生的影响很大，江河弯曲及分汊为主流顶冲岸滩创造了有利的条件。弯道河段在洪水期，一般主流线趋中趋直，顶冲点在弯顶稍下处；枯水期水位下降，主流线走弯靠岸，顶冲点上提。这种弯道主流顶冲点的上提下挫，主流线的离岸远近以及与岸线交角的大小，决定着崩岸的演变过程和规律。显然，弯道主流顶冲点的上提和下挫，将会导致弯道凹岸淘刷，岸坡变陡，河岸失稳发生崩塌[70]，环流运动在弯道崩岸过程中起到非常重要的作用[71-74]。弯道螺旋环流将表层含沙较少而粒径较细的水体带到凹岸，并折向河底掠取泥沙，而后将这些含沙较多而粒径较粗的水体带向凸岸边滩，形成横向不平衡输沙，使得弯道凹岸淘刷，凸岸淤积。因此，弯道主流顶冲点上提下挫区域是崩岸发生的主要部位，相应的崩岸强度最大。文献[73]还利用涡量原理就垂向冲刷机理进行了分析，指出在沿主旋涡与凹岸旋涡相分离点切线与凹岸交会处附近冲刷最强烈。嘶马弯道的崩岸过程充分体现了环流动力的作用是非常大的[72]，陈引川和彭海鹰[69]也指出了主流顶冲形成深泓贴岸是长江窝崩发生的主要原因。

河道水位变化将会改变河岸土壤特性和受力状态，进而影响河岸崩塌。引起河道水位变化的因素主要包括洪水和枯水期流量变化、水库枢纽的蓄水和泄洪、河口潮汐的变化等，这些因素都影响崩岸的发生状况，有很多学者就此进行了研究[74-77]。文献[74-76]在多个假定条件的基础上，分别对岸滩匀质结构和夹层结构进行了不同水位的稳定计算，不管河道内是涨水还是降水，都存在着使一个河岸边坡稳定系数达到最小的值，而且降水比涨水时河岸边坡更容易发生破坏。文献[78，79]以河岸稳定分析为基础，通过考虑河道水位变化和土壤浸泡，系统研究了河道洪水变化的影响，研究结果与实测资料一致[10,77]，即随着河道内水位上升，河岸崩塌次数减少；当河道水位急剧下降时，河岸崩塌次数急剧增多。

在不考虑水压力的情况下，文献[6，44，59]把河道深度引入岸坡稳定性分析，通过分析河道深度变化对岸滩稳定性的作用，进一步分析河道冲淤对崩岸的影响。文献[80，81]利用河势发展接近地貌临界状态来描述弯道横向移动特征，指出河弯横向移动速率最大时，即为弯道崩岸剧烈发生的时候。结合岸边地质条件，文献[80]利用这一理论解释了下荆江姜介子河段崩岸的成因。

大量事实表明崩岸现象多发生在受水流剧烈冲刷的河岸，如长江中下游80%以上的崩岸发生在弯道顶点或迎流顶冲点[27]。因而有关学者认为，崩岸主要是水流冲刷河

① 对于平原河流，一般近似地用流量 Q 的平方值与持续时间 T 的乘积 Q^2T（称为造床值）来反映水流造床作用。

岸造成的。Thorne 等虽采用土坡稳定理论分析岸坡崩塌问题，但他们也认为水流冲刷是导致河岸崩塌的主导因素[44,58]，河岸侧向冲刷使岸坡变陡，河床垂向冲深增加岸滩高度，均降低了河岸稳定性，从而引起河流崩岸。冷魁[82]也认为河岸冲刷、岸坡变陡是崩岸的先决条件，特别是岸脚被淘刷，局部深槽楔入，造成水下岸坡变陡，当岸坡高度和坡度超过稳定限值后就会发生崩塌，而控制岸坡冲刷的关键条件之一即是泥沙颗粒起动的水流条件。

3. 多因素综合研究

随着数学方法、模型试验、数值模拟等研究手段的不断发展，21 世纪初期有许多学者利用多种手段从多因素和多层次系统研究了岸滩崩塌的机理，取得重要研究成果[4,18,45,83-87]。作者以泥沙运动力学、河床演变学、土力学等学科为理论基础，采用现场调研、理论分析和模型试验相结合的手段，对冲积河流崩岸的特点、过程和机理进行了系统研究，探讨了滑崩、挫崩、落崩、窝崩等类型的崩塌机理和发生条件，提出了崩岸发生的临界崩塌高度和临界淘刷宽度的公式，给出了冲积河流岸滩崩退模式和崩退速率[4,18,83-85]。夏军强等结合黄河和长江岸滩崩塌特点，建立了岸滩崩退的数学模型[1,86]。张幸农等结合试验成果和实际崩塌特点，探讨了渐进坍塌型崩岸的力学机制及模拟方式[17,87]。

关于冲积河流崩岸机理的研究成果，将在第5～第10 章中陆续介绍。其中，第5～第7 章主要介绍河床冲淤演变对崩岸的影响；第 8 章主要介绍洪水期的崩岸问题；第 9 章为典型土壤结构岸滩的崩岸问题，主要介绍河岸组成和结构的影响；第 10 章为河流窝崩及其机理，介绍冲积河流窝崩发生的过程、成因、条件及模式。

1.4.3　河流崩岸治理

目前，崩岸治理主要是从提高河岸抗冲防蚀能力和减弱水流强度进行的，前者是减少河岸的冲刷，提高河岸的稳定性，以护坡和护脚为主的防护措施；后者是通过阻止、减轻水流对河岸堤防的冲击能量，达到减缓河岸侵蚀的目的，其措施以丁坝、透水构件等为代表。我国许多河流开展了卓有成就的护岸治理，为我国江河堤防安全和河道防洪发挥了重要作用。

在长江中下游河道综合治理工程中，护岸工程是一项最基本的整治工程[88-90]。护岸工程不仅涉及中下游长达 1800 多千米河道内的江岸防护，还是裁弯和堵汊整治中必不可少的河势控导工程，也是航道整治的基础工程。长江中下游护岸工程，最早可追溯至 1465 年荆江大堤抛石矶头护岸，至 20 世纪初，整个中下游仍有荆江大堤矶头群和其他几处零星可数的矶头和桩石工程。中华人民共和国成立后，长江中下游护岸工程迅速发展，修建了许多大堤护岸加固工程、江堤护岸工程和河势控导工程，如荆江大堤和无为大堤护岸加固工程、九江江堤护岸工程、下荆江河势控制工程等。20 世纪 90 年代以来，为满足日益增长的防洪和综合治理需求，护岸工程逐步发展到稳定分汊河道和控制其分流比的整治，特别是 1998 年历史大洪水对防洪安全和河势稳定都产生不利影响，国家投巨资在长江中下游开展护岸工程建设[88,89]。据不完全统计，中华人民共和国成立50年来，长江中下游护岸工程抛石总量达8959.7万 m^3，建成丁坝700余条，柴排408.9万 m^3，混凝土铰链排117.1万 m^3，护岸总长度达1525km。中华人民共和国成立50年来实施的护岸工程是防洪工程的重要组成部分，增强了堤岸的抗洪能力，稳定和改善了长江黄金水道，发挥了护岸工程控制河势的综合效益。在长江中下游干流河道护岸治理过程中，采用的护岸工程技术主要包括抛石、铰链混凝土板沉排、模袋混凝土护岸、土工织物砂枕（排）护岸、梢料（柴枕、柴排、柴帘、沉树、沉梢坝等）护岸、正四面体混凝土块、透水混凝土四面六棱框架、钢筋或铁丝石笼等[89]。

在长江中下游河道崩岸治理过程中，结合我国长江、黄河、辽河、松花江等主要河流岸滩崩塌治理的实际情况[7,15,34,88-91]，目前河流崩岸治理途径包括如图1-11所示的几类工程措施[6]。

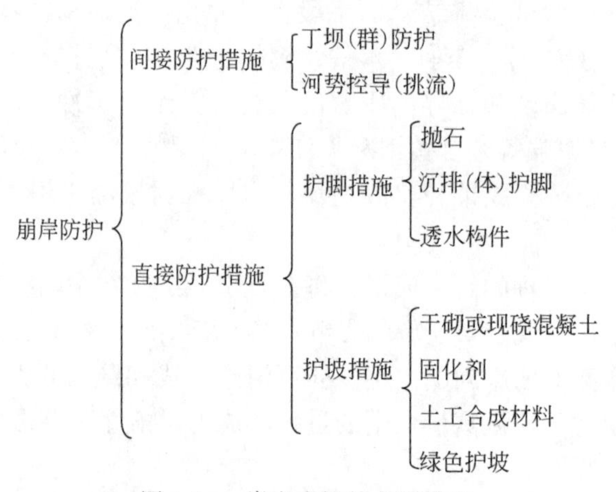

图1-11　崩岸防护的主要措施

崩岸防护主要分为岸滩崩塌间接防护措施和直接防护措施，其中间接防护措施主要包括丁坝（群）防护和河势控导（挑流），直接防护措施则主要包括护脚措施和护坡措施。护脚措施包括抛石、沉排（体）护脚、透水构件等，护坡措施包括干砌或现浇混凝土、固化剂、土工合成材料、绿色护坡等。关于崩岸防护治理措施的机理、防护条件、技术特点等将在第11～第13章中进行介绍，其中第11章为河流间接防护，重点介绍实体丁坝、透水丁坝与河势控制工程的防护机理与工程特点；第12章为河流崩岸岸脚防护，重点介绍抛石、沉排、透水构件等措施的防护机理和工程特点；第13章为河流崩岸岸坡防护，重点介绍硬质护坡、土工模袋、绿色植物等措施的崩岸防护机理与工程特点。

1.5　小结

在前人调研和研究的基础上，结合江河崩岸发生的实际情况，对河流崩岸的崩塌类别及其特点、崩岸危害、崩岸机理研究与防护措施状况等进行了系统的分析和总结，主要认识如下。

1）结合岸滩的地貌特征，根据岸滩约束和控制水流的特点不同，岸滩可以分为河岸滩、海岸滩、湖泊岸滩和水库岸滩。对应的崩岸称为河流崩岸、海岸崩塌、湖泊崩岸和水库崩岸，相应的崩塌特点和崩塌成因有很大的不同。

2）河流崩岸是水流和岸滩相互作用的结果，是一种很重要的侧向演变过程，其崩塌形式多种多样。河流崩岸的分类方法有多种，从崩塌体形态，河流崩岸分为窝崩、条（片）崩、滑崩和洗崩；从河岸坍塌特征看，崩岸分为侵蚀型、坍塌型、滑移型和迁移（流滑）型4种崩岸类型；从河岸崩塌面形态来讲，河流崩岸分为滑崩、挫崩、落崩、窝崩和洗崩。

3）河流崩岸在长江、黄河、汉江等中国河流和美国密西西比河、非洲尼罗河和尼日尔河等河流上普遍发生，结合这些典型河流的演变特性，系统分析了典型河流岸滩崩塌状况和特点。河流崩岸通常看作是一种典型的灾害形式，主要危害包括：①崩岸威胁江河大堤的安全，②崩岸威胁岸边建筑物及农田的安全，③崩岸对河床冲淤的影响，④崩岸对航运和环境的影响。

4）河流崩岸是来水来沙条件、河道冲淤演变、岸滩土壤地质构造等因素共同影响的结果，其中河岸土质条件是崩岸发生的内因，河流动力条件是崩岸发生的外因。河流崩岸研究主要包括理论研究、试验研究、数学分析与模拟、经验分析等方法，多限于单因素研究，近期已有多因素多方法系统研究成果。

5）崩岸防护从原理上一般可以分为两大方面，一是直接防护措施，通过增加河流岸滩对水流作用的抗蚀能力，达到增强河岸稳定性的目的，主要包括护坡和护脚两类防护措施；二是间接防护措施，通过分离或避开水流对岸滩的直接冲击作用，达到保护河岸的目的，其措施包括丁坝（群）、河势控导工程等。

参考文献

[1] 夏军强．河岸冲刷机理研究及数值模拟．北京：清华大学，2002.

[2] 林承坤．泥沙与河流地貌学．南京：南京大学出版社，1992.

[3] 陈仲颐．土力学．北京：清华大学出版社，1954.

[4] 王延贵．冲积河流岸滩崩塌机理的理论分析及试验研究．北京：中国水利水电科学研究院，2003.

[5] 杨怀仁，唐日长．长江中游荆江变迁研究．北京：中国水利水电出版社，1999.

[6] 王延贵，匡尚富，黄永健．河道冲淤对冲积河流岸边崩坍的影响．武汉：长江护岸工程（第六届）及堤防防渗工程技术经验交流会，2001.

[7] 水利部长江水利委员会．长江中下游护岸工程40年//长江中下游护岸工程论文集（4）．武汉：水利部长江水利委员会，1990：15.

[8] 尹学良．黄河下游的河性．北京：中国水利水电出版社，1995.

[9] 赵业安，周文浩，费祥俊，等．黄河下游河道演变基本规律．郑州：黄河水利出版社，1998.

[10] Abam T K S. Factors affecting distribution of instability of river banks in the Niger delta. Engineering Geology, 1993, 35 (1/2): 123-133.

[11] Hagerty D J, Spoor M F, Ullrich C R. Bank failure and erosion on the Ohio river. Engineering

Geology, 1981, 17 (3): 141-158.

[12] 杨则东, 徐小磊, 谷丰. 巢湖湖岸崩塌及淤积现状遥感分析. 国土资源遥感, 1999, (4): 1-7.

[13] 喻学山, 周开萍, 杜修海. 汉江丹江口水利枢纽下游崩岸几护岸工程变化的初步分析//长江中下游护岸工程论文集 (2). 武汉: 长江水利水电科学研究院, 1981: 201.

[14] 陈显维. 汉江丹江口水库蓄水运用后坝下游河道崩岸和护岸变化分析//长江中下游护岸工程论文集 (4). 武汉: 水利部长江水利委员会, 1990: 252.

[15] 卢多敏, 刘红宾. 黄河潼关至三门峡河段塌岸治理分析. 人民黄河, 1999, 21 (2): 1-3.

[16] 陈希海, 周素芳, 朱冠天. 强潮河口海塘基础防冲设计研讨. 海洋工程, 2000, 18 (1): 75-80.

[17] 张幸农, 蒋传丰, 陈长英, 等. 江河崩岸的类型与特征. 水利水电科技进展, 2008, (5): 66-70.

[18] 王延贵, 匡尚富. 河岸崩塌类型与崩塌模式的研究. 泥沙研究, 2014, (1): 13-20.

[19] 泥沙评估课题专家组. 三峡工程泥沙问题评估报告. 北京: 中国工程院, 2015.

[20] 中华人民共和国水利部. 中国河流泥沙公报 (2008—2018). 北京: 中国水利水电出版社, 2009-2019.

[21] 文宗伦. 汉江下游大洪水对河道及崩岸险工的影响//长江中下游护岸工程论文集 (3). 武汉: 长江水利水电科学研究院, 1985: 117.

[22] 赵业安, 周文浩. "黄河下游河道演变基本规律" 研究综述. 人民黄河, 1996, (9): 4-9.

[23] 王延贵, 史红玲. 我国江河水沙变化态势及应对策略. 北京: 中国水利水电科学研究院, 国际泥沙研究培训中心, 2015.

[24] 胡春宏, 王延贵. 全球江河水沙变化与河流演变响应. 北京: 中国水利水电科学研究院, 国际泥沙研究培训中心, 2010.

[25] Thorne C R, Abt S R. Velocity and scour prediction in river bends. Velocity & Scour Prediction in River Bends, 1993.

[26] Stanley D J, Krinitzsky E L, Compton J R. Mississippi river bank failure, Fort Jackson, Louisiana. Geological Society of America Bulletin, 1966, 77 (8): 859-866.

[27] Torrey I V H, Dunbar J B, Peterson R W. Retrogressive failures in sand deposits of the Mississippi River. report 1. field investigations, laboratory studies and analysis of the hypothesized failure mechanism. Technical Report Archive & Image Library, 1988.

[28] Crosato A, Ahmed A A, Sas I, et al. Nile River bank erosion and protection. Journal of Trace Elements in Experimental Medicine, 2010, 13 (13): 367-380.

[29] Ahmed A A, Fawzi A. Meandering and bank erosion of the River Nile and its environmental impact on the area between Sohag and El-Minia, Egypt. Arabian Journal of Geosciences, 2011, 4 (1-2): 1-11.

[30] Youdeowei P O. Bank collapse and erosion at the upper reaches of the Ekole Creek in the Niger Delta area of Nigeria. Bulletin of the International Association of Engineering Geology, 1997, 55 (1): 167-172.

[31] 王威, 黄为, 冯忠民. 堤防抢险及对今后建设的建议. 人民长江, 1999, 30 (2): 17-20.

[32] 吕宪国, 张为中. '98 松嫩洪水与流域综合管理. 水电站设计, 1999, (3): 21-25.

[33] 邹响林, 胡维忠, 汪新宇. '98 洪水对长江防洪建设的启示. 长江工程职业技术学院学报, 1999, 16 (1): 11-15.

[34] 欧阳履泰, 王强, 陈敏. 长江中下游干流河道崩岸治理. 人民长江, 2000, 31 (8): 1-3.

[35] 山村河也. 河川堤防の土質工學的研究. 京都: 日本京都大学, 1971.

[36] 刘汉龙, 朱伟, 高玉峰. 堤防崩岸机理及其对策探讨//中国水利水电科学研究院, 江西省水利

厅．堤防加固技术研讨会论文集，南昌：全国堤防加固技术研讨会，1999，12.
[37] 许润生．堤基渗漏与长江崩岸关系的探讨//长江中下游护岸工程论文集（3）．武汉：长江水利水电科学研究院，1985：110.
[38] 吴玉华，苏爱军，崔政权，等．江西省彭泽县马湖堤崩岸原因分析．人民长江，1997，28（4）：27-30.
[39] 师长兴．黄河下游泥沙灾害初步研究．灾害学，1999，14（4）：40-44.
[40] 毕跃先．洋河整治前后河床演变研究．泥沙研究，1991，(3)：80-86.
[41] 龚士良，俞俊英．长江中下游环境地质问题及对防洪工程的影响．上海国土资源，1998，(4)：1-6.
[42] 唐日长．泥沙研究．葛洲坝工程丛书（2）．北京：水利电力出版社，1990.
[43] 王延贵，胡春宏．塔里木河流域工程与非工程措施五年实施方案有关技术问题的研究．北京：中国水利水电科学研究院，2011.
[44] Osman A M，Thorne C R. Riverbank stability analysis Ⅰ：theory. Journal of Hydraulic Engineering，1988，114（2）：135-150.
[45] 段金曦，段文忠，朱矩蓉．河岸崩塌与稳定分析．武汉大学学报（工学版），2004，37（6）：17-21.
[46] 王延贵，王兆印，曾庆华，等．模型沙物理特性的试验研究及相似分析．泥沙研究，1992，(3)：74-84.
[47] 严文群，段祥宝，张大伟．地下水渗流对岸坡稳定影响试验研究．水运工程，2009，(4)：22-26.
[48] 张幸农，应强，陈长英，等．江河崩岸的概化模拟试验研究．水利学报，2009，40（3）：263-267.
[49] 王路军．长江中下游崩岸机理的大型室内试验研究．南京：河海大学，2005.
[50] 潘庆燊，余文畴，曾静贤．抛石护岸工程的试验研究．泥沙研究，1981，(1)：77-86.
[51] 卢泰山，韩瀛观，徐秋宁，等．多沙河流游荡型河道整治工程措施试验研究．西北水资源与水工程，1997，(02)：17-24，29.
[52] 岳红艳，余文畴．层次分析法在崩岸影响研究中的应用．武汉：长江护岸工程（第六届）及堤防防渗工程技术经验交流会，2001.
[53] 王延贵，金亚昆．模糊层次分析在河道岸滩稳定性评价中的应用．浙江水利科技，2014，(5)：38-41.
[54] 黄本胜，白玉川．河岸崩塌机理的理论模式及其计算．水利学报，2002，33（9）：49-54.
[55] 廖小永，王坤．模糊统计聚类理论在崩岸问题中的应用研究．长江科学院院报，2007，24（2）：5-8.
[56] 王坤．模糊决策理论在崩岸研究中的应用．长江科学院院报，2005，22（4）：12-15.
[57] 王媛，陈尚星，汪华安．基于人工神经网络的崩岸预测模型研究．河海大学学报（自然科学版），2007，35（5）：514-517.
[58] Thorne C R，Osman A M. Riverbank stability analysis Ⅱ：applications. Journal of Hydraulic Engineering，1988，114（2）：151-172.
[59] 尹国康．长江下游岸坡变形//长江中下游护岸工程论文集（2）．武汉：长江水利水电科学研究院，1981：95.
[60] 黄本胜，李思平．冲积河流岸滩的稳定性计算模型初步研究//李义天，谈广鸣．河流模拟理论与实践．武汉：武汉水利电力大学出版社，1998.

[61] 刘东风．长江安徽段崩岸原因分析及工程防护方案思考．武汉：长江护岸工程（第六届）及堤防防渗工程技术经验交流会，2001.
[62] Springer F M, Ullrich C R, Hagerty D J. Streambank stability. Journal of Geotechnical Engineering, 1985, 111 (5): 624-640.
[63] Ullrich C R, Hagerty D J, Holmberg R W. Surficial failures of alluvial stream banks. Canadian Geotechnical Journal, 1986, 23 (3): 304-316.
[64] 侯润北．武汉市汉江汉阳沿河堤罗家埠至艾家嘴堤岸滑坡分析和整治//长江中下游护岸工程论文集（3）．武汉：长江水利水电科学研究院，1985：58.
[65] Hagerty D J. Piping/sapping erosion I: Basic considerations. Journal of Hydraulic Engineering, 1991, 117 (8): 791-1008.
[66] 丁普育，张敬玉．江岸土体液化与崩岸关系的探讨//长江中下游护岸工程论文集（3）．武汉：长江水利水电科学研究院，1985：104.
[67] 汪闻韶．土的动力强度和液化特性．北京：中国电力出版社，1997.
[68] Koppejan A W, Van Wanelen B M, Weinberg L J H. Coastal flow slides in the Dutch Province of Zeeland. Proceeding of the 2nd International Conference on soil Mechanics and Foundation Ergineering, 1948, 5: 89-96.
[69] 陈引川，彭海鹰．长江下游大窝崩的发生及防护//长江中下游护岸工程论文集（3）．武汉：长江水利水电科学研究院，1985：112.
[70] 张柏年．论护岸工程布置//长江中下游护岸工程论文集（2）．武汉：长江水利水电科学研究院，1981：76.
[71] 毛佩郁，毛昶熙．河湾水流与河床冲淤综合分析．水利水运科学研究，1999，(1)：98-107.
[72] 魏延文，李百连．长江江苏河段嘶马弯道崩岸与护岸研究．河海大学学报（自然科学版），2002，30 (1)：93-97.
[73] 王平义．弯曲河道动力学，成都：成都科技大学出版社，1995.
[74] 马崇武，刘忠玉，苗天德，等．江河水位升降对堤岸边坡稳定性的影响．兰州大学学报（自然科学版），2000，36 (3)：56-60.
[75] Springer Jr F M, Ullrich C D , Hagerty D J. Streambank stability. Journal of Geotechnical Engineering, 1985, 111 (5): 624-640.
[76] Ullrich C R, Hagerty D J, Holmberg R W. Surficial failures of alluvial stream banks. Canadian Geotechnical Journal, 1986, 23 (3): 304-316.
[77] 侯润北．武汉市汉江汉阳沿河堤罗家埠至艾家嘴堤岸滑坡分析和整治//长江中下游护岸工程论文集（3）．武汉：长江水利水电科学研究院，1985：58.
[78] 王延贵，匡尚富，黄永健．洪水期岸滩崩塌有关问题的研究．中国水利水电科学研究院学报，2003，1 (2)：90-97.
[79] 王延贵，匡尚富，陈吟．洪水位变化对岸滩稳定性的影响．水利学报，2015，46 (12)：1398-1405.
[80] 荣栋臣．下荆江姜介子河段崩岸原因分析及治理意见//长江中下游护岸工程论文集（4）．武汉：水利部长江水利委员会，1990：80.
[81] Nanson G C, Hickin E J. Channel migration and incision on the Beatton River. Journal of Hydraulic Engineering, 1983, 109 (3): 327-337.
[82] 冷魁．长江下游窝崩岸段的水流泥沙运动及边界条件//第一届全国泥沙基本理论学术讨论会论文集．北京：中国水利水电科学研究院，1992：492-500.

[83] 王延贵，匡尚富．冲积河流典型结构岸滩落崩临界淘刷宽度的研究．水利学报，2014，45（7）：767-775.
[84] 王延贵，匡尚富．河岸临界崩塌高度的研究．水利学报，2007，38（10）：1158-1165.
[85] 王延贵，陈吟，陈康．冲积河流岸滩崩退模式与崩退速率．水利水电科技进展，2018，38（4）：14-20.
[86] 夏军强，袁欣，王光谦．冲积河道冲刷过程中横向展宽的初步模拟．泥沙研究，2000，（6）：16-24.
[87] 张幸农，陈长英，假冬冬，等．渐进坍塌型崩岸的力学机制及模拟．水科学进展，2014，25（2）：246-252.
[88] 马荣曾．河南黄河河道整治概况//长江中下游护岸工程论文集（3），武汉：长江水利水电科学研究院，1985：145.
[89] 余文畴，卢金友．长江中下游河道整治和护岸工程实践与展望．人民长江，2002，33（8）：15-17.
[90] 水利部长江水利委员会．长江中下游护岸工程65周年．水利水电快报，2017，38（11）：1-5.
[91] 李祚谟．山东黄河坝岸工程//长江中下游护岸工程论文集（3）．武汉：长江水利水电科学研究院，1985：153.

第2章
河流崩岸机理试验

2.1 崩岸机理试验和研究内容

2.1.1 崩岸机理试验研究状况

作为崩岸研究的重要手段，试验研究主要是通过水槽和模型试验开展的。根据试验制作材料与设备类型差异，水槽可分为玻璃水槽和模型水槽。玻璃水槽是由玻璃制作的固定永久设施，一般为直线形或弯曲形；而模型水槽一般是按照试验目的和内容特别制作的临时或短期设备，可根据成本要求使用砖、水泥、天然沙等材料制作模型水槽（河道），模型水槽断面形态、平面形态等按照研究目的和内容进行设计和布设。水槽试验主要就岸滩土壤性质、崩塌过程、河槽冲刷影响等机理方面进行研究[1-9]，王延贵等曾在20世纪90年代利用褐色电木粉、塑料沙、煤粉等多种模型沙在玻璃水槽内开展了模型沙河岸的冲刷坍塌试验，就多种模型沙的坍塌过程、坍落高度等进行了试验研究[1,2]，Arai 等、Nardi 等近期利用水箱也进行了沙质岸滩和砂卵石岸滩的崩塌过程试验[3,4]。为了研究边坡形态对边坡崩塌的影响，徐永年和匡尚富利用变坡试验槽进行了不同坡度、不同坡面形态的对比试验[5]，观测了边坡内部孔隙水压力随时间的变化过程和土体移动量随时间的变化规律，并对崩塌的形式和部位进行了定性描述。在20世纪初，王延贵又利用模型水槽全面系统地开展了模型沙河流崩岸的试验研究，主要研究了不同河型的崩岸过程和特点、河道冲刷对崩岸的影响、洪水期的崩岸问题、二元岸滩结构的崩岸问题等[6]。严文群等在玻璃水槽中利用粉细砂和中砂研究了地下水渗流对河岸稳定性的影响[7]，分析了地下水渗流作用下的河道崩岸发生、发展机理和演变过程，从防止坡面发生渗透破坏和降低浸润线、减少渗流量两个角度，研究了防治崩岸的渗流控制措施，重点研究了土工织物和排水减压井在降低渗流破坏、增加边坡稳定性的效果；余明辉和郭晓在弯道模型水槽中展开系列试验，研究凹岸坡脚处成型崩塌体在水力作用下输移过程及其对岸坡稳定性与河床冲淤的交互影响[8]，指出岸坡崩塌及崩塌体的分解输移与近岸水流的紊动能关系密切。张幸农等根据长江中下游崩岸的基本特征，采用典型崩岸河段原型沙，在试验室中建立了概化岸坡模型，针对岸坡崩塌破坏机理进行了模拟试验研究[9]。王路军在搜集分析大量的国内外崩岸研究资料的基础上，通过长江下游崩岸现象的现场调查和分析，借助于大型室内概化模型水槽试验，对常见的崩岸现象及其主要影响因素进行了试验模拟研究，得到了崩岸形成条件、发展过程及内在机理，并提出了崩岸预防及处理对策[10]。岳红艳等以室内概化模型水槽试验为技术手段，尝试采用不同粒径的新型复合塑料沙（细颗粒层加入适当比例的黏合剂）模拟了天然二元结构河岸崩塌过程，给出了二元结构岸滩崩塌的五个阶段与特点[11]。

模型试验主要是针对特定的实际河道崩岸问题，根据几何、水流、泥沙等模型相似率，按模型比尺制作模型，考虑模型相似选定模型沙和试验条件，直观模拟或概化模拟典型河流不同边界和水流条件下的河岸崩塌现象、过程和防治措施，测取相应的试验数据，为有效解决典型河段的崩岸问题提供技术支撑。但是，鉴于模型相似理论与试验技术水平的限制和崩岸机理的复杂性，特别是在河岸土壤性质与模型沙的相似性方面，还没有得到有效解决，模型侧向冲刷和岸滩崩塌与实际河流还存在较大的差异，目前还没有发现相关典型河流崩岸的模型试验，仍然以水槽试验为主，试验成果也是初步的，还需要进一步探索。

2.1.2 崩岸机理试验目的与研究内容

在 2000 年之前，河流崩岸的机理研究以现场调研、资料分析、理论研究、数模计算等为主要研究手段[12-17]，虽然也有以水槽试验作为手段的研究成果，但主要是研究河岸渗流、岸坡稳定、崩岸治理等方面的问题[1,2,18-21]，有关综合因素的试验研究仍然比较少，其主要原因是崩岸机理十分复杂，需要进行多学科的参数试验，既要模拟河岸土壤性质，又要进行水沙因子的测量，还要进行河道冲淤演变的分析，而且定量化的难度也比较大。在此背景下，作者在 2000 年后开展了冲积河流岸滩崩塌机理的试验研究[6]，该项试验也仅是一种尝试，难以达到完全定量化，仍属于水槽试验的范畴；鉴于河流崩岸与防护的重要性，近期有些学者陆续就河流崩岸机理进行了试验研究[3,4,8-11]，也取得了一些重要成果。

试验研究的主要目的是观察分析河流岸滩的崩塌过程，揭示河流崩岸机理。具体说来，通过水槽试验可以达到如下研究目的[6,8]。

1）鉴于崩岸机理的复杂性和试验手段的局限性，需要探求利用模型水槽试验系统研究崩岸机理的可行性，为以后的定量崩岸试验研究提供经验和教训，特别是典型河流崩岸的模型试验研究。

2）利用不同的模型沙模拟河岸的崩塌形式、崩塌过程和崩塌特点，弥补天然情况难以观测到的河岸崩塌现象。

3）研究河岸崩塌的主要影响因素，了解各因素的影响机理及其程度，其中包括河岸边界组成、结构，水流条件和河道冲淤、河势变化等，以更好地定量研究岸滩崩塌机理。

4）研究崩岸发生后，崩塌体在河流遭受水流冲刷的过程和特点，进而探讨崩体泥沙冲刷扩散与水流因子的关系，以有效预测河流崩岸持续发生的过程。

针对水槽试验的目的和崩岸发生的主要影响因素，目前水槽试验所从事的研究内容主要包括[6,8]：

1）研究不同物质组成岸滩的崩塌过程和特点，利用清水持续冲刷水槽内的模型沙岸滩，观察不同模型沙岸滩的稳定性和坍塌过程与特点，测定相应的坍落高度。

2）研究崩塌体水力输移与塌岸淤床交互影响，利用弯道水槽的凹岸坡脚处成型崩塌体模拟在水力作用下输移过程及其对岸坡稳定性与河床冲淤的交互影响。

3）研究河床冲刷对河岸崩塌的影响，观测顺直模型河道冲刷下切前后，河槽断面冲淤变化、岸滩崩塌形式、崩塌过程和特点。

4）研究近岸流及河势变化对崩岸的影响，了解不同河型与崩岸的关系，观测弯道进口凸岸、弯道凹岸及其下游河段的崩塌特点和崩岸形式等。

5）研究洪水期的崩岸问题，包括洪水浸泡、洪水升降及其速率对崩岸的影响。

6）研究河岸组成结构对崩岸的影响，主要包括二元结构（上层较细）的河岸崩塌过程和崩塌特点。

2.2 崩岸试验布设及试验方案

根据崩岸试验目的和研究内容，崩岸试验主要开展以下三方面的试验研究：①河流岸滩崩塌及崩体冲刷过程的试验研究，主要研究河流岸滩崩塌过程与崩体淤积和冲刷特点，简称岸滩崩塌与冲淤过程试验；②河道水流条件及冲淤演变对崩岸影响的试验研究，主要研究河道水流条件、河道冲淤、河势变化等对崩岸的影响，简称崩岸机理影响因素试验；③河岸组成结构对崩岸的影响的试验研究，针对不同的河岸结构组成，探讨相同水流条件下河流崩岸发生的特点与差异，这里的河岸结构主要是指上层为细颗粒黏性土、下层为粗颗粒沙质土的二元结构，简称河岸结构崩岸试验。

2.2.1 崩岸试验的布设

1. 岸滩崩塌与冲淤过程试验

目前，岸滩崩塌与冲淤过程试验主要包括岸滩崩塌过程及崩塌高度试验和崩体水力输移与淤床交互影响试验两方面，前者主要由王延贵、Arai 等先后在 20 世纪 90 年代和 21 世纪 10 年代完成的[1,2,3-5]，后者主要是由余明辉等完成的[8,22]。

作者的岸滩崩塌过程及崩塌高度试验是在一个 150cm×20cm×20cm 的玻璃水槽内进行的（图 2-1 和照片 2-1），观测了河流岸滩的崩塌过程和崩塌特点，该项试验的主要设备包括进水管、水槽和水箱，较早用于研究模型沙的崩塌过程和崩塌高度[1,2]，选用的试验用沙有褐色电木粉、精煤、塑料沙等。Arai 等和 Nardi 等近期也利用水箱分别进行了沙质岸滩和沙卵石岸滩的崩塌过程试验，试验布设如图 2-2 和照片 2-2 所示[3,4]。

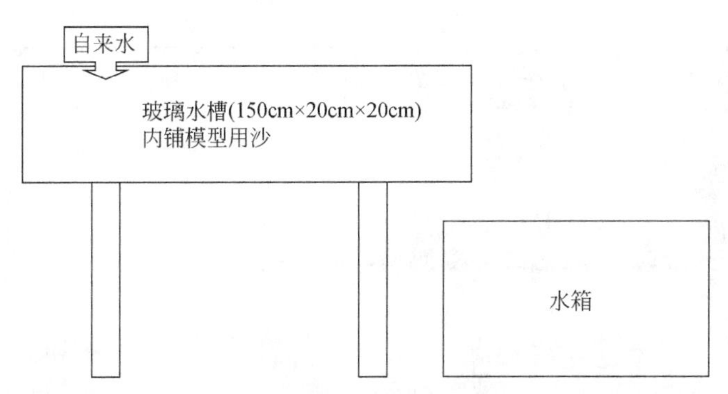

图 2-1　岸滩崩塌过程及崩塌高度试验布置示意图

(a) 褐色电木粉试验前

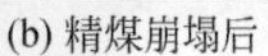

(b) 精煤崩塌后

(c) 塑料沙崩塌后

照片 2-1　典型模型沙岸滩崩塌过程及崩塌高度试验

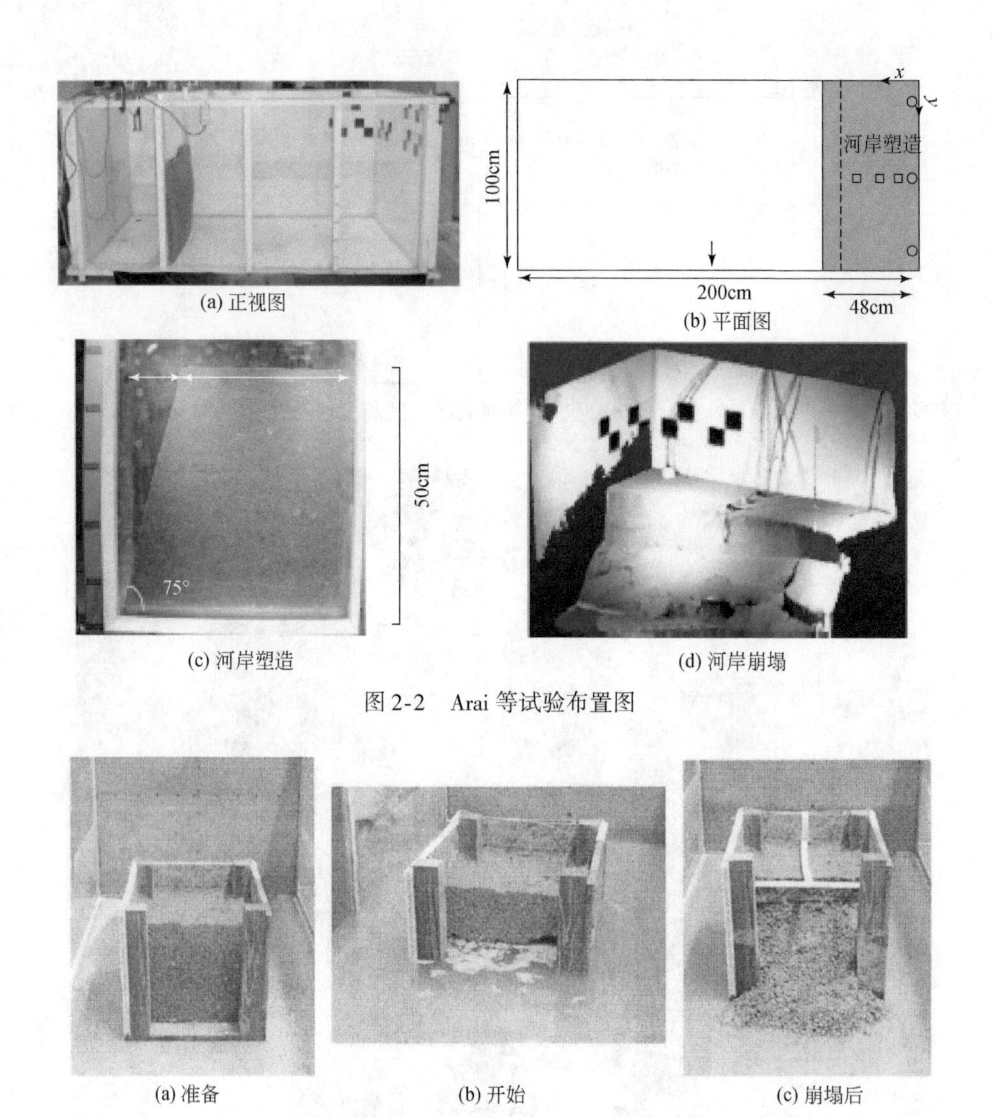

(a) 正视图 (b) 平面图

(c) 河岸塑造 (d) 河岸崩塌

图 2-2 Arai 等试验布置图

(a) 准备 (b) 开始 (c) 崩塌后

照片 2-2 Nardi 等试验布置图

崩体水力输移与淤床交互影响试验是在180°弯道水槽中进行的，水槽总长50.0m，弯道两端连接顺直过渡段均约15.0m，如图2-3（a）所示。水槽横断面呈矩形，宽1.2m，深1.0m，弯道段外径为3.0m，内径为1.8m，槽底纵向坡降0.1%，水槽首部设有电磁流量计控制流量，调节尾门控制水位[8,22]。试验中，在如图2-3（a）所示的水位控制断面处设测针控制水位，沿程均匀分布6台自动水位计监测水位沿程变化；小螺旋桨流速仪监测流速分布；自动地形仪结合三维激光扫描仪监测岸滩崩塌及河床演变情况；该试验选用的模型沙为天然沙，试验基本情况如图2-3和照片2-3所示。

2. 崩岸机理影响因素试验

崩岸机理影响因素试验一般是在模型水槽内进行的，为使模型水槽试验中的水流运动、床沙运动能定性地反映天然情况，模型水槽试验的设计需要考虑水槽中河床泥沙

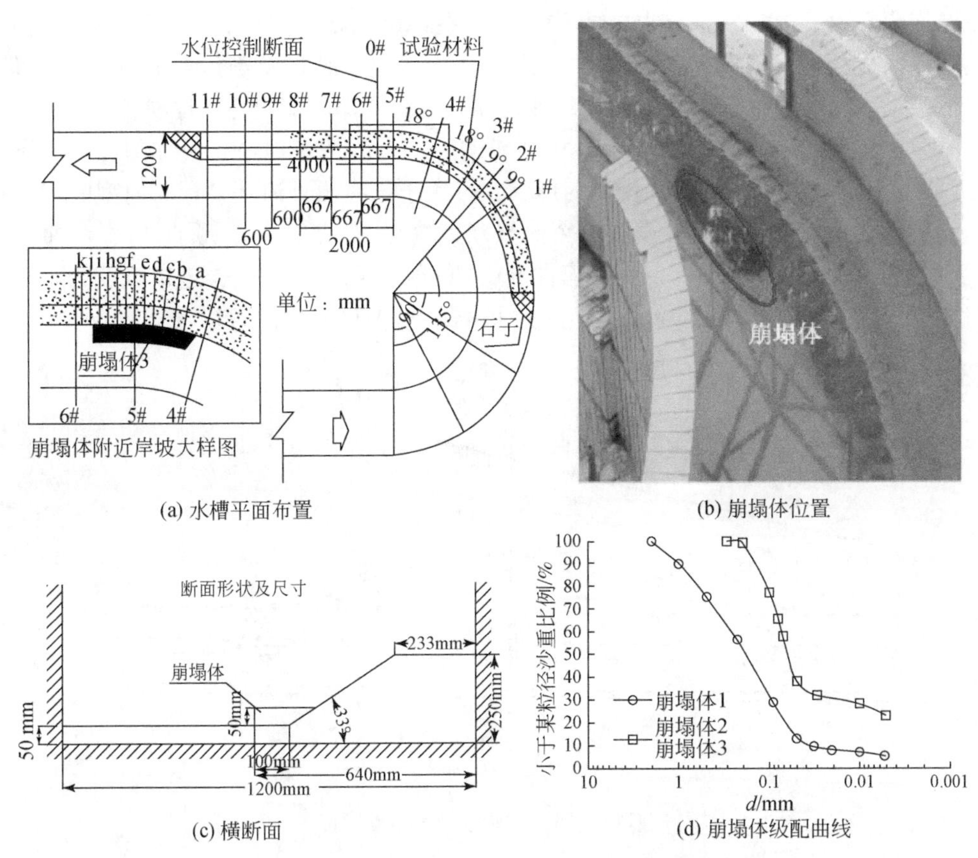

(a) 水槽平面布置　　(b) 崩塌体位置

(c) 横断面　　(d) 崩塌体级配曲线

图 2-3　崩体水力输移与淤床交互影响试验基本情况

(a) 非黏性河床　　(b) 黏性河床

照片 2-3　崩体水力输移与淤床交互影响试验布设照片

和岸滩崩塌泥沙的起动冲刷问题。也就是说，在模型水槽试验的设计中，模型沙种类和模型沙组成的选择要与河道施放的水流条件相适应，满足模型沙的起动流速条件，以保证模型水槽试验中的水流运动、床沙运动、岸滩崩塌等能定性地反映实际情况。

结合试验内容和场地条件，崩岸机理影响因素试验的场地与布设如图 2-4 和照片 2-4所示[6]，模型水槽呈一“大肚”的形状，可用于研究顺直河型、弯曲河型的崩岸机理的影响因素，其中顺直河型设置 4 个测量断面（顺直 1，……，顺直 4），弯曲河型设置 5 个测量断面（弯曲 1，……，弯曲 5）；模型长度约为 5.0m，进口宽度为 1.0m，出口宽度约为 0.8m，中间部位最宽，约为 1.8m；模型试验用沙为粉煤灰。

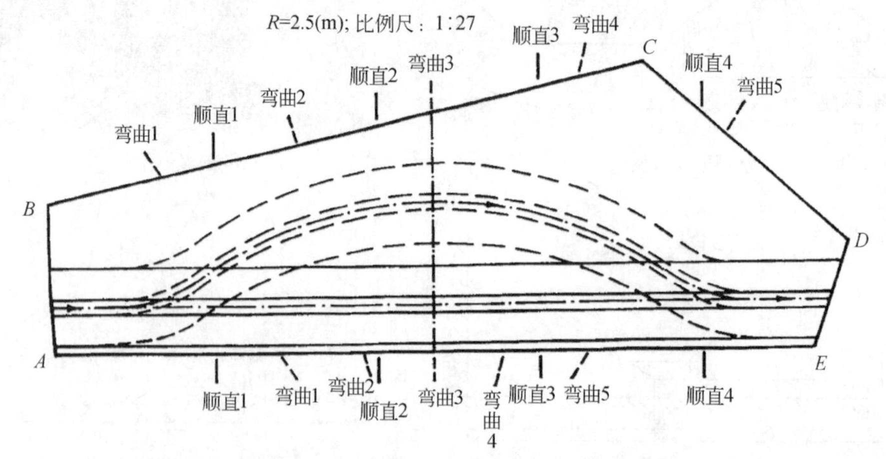

图 2-4　崩岸机理影响因素试验场地与量测断面布设示意图

(a) 顺直河型

(b) 弯曲河型

(c) 试验断面测量

照片 2-4　崩岸机理影响因素试验布设现场

另外，针对长江中下游坍塌型崩岸，张幸农等就孔隙水压力（渗流坡降）对岸滩（或岸坡）崩塌发生、崩塌破坏的形成与发展过程等的影响进行了水槽试验研究[9]。试验是在长 50m、宽 12m 的循环模型水槽中进行的，模型水槽试验布置如图 2-5 所示，水槽中部设立长 20m、高 1.6m 的试验岸坡体，岸坡前部为明渠水流，后部设置渗流井，另有前池、滚水堰、回水槽等进出水设施。

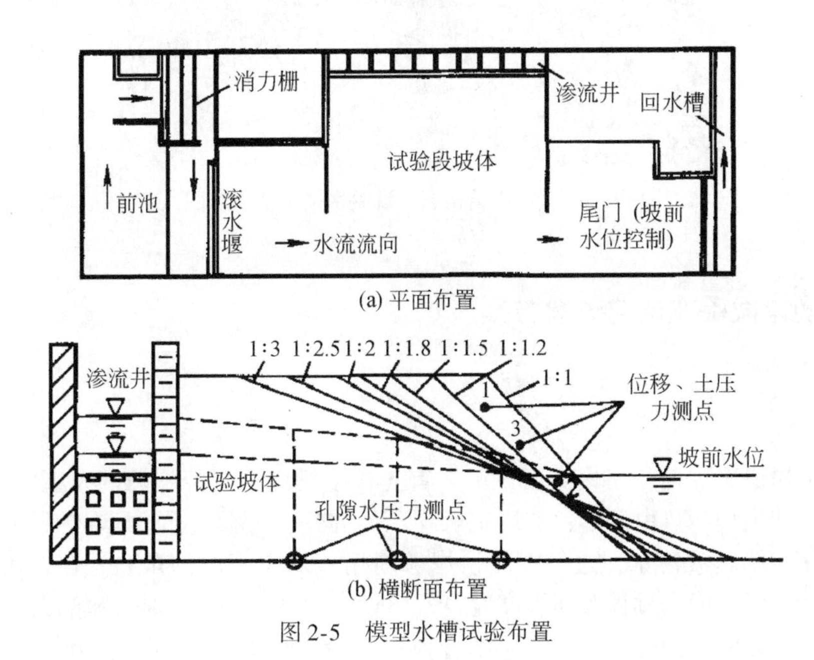

图 2-5　模型水槽试验布置

3. 河岸结构崩岸试验

对于上层为细颗粒黏性土、下层为粗颗粒沙质土的二元结构岸滩崩岸，作者利用如图 2-4 所示的模型水槽开展了二元结构崩岸试验。在实验室内塑造顺直型全动床模型河道，其河岸采用上下层不同粗细的模型沙，上层 10cm 内为细颗粒粉煤灰，对应的中值粒径为 0.05mm；下层为粗颗粒粉煤灰，对应的中值粒径为 0.085mm。针对塑造的全动床模型河道，通过控制河槽尾门水位，施放不同工况条件的水流，并观测二元结构岸滩的崩塌特点，与一元均质岸滩河道的崩岸进行对比[6]。

另外，岳红艳等采用室内模型水槽试验开展了二元结构弯曲河岸崩塌机理研究[11]。试验水槽总长为 49m，宽为 9m，试验段长约 17m，上下游过渡段分别为 16m，弯道的曲率半径 $R=47.6$m，试验平面布置如照片 2-5 所示。为了模拟长江中游二元结构河岸（上层黏性土、下层沙质土）的崩岸问题，选用中值粒径为 0.2mm 的模型沙模拟天然河岸下层细沙，中值粒径为 0.058mm 的模型沙模拟天然河岸上层黏土，其中上层掺混 1%配比的环氧树脂，以增加上层模型沙黏性。

照片 2-5　河岸结构崩岸试验水槽平面示意图

2.2.2　崩岸试验方法与试验方案

1. 岸滩崩塌与冲淤过程试验

对于河岸崩塌过程及崩塌高度试验，首先在水槽内铺置浸泡后的模型沙，加水并搅拌均匀，让模型沙自由沉落；然后把表层清水排净。根据不同的暴露时间，用自来水管在水槽一侧施放清水，进行模型沙岸滩崩塌及崩塌高度的试验。在试验过程中，观测模型沙岸滩的崩塌过程及崩塌高度[1,2]。试验方案的选取主要考虑了以下两个方面的因素，一是模型沙的种类和粗细，结合模型试验常用的模型沙，选用了精煤、褐色电木粉和塑料沙作为该项试验的模型用沙；二是考虑模型沙在水槽浸泡铺设完以后的暴露时间，结合模型沙的特点，选取了多种不同的暴露时间，暴露时间实际上就是反映模型沙的排水过程。河岸崩塌过程及崩塌高度试验方案见表 2-1。

表 2-1　河岸崩塌过程及崩塌高度试验方案

模型沙与方案	褐色电木粉		塑料沙	精煤		粉煤灰
	A	B		A	B	
中值粒径/mm	0.0666	0.131	0.225	0.008	0.235	0.082
暴露时间或初始状态	0.5h，2h，3h，5h，16h	10min，4.5h，15h	10～30min，4h，14h，22h	17h	10～30min，3h，15h	基本饱和状态，55%的含水量

对于崩体水力输移与淤床交互影响试验[8,22]，在弯道凹岸内侧弯顶至其下游顺直过渡段用河沙模拟非黏性可动岸坡，如图 2-3（a）和（b）所示，首尾用碎石与边壁光滑连接，河沙中值粒径 d_{50}=0.44mm；在岸坡铺沙段水槽底部铺 5cm 厚白矾石模拟非黏性可动河床，中值粒径 d_{50}=0.54mm。岸坡及河床模型初始孔隙率为 40%～42%，采用断面板法并控制同体积模型沙重量以保证模型均匀性及可复制性。在断面 C.S.4～C.S.6 紧邻岸滩坡脚处增设条形崩塌体［图 2-3（b）］，横断面初始形态如图 2-3（c）所示。沿水

槽布置 22 个监测断面，其中在崩塌体附近加密设 11 个监测断面（C. S. a ~ C. S. k），如图 2-3（a）所示。试验开始时，关闭尾门，在水槽下游缓慢注水，当水位控制断面处水位上升到设计水位值以下 1cm 时，停止注水，随即开始动水试验。该项试验进行了河沙和黄河磴口沙崩体水力输移与淤床交互影响的试验研究，考虑了模型施放流量和控制水位的差异，主要试验方案如表 2-2 所示[8]。

表 2-2　崩体水力输移与淤床交互影响的试验工况

试验用沙	中值粒径/mm	控制水位/cm	施放流量/(L/s)
河沙	0. 190	19. 0	22 ~ 35
黄河磴口	0. 063	22. 5	27 ~ 46

2. 崩岸机理影响因素试验

作者开展的崩岸机理影响因素试验的过程和方法如下：首先是模型水槽河道塑造，即在模型水槽范围内，铺设模型沙，按照设计断面、设计比降和平面外形利用断面板法进行河道塑造；其次是进行试验准备工作，主要包括模型沙取样测量、量测设备布设、河槽充水等，特别是河道充水值得重视，防止河道的破坏，河槽充水一般从尾部开始充水，到河槽充至设计要求为止；再次是开展水槽试验，根据计划的试验方案，从进口施放清水进行河流崩岸试验[6]；最后在试验过程中，根据模型水槽试验目的与试验内容，进行河岸崩塌特点和崩塌过程的观测，同时进行拍照和录像工作，以获取更多的试验资料。模型水槽试验的条件和特点如下：

1）结合试验目的和研究内容，采用全动床模型水槽试验。为方便起见，模型河道断面采用梯形断面形态，底宽 $B=10$cm，边坡系数 $m=1.0$，河深$H=20$cm。

2）水槽试验主要是为研究河岸崩塌机理而设计，宜选在实验室内进行，不仅容易操作和观测，还更容易改变模型的边界条件和水流条件，该模型水槽试验选取顺直和弯曲两种河型。

3）试验选用粉煤灰为模型用沙，河流岸滩用粉煤灰进行塑造；因模型水槽试验主要研究河床冲刷、侧向冲刷演变、水位升降等对河岸崩塌的影响，模型进口无须加沙，仅进行清水冲刷。

4）模型选取两级不同流量及不同水位工况进行试验，以了解水流条件对河流崩岸的影响。

根据崩岸机理试验的研究目的和研究内容，崩岸机理影响因素试验共进行了 9 组方案的试验，包括顺直河道的 4 种不同工况方案（顺直河道 1 ~ 顺直河道 4）、弯曲河道的 4 种不同工况方案（弯曲河道 1 ~ 弯曲河道 4）和微弯河道的 1 个方案（微弯河道），如表 2-3 所示，该表给出了模型试验的试验条件、模型参数和测量科目。

表 2-3　崩岸机理影响因素试验方案

研究内容	试验方案	流量/(L/s)	河床比降	断面形状	尾门水深控制/cm	放水时间/min	试验要点	测量内容
河床下切冲刷对河道崩岸的影响	顺直河道 1	6	0.002	$b=10$cm；$m=1$；$h=20$cm；b—底宽；m—边坡；h—岸高	15	60	①以边墙作为右岸，右岸做成定床；河床、左岸为动床。②顺直河道 2 方案让河床发生冲刷	断面、水位、河岸取样做容重、空隙比和含水率、观测崩塌主要参数（高度、大小、形状、时间等）
	顺直河道 2	6			8	60		
近岸河床演变对崩岸的影响	微弯河道	6			15	60	弯道半径：$R=3.1$m	
	弯曲河道 1	6			15	60	弯道半径：$R=2.5$m	
	弯曲河道 2	2			4	60		
洪水期的崩岸问题	顺直河道 3	(6→5→4→3→2)			19→16→12→8→4	15+15+15+15+15	边墙作为右岸，右岸做成定床；河床、左岸为动床	
	顺直河道 4	6→2			19→4	15+45		
	弯曲河道 3	6→2			19→4	15+45	弯道半径：$R=2.5$m	
	弯曲河道 4	2→3→4→5→6			4→8→12→16→19	15+15+15+15+15		

此外，张幸农等在模型水槽试验中，试验岸坡采用长江崩岸段原型中细沙组成，以试验岸坡中部 4m 段为监测对象，如图 2-5 所示。对应的试验条件和工况如下：7 组岸坡坡度分别为 1∶1、1∶1.2、1∶1.5、1∶1.8、1∶2、1∶2.5 和1∶3，2 组坡面流速分别为 0.5m/s 和 0.8m/s，4 组坡体前后水位差分别为 22cm、42cm、62cm、82cm。

3. *河岸结构崩岸试验*

实际上，河岸结构崩岸试验的方法与崩岸机理影响因素试验没有本质的差异，其过程都包括模型河道塑造、试验准备、水槽试验、试验观测等阶段，但河岸结构崩岸试验在二元结构模型河岸的塑造方面仍具有明显的差异，其塑造难度也有所加大。在二元结构岸滩塑造过程中，根据模型沙与河道岸滩设计，利用断面板制作和铺设一定厚度的粗颗粒模型沙，然后在粗模型沙上面铺放一定厚度的细颗粒模型沙，形成二元结构岸滩。针对形成的二元结构模型河道，继续进行试验准备、模型试验、试验观测等阶段。

模型沙粗细能反映其黏性特点，泥沙颗粒越细，泥沙内聚力越大，岸滩越不容易崩塌；泥沙越粗，泥沙内聚力越小，岸滩越易崩塌。作者在弯曲模型水槽中进行了二元结构岸滩崩塌试验研究，重点考虑了水流条件、河岸组成等因素的影响，二元结构岸滩的上部为较细颗粒泥沙组成，下部为较粗颗粒泥沙组成，试验方案见表 2-4[6]。岳红艳等利用弯曲模型水槽也开展了河岸组成和河岸坡度对岸坡稳定性的影响[11]的试验研究，在一定水流条件下，分析不同上下层厚度比值、不同坡度条件下近岸泥沙冲淤变化、崩塌形式和崩塌过程，对应的试验工况见表 2-5。

表 2-4　二元结构岸滩崩岸模型水槽作者试验方案

研究内容	试验方案	流量/(L/s)	河床比降	断面形状	尾门水深控制/cm	放水时间/min	试验要点	测量内容
均质土壤岸滩的崩岸问题	弯曲河道 1	6	0.002	$b=10$cm；$m=1$；$h=20$cm	15	60	弯道半径：$R=2.5$m	断面、水位、河岸取样做容重、空隙比和含水率、观测崩塌主要参数（高度、大小、形状、时间等）
	弯曲河道 2	2			4			
二元土壤结构岸滩的崩岸问题	弯曲河道 5	6			15		①弯道半径：$R=2.5$m；②河岸表层为较细的泥沙，下层为较粗的泥沙	
	弯曲河道 6	2			4			

表 2-5　二元结构岸滩崩岸模型水槽岳红艳试验方案

试验方案	设计流量/(m^3/s)	设计水深/m	上下土层厚度比	河岸坡度
1	0.09，0.12，0.18，0.24	0.14，0.18，0.21，0.22	2∶1	1∶1
2	0.09，0.12，0.18，0.24	0.14，0.18，0.21，0.22	1∶2	1∶1
3	0.09，0.12，0.18，0.24	0.14，0.18，0.21，0.22	2∶1	1∶2

2.3　崩岸试验用沙的主要特性

2.3.1　岸滩崩塌与冲淤过程试验用沙

1. 物化特性

崩岸试验用沙也称为模型沙，其物化成分直接决定模型沙的基本性质，常用的试验用沙（模型沙）的主要物化成分见表 2-6[1,23-25]。

塑料沙：塑料沙由碳氢化合物-聚氯乙烯组成，其分子量较小，相应的密度也较小，仅为 1.05～1.10t/m^3，而且易熔、易燃，形状多为圆形，不规则粉末状细颗粒的加工技术难度较大。

煤：煤是由有机物和无机物组成的复杂混合物。有机质元素主要是碳，其次是氢，还有氧、氮和硫等元素，它们以结构十分复杂的大分子形式存在。无机质元素主要是硅、铝、铁、钨、镁等，它们以蒙脱石、伊利石、高岭石等黏土矿物形式存在，还有黄铁矿、方解石、白云石、石英石等，根据含碳量的多少，可以把煤分为无烟煤（含碳量 95% 左右），烟煤（含碳量 70%～80%），褐煤（含碳量 50%～70%）和泥煤（含碳量 50%～70%），分别称为高煤化度、中等煤化度和低等煤化度。煤的含碳量越高，燃烧热值也越高，质量越好。精煤的分子量相对较大，对应的密度为1.3~1.5t/m³，煤的外观呈黑色，易燃、质脆，极易粉碎成小颗粒的煤粒或煤粉。

电木粉：电木粉（也称酚醛沙）是由低压电器材料的边角废料加工而成，或由酚醛树脂加入一定的电木粉特制而成，粒径范围很广，主要成分为碳氢聚合物。电木粉的密度与精煤接近，为1.4~1.5t/m³，其颜色有黑、褐、白之分。

天然沙：天然沙主要来源于流域水土流失、河床冲刷、石块经长时间水流作用下反复冲撞和摩擦分解三个方面，其粒径分布范围很广。天然泥沙主要成分由 SiO_2、Al_3O_2等组成，其密度为2.6~2.7 t/m³，约为2.65 t/m³。

表 2-6　常用模型沙的主要组成及基本属性

模型沙	颜色	主要成分	密度/(t/m³)	生产方式	备注（使用单位）
电木粉	褐色	酚醛树脂	1.4~1.5	低压电器材料粉碎研磨而成	中国水利水电科学研究院，南京水利科学研究院等
塑料沙	灰白	聚氯乙烯 聚苯乙烯	1.05~1.10		清华大学，武汉大学水利水电学院等
精煤	黑色	碳、氢、氧等	1.30~1.50	粉碎和研磨	中国水利水电科学研究院、长江科学院等
天然沙		$SiO_2+Al_3O_2$等	2.6~2.70	直接取自天然河道和水库	

2. 微观结构

模型沙的微观结构和形状对其崩塌特性有一定的影响，照片2-6为部分模型沙的扫描电子显微镜照片[2,23,24]。褐色电木粉、煤、塑料沙及天然沙的微观颗粒形状有很大的差异，塑料沙颗粒浑圆光滑，褐色电木粉、煤和天然沙颗粒皆属多棱角，其中天然沙的圆度又比电木粉和煤的圆度稍大，而褐色电木粉和煤的圆度相差不大。

(a) 天然沙

(b) 褐色电木粉

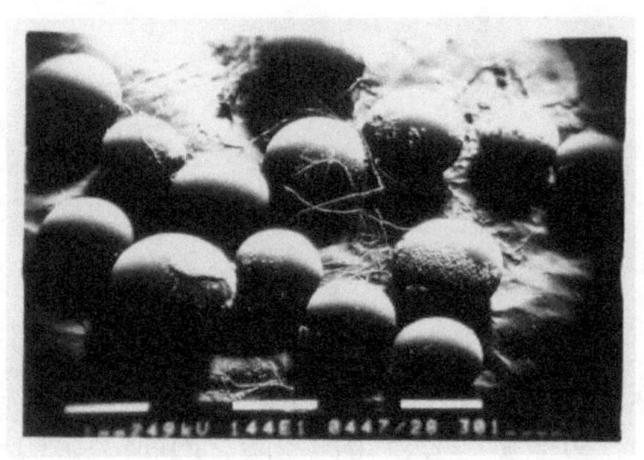

(c) 塑料沙

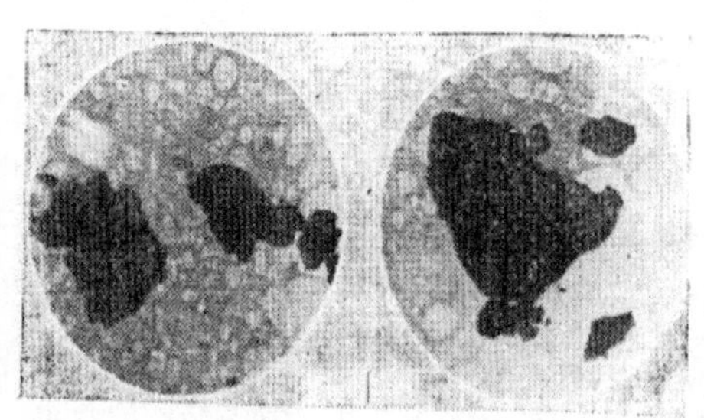

(d) 精煤

照片 2-6　模型沙的扫描电子显微镜照片

3. 基本特性

岸滩崩塌过程及崩塌高度试验选用了精煤、褐色电木粉和塑料沙等多种试验用沙，试验用沙的基本特性参见表 2-7[1,2]，相应的模型沙级配曲线如图 2-6 所示。

表 2-7　试验用沙的基本特性

试验用沙		中值粒径 d_{50} /mm	密度 ρ_s/(kg/m^3)	$\sqrt{d_{75}/d_{25}}$
（褐色）电木粉	A	0.0666	1450	2.616
	B	0.131	1450	1.748
煤	A	0.008	1530	
	B	0.235	1480	1.514
塑料沙		0.225	1050	1.303

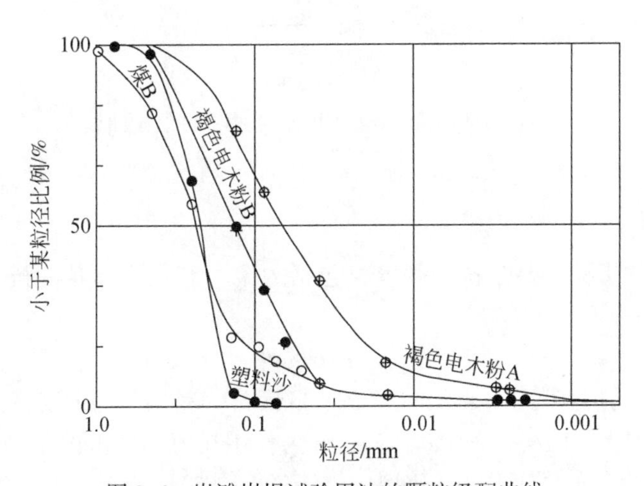

图 2-6　岸滩崩塌试验用沙的颗粒级配曲线

2.3.2 崩岸机理影响因素试验用沙

1. 物化特性

崩岸机理影响因素试验用沙为粉煤灰。粉煤灰是原煤经电厂锅炉燃烧后的产品，密度为2.0~2.2 t/m^3。用频谱仪分析可知[26]：粉煤灰的主要成分是氧化硅、氧化铝和氧化铁，约占粉煤灰总量的80%，还有一定量的氧化钙、氧化镁等。在200倍光学显微镜下，各粒径组粉煤灰的观察结果表明[1]：粗颗粒不易被物体吸附，对于$d>0.01$mm粒径组的粉煤灰，颗粒性比较明显；随着粒径的减小，吸附现象与颗粒之间的相互作用越来越明显，$d\leqslant 0.01$mm时，粉煤灰颗粒极易被吸附，并结成团状。

当粒径小到一定程度时，颗粒表面的物理化学作用可使颗粒之间产生较强的相互作用，从而改变泥沙的水力学特性，使起动流速相似性受到一定的影响。为了减小粉煤灰细颗粒固结的影响，试验采用较粗的粉煤灰作为试验用沙，试验用沙的级配参见图2-7，其中值粒径为0.082mm，这一试验用沙基本上不存在板结现象。

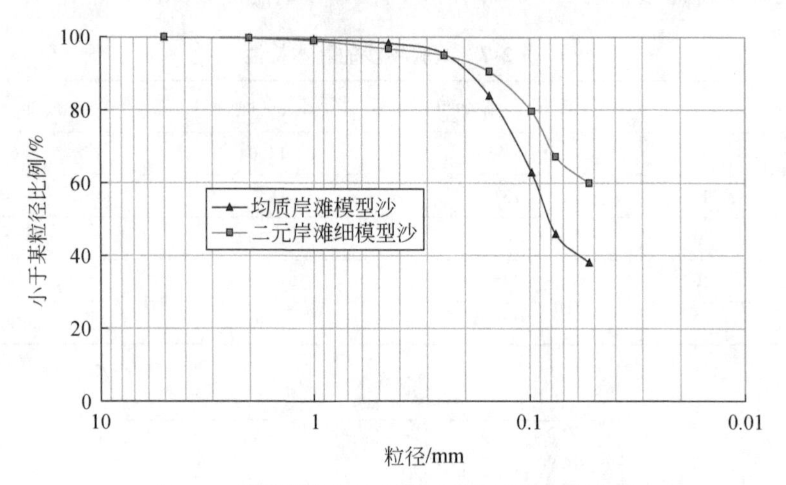

图2-7 崩岸机理影响因素试验模型沙级配曲线

2. 力学指标

粉煤灰的力学指标主要是抗剪强度，包括内聚力和内摩擦角。抗剪强度符合库仑定律

$$\tau=c+\sigma\tan\theta \tag{2-1}$$

式中，τ为粉煤灰的抗剪强度，kg/cm^2或Pa、kPa；c为粉煤灰的强度指标，称为内聚力，也称凝聚力或黏聚力，kg/cm^2或Pa、kPa；σ为作用在剪切面上的法向应力，kg/cm^2或Pa、kPa；θ为粉煤灰的强度指标，称为内摩擦角，(°)。文献［19］给出粉煤灰在不同干密度、不同含水量时的抗剪强度指标，见表2-8。

表 2-8　粉煤灰在不同干密度、不同含水量时的 c、θ 值

样品编号	干密度/(t/m^3)	含水量/%	c/(kPa)	θ/(°)
1-1	1.0	12.0	1.5	31.0
1-2	1.0	21.0	2.0	31.0
1-3	1.0	35.0	3.0	30.0
1-4	1.0	50.0	0.0	27.0
2-1	0.8	45.0	0.0	28.0
2-2	0.9	45.0	0.1	29.0
2-3	1.0	45.0	0.5	30.0
2-4	1.1	45.0	1.5	31.0

3. 粉煤灰的容重

粉煤灰干容重与粒径关系呈下凹曲线，曲线最低点相应粒径为 0.1mm，这一变化规律是由粉煤灰细观结构造成的。粉煤灰微观结构观察表明[26]，d>0.1mm 的粗颗粒中，深色、多孔、不规则形状的颗粒较多，故随着粒径的增大，干容重增大；d = 0.1mm 的颗粒中疏松多孔物最多，不少颗粒能浮于水面，从而使其干容重偏小；d< 0.1mm 颗粒中，多为浅色球状颗粒，放大 1000 倍时，可以清楚地看到，随着粒径的减小，颗粒微孔的尺度及微孔数量及尺度均减少，致密球状颗粒越来越多；d<0.01mm 的颗粒表面已看不到微孔。因此，d<0.1mm 时，干容重随粒径减小而增大。另外，与其他模型沙相比，粉煤灰的干容重变幅较小，其主要原因是粉煤灰颗粒多为球体，级配较为均匀，颗粒间隙中的填充物较少；与其他形状的颗粒相比，级配较均匀的粉煤灰球状颗粒在受压后，颗粒间距及孔隙的缩减程度都较小。

2.3.3　模型沙的起动流速

无论是天然泥沙，还是模型沙，它们的起动规律都是一样的，在起动过程中都要克服泥沙的重力、黏滞力、孔隙水压力等多种力的共同作用。通过分析大量的模型沙和天然沙起动流速的实验资料，文献［27］建立了模型沙起动流速公式：

$$V_c=\left(\frac{h}{d}\right)^{0.14}\left(17.6+\frac{\gamma_s-\gamma_w}{\gamma_w}d+0.000\,000\,37\,\frac{10+h}{d^{0.446}}\right)^{\frac{1}{2}} \tag{2-2}$$

式中，V_c 为模型沙起动流速；h 和 d 分别为河道水深和模型沙粒径；γ_s 和 γ_w 分别为模型沙和水的容重。

为了探讨粉煤灰的起动特性，文献[26]曾点绘包括 0.0135mm 粒径组在内的粉煤灰起动流速与粒径的关系，如图 2-8 所示。当粒径大于 0.027mm 时，起动流速随粒径增大而增大；0.0135mm 粒径组粉煤灰的起动流速略大于相同条件下 0.027mm 粒径组的起动流速，按变化趋势将二者连成一条下凹曲线。相对于最小起动流速的粒径为 0.0135 ~ 0.02mm，这种规律与天然沙及其他模型沙类似[23]，但比天然沙小得多，天然

沙最小起动流速相应的粒径为0.15～0.20mm。

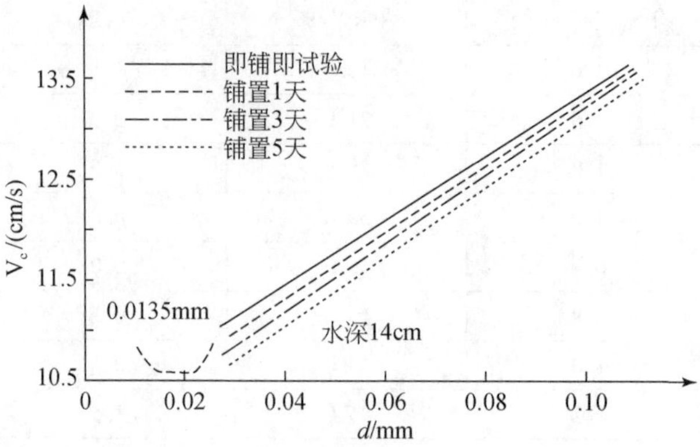

图2-8　起动流速与粒径的关系

文献[26]研究了粉煤灰特性随时间的变化特点，表2-9为中值粒径0.027～0.10mm粉煤灰的起动流速、干容重随时间的变化，表中V_{c0}为即铺即放水的起动流速，V_{c1}、V_{c3}、V_{c5}分别为铺置1天、3天、5天时的起动流速。显然，起动流速随时间的增长和干容重的增大而增大。铺置时间为0～5天时，粒径越小，起动流速越小、干容重越大；而且粒径越小，模型沙的起动流速和干容重受铺沙时间的影响越明显。铺沙5天后与刚铺时相比，各粒径组干容重相对增加值为0～7.5%，起动流速相对增加值为0.8%～4%，在此粒径范围内起动流速与干容重的变化均较小。因此，粉煤灰只要充分浸泡、分散，无结块现象，铺沙时干容重控制在0.9g/cm^{3}左右，则固结对粉煤灰起动的影响不大。但对于粒径太小的粉煤灰，如0.0135mm以下，其固结明显，对模型试验的起动相似性产生影响，不宜作为模型沙。

表2-9　粉煤灰起动流速、干容重随时间变化（水深为14cm）

d_{50}/mm	起动流速 V_c/(cm/s)				ΔV_c/(cm/s)	$\Delta V_c/V_{c0}$	干容重 γ_d/(g/cm^3)				$\Delta\gamma_d$	$\Delta\gamma_d/\gamma_d$
	V_{c0}	V_{c1}	V_{c3}	V_{c5}	$V_{c5}-V_{c0}$	/%	γ_{d0}	γ_{d1}	γ_{d3}	γ_{d5}	$\gamma_{d5}-\gamma_{d0}$	/%
0.110	13.25	13.34	13.35	13.35	0.10	0.75	0.821	0.821	0.821	0.821	0.000	0.00
0.070	11.85	11.96	12.11	12.21	0.36	3.04	0.821	0.828	0.843	0.857	0.036	4.38
0.027	10.42	10.64	10.80	10.84	0.42	4.03	0.978	0.992	1.021	1.051	0.073	7.46

2.4　主要试验现象

目前为止，作者及有关学者就河流崩岸开展了岸滩崩塌与冲淤过程、河流崩岸机理影响因素、二元结构崩岸等方面的试验研究，取得了一定的成果。本章仅介绍一些主要的试验现象，其他试验成果及分析将在以后章节中陆续介绍。

2.4.1 岸滩崩塌与冲淤过程试验

根据前述的试验方法和试验方案，在水槽内进行了岸滩崩塌与冲淤过程试验研究[1,2,8,22]，如照片 2-1 和照片 2-3 所示。对于岸滩崩塌过程及崩塌高度试验，试验方案及其崩塌过程和崩塌高度成果如表 2-10 和图 2-9 所示。所谓临界崩塌高度是指在清水冲刷过程中，水槽内模型沙岸滩坍塌时的高度，简称崩塌高度，也称为坍落高度[2]。在进一步分析试验结果之前，需要说明的是，由于水槽高度仅为 20cm，而有的模型沙（如褐色电木粉 B）的崩塌高度超过 20cm，为了使模型沙坍塌，需要水流对模型沙进行淘刷，以增大坍塌块体的动力矩。为了便于分析比较，对于崩塌高度大于 20cm 的模型沙，我们以坍塌块体与滩岸接触的有效长度为基础，把淘刷宽度换算成临界崩塌高度。主要试验现象如下[1,2]。

表 2-10　模型沙坍塌过程及崩塌高度

模型沙	中值粒径 d_{50}/mm	暴露时间或初始状态	临界崩塌高度 H_{cr}/cm	崩塌高度或崩塌坡度	崩塌过程（现象）
褐色电木粉	（B）0.131	1/6（10min）	24.5	崩塌坡度 80°左右	相对高差 17cm 时，内切 6 ~ 7cm 开始大块坍塌
		4.5h	26.0	崩塌坡度>80°	相对高差 17.8cm 时，内切 7 ~ 8cm 开始大块坍塌
		15h	27.0	崩塌坡度>80°	相对高差 17cm 时，内切 8 ~ 9cm 开始坍塌
	（A）0.0666	0.5h	1.5 ~ 3	崩塌坡度 50°左右	全断面逐渐坍塌
		2h	4 ~ 5	崩塌高度 10cm，崩塌坡度 50° ~ 60°	小块坍
		3h	5 ~ 7	崩塌高度 13.0cm，崩塌坡度 70°左右	块坍
		5h	6 ~ 8	崩塌高度 15.0cm，崩塌坡度 80°左右	块坍
		16h	11 ~ 16	崩塌高度 16.0cm，直立	大块坍
塑料沙	0.225	立即做，（10 ~ 30min）	3 ~ 4	崩塌高度 6 ~ 7cm，崩塌坡度 40° ~ 50°	首先表面下降后块坍塌
		4h	8 ~ 9	崩塌高度 14cm，崩塌坡度 60° ~ 65°	块滑
		14h	10 ~ 13	崩塌高度 16cm，崩塌坡度 60°左右	大块滑坍
		22h	13 ~ 15	崩塌高度 > 18cm，崩塌坡度 80°左右	以大面积形式滑坍

续表

模型沙	中值粒径 d_{50}/mm	暴露时间或初始状态	临界崩塌高度 H_{cr}/cm	崩塌高度或崩塌坡度	崩塌过程（现象）
精煤	粗（B）0.235	10～30min	10	崩塌高度 15cm，崩塌坡度 70°左右	较大面积徐徐坍塌
		3h	12	崩塌高度 17cm，直立（甚者内切宽度 1cm）	大块徐徐坍塌
		15h	13	崩塌高度 18cm，直立或坡度 80°	同上
	细（A）0.008	17	4	崩塌高度 12cm，崩塌坡度 60°～70°	徐徐坍落
粉煤灰	0.082	基本饱和状态	3～5	崩塌坡度 60°	连续崩塌
		55%的含水量		崩塌坡度>80°	块崩

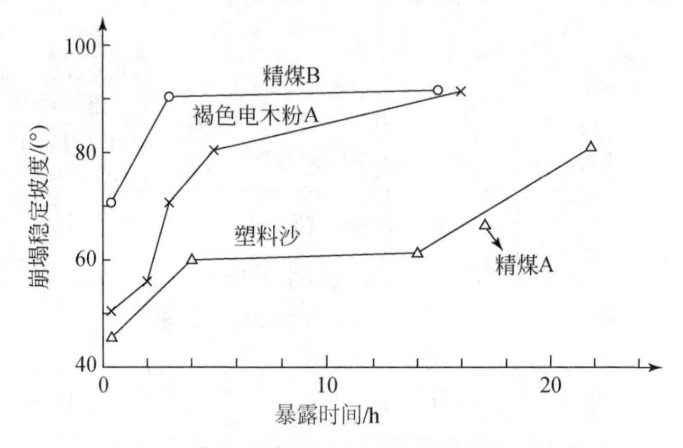

图 2-9　模型沙崩塌稳定坡度随暴露时间变化

1）各模型沙具有如下的崩塌过程和特点。较粗的褐色电木粉 B，其含水量较小，排水也较快，随着冲刷深度的增大，岸滩形成与水流方向一致的张性裂隙，冲刷深度增大到一定程度后，褐色电木粉的冲刷坍落则是以大块形式坍塌的。对于塑料沙，由于其形状圆滑，颗粒内摩擦角较小，无黏性，其破坏形式多为直线滑崩，随着模型沙排水时间的延长，模型沙从一定的流变特性逐渐变为密实，塑料沙将经过表面下降→小块坍→大块滑坡坍的过程。精煤由于颗粒较细，其饱水性较好，具有一定的黏性，精煤冲刷时，开始是较大面积的徐徐变形，然后是较大面积的徐徐坍落。与精煤类似，在饱和状态下粉煤灰冲刷后连续崩塌；含水量较小时粉煤灰冲刷后发生块崩。之所以模型沙的坍落过程和坍塌形式存在这些差异，是因为不同模型沙的粒径、内聚力、内摩擦角，以及含水量等因素都存在很大差异。

2）模型沙的粗细直接影响其崩塌发生过程。较粗的褐色电木粉 B 随着冲刷深度的增大，岸滩形成顺水流方向的张拉裂隙，然后以大块形成坍塌。较细的褐色电木粉 A

则随着时间的延长，由于其饱水性较好，冲刷开始时，模型沙仍具有一定的流变特性，其坍塌过程则是连续的，随着模型沙一侧的不断冲刷，其排水加快，模型沙的崩塌则是逐渐变为大块坍塌的形式，因此对于较细的褐色电木粉，其冲刷崩塌过程具有连续坍→小块坍→大块坍的过程。

3）沉积时间越长（即模型沙越密实）、暴露时间越长（即含水量越小），相应的崩塌高度越大。饱和状态下模型沙的崩塌高度也较小，如粉煤灰饱和状态时崩塌高度仅为3~5cm。崩塌高度在初期增加幅度较大，后期变化幅度小，最后趋近于一常数值(极限值)。就同一种模型沙而言，临界崩塌高度还和粒径有关。如褐色电木粉的颗粒越大，其崩塌高度越大。

4）模型沙的临界崩塌高度有很大的差别。褐色电木粉B的临界崩塌高度最大，约为18.5cm；精煤B次之，约为10cm；塑料沙的崩塌高度最小，仅为3~4cm；粉煤灰饱和状态下的崩塌高度也只有3~5cm。

5）模型沙的崩塌稳定坡度随暴露时间的延长而增大，并有趋近某一极限值的趋势，而且褐色电木粉的稳定坡度大于塑料沙的稳定坡度。

另外，河岸崩塌后，崩塌体和淤床泥沙在水流的冲刷下发生冲刷和交换，文献[8，22]利用弯曲水槽就崩体冲刷与交换作用进行了试验研究，主要试验现象如下。

1）在试验过程中，铺设的崩塌体经水力侵蚀分解后与现状非黏性岸坡表面的一部分细颗粒泥沙以悬移质的形式随螺旋水流输移到凸岸或直接被带往下游，一部分较粗颗粒的泥沙或黏土小块体以沙波的形式斜向下游凸岸推移并与河床发生掺混及交换，剩余粗颗粒泥沙或残留崩塌体继续堆积在河床近凹岸坡脚处；崩塌体经水力侵蚀、分解、剥落后的泥沙向下游输移，并且从坡脚位置延伸到凸岸的一侧呈扇形落淤分布。

2）试验完成后，崩塌体断面面积均有所减小，崩塌体沿程均受到不同程度的冲刷，各断面残留崩塌体占初始崩塌体的断面面积为20%~60%；相同的水力过程作用后，黏性较强的崩塌体残留面积较大，岸坡冲刷变形及河床淤积量也相对较小，说明崩塌体的黏性越大，对塌岸淤床的抑制作用也越大。

3）铺设崩塌体后，因崩塌体临水面水力作用增强，临坡面水力作用减弱，其下游岸坡冲刷坍塌量和河床淤积量均比无崩塌体相应值小，说明崩塌体的存在抑制了塌岸淤床程度。因岸坡冲刷坍塌的泥沙落淤在坡脚附近河床或被水流挟带至下游河床，河床表现为淤积。

2.4.2 崩岸机理影响因素试验

根据试验目的和研究内容，作者共进行了9个工况的试验研究[5]，以下仅介绍一些主要的试验现象。

1）在模型水槽试验中，曾出现了多种崩岸形式，主要包括滑崩、挫崩、落崩等(照片2-7)。水位变化造成的崩岸形式多为滑崩和挫崩，顺直河道形成的崩岸多为挫崩或落崩，而弯道形成的崩岸则多为落崩，在不连续的进口边界上还会发生窝崩现象。

2）由于水流浸泡或者河床冲刷、河岸淘刷，在河岸上出现顺长裂隙［照片2-7

(a)]，并逐渐扩大，岸面降低，会出现较大的河岸崩塌现象，其崩塌过程较长；这种崩塌以滑崩或挫崩为主，崩后河岸上部较陡，同时河岸伴有其他裂隙出现。当河岸发生侧向冲刷特别是岸脚淘刷，河岸会发生较小的崩塌，其崩塌通常在较短时间内完成，以落崩（倒崩）为主，崩后岸坡几乎为垂直状态，且常常会出现落崩并列的局面［照片2-7（c)]，尺度为20cm×5cm，河岸落崩后犬牙交错。

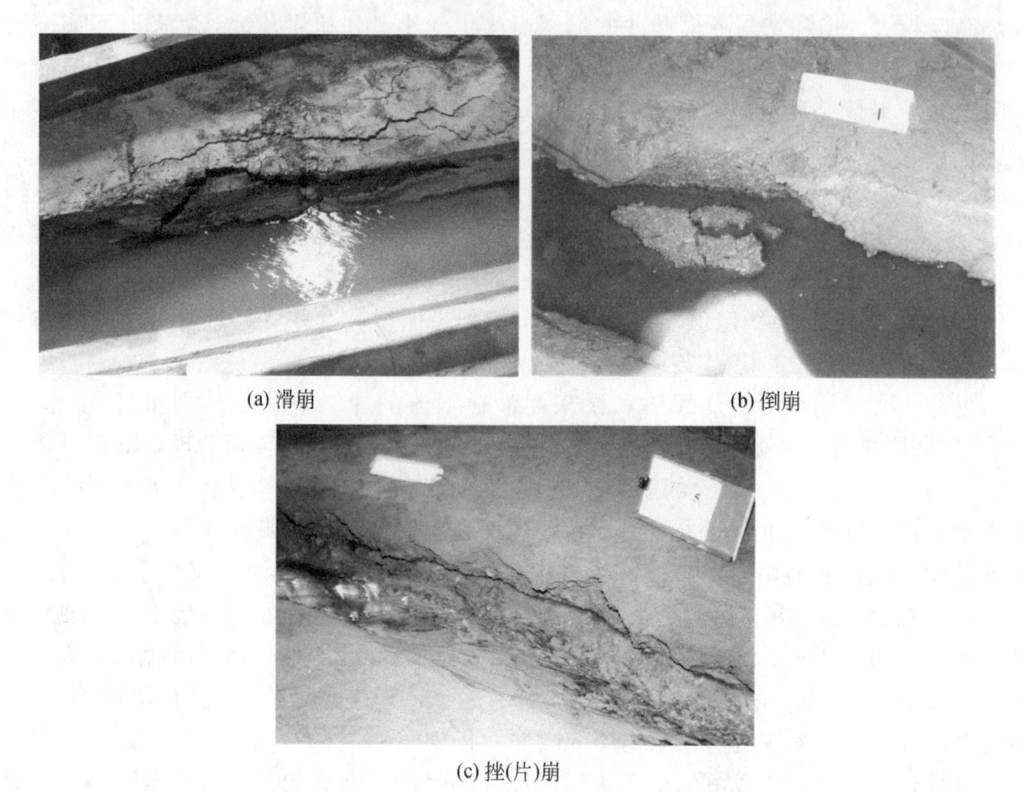

(a) 滑崩　(b) 倒崩

(c) 挫(片)崩

照片 2-7　模型试验中的崩塌形式

3）在洪水涨升过程中，一方面水位上升会导致河岸侧向压力增大，河岸稳定性增大；另一方面河岸土壤浸泡后土壤抗剪强度降低，同时河岸会发生纵向裂隙，水流可能进入裂隙，进一步降低土壤崩块的稳定性；但总体来讲，在洪水涨升过程中，特别是到后期，河岸稳定性减弱的程度要大于稳定性增强的程度，崩岸发生的概率有所增加，崩岸发生的形式以挫崩或滑崩为主。

当水位分时段均匀降落时，从初期岸坡有数处下沉坐塌，到挫落的部位逐渐增多，河岸以挫、滑崩为主，但主要发生在岸坡中下部或岸脚处；鉴于水位分时段降落，崩岸发生的同时，岸边发生冲刷，致使岸边层次分明；水位骤降以后，在河岸渗透力的作用下，在一定时段内，河岸整体下滑，崩塌严重，崩岸后的断面形态为“U”字形(照片2-8)，对应的崩塌形式以滑崩、挫崩为主。此后在水流的作用下，下滑崩体淘刷，再崩塌。

4）与顺直河道的崩岸相比，弯道崩岸和崩岸严重发生的位置是基本固定的，一般发生在弯道上游河段的凸岸［或过渡段，照片2-9（a)］和弯道凹岸顶部及其以下河

(a) 凸岸

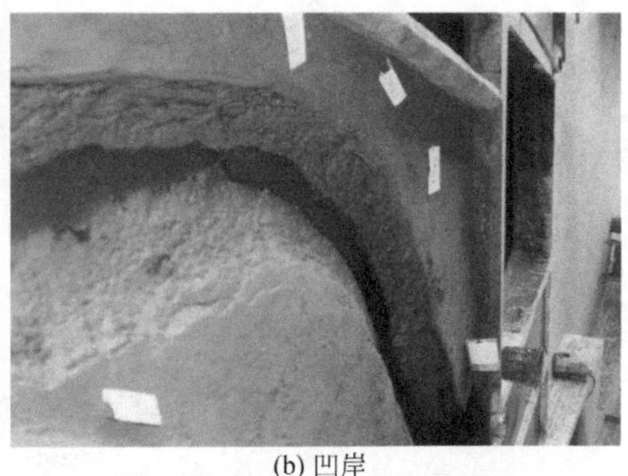
(b) 凹岸

照片 2-8　弯道洪水骤降后的崩岸现象

段［照片 2-9（b）］，而且同条件下弯道崩岸比顺直河道更为严重，弯道的崩岸速率大于顺直河道的崩岸速率。

(a) 进口段凸岸

(b) 弯道顶部及其下游（凹岸）

照片 2-9　弯道主要崩岸部位

2.4.3　二元结构河岸崩塌试验

作者针对上部为细颗粒模型沙层、下部为粗颗粒模型沙层的二元结构岸滩进行了试验研究[6]，文献[11]就上部为黏土层、下部为沙土层的二元结构也进行了试验研究。主要试验现象和特点如下：

1）对于二元结构岸滩，由于下部的粗颗粒沙层（或砂土层）比上部的细颗粒沙层（或黏性土层）更易受到水流冲刷，当下部粗颗粒沙性土体被冲刷带走后，上部细颗粒黏性土体呈临空状态，近岸滩面可能会产生与岸线大致平行的裂缝，上部土层在重力作用下将会发生落崩，如照片 2-10（b）和（c）所示。

2）根据崩塌体受力特点不同，二元结构河岸崩塌的类型主要为落崩，包括剪切落崩和旋转落崩，在一定条件下，崩塌严重时还可能发生窝崩［照片 2-10（a）］。

3）在二元结构弯曲河道试验中，过渡段凸岸和弯道顶部及以下部位下层冲刷较为严重，是崩岸发生的主要部位。

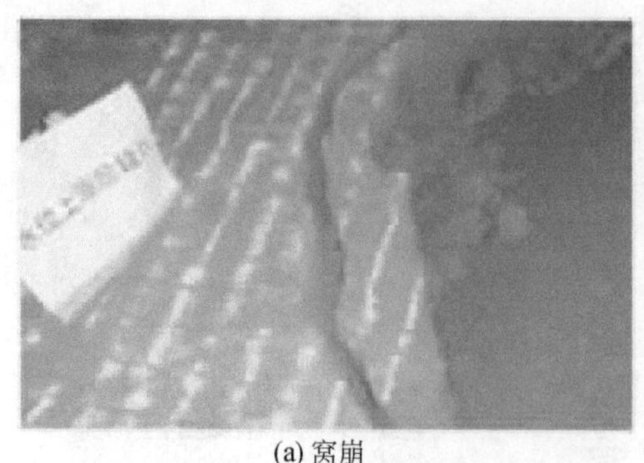

(a) 窝崩

(b) 剪切落崩

(c) 旋转落崩

照片 2-10　二元结构试验中发生的不同类型崩岸[11]

2.5　小结

河流崩岸机理试验主要包括岸滩崩塌与冲淤过程、崩岸机理影响因素和河岸结构崩岸三方面的试验，本章通过介绍崩岸机理试验的目的和内容，崩岸试验布置、试验方案和试验方法，总结了试验用沙的主要特点，给出各崩岸试验的主要试验现象如下：

1）在水流浸泡或者河床下切、河岸淘刷的过程中，河岸会出现顺长裂隙，促使河流崩岸的发生。在模型水槽试验中，出现了滑崩、挫崩、落崩、窝崩等多种崩塌形式。水位变化造成的崩塌形式多为滑崩和挫崩，顺直河道形成的崩塌多为挫崩或落崩，而弯道形成的崩塌则多为落崩，在不连续的进口边界上还会发生窝崩现象。

2）由于不同模型沙的粒径、泥沙间的内聚力、内摩擦角，以及含水量等因素都存在很大差异，模型沙的坍落过程和坍塌形式也有很大的不同。较粗的褐色电木粉河岸随着冲刷深度的增大，首先形成纵向张隙，然后以大块形式坍落；而较细的褐色电木粉河岸崩塌则是经过连续坍→小块坍→大块坍的过程；塑料沙河岸的破坏形式多为直线滑崩，将经过表面下降→小块坍→大块滑坡坍的过程；在冲刷时，较细的精煤河岸开始徐徐较大面积的变形，然后徐徐较大面积的坍落；饱和状态的粉煤灰冲刷后连续崩塌，含水量较小时粉煤灰冲刷后发生块崩。

3）不同模型沙的崩塌高度有很大的差别。模型沙沉积时间越长（即模型沙越密实)、暴露时间越长（即含水量越小），相应的崩塌高度越大。同一种模型沙而言，临界崩塌高度随粒径的增大而有所增加。

4）较大崩岸的崩塌过程长，以滑崩或挫崩为主，崩后岸滩上部较陡，并伴有其他裂隙出现；较小崩岸的崩塌在较短时间内完成，以落崩为主，崩塌后岸滩几乎为垂直状态，且常常会出现落崩并列的局面，河岸犬牙交错。

5）水位升降及升降速度对河岸崩塌具有重要的影响。水位骤降以后，河岸短期内整体下滑，崩塌严重，崩岸后的断面形态为“U”字形，对应的崩塌形式以挫滑崩为主；当水位分时段均匀降落时，河流崩岸虽有发生，但与水位骤降的情况相比，岸滩崩塌程度明显减弱。

6）在弯曲河道上，河岸崩塌一般发生在弯道上游河段的凸岸（或过渡段）和弯道凹岸顶部及其以下河段，而且同条件下弯道崩岸比顺直河道更为严重，弯道的崩岸速率大于顺直河道的崩岸速率。

7）二元结构岸滩下部粗颗粒沙性土体冲刷带走后，上部细颗粒黏性土层在自重的作用下将会发生落崩，包括剪切落崩、旋转落崩和拉伸落崩，在一定条件下，崩塌严重时还可能发生窝崩。

8）崩塌体经水力分解破碎呈块状、片状或颗粒状起动，部分随水流带至凸岸或下游，堆积在坡脚附近的崩塌体残留量随水力作用大小及土体特性不同而变化。崩塌体的存在虽不能制止附近岸坡的再次崩塌，但可能抑制崩岸发展及附近河床淤积的程度，崩塌体的黏性或体积越大，这种抑制作用越显著；相同崩塌体抑制附近河床淤积的程度较抑制岸坡崩塌的程度大。

参考文献

[1] 王延贵，王兆印，曾庆华，等．模型沙物理特性的试验研究及相似分析．泥沙研究，1992，(3)：74-84.

[2] 王延贵，王兆印，曾庆华，等．模型沙的坍落高度和水下休止角试验研究及其相似分析//丁留谦．水利水电工程青年学术论文集．北京：中国科学技术出版社，1992.

[3] Arai R，Ota K，Sato T，et al. Experimental investigation on cohesionless sandy bank failure resulting from water level rising. International Joural of Sediment Research，2018，33（1）：47-56.

[4] Nardi L，Rinaldi M，Solari L. An experimental investigation on mass failures occurring in a riverbank composed of sandy gravel. Geomorphology，2012，(163-164)：56-69.

[5] 徐永年，匡尚富．边坡形状对崩塌的影响．泥沙研究，1999，(5)：67-73.

[6] 王延贵．冲积河流岸滩崩塌机理的理论分析及试验研究．北京：中国水利水电科学研究院，2003.

[7] 严文群，段祥宝，张大伟．地下水渗流对岸坡稳定影响试验研究．水运工程，2009，(4)：22-26.

[8] 余明辉，郭晓．崩塌体水力输移与塌岸淤床交互影响试验．水科学进展，2014，25（5）：677-683.

[9] 张幸农，应强，陈长英，等．江河崩岸的概化模拟试验研究．水利学报，2009，40（3）：263-267.

[10] 王路军．长江中下游崩岸机理的大型室内试验研究．南京：河海大学，2005.

[11] 岳红艳，姚仕明，朱勇辉，等．二元结构河岸崩塌机理试验研究．长江科学院院报，2014，31（4）：26-30.

[12] 王延贵, 匡尚富, 黄永健 . 河道冲淤对冲积河流岸边崩坍的影响 . 武汉：长江护岸工程（第六届）及堤防防渗工程技术经验交流会, 2001.

[13] 水利部长江水利委员会 . 长江中下游护岸工程40年//长江中下游护岸工程论文集（4）. 武汉：水利部长江水利委员会, 1990：15.

[14] Abam T K S. Factors affecting distribution of instability of river banks in the Niger delta. Engineering Geology, 1993, 35（1/2）：123-133.

[15] Hagerty D J, Spoor M F, Ullrich C R. Bank failure and erosion on the Ohio river. Engineering Geology, 1981, 17（3）：141-158.

[16] 夏军强 . 河岸冲刷机理研究及数值模拟 . 北京：清华大学, 2002.

[17] Leshchinsky D, Huang C C. Generalized three- dimensional slope-stability analysis. Journal of Geotechnical Engineering, 1992, 118（11）：1748-1764.

[18] Burgi P H, Karaki S. Seepage effect on channel bank stability. Journal of the Irrigation & Drainage Division, 1971, 97（1）：59-72.

[19] 徐永年 . 抛石和软体排抛石压重护岸效果的对比试验研究 . 北京：中国水利水电科学研究院, 2001.

[20] 潘庆燊, 余文畴, 曾静贤 . 抛石护岸工程的试验研究 . 泥沙研究, 1981,（1）：77-86.

[21] 卢泰山, 韩瀛观, 徐秋宁, 等 . 多沙河流游荡型河道整治工程措施试验研究 . 西北水资源与水工程, 1997,（2）：17-24, 29.

[22] 余明辉, 申康, 吴松柏, 等 . 水力冲刷过程中塌岸淤床交互影响试验 . 水科学进展, 2013, 24（5）：675-682.

[23] 张威, 胡冰, 吕汉荣, 等 . 精煤模型沙特性试验研究 . 泥沙研究, 1981,（1）：67-76.

[24] 胡光斗, 曾庆华 . 模型砂水下休止角与边坡上的起动相似问题 . 泥沙研究, 1988,（2）：43-50.

[25] 胡春宏, 王延贵, 等 . 长江防洪模型沙选择的试验研究 . 北京：中国水利水电科学研究院, 2004.

[26] 严军, 殷瑞兰 . 粉煤灰固结起动特性 . 泥沙研究, 2001,（6）：55-60.

[27] 王延贵, 胡春宏, 朱毕生 . 模型沙起动流速公式的研究 . 水利学报, 2007, 38（5）：518-523.

第3章
河流崩岸过程与稳定分析模式

3.1 河岸稳定性分析

许多研究者认为，崩岸是河岸土坡失稳破坏的一种表现形式，可用土坡稳定理论来解释和分析，即采用土体抗滑力（P_τ）与下滑力（D_F）的比值（称为安全系数K或稳定系数K）作为判断河流岸滩是否稳定的依据，即

$$K=\frac{P_\tau}{D_F} \tag{3-1}$$

当安全系数K大于1，河岸滩稳定；当安全系数K小于1，河岸滩失稳；当安全系数K等于1，河岸滩处于临界失稳状态。1982年英国学者Osman和Thorne等提出了河岸崩塌的模式[1-3]，即浅层滑动、平面滑动和弧形滑动等失稳模式，针对平面滑动失稳模式（图3-1），根据土坡稳定理论提出了无渗流状态下简单岸坡的安全系数表达式

$$K=\frac{P_\tau}{D_F}=\frac{2\ (H-H')\ c+W\sin 2\Theta\tan\theta}{2W\sin^2\Theta} \tag{3-2}$$

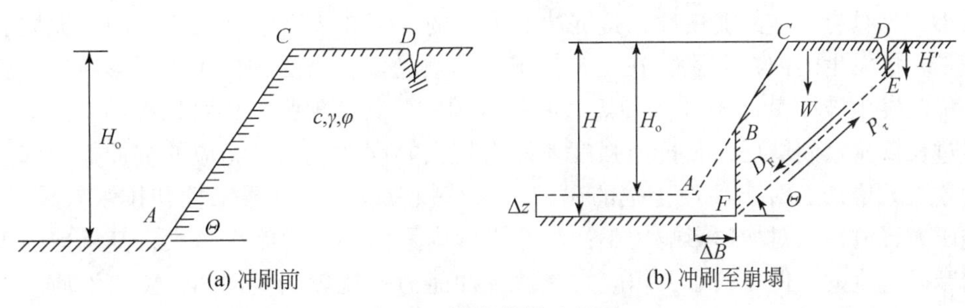

图3-1　崩岸分析示意图

式中，H为冲刷后的河深；H'为河岸裂隙深度；c和θ分别为河岸土壤内聚力和内摩擦角；W为崩体的重力；Θ为崩体破坏面的倾角。利用此方程进一步求得河岸崩塌的条件，进而以实测数据予以验证。我国也有学者认同该观点，尹国康[4]、黄本胜[5]、刘东风[6]在对河道岸坡变形的机理研究过程中，采用土坡稳定观点对河岸稳定性进行分析，推导相应的岸滩崩体稳定系数的表达式。岸坡稳定性分析基本没有反映水流动力

条件的因子，主要强调岸滩结构和土壤特性的作用，特别是土壤的抗剪指标（内聚力和内摩擦角），直接影响了岸滩崩体的稳定性。如果河岸为松散的沙土组成，其抗剪强度较弱，崩岸强度就较大；如果河岸系密实的黏土或其他抗冲较强的土质组成，其抗剪和抗冲强度较大，河岸较稳定，崩岸强度较小。

从河岸崩塌成因或破坏面形态来讲，冲积河流崩岸的形式主要包括滑崩、挫崩、落崩、窝崩等[7]，河岸土壤组成结构对崩岸形式有很大的影响。一般说来，均质岸滩崩塌一般以滑崩、挫崩的形式崩塌，有时也会出现落崩和窝崩的情况。对于多元或二元地质结构，其下层土壤抗冲能力较弱，且黏性土和沙性土的厚度与埋深将直接影响河岸崩塌的形式。当表层黏性土质较厚时，发生崩岸的块体较大，形成窝崩的机会较多；当表层黏性土厚度较小时，崩岸多以落崩的形式进行。文献［8，9］就夹层二元结构河岸进行了崩岸分析，研究方法仍然是崩体稳定性分析，同时考虑夹层的渗透性或者夹层泥沙冲蚀性等不同情况。

岸边土壤特性对崩岸过程及形态具有重要影响，很多学者从力学平衡原理出发对崩岸形态与过程进行了分析研究[1,4,10]。文献［2］成果表明，由均质黏性土组成的岸坡的滑面总是为一条上凹形的曲面。滑崩多采用条形圆弧分析方法，分析过程考虑岸坡基本特性，包括容重、内摩擦角和内聚力等。对于存在张性裂隙的黏性岸滩，文献［1，10］通过崩塌体的受力分析，就均质陡坡的挫落崩塌机制进行了研究，提出了陡岸崩塌的稳定平衡方程。从岸坡应力分析的角度，进一步研究了垂直岸坡崩岸的挫落机制，分析了张性裂隙的作用。

另外，渗透性作为土壤的重要特性，直接影响岸滩的稳定性。不同的土质，如软土（淤泥、淤泥质、黏土、亚黏土）和沙性壤土岸坡，其渗透性和保水性有很大差异，相应的崩岸性质也大不相同。软土颗粒很细，孔隙比虽大（1.013～1.470），但无效孔隙占85%以上，因此渗透系数很小，一般为$2.47\times10^{-6}\sim2.8\times10^{-8}$cm/s。当软土岸坡处于长期浸泡状态，其含水量较高，由于透水性差，长期得不到固结，抗剪强度和内摩擦角都较小，且具有一定的流变性，其抗冲能力很弱。例如，汉阳沿河滩岸的淤泥质软土基础是险情发生的内在因素，在正常情况下岸坡稳定，当受到外来因素影响时，就会失去稳定发生破坏[11]。软土即使短时间排水固结，其抗剪强度仍难以提高，此类岸坡仅经过长期排水固结后，其抗剪强度才能有较大幅度的提高，相应的抗冲能力和防渗能力才大大增加。对于沙性土壤的岸坡，因其颗粒较粗，其透水性和排水效果较好，渗透压力释放快，对崩岸影响较小；沙性土壤内聚力小，内摩擦角大，其抗剪强度皆由内摩擦产生的，但比较小，相应的岸坡抗冲能力仍比较弱。例如，黄河沙质岸滩皆属此类，岸滩抗冲能力较弱，当水流冲刷岸滩时，崩塌速度很快。

在冲积河流中，崩岸是水流和岸滩相互作用的结果。在水流条件不变的情况下，崩体稳定性主要取决于河岸的抗剪和抗冲强度，而河岸抗剪和抗冲强度是由地质结构组成和土壤特性决定的。反过来，在河岸组成与边界条件一定的情况下，河岸稳定性取决于河道水流对岸滩的作用[12]，主要包括河道水位的变化，水流对河岸的浸泡与冲刷，特别是水流对河岸岸脚的淘刷，河岸浸泡时间越长、洪水位降落越快、河道冲刷越严重，河岸崩塌就越严重。

3.2 崩岸过程及崩滑面形态分析

3.2.1 滑崩

1. 黏性岸滩

造成滑崩的主要动力是崩滑体自身的重力，构成崩滑体滑动力矩的土重越大，且崩滑面越小，需要克服土体的剪切阻力越小。不稳定岸滩的崩滑面总是发生在土重相对较大，而滑面面积相对较小的地方，该部位正是部分球面的位置（同体积下，以球体表面积最小，等表面积时，球体体积最大）；同时，河岸崩塌的崩滑面无论在平面上还是在剖面上，均呈弧形[4]。而且岸滩土体黏性越大，土质越均匀的土体，弧形滑面越明显，该认识还可以用坡角公式进行说明。为方便起见，根据天然崩塌的实际情况，河岸滩的临水面（即岸坡）可概化为由坡度不同的坡段组成，且沿河岸方向取单位长度的崩体，沿着崩体破坏面（横向）取一土柱进行受力分析，采用条形法对崩体进行稳定性分析[12-14]，若不考虑土柱上下立面上的力的影响，土柱所受的力如图 3-2 所示。

崩体土柱所受的重力 W_i 为

$$W_i = \gamma H_i \mathrm{d}x \tag{3-3}$$

崩体土柱所受渗流的上举力 U_{ti} 为

$$U_{ti} = (\gamma+\gamma_w-\gamma_{sat})\ h_{di}\mathrm{d}x \tag{3-4}$$

崩体土柱所受的有效重力 W'_i 为

$$W'_i = W_i - U_{ti} = [\gamma H_i - (\gamma+\gamma_w-\gamma_{sat})\ h_{di}]\ \mathrm{d}x \tag{3-5}$$

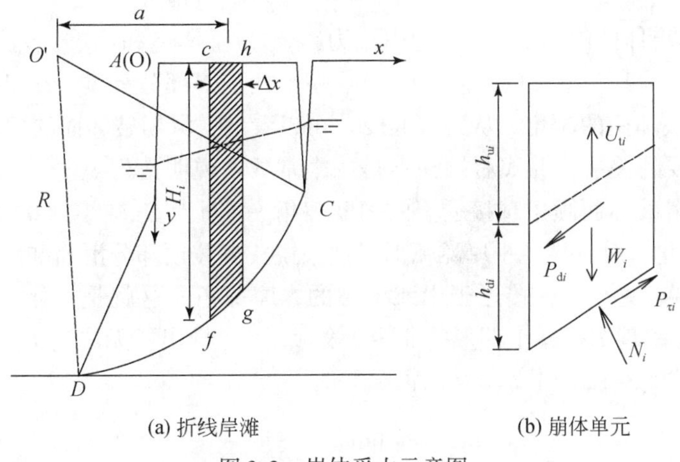

(a) 折线岸滩　　(b) 崩体单元

图 3-2　崩体受力示意图

所受的渗透动水力 P_{di} 为

$$P_{di} = \gamma_w J_s h_{di} dx \tag{3-6}$$

式中，J_s 为渗流梯度的绝对值。渗透力的方向与渗流方向一致，与 x 轴的夹角为 β_i。

崩体土柱的下滑合力 D_{Fi} 为

$$\begin{aligned} D_{Fi} &= W'_i \sin\alpha_i + P_{di}\cos(\beta_i - \alpha_i) \\ &= [\gamma H_i - (\gamma + \gamma_w - \gamma_{sat}) h_{di}] \sin\alpha_i dx + \gamma_w J_s h_{di} \cos(\beta_i - \alpha_i) dx \end{aligned} \tag{3-7}$$

崩体土柱底部所受的剪切力为

$$P_{\tau i} = N_i \tan\theta + cl_i \tag{3-8}$$

通过受力平衡分析，可以分别求得崩体所受的支撑力 N_i 和阻滑力 R_{Fi}

$$N_i = - W'_i \cos\alpha_i - P_{di}\sin(\beta - \alpha_i) \tag{3-9}$$

$$\begin{aligned} R_{Fi} &= P_{\tau i} = [- W'_i \cos\alpha_i - P_{di}\sin(\beta - \alpha_i)]\tan\theta + cl_i \\ &= [- \gamma H_i \cos\alpha_i + (\gamma + \gamma_w - \gamma_{sat}) h_{di} \cos\alpha_i - \gamma_w J_s h_{di} \sin(\beta - \alpha_I)] dx \tan\theta - \frac{c dx}{\cos\alpha_i} \end{aligned} \tag{3-10}$$

崩体的稳定系数定义成崩体阻滑力与动滑力（下滑力）的比值，那么，崩体土柱的稳定系数 K_i 为

$$\begin{aligned} K_i &= \frac{R_{Fi}}{D_{Fi}} = \frac{P_{\tau i}}{W'_i \sin\alpha_i + P_{di}\cos(\beta_i - \alpha_i)} \\ &= \frac{[\gamma H_i + (\gamma_{sat} - \gamma_w - \gamma) h_{di}] \cos^2\alpha_i \tan\theta + \gamma_w J_s h_{di} \cos\alpha_i \sin(\beta - \alpha_i) \tan\theta + c}{-[\gamma H_i + (\gamma_{sat} - \gamma_w - \gamma) h_{di}] \sin\alpha_i \cos\alpha_i - \gamma_w J_s h_{di} \cos(\beta - \alpha_i) \cos\alpha_i} \end{aligned} \tag{3-11}$$

若假定崩滑体处于平衡状态时，各土柱也处于平衡状态（$K_i = 1.0$），从而求得滑崩破坏面的一般坡角公式

$$\begin{aligned} \tan\alpha_i &= \tan(\pi - \Theta_i) \\ &= - \tan\theta - \frac{c + \gamma_w J_s h_{di}[\cos(\beta - \alpha_i) + \sin(\beta - \alpha_i)\tan\theta]\cos\alpha_i}{[\gamma H_i + (\gamma_{sat} - \gamma_w - \gamma) h_{di}]\cos^2\alpha_i} \end{aligned} \tag{3-12}$$

式中，θ 为河岸土体的内摩擦角；c 为内聚力；γ_{sat} 为土体饱和容重，γ_w 为水的容重；γ 为土体容重；H_i 为某一土柱的高度；h_{di} 为某一土柱水下部分高度；α_i 为破坏面与 x 轴的夹角；Θ_i 为破坏面的倾角。从式（3-12）可以看出，滑崩破坏面的倾角 Θ_i 与土柱高 H_i 和渗流有重要的关系，等式右端并不是一个常数，说明滑面是一个曲面。随着土柱 H_i 的增大，崩滑破坏面倾角越接近土的内摩擦角 θ。而当 H_i 减小到 0 时，$\tan\alpha_i \Rightarrow \infty$，则 $\alpha_i \Rightarrow 90°$。因此，对于黏性土岸滩弧形滑坡来说，近坡顶部分滑面陡峭，接近于 90°，而崩滑面的下端较为平缓，接近于岸滩土壤的内摩擦角，这就是为什么黏性土组成的岸坡的滑面总是呈现为一条上凹形的曲线。文献［4］导出了无渗透水压力时崩滑面的坡角公式［即式（3-12）中 $h_{di}=0$ 的情况］为

$$\tan\alpha_i = - \tan\theta - \frac{c}{\gamma H_i \cos^2\alpha_i} \tag{3-13}$$

该式表明无渗流黏性河流岸滩崩滑面仍为以上凹曲面。

河流崩岸和土坡崩塌之间具有很大的差异，河流崩岸是在水流作用下，河岸滩失

稳崩塌的过程；而土坡崩塌主要是土体重力的作用下失稳坍塌的过程。当水流作用到一定程度后，河岸主要是受重力作用下失稳坍塌，其坍塌机理与土坡坍塌并没有本质的差异。因此，河流崩岸的稳定分析通过考虑水流和河岸演变的影响，仍然可以采用土力学的边坡稳定分析的方法进行研究。

对于黏性岸滩的滑崩，无论有没有渗透压力的影响，其滑动面多为弧形。对于较缓的简单边坡，滑崩的破坏面为曲面，崩塌体以旋转滑动的方式向下运动［图3-3（a)］，其滑动面的位置大概有三种[4,13]。对于较陡的岸坡，也可以发生平面滑崩［图3-3（b)］，即破坏面几乎为平面的崩塌现象。

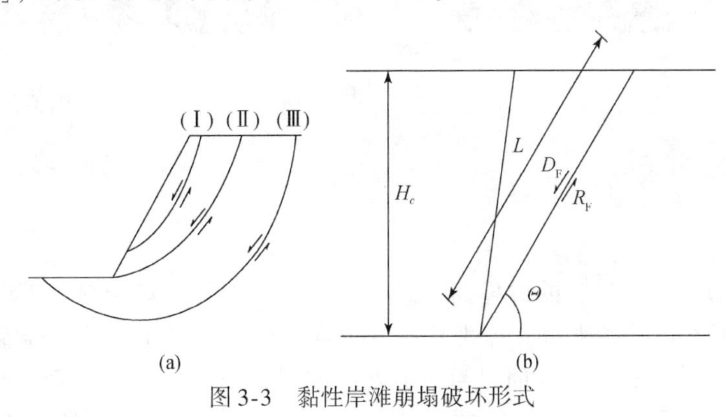

图3-3　黏性岸滩崩塌破坏形式

2. 非黏性土岸滩

对于非黏性土岸滩，其内聚力 c 几乎为零，其阻滑力主要是由内摩擦力组成的(对应的内摩擦角 θ)。对于无渗透压力的枯水岸滩而言，从式（3-13）可知，当$c=0$时，$\alpha=\pi-\theta$，即非黏性土岸滩滑崩的破坏面基本上为平面［图3-3（b)］。对于有渗透压力的洪水降落期，虽然 $c=0$，但 $h_{di}\neq 0$，$J_s\neq 0$，由式（3-12）可知

$$\tan\alpha_i = -\tan\theta - \frac{\gamma_w J_s h_{di}[\cos(\beta-\alpha_i)+\sin(\beta-\alpha_i)\tan\theta]\cos\alpha_i}{[\gamma H_i+(\gamma_{sat}-\gamma_w-\gamma)h_{di}]\cos^2\alpha_i} \tag{3-14}$$

由式（3-14）可知，有渗透压力存在的非黏性土岸滩，其滑崩的破坏面仍为一曲面，类似于图3-3（a）的形式，在模型试验中已经证实了这一断面形式的存在[11]，如照片3-1所示。

顺直河段

弯曲河段

(a) 试验河段洪水骤降后的滑崩

(b) 荆江熊家洲—八姓洲滑崩①

照片 3-1　滑崩形态

3.2.2　挫崩

不同的岸边土质，对应的破坏面形式也有很大的差异。对于黏性土岸滩而言，特别是抗张能力较小的粉沙亚黏土岸滩中，一方面，由于岸顶土壤的收缩及张拉应力的作用而发生裂缝[13,14]；另一方面，当河道处于冲刷状态时，岸滩变陡，岸顶土体的应力场将发生一定的变化，岸顶（滩面）产生与岸线平行的裂缝，如照片 2-7（a）和照片 3-2 所示，前者为试验河岸前的裂隙，后者为三门峡水库和东方红水库岸滩出现的裂隙。显然，岸滩的稳定性取决于河道下切深度与张性裂隙发育深度的对比关系。当河流冲刷加深到一定程度，岸滩土体下部失去支撑，岸滩顶部就会产生张性裂隙，促使岸滩发生挫落崩塌（或称挫崩）。挫落崩体沿河岸多呈条形，崩体横向宽度较小，其体积较滑崩小，崩塌的速度比较快，时间也较短，挫崩的破坏面近似于平面，对应的破坏面的形式和过程参见图 3-4 及照片 3-3。挫崩崩体进入河中可能有两种形式，一种形式是倒塌［参见图 3-4（a）[13,15]和照片 3-3（a）］，另一种是平滑入河的滑塌［图 3-4（b）和照片 3-3（b）（c）］。挫崩发生后，新出露的岸壁直立，仍可发生新的挫崩。虽然这两种模式的崩塌入河过程有很大的差异，对岸滩崩退有一定的影响（将在第 7 章中论述），但其崩塌机理并无不同，因此其崩体稳定性评价分析方法是相同的。挫崩崩体稳定评价可采用崩塌体受力平衡法进行分析，通过计算崩塌体的安全系数，判断河岸崩体的稳定性，具体分析参见 3.4.2 节。

对于一些滑崩而言，当岸滩顶部出现的张性裂隙较深时，弧形滑面缩短，弧度减小，在进行岸坡稳定分析过程中，为方便起见，也可以把弧形曲面看成直线平面来处理。

---

①　长江水利委员会荆江水文水资源勘测局．荆江险工段崩岸监测预警简报，2016，(10)。

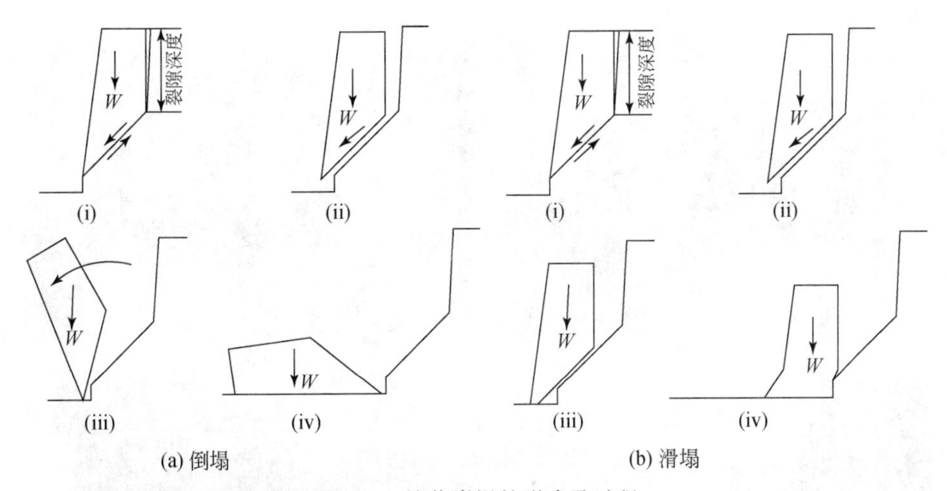

图 3-4 挫落崩塌的形式及过程

(a) 黄河三门峡库区古贤

(b) 东方红水库泄空冲刷期间

(c) 荆江熊家洲—八姓洲河岸

照片 3-2 典型岸滩顶部产生的裂隙

(a) 东方红水库　(b) 渭河支沟

(c) 荆江青安二圣洲①　(d) 荆江向家洲①

照片 3-3　典型岸滩挫崩

3.2.3　落崩

当岸滩的岸脚被淘刷，上部岸滩将处于临空状态，临空块体在重力（矩）的作用下，可能向下坍落，即落崩。根据岸滩土体崩塌的成因不同，其落崩可分为三种形式[13,15]，如图 3-5 所示。

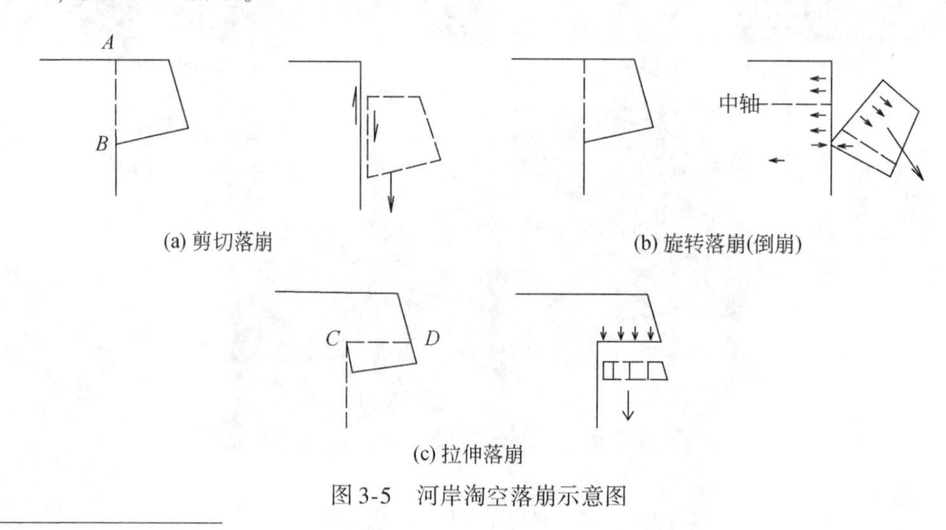

(a) 剪切落崩　(b) 旋转落崩(倒崩)

(c) 拉伸落崩

图 3-5　河岸淘空落崩示意图

① 长江水利委员会荆江水文水资源勘测局．荆江险工段崩岸监测预警简报，2016，(10)。

1）剪切落崩（剪崩）。当临空土块的重量超过土体的剪切强度时，临空土块沿垂直切面 *AB* 下滑，发生剪切破坏，如图 3-5（a）和照片 3-4（a）所示，剪崩破坏面为较为整齐的平面，发生过程简单且短暂，可采用崩体重力与剪切力的平衡进行稳定分析，分析过程见 3.4.3 节。

2）旋转落崩（倒崩）。当临空土块自身重力矩大于黏性土层立面上的抗拉力矩时，临空土块产生旋转崩塌［图 3-5（b）］，在试验和天然河流中也看到了这种崩塌现象，如照片 3-2（b）、照片 3-4（b）和照片 3-5 所示。旋转落崩破坏面是由临空块体的重力矩旋转撕裂形成的，为粗糙不整的平面。倒崩稳定性可根据崩体重力力矩与抗拉力矩的平衡进行分析，分析过程见 3.4.3 节。

3）拉伸落崩。当临空土块的自重产生的拉应力超过土体的抗拉强度时，悬空土块下方一部分土块坍落，如图 3-5（c）所示。拉伸落崩是由悬空土块的重力拉裂形成，对应的破坏面为一粗糙不整的平面。拉伸落崩的稳定性可采用崩体自重产生的拉应力与土体抗拉强度的平衡进行分析。

(a) 淮河岸边发生的剪崩[①]

(b) 东方红水库泄空冲刷期间的倒崩

照片 3-4　典型岸滩落崩现象

(a) 较大的倒崩

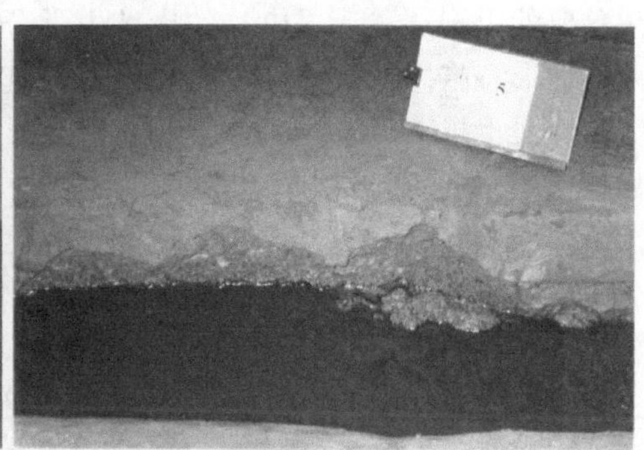

(b) 落崩并列

照片 3-5　模型试验中的落崩（倒塌）现象

① 安徽蚌埠：无序采砂致崩岸严重 造成度汛隐患 . http://pic. people. com. cn/n/2015/0515/c/016-27006944. html［2016-9-19］.

3.2.4 窝崩

河岸窝崩是一种十分复杂的局部河床演变过程，其发生过程与机理都比较复杂，影响因素较多，主要包括边界条件、水流河势条件和突发因素[12,16]。具体而言，窝崩皆由强烈的水流条件和触发因素作用于脆弱的边界条件上完成和发生的，具体表现为岸滩剧烈淘刷或岸滩土体的承载能力减小或消失，详细的窝崩机理分析将在第10章中进行系统阐述。在此仅给出窝崩发生时的几个特征[12,16]：①窝崩崩塌体积大，崩塌体可达几十立方米，甚至达数百立方米和上千立方米；②突发性强，崩塌速度快，窝崩一般是在较短的时间内（几小时到几十小时）一次或分若干次完成的，窝崩的速度很快；③危害性及预测难度大：由于窝崩具有崩塌突发性强、体积大，相应的危害性大，且崩塌过程复杂，崩塌预测难度大。

3.3 岸滩稳定边坡形态

3.3.1 岸滩边坡形态类型与稳定性

河流岸滩边坡形态是指岸滩边坡的垂直剖面形状，不同类型的岸滩形态可直接反映河岸在内外营力作用下岸坡与河道的演变过程，而且具有不同的稳定性。外凸形和内凹形河岸分别反映了河道的侵蚀淘刷和淤积后退，而复合型则反映了河道冲淤演变与河势摆动的组合。一般可以直观地将其划分为简单型边坡形态和复合型边坡形态，前者包括直线形、外凸形和内凹形，后者包括上凸下凹形和上凹下凸形，如图3-6所示。实际上，岸滩边坡形态主要包括河岸高度、边坡坡度和凹凸形态，对岸滩稳定性产生重要的影响。文献［17］的岸坡力学分析和稳定性计算结果表明，坡度和岸高是岸滩边坡形态指标中对其稳定性影响的关键因子，坡度越陡，岸滩越容易失稳；坡高越大，岸滩也越不稳定；剖面形态上呈凹形的岸段较呈凸形的岸段稳定，上凸下凹形的岸段比上凸下凹形的岸段稳定。

山地边坡崩塌也是经常发生的自然现象，与河流崩岸也有一定的相似性。很多学者就山地边坡的稳定性进行了深入的研究，特别是结合山地边坡崩塌发生的实际情况，就边坡形态、坡度、坡高等对边坡崩塌的影响给出了重要的分析成果。据四川攀西调查资料[18]，攀西地区方量在$10\times10^4 m^3$以上的滑坡和崩塌有816处，按平均坡度分级进行统计（表3-1），坡度在36°～45°，边坡发生破坏的类型多为崩塌性滑坡；坡度10°以下没有滑坡产生；一般滑坡大多发生在10°～30°，崩塌多数出现在坡度大于30°的边坡。为了掌握边坡坡度对边坡崩塌的影响，日本学者对过去30年间的2238处崩塌资料进行了统计[19]，大约80%的崩塌事例的坡度为30°～50°，其中边坡坡度在40°时最多，如图3-7（a）所示。文献［20］的统计资料表明，多数崩塌都发生在坡度30°～50°的陡峻边坡上，从构成边坡的土壤性质分析，一般土质边坡的坡度要缓于岩质边坡，

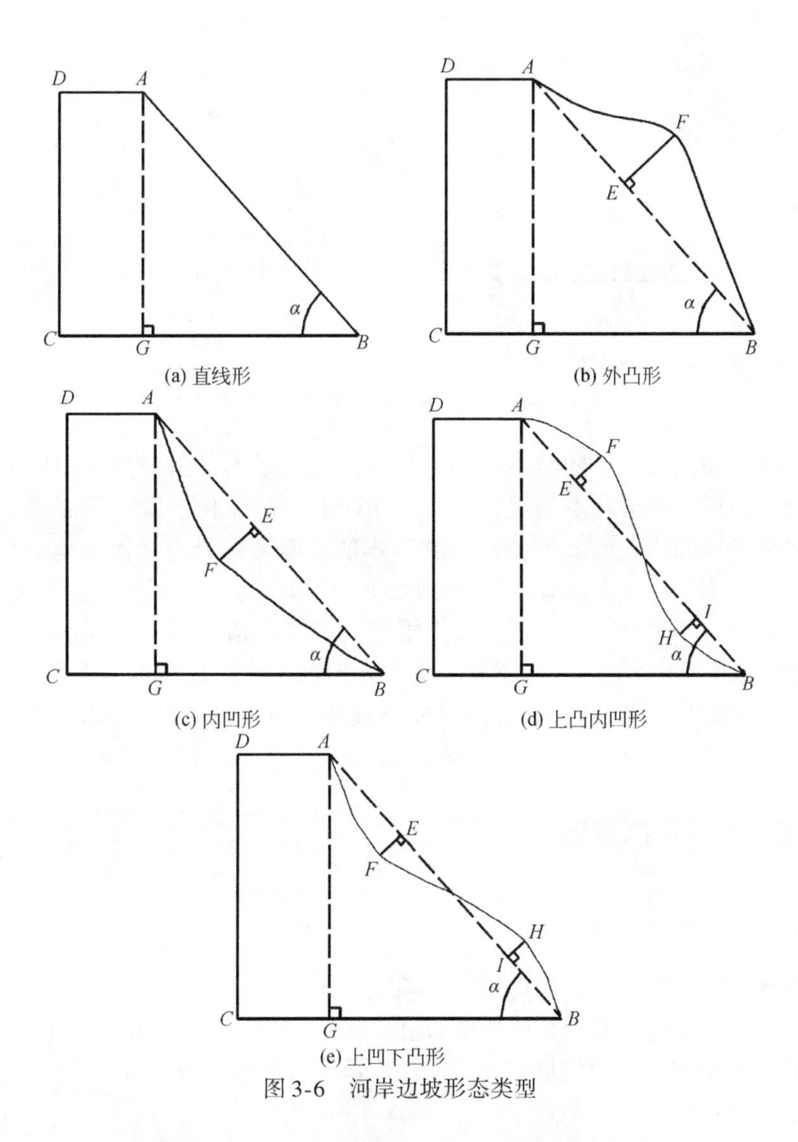

图 3-6　河岸边坡形态类型

且土质边坡崩塌时的坡度多数为 30° ~ 40°，而岩质边坡崩塌时坡度为 30° ~ 50°。国内外学者就坡高对崩塌的影响进行了研究[20]，在凤州工务段发生的 57 次边坡崩塌中，坡高 20m 以上发生的次数为 55 次，占 96. 5%，边坡越高，其崩塌概率越大。日本学者统计结果表明[21]，坡高为 10 ~20m 的边坡发生崩塌的概率最大，占总数的 32. 9%，其次是 20 ~30m 占 15. 8%，平均坡高 35. 5m。如图 3-7（b）所示。显然，不同地区出现崩塌的坡高不一样，这主要与土质状况有关，岩质边坡高而陡，土质边坡低而缓。

表 3-1　边坡崩塌的坡度

坡度/(°)	数量/个	比例/%	类型
10	没有	0	滑坡
11 ~20	60	7. 4	滑坡
21 ~30	532	65. 2	滑坡
>30	224	27. 4	崩塌

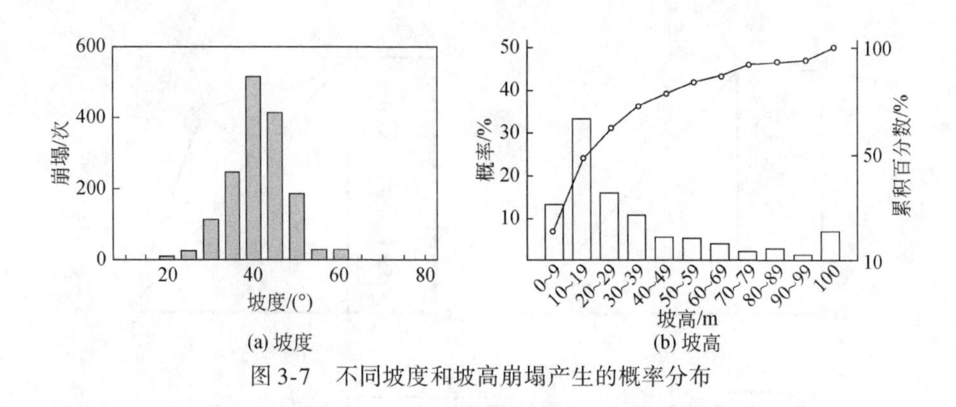

图 3-7　不同坡度和坡高崩塌产生的概率分布

一般山地坡面的形态呈凹凸不平的不规则形状，但不管怎样复杂的地形都可分为平面、凹面、凸面三种最基本情况，由于纵横断面凹凸变化以及不同曲率半径的组合可以形成各种各样的边坡。文献［21］将基本的坡面形态分为九种，其中有三种组合在现场出现的概率较小或者没有，其他常用的六种坡面分为平面型、上升型、下降型、溪沟型、脊梁型、集水型，并利用人工降雨变坡试验水槽进行了不同坡度、不同坡面形态的对比试验，观测了边坡内部孔隙水压力随时间的变化过程和土体移动量随时间的变化规律，并对崩塌的形式和部位进行了定性描述，为进一步建立边坡崩塌预测模型和确定防灾对策提供了科学依据。

3.3.2　岸滩边坡形态参数

1. 岸滩边坡形态坡度参数的含义

对于简单直线形边坡，一般使用边坡系数（或称边坡坡度）来衡量其形态。为了有效地判别岸滩稳定性，对于其他类型的边坡形态，则引入边坡形态坡度参数 M（简称边坡坡度）来衡量河岸的边坡形态[7]。岸滩边坡形态坡度参数 M 定义为

$$M=M_0+\alpha\frac{\Delta_d S_d+\Delta_u S_u}{L(S_d+S_u)} \tag{3-15}$$

式中，M_0 为直线岸坡的坡度参数；Δ_u、Δ_d 分别为岸坡上部凸出（+）或凹进（-）的厚度，图 3-6 中的 EF 和 HI；S_u、S_d 分别为岸坡上部凸出（+）或凹进（-）部分的面积；L 为直线岸坡的坡长，图 3-6 中的 AB 段；α 为岸坡坡度有效系数。

2. 简单型边坡形态

1）直线形岸坡：在直线形岸滩边坡形态坡度参数公式中，$\Delta_u=0$，$\Delta_d=0$，因此，$M_1=M_0$。

2）外凸形岸坡：在外凸形岸坡形态参数公式中主要包括三种形式，即①$\Delta_u=0$，$\Delta_d>0$，此时对应的边坡形态坡度参数 M_2 为：$M_2=M_0+\alpha\frac{\Delta_d}{L}$；②$\Delta_d=0$，$\Delta_u>0$，对应的边坡形态坡度参数 M_2：$M_2=M_0+\alpha\frac{\Delta_u}{L}$；③$\Delta_u>0$，$\Delta_d>0$，岸坡可以转化为外凸形，此时

对应的边坡形态坡度参数 M_2：$M_2=M_0+\alpha\dfrac{\Delta_d S_d+\Delta_u S_u}{L(S_d+S_u)}$。无论哪种形式，岸坡形态坡度参数 M 大于直线形岸坡坡度参数 M_0；即：$M_2>M_0$。

3）内凹形岸坡：内凹形岸坡形态参数公式中同样也有三种情况，即：①$\Delta_u=0$，$\Delta_d<0$，对应的边坡形态坡度参数 M_3，$M_3=M_0+\alpha\dfrac{\Delta_d}{L}$；②$\Delta_d=0$，$\Delta_u<0$，岸坡形态坡度参数 M_3：$M_3=M_0+\alpha\dfrac{\Delta_u}{L}$；③$\Delta_u<0$，$\Delta_d<0$，岸坡可以转化为内凹形，岸坡形态坡度参数 M_3：$M_3=M_0+\alpha\dfrac{\Delta_d S_d+\Delta_u S_u}{L(S_d+S_u)}$。无论哪种情况，岸坡形态坡度参数 M 小于直线形岸坡坡度参数 M_0；即 $M_3<M_0$。

对于简单形边坡形态的岸滩，内凹形岸坡的坡度参数（M_3）最小，也最稳定；外凸形岸坡的坡度参数（M_2）最大，稳定性最差；直线形岸滩的坡度参数和稳定性介于内凹形和外凸形岸坡之间，即 $M_3<M_0<M_2$。

3．复合型边坡形态

1）上凸下凹形边坡形态：在上凸下凹形边坡形态参数公式中，$\Delta_u>0$，$\Delta_d<0$，对应的岸滩边坡形态坡度参数 M_4，$M_4=M_0+\alpha\dfrac{\Delta_d S_d+\Delta_u S_u}{L(S_d+S_u)}$。对于上凸下凹形岸滩，其上凸和下凹程度直接影响边坡形态坡度参数的大小，若下凹程度大于上凸程度，即 $|\Delta_d S_d|>\Delta_u S_u$，那么 $M_3<M_4<M_0$；若下凹程度大于上凸程度，即 $|\Delta_d S_d|<\Delta_u S_u$，那么 $M_0<M_4<M_2$。

2）上凹下凸形边坡形态：上凹下凸形边坡形态坡度参数公式中，$\Delta_u<0$，$\Delta_d>0$，对应的坡度参数 M_5，$M_5=M_0+\alpha\dfrac{\Delta_d S_d+\Delta_u S_u}{L(S_d+S_u)}$。同样，上凹和下凸程度也会影响边坡形态坡度参数的大小，若上凹程度大于下凸程度，即 $|\Delta_u S_u|>\Delta_d S_d$，那么 $M_3<M_5<M_0$；若上凹程度小于下凸程度，即 $|\Delta_u S_u|<\Delta_d S_d$，那么 $M_0<M_5<M_2$。

显然，复合型边坡形态坡度参数 M 的变化是比较复杂的，取决于边坡外凸（上凸或下凸）和内凹（下凹或上凹）的程度。当内凹的程度大于外凸的程度时，即 $|\Delta_d S_d|>\Delta_u S_u$ 或 $|\Delta_u S_u|>\Delta_d S_d$，那么 $M_3<M_4$（M_5）$<M_0$；当内凹的程度小于外凸的程度时，即 $|\Delta_d S_d|<\Delta_u S_u$ 或 $|\Delta_u S_u|<\Delta_d S_d$，那么 $M_0<M_4$（M_5）$<M_2$。针对上凸下凹形和上凹下凸形两种边坡形态需要确定外凸和内凹的程度，才能判定两种形态坡度参数的大小。

3.3.3 岸滩稳定边坡坡度

河岸边坡形态不仅反映岸滩崩塌后的状态，而且还会影响河流岸滩的稳定性。河岸边坡形态随着土壤地质结构、土壤性质等因素的不同存在很大的差异，而且与岸滩前期崩塌特点也有很大的关系。相同土壤结构的岸滩，由于土壤性质不同，岸滩的稳定性也有很大的差异。岸滩边坡形态是岸滩稳定与崩塌的关键影响因素，因此岸滩稳定性与边坡形态有重要的关系，一定的边坡形态对应一定的稳定态势。一般说来，岸滩稳定态势可分为稳定、不稳定和崩塌三种态势。所谓岸滩稳定一般是指对于一定组成和一定高度的河流岸滩，在正常水动力条件作用下，岸滩土体所受的下滑力（矩）小于土体所受的阻滑力（矩），具有较大的安全稳定系数，岸滩处于稳定的态势，此时对应的边坡坡度参数称为临界稳定边坡坡度参数 M_s，简称稳定坡度；岸滩崩塌主要是指在水动力的作用下引起河道冲刷，使河流岸滩土体受力状态发生变化，当岸滩土体所受的下滑力（矩）大于土体所受的阻滑力（矩），对应较小的安全稳定系数，河岸土体失稳发生崩塌，此时对应的边坡形态坡度参数称为崩塌临界边坡坡度参数 M_c，简称崩塌坡度；介于岸滩稳定与崩塌之间的态势称为不稳定状态，此时岸滩土体所受的下滑力（矩）与土体所受的阻滑力（矩）基本相当或略小，其安全稳定系数在1.0附近，岸滩边坡形态坡度介于稳定坡度和崩塌坡度之间。稳定坡度和崩塌坡度主要取决于河岸土壤的物理特性，与水流、气候、植被、人类活动等外部因素也有一定的关系。

河岸发生崩塌的机理十分复杂，影响因素多，河岸崩塌对应的河岸坡度变化范围较大，相关研究较少。文献［22］结合永定河官厅水库库岸崩塌的实际情况，给出了水库不同土质库岸的稳定坡度和崩塌坡度，而文献［23–25］针对长江中下游不同河岸土壤结构与稳定情况，仅给出长江中下游河道不同土质河岸的稳定坡度，如表3-2所示。资料显示，岸滩稳定坡度远小于相应土质的崩塌坡度。因此，人们所观测到的河岸坡度一般为稳定边坡坡度，也小于崩塌边坡坡度。也就是说，当岸滩破坏或者崩塌的时候，岸坡的坡度较大，一般都大于60°，崩塌后的形态一般为内凹形边坡形态，表现为上部较陡，下部较缓，对应的稳定性较好。

表3-2　长江中游和官厅水库岸滩临界稳定坡度

河流	长江中游						官厅水库		
土质	中细沙	亚砂土	亚黏土	黄黏土	网纹红土	黏土	黄土状亚砂土	黄土状粉砂	黄土状夹砾石
稳定坡度/(°)	0.235～0.359	0.267～0.370	0.309～0.376	0.317～0.343	0.383～0.428	0.40～0.45	0.839～1.0	0.839～1.111	0.839
崩塌坡度/(°)								1.804	9.514

河岸的实际坡度则取决于水流条件和河岸土体的抗冲能力，主要与岸体土层的组成及结构、水流冲刷的强度、风浪作用等有关[23]。在河岸土体坡度逐渐从稳定坡度到崩塌坡度的变陡过程中，河岸就由原来的稳定状态逐步向不稳定发展，发展到一定程度也会发生崩塌。也就是说，当岸滩边坡形态坡度（M）小于稳定坡度（M_s）时，岸滩处于稳定状态，边坡形态多为内凹形边坡形态；当岸滩坡度（M）介于崩塌坡度（M_c）和稳定坡度（M_s）之间，岸滩处于不稳定状态；当岸滩边坡形态坡度（M）大于崩塌坡度（M_c）时，岸滩可能会发生崩塌。

鉴于岸坡稳定坡度和崩塌坡度仅停留在概念层次上，还难以直接应用到河岸崩塌的判别方面，相关研究仍然较少，还没有很好的计算方法。岸滩稳定坡度主要是结合地质结构及作用外力相同的天然土坡统计求得，也可以参考土壤内摩擦角来确定。对于岸坡临界崩塌坡度的计算，可以参考文献［22］的方法，山地边坡崩塌发生的边坡条件成果也可以为岸滩崩塌借鉴。也就是说，岸滩坡度在不稳定的范围内，当坡度大于临界崩塌坡度或者在其他外力作用（比如水压力）下，岸滩便会崩塌。岸滩崩塌后，岸坡变缓或者使河道深度变小，岸滩稳定性增加。

3.3.4 典型崩岸边坡形态

我国冲积河流的岸滩结构主要是新生代的地质结构，由古近纪及第四纪沉积物所充填，而且以第四纪的地质结构最为常见，如永定河上游河道[22]、长江中下游地区[25]、黄河中下游地区[26]。图 3-8 ~ 图 3-11 为典型河流岸滩崩塌后的边坡形态[12, 21,27-29]。岸滩崩塌后的形态一般表现为上部较陡，下部较缓。具体说明如下。

1）永定河官厅水库岸滩崩塌及形态。图 3-8 为永定河官厅水库岸滩崩塌情况[12,22]，从图 3-8 和表 3-2 可以看出，官厅水库岸滩崩塌后的形态表现为上部较陡，一般大于60°，甚至处于直立状态，下部较缓，从上至下逐渐变缓；岸滩稳定坡度远小于相应土质的崩塌坡度。

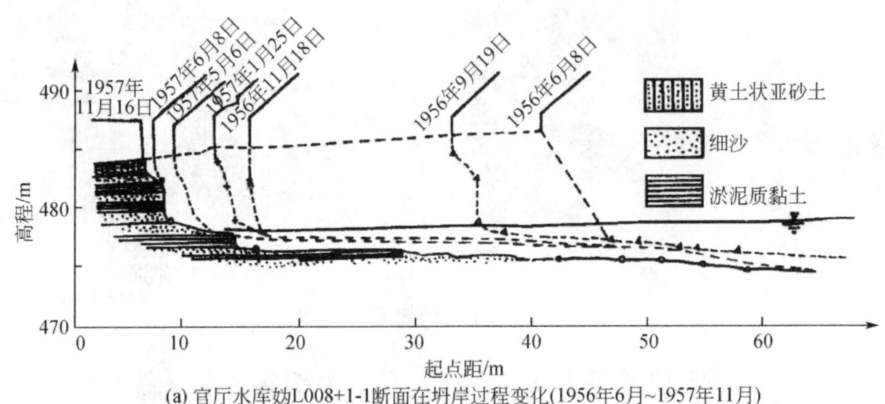

(a) 官厅水库妫L008+1-1断面在坍岸过程变化(1956年6月~1957年11月)

(b) 库岸崩塌形态

图 3-8 官厅水库岸滩崩塌形态

2）长江中下游河段典型岸滩崩塌形态。图 3-9 为长江中下游典型河岸崩塌形态。从图 3-9 和表 3-2 可以看出[12,23,28]，长江中下游河段典型岸滩崩塌后，岸坡总体表现为较陡，特别是岸滩中上部较陡，局部甚至处于直立状态，而下部或岸脚部位开始变缓；长江中游河段岸滩稳定坡度为 0.235 ~ 0.45，一般远小于相应土质的崩塌临界坡角。

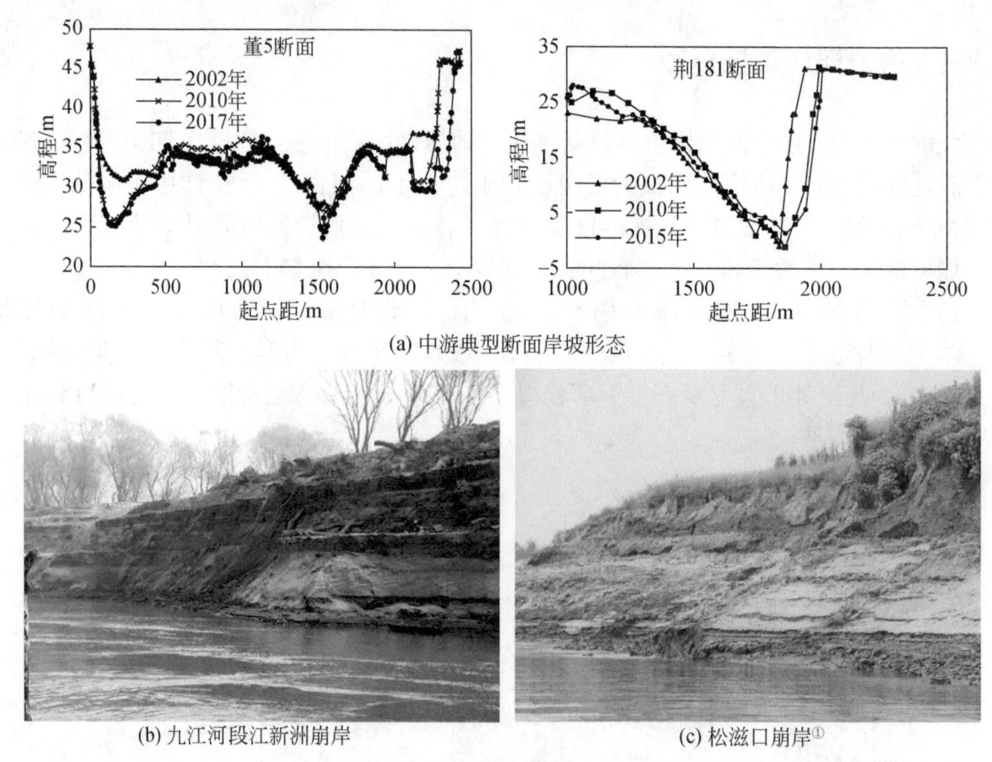

(a) 中游典型断面岸坡形态

(b) 九江河段江新洲崩岸

(c) 松滋口崩岸①

图 3-9 长江中下游河段典型崩岸形态

3）黄河中下游河段典型断面崩塌形态。图 3-10 为黄河中下游典型岸滩崩塌情况[14,27]。无论是黄河中游，还是下游，包括渭河，河岸组成基本上是一样的，皆为黄土高原的黏性土，当遭受水流冲刷时，岸滩一般为落崩，其崩岸形态基本上为直立状态，同时岸滩高度都比较小。

4）塔里木河干流典型河段崩塌形态。图 3-11 为塔里木河干流典型河段岸滩崩塌形态[12,29]。塔里木河典型河段河槽断面仍然是上部较陡，甚至是直立状态，下部变缓，其形态与岸滩表层植被状态有很大的关系。对于表层无植被的岸滩，河岸崩塌断面基本上是上部岸坡较陡，甚至处于直立状态，下部较缓，此时岸滩高度也较小，如图 3-11 中的新其满河岸崩塌就是如此；当岸滩表层有植被时，相当于岸滩上层为黏性土、下层为沙质土的二元结构，当水流冲刷岸滩时，河岸一般发生落崩，岸滩处于直立状态，如图 3-11 中的乌斯满河段。

---

① 长江水利委员会荆江水文水资源勘测局．荆江险工段崩岸监测预警简报，2016，(7)。

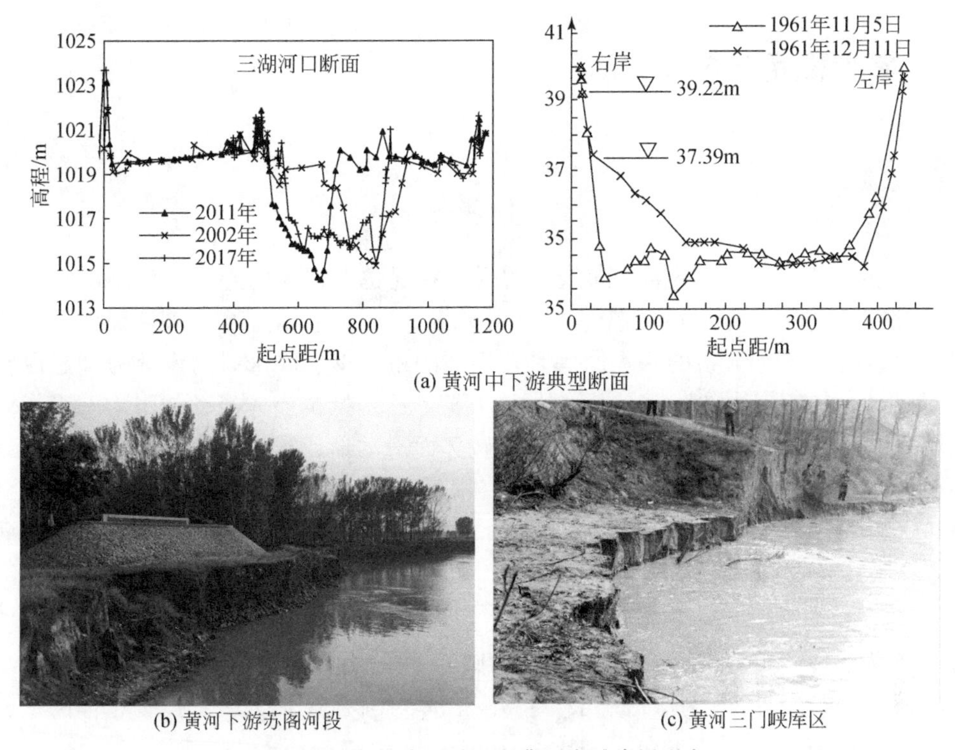

(a) 黄河中下游典型断面

(b) 黄河下游苏阁河段

(c) 黄河三门峡库区

图 3-10　黄河中下游河段典型岸滩崩塌形态

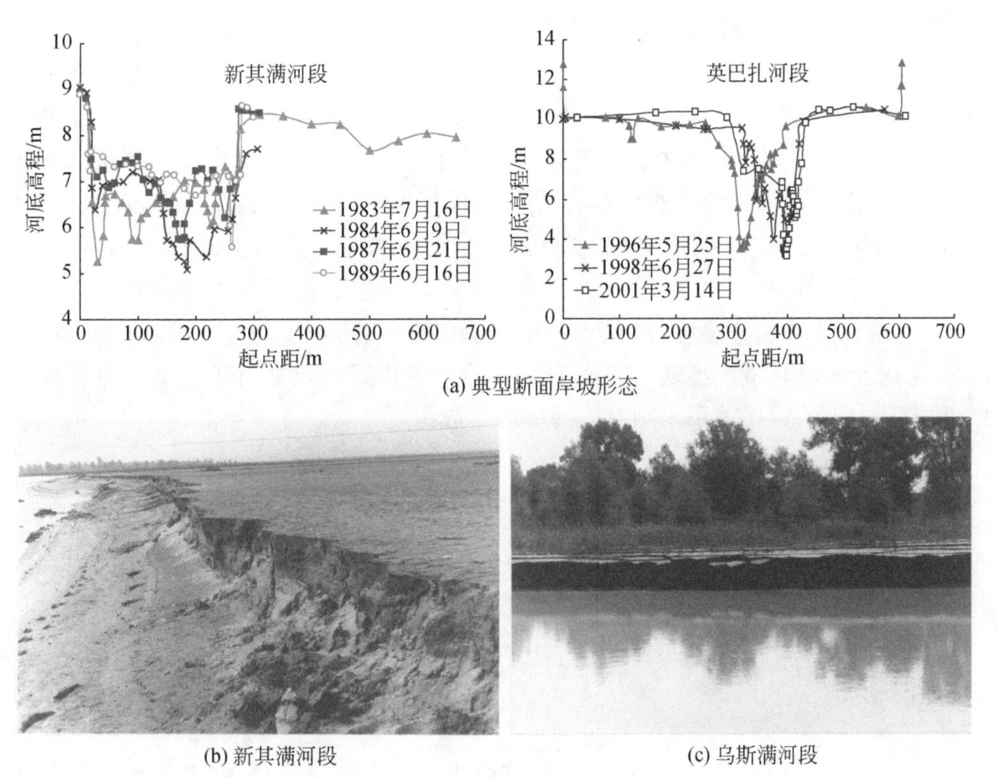

(a) 典型断面岸坡形态

(b) 新其满河段

(c) 乌斯满河段

图 3-11　塔里木河干流河道典型河段岸滩崩塌形态

3.4 崩岸稳定分析模式

3.4.1 滑崩

由于崩岸发生的条件不同，滑崩体的受力状况也有很大的差异。对于洪水浸泡河岸滩，崩体所受的力主要包括崩体重力 W，渗透力 P_d，上浮力 U_t，破坏面上的阻滑力 P_τ 和支撑力 N。滑崩分析的基本原理是：崩体的重力 W、降水时的渗透力等是促使崩体滑动的动力，而崩体破坏面上土体的抗剪强度 τ_f 是抵抗崩体滑动的阻力，当崩体阻力（矩）不能抵抗动力（矩）时，崩体沿破坏面滑动形成滑崩，滑崩的破坏面为一曲面。崩体的稳定性可用稳定系数 K 来评价，滑崩的稳定系数定义为抗滑力矩 M_r与滑动力矩 M_f的比值，即

$$K=\frac{M_r}{M_f}=\frac{\tau_f\bar{l}R}{Wa_1+U_ta_2+P_da_3} \tag{3-16}$$

式中，W 为崩体的重力；a_1 为 W 对圆弧的圆心 O'的力臂；U_t 为崩体所受浮力；a_2 为 U_t 对圆心 O'的力臂；P_d 为渗透动水力；a_3 为 P_d 对圆心 O'的力臂；τ_f 为土体的抗剪强度；$\bar{l}$ 为滑动面圆弧长；R 为滑动面圆弧的半径。

由于滑动面是未知的，因此须采用试算的办法，找出安全系数最小的滑动面来评价，若 $K_{min}>1.0$ 说明岸滩边坡是安全的，$K_{min}<1.0$ 说明岸滩边坡失稳的可能性较大。目前，试算 K_{min}的方法是条分法[4,13]，现取其中第 i 条作为隔离体进行力学分析，作用在土柱上的力参见图 3-2（b）。在土力学的稳定分析过程中，通常是不考虑上下侧面上的法向力（正压力）和剪切力，在低水位的枯水期，崩体土柱所受力主要包括崩体的重力 W_i，崩体破坏面上所受的支撑力 N_i，崩体底部剪切力 P_{τ_i}；在高水位状态的洪水期，崩体除受重力 W_i、支撑力 N_i、剪切力 P_{τ_i}外，崩体还受向上的浮力 U_{ti}和渗透力 P_{di}，受力状态如图 3-2（b）所示。常用的求解方法主要有简单条分法和毕肖普条分法[13,14]，现以简单条分法为例进行说明。简单条分法不考虑土柱两侧的法向和切向力，仅考虑土条的自重、渗透力和滑动面上的力，并据此建立力矩平衡条件，即抗滑力矩和滑动力矩的对比关系。则崩体的稳定系数为

$$K=\frac{M_r}{M_f}=\frac{\sum\{[(W_i-U_{ti})\cos\alpha_i-P_{di}\sin(\beta-\alpha_i)]\tan\theta_i+c_il_i\}R_i}{\sum[(W_ia_{1i}-U_{ti}a_{2i})\sin\alpha_i+P_{di}a_{3i}\cos(\beta-\alpha_i)]} \tag{3-17}$$

式中，$W_i=[\gamma H_i-(\gamma-\gamma_d-n\gamma_w)h_{di}]l_i\cos\alpha_i$；$U_{ti}=\gamma_w h_{di}l_i\cos\alpha_i$；$P_{di}=\gamma_w J_s h_{di}l_i\cos\alpha$；$(W_i-U_{ti})=[\gamma H_i-(\gamma+\gamma_w-\gamma_{sat})h_{di}]l_i\cos\alpha_i$。

3.4.2 挫崩

影响挫崩的因素是多方面的，崩岸过程也十分复杂。为了简化分析，可参考文

献［1，2，10］的处理方式，对河道挫落崩塌进行如下处理：①河岸土壤组成为黏性均质土，崩塌破坏面经过岸脚，且为平面；②暂不考虑植被、土壤径流的影响；③为便于深入定量分析，岸滩边坡一般是指简单型边坡，河流岸坡较陡，坡角Θ>60°（天然河流的边坡一般存在变坡，上部较陡，接近直立状态）；④对于黏性土岸滩，当河道深度达到一定程度时，河岸表层会产生平行于岸线的张性裂缝，河岸表层所出现张性裂缝的深度H'一般采用土力学挡土墙原理进行估计[13,14]。

对于黏性土岸滩而言，在岸滩顶面出现张性裂缝的情况下，最可能的滑裂面为$\overline{AB}$，且假定崩体为刚性。在进行岸滩崩体受力分析时，既可以采用坐标计算法进行分析，如图3-12所示；也可以采用河道深度和边坡倾角的方法分析，如图3-13所示。崩体作为一个整体，所受的力主要包括有效重力W，渗透动水力P_d，破坏面上的支撑力N和阻滑力P_τ，破坏面上对应的应力分布假定为线性分布，如图3-12（c）所示。设渗透面以上的崩体面积A_u，渗透面以下的崩体面积A_d，整个崩体的面积为A，即

$$A_d+A_u=A \tag{3-18}$$

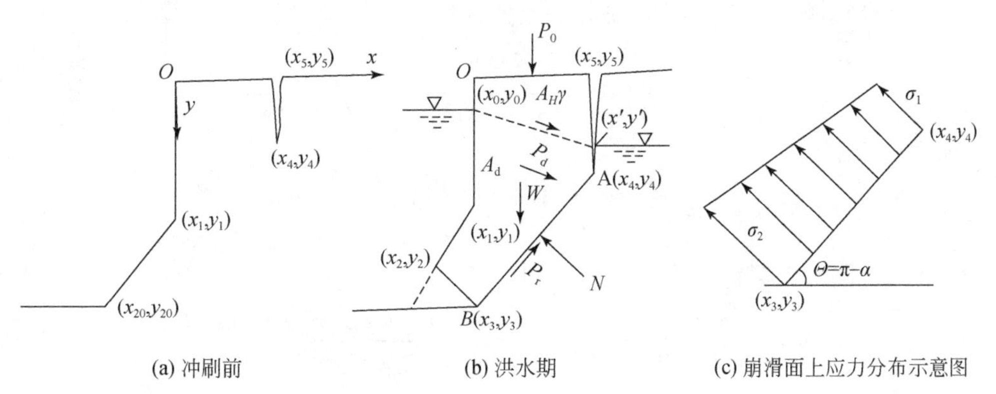

图3-12　挫落崩塌稳定分析示意图（坐标法）

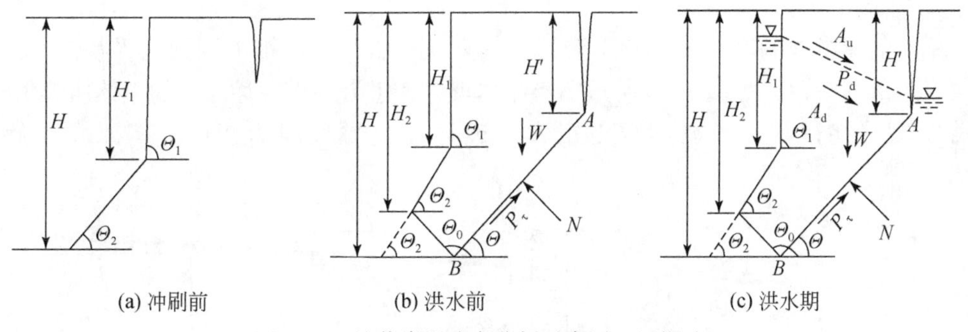

图3-13　挫落崩塌稳定分析示意图（河深法）

崩体的有效重量

$$W'=\gamma A+f\left(\gamma_{sat}-\gamma_w-\gamma\right)A \tag{3-19}$$

其中，$f=\dfrac{A_d}{A}$。若利用坐标法（图3-12）进行计算，相应的崩体断面面积A为

$$A=\frac{1}{2}\left[-x_1y_2+x_2(y_1-y_3)+x_3(y_2-y_4)+x_4(y_3-y_5)+x_5y_4\right] \tag{3-20a}$$

若利用河道深度和边坡倾角的方法进行计算，对应的崩体断面面积 A 为

$$A=\frac{H_1^2-H_2^2}{2\tan\Theta_2}+\frac{H^2-H'^2}{2\tan\Theta}-\frac{H_1^2}{2\tan\Theta_1}-\frac{H^2-H_2^2}{2\tan\Theta_0} \tag{3-20b}$$

崩体所受的渗透水动力

$$P_d=\gamma_w J_s A_d=\gamma_w J_s fA \tag{3-21}$$

联解 x 和 y 轴向力的平衡方程

$$\begin{cases}-D_F\cos\alpha+P_d\cos\beta-N\sin\alpha=0\\ W'+P_0-D_F\sin\alpha+P_d\sin\beta+N\cos\alpha=0\end{cases} \tag{3-22}$$

得

$$\begin{cases}D_F=(W'+P_0)\sin\alpha+P_d\cos(\beta-\alpha)\\ N=-(W'+P_0)\cos\alpha-P_d\sin(\beta-\alpha)\end{cases} \tag{3-23}$$

式中，D_F 为崩体的下滑力。崩体破坏面上的抗滑力

$$P_\tau=N\tan\theta+cl \tag{3-24}$$

式中，l 为破坏面的长度，$l=\sqrt{(x_3-x_4)^2+(y_3-y_4)^2}=(H-H')\sqrt{1+\cot^2\Theta}$

崩体的稳定系数

$$K=\frac{P_\tau}{D_F}=\frac{\left[-(W'+P_0)\cos\alpha-P_d\sin(\beta-\alpha)\right]\tan\theta+cl}{(W'+P_0)\sin\alpha+P_d\cos(\beta-\alpha)} \tag{3-25}$$

若 $P_0=0$ 时，同时把 W'、P_d代入上式，得

$$K=\frac{\{-[\gamma+f(\gamma_{sat}-\gamma_w-\gamma)]\cos\alpha-\gamma_w fJ_s\sin(\beta-\alpha)\}A\tan\theta+cl}{[\gamma+f(\gamma_{sat}-\gamma_w-\gamma)]A\sin\alpha+\gamma_w fJ_s A\cos(\beta-\alpha)} \tag{3-26}$$

3.4.3　落崩

岸滩的岸脚被淘刷后，上部岸滩处于临空状态，当岸滩被淘刷到临界状态时，岸滩会发生落崩现象，如图3-14 所示。当崩体重力大于沿垂直破坏面上的土体内聚力时，岸滩发生剪切落崩；当崩体重力矩大于破坏面上黏性阻力矩时，岸滩发生旋转落崩[3,15,30]。

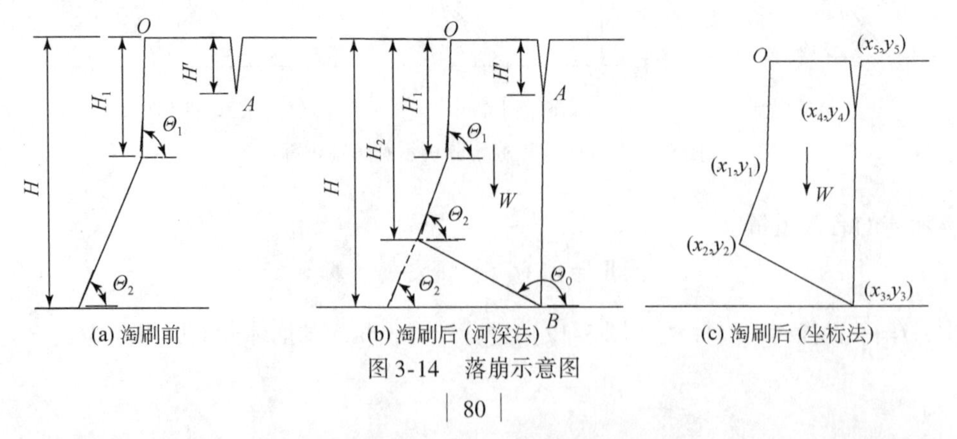

图 3-14　落崩示意图

1. 剪切落崩

剪切落崩的特点是岸脚被淘空，崩体处于临空状态，崩体重力需要克服的阻力主要是沿垂直破坏面形成的土体内聚力的作用，如图 3-15 所示。崩体重力为崩体的破坏动力，其值为

$$W=\gamma A=\frac{1}{2}\gamma\left[-x_1y_2+x_2(y_1-y_3)+x_3(y_2+y_3)\right] \tag{3-27a}$$

或

$$W=\gamma A=\gamma\left[\frac{H_1^2-H_2^2}{2\tan\Theta_2}-\frac{H_1^2}{2\tan\Theta_1}-\frac{H^2-H_2^2}{2\tan\Theta_0}\right] \tag{3-27b}$$

破坏面上土体内聚力的合力

$$P_\tau=cl \tag{3-28}$$

崩体稳定系数

$$K=\frac{cl}{\gamma A}=\frac{2S_t(y_3-y_4)}{\left[-x_1y_2+x_2(y_1-y_3)+x_3(y_2+y_3)\right]} \tag{3-29a}$$

或

$$K=\frac{cl}{\gamma A}=\frac{2S_t\ (H-H')}{\left[\frac{H_1^2-H_2^2}{\tan\Theta_2}-\frac{H_1^2}{\tan\Theta_1}-\frac{H^2-H_2^2}{\tan\Theta_0}\right]} \tag{3-29b}$$

式中，$S_t=\frac{c}{\gamma}$，称为河岸强度系数；l 为剪切面 AB 的长度；其他符号意义见图 3-15。

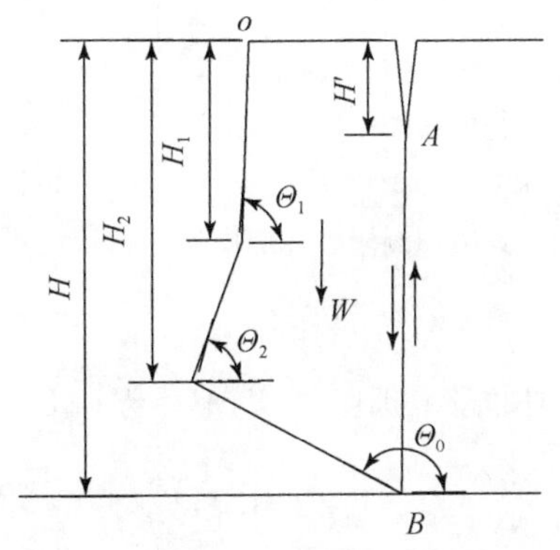

图 3-15 剪切落崩受力分析

2. 旋转落崩

旋转落崩的特征是临空崩体自身重力产生的力矩克服黏性土层的抗拉力矩。针对如图 3-14 所示的折线边坡岸滩，当岸滩淘刷到一定程度后，临空土体的有效重力力矩

$$M_w=\frac{\gamma}{6}\left[-x_3^2y_3+(x_1y_3-x_3y_1)(2x_3-x_1)+(x_1y_2+x_3y_1+x_2y_3-x_3y_2-x_2y_1-x_1y_3)(2x_3-x_1-x_2)\right] \tag{3-30a}$$

或

$$M_w=\frac{\gamma}{2}\Big\{H_1^2\cot\Theta_1\left[B-(H_2-H_1)\cot\Theta_2-\frac{2}{3}H_1\cot\Theta_1\right]+H_1\ [B-(H_2-H_1)\cot\Theta_2-H_1\cot\Theta_1]^2$$
$$+(H_2-H_1)^2\cot\Theta_2\left[B-\frac{2}{3}(H_2-H_1)\cot\Theta_2\right]+[B-(H_2-H_1)\cot\Theta_2]^2(H_2-H_1)+\frac{1}{3}B^2(H-H_2)\Big\}$$

或

$$M_w=\frac{\gamma}{2}\Big\{\frac{H+2H_2}{3}B^2+[H_1^2(\cot\Theta_2-\cot\Theta_1)-H_2^2\cot\Theta_2]B+\frac{1}{3}H_1^3\cot^2\Theta_1$$
$$+H_1^2(H_2-H_1)\cot\Theta_2\cot\Theta_1+\frac{1}{3}(H_2-H_1)^2(H_2-2H_1)\cot^2\Theta_2\Big\} \quad (3\text{-}30b)$$

式中，B 为岸滩淘刷宽度。对于不同土质的岸滩，其临空破坏面上的应力分布有一定的差异，破坏面上的抗拉应力分布有两种情况[14,15]。对于坚硬的黏土河岸，破坏面有压应力存在，由法向合力为零可知，崩塌面上的最大压应力 σ_2 和最大张应力 σ_1 相当，即 $\sigma_1=\sigma_2$；对于一般的黏性土河岸，崩塌面上的应力分布可遵循无压应力的原则进行处理[31,32]（即 $\sigma_2=0$）。为方便起见，假定破坏面上的应力为直线分布，如图 3-16 所示。

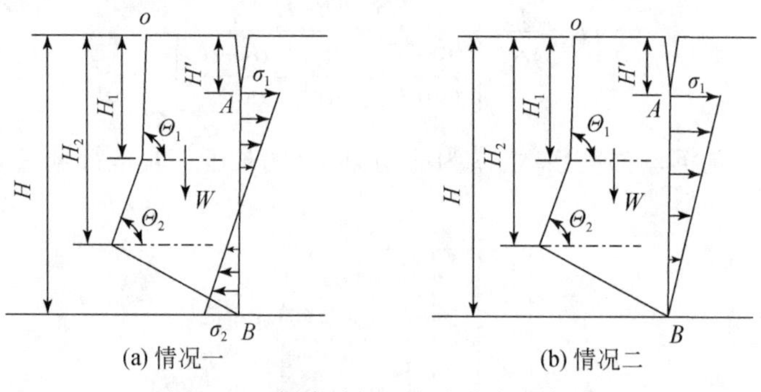

图 3-16　倒崩破坏面应力分布示意图

1）$\sigma_1=\sigma_2$ 的情况。

若认为 $\sigma_1=\sigma_2$，崩体破坏面上的阻应力矩 M［以$(x_3,\ y_3)$为中心］

$$M=\frac{\sigma_1}{6}(y_3-y_4)^2 \quad (3\text{-}31a)$$

或

$$M=\frac{\sigma_1}{6}(H-H')^2 \quad (3\text{-}31b)$$

由力矩平衡方程

$$M_w+M=0 \quad (3\text{-}32)$$

得

$$\sigma_1=\sigma_2=\frac{\gamma[-x_3^2y_3+(x_1y_3-x_3y_1)(2x_3-x_1)+(x_1y_2+x_3y_1+x_2y_3-x_3y_2-x_2y_1-x_1y_3)(2x_3-x_1-x_2)]}{(y_3-y_4)^2} \quad (3\text{-}33a)$$

或

$$\sigma_1=\sigma_2=\frac{3\gamma}{(H-H')^2}\left\{\frac{H+2H_2}{3}B^2+[H_1^2(\cot\Theta_2-\cot\Theta_1)-H_2^2\cot\Theta_2]B+\frac{1}{3}H_1^3\cot^2\Theta_1\right.$$
$$\left.+H_1^2(H_2-H_1)\cot\Theta_2\cot\Theta_1+\frac{1}{3}(H_2-H_1)^2(H_2-2H_1)\cot^2\Theta_2\right\} \tag{3-33b}$$

对于破坏面而言，当张应力 σ_1 大于土体的内聚力 c，即 $\sigma_1>c$ 时，崩体开始发生撕裂破坏，即倒崩；或者，当压应力 σ_2 大于土体的极限压力 σ_l 时，崩岸同样会发生。相应的安全系数为

$$F_{s1}=\frac{S_t(y_3-y_4)^2}{-x_3^2y_3+(x_1y_3-x_3y_1)(2x_3-x_1)+(x_1y_2+x_3y_1+x_2y_3-x_3y_2-x_2y_1-x_1y_3)(2x_3-x_1-x_2)} \tag{3-34a}$$

$$F_{s2}=\frac{\sigma_l(y_3-y_4)^2}{-x_3^2y_3+(x_1y_3-x_3y_1)(2x_3-x_1)+(x_1y_2+x_3y_1+x_2y_3-x_3y_2-x_2y_1-x_1y_3)(2x_3-x_1-x_2)} \tag{3-35a}$$

或

$$F_{s1}=\frac{c}{\sigma_1}=\frac{S_t(H-H')^2}{3}\left\{\frac{H+2H_2}{3}B^2+[H_1^2(\cot\Theta_2-\cot\Theta_1)-H_2^2\cot\Theta_2]B+\frac{1}{3}H_1^3\cot^2\Theta_1\right.$$
$$\left.+H_1^2(H_2-H_1)\cot\Theta_2\cot\Theta_1+\frac{1}{3}(H_2-H_1)^2(H_2-2H_1)\cot^2\Theta_2\right\}^{-1} \tag{3-34b}$$

$$F_{s2}=\frac{\sigma_l}{\sigma_2}=\frac{\sigma_l(H-H')^2}{3\gamma}\left\{\frac{H+2H_2}{3}B^2+[H_1^2(\cot\Theta_2-\cot\Theta_1)-H_2^2\cot\Theta_2]B+\frac{1}{3}H_1^3\cot^2\Theta_1\right.$$
$$\left.+H_1^2(H_2-H_1)\cot\Theta_2\cot\Theta_1+\frac{1}{3}(H_2-H_1)^2(H_2-2H_1)\cot^2\Theta_2\right\}^{-1} \tag{3-35b}$$

对于简单直线边坡岸滩（如图 3-17 所示），此时（x_1，y_1）和（x_2，y_2）重合，或者令 $\Theta_1=\Theta$，直线边坡岸滩对应的安全系数可由式（3-34）和式（3-35）求得

$$F_{s1}=\frac{5S_t(y_3-y_4)^2}{3[-x_1y_2+x_2(y_1-y_3)+x_3(y_2+y_3)](3x_3-x_1-x_2)} \tag{3-36a}$$

$$F_{s2}=\frac{5\sigma_l(y_3-y_4)^2}{3\gamma[-x_1y_2+x_2(y_1-y_3)+x_3(y_2+y_3)](3x_3-x_1-x_2)} \tag{3-37a}$$

或

$$F_{s1}=\frac{c}{\sigma_1}=\frac{S_t(H-H')^2\tan^2\Theta}{(H+2H_1)B^2\tan^2\Theta-3H_1^2B\tan\Theta+H_1^3} \tag{3-36b}$$

$$F_{s2}=\frac{\sigma_l}{\sigma_2}=\frac{\sigma_l(H-H')^2\tan^2\Theta}{\gamma[(H+2H_1)B^2\tan^2\Theta-3H_1^2B\tan\Theta+H_1^3]} \tag{3-37b}$$

2）$\sigma_2=0$ 的情况。

若假定 $\sigma_2=0$，破坏面上的阻力矩为

$$M=\frac{\sigma_1}{3}(y_3-y_4)^2 \tag{3-38a}$$

或

$$M=\frac{\sigma_1}{3}(H-H')^2 \tag{3-38b}$$

由力矩平衡原理可求得

$$\sigma_1=\frac{\gamma[-x_3^2y_3+(x_1y_3-x_3y_1)(2x_3-x_1)+(x_1y_2+x_3y_1+x_2y_3-x_3y_2-x_2y_1-x_1y_3)(2x_3-x_1-x_2)]}{2(y_3-y_4)^2} \tag{3-39a}$$

或

$$\sigma_1=\frac{3\gamma}{2(H-H')^2}\Big\{\frac{H+2H_2}{3}B^2+[H_1^2(\cot\Theta_2-\cot\Theta_1)-H_2^2\cot\Theta_2]B+\frac{1}{3}H_1^3\cot^2\Theta_1 +H_1^2(H_2-H_1)\cot\Theta_2\cot\Theta_1+\frac{1}{3}(H_2-H_1)^2(H_2-2H_1)\cot^2\Theta_2\Big\} \tag{3-39b}$$

倒崩稳定系数

$$F_s=\frac{2S_t(y_3-y_4)^2}{-x_3^2y_3+(x_1y_3-x_3y_1)(2x_3-x_1)+(x_1y_2+x_3y_1+x_2y_3-x_3y_2-x_2y_1-x_1y_3)(2x_3-x_1-x_2)} \tag{3-40a}$$

或

$$F_s=\frac{c}{\sigma_1}=\frac{2S_t(H-H')^2}{3}\Big\{\frac{H+2H_2}{3}B^2+[H_1^2(\cot\Theta_2-\cot\Theta_1)-H_2^2\cot\Theta_2]B+\frac{1}{3}H_1^3\cot^2\Theta_1 +H_1^2(H_2-H_1)\cot\Theta_2\cot\Theta_1+\frac{1}{3}(H_2-H_1)^2(H_2-2H_1)\cot^2\Theta_2\Big\}^{-1} \tag{3-40b}$$

对于简单直线边坡岸滩（如图 3-17 所示），此时（x_1，y_1）和（x_2，y_2）重合，或者令 $\Theta_1=\Theta$，直线边坡岸滩对应的安全系数可由式（3-40）求得

$$F_s=\frac{10S_t(y_3-y_4)^2}{3[-x_1y_2+x_2(y_1-y_3)+x_3(y_2+y_3)](3x_3-x_1-x_2)} \tag{3-41a}$$

或

$$F_s=\frac{c}{\sigma_1}=\frac{2S_t(H-H')^2\tan^2\Theta}{(H+2H_1)B^2\tan^2\Theta-3H_1^2B\tan\Theta+H_1^3} \tag{3-41b}$$

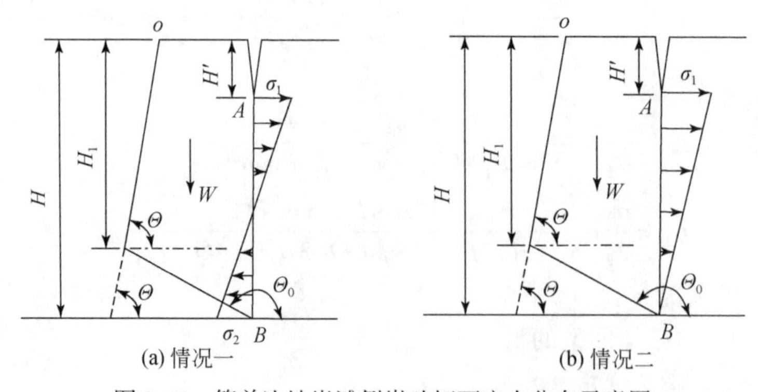

图 3-17　简单边坡岸滩倒崩破坏面应力分布示意图

无论对于剪崩，还是倒崩，河岸稳定系数主要取决于河岸形态、河岸土壤特性和河岸纵向裂隙深度。河岸稳定系数与河岸强度系数 S_t（包括内摩擦角）成正比，与河

岸裂隙深度和横向淘刷成反比。

3.5 小结

1）黏性缓坡岸滩的崩塌破坏面一般为曲面，常以滑崩的形式崩塌，一般采用土力学中的简单条分法和毕肖普条分法进行稳定性分析。滑崩发生的条件可用稳定系数 K 来判断，$K>1$ 时，河岸稳定；$K<1$ 时，河岸崩塌。考虑河岸渗流的影响，采用简单条分法求得的岸滩稳定系数为式（3-17）。

2）当河岸较陡时，河床冲刷下切，黏性岸滩会发生挫落崩塌，其崩滑面为平面，稳定系数仍作为判断挫落崩塌发生的条件。通过考虑河岸渗流、河岸性质等因素，利用稳定分析方法，求得黏性岸滩的稳定系数为式（3-26）。

3）当水流对岸滩侧向淘刷，使崩体处于临界状态时，岸滩将发生落崩。落崩（剪崩和倒崩）的稳定系数公式为式（3-29）和式（3-34）或式（3-40）。

4）岸滩边坡形态分为简单型和复合型，可由边坡形态坡度参数 M 来衡量岸滩稳定性。简单型边坡形态，内凹形、直线形和外凸形岸坡的坡度参数依次增大，稳定性减小；复合型边坡形态坡度参数 M 的变化是比较复杂的，上凸下凹形和上凹下凸形两种边坡形态，仍很难判定两种形态坡度参数的大小，取决于边坡外凸（上凸或下凸）和内凹（下凹或上凹）的程度。

5）岸滩边坡形态坡度、岸滩崩塌坡度、岸坡稳定坡度是衡量河岸稳定的重要参数，岸滩崩塌坡度大于稳定坡度。岸滩边坡形态坡度小于稳定坡度时，岸滩处于稳定状态；当岸滩边坡形态坡度介于崩塌坡度和稳定坡度之间，岸滩处于不稳定状态；当岸滩边坡形态坡度大于崩塌坡度时，岸滩崩塌。

6）典型河流岸滩边坡形态多为内凹形，中上部较陡，甚至是直立的，中小部位较缓。

参考文献

[1] Osman A M，Thorne C R. Riverbank stability analysis Ⅰ：theory. Journal of Hydraulic Engineering，ASCE，1988，114（2）：135-150.

[2] Thorne C R，Osman A M. Riverbank stability analysis Ⅱ：applications. Journal of Hydraulic Engineering，ASCE，1988，114（2）：151-172.

[3] Chitale S V，Mosselman E，Laursen E M. River width adjustment. I：processes and mechanisms. Journal of Hydraulic Engineering，2000，124（9）：881-902.

[4] 尹国康．长江下游岸坡变形//长江中下游护岸工程论文集（2）．武汉：长江水利水电科学研究院，1981：95.

[5] 黄本胜，李思平. 冲积河流岸滩的稳定性计算模型初步研究//李义天，谈广鸣. 河流模拟理论与实践. 武汉：武汉水利电力大学出版社，1998.

[6] 刘东风．长江安徽段崩岸原因分析及工程防护方案思考．武汉：长江护岸工程（第六届）及堤防防渗工程技术经验交流会，2001.

[7] 王延贵，匡尚富．河岸崩塌类型与崩塌模式的研究．泥沙研究，2014，（1）：13-20.

[8] Springer F M, Ullrich C R, Hagerty D J. Streambank stability. Journal of Geotechnical Engineering, 1985, 111 (5): 624-640.

[9] Ullrich C R, Hagerty D J, Holmberg R W. Surficial failures of alluvial stream banks. Canadian Geotechnical Journal, 1986, 23 (3): 304-316.

[10] 王延贵. 河流岸滩挫落崩塌机理及其分析模式. 水利水电科技进展, 2013, 33 (5): 21-25.

[11] 侯润北. 武汉市汉江汉阳沿河堤罗家埠至艾家嘴堤岸滑坡分析和整治//长江中下游护岸工程论文集 (3). 武汉: 长江水利水电科学研究院, 1985: 58.

[12] 王延贵. 冲积河流岸滩崩塌机理的理论分析及试验研究. 北京: 中国水利水电科学研究院, 2003.

[13] 蔡伟铭, 胡中雄. 土力学与基础工程. 北京: 中国建筑工业出版社, 1991.

[14] 陈希哲. 土力学地基基础工程实例. 北京: 清华大学出版社, 1982.

[15] Thorne C R, Tovey N K. Stability of composite river banks. Earth Surface Processes & Landforms, 2010, 6 (5): 469-484.

[16] 王延贵, 匡尚富. 河岸窝崩机理的探讨. 泥沙研究, 2006, (3): 27-34.

[17] 冉冉, 刘艳锋. 利用 BSTEM 模型分析库岸边坡形态对其稳定性的影响. 地下水, 2011, 33 (2): 162-165.

[18] 谭万沛, 王成华, 姚令侃, 等. 暴雨泥石流滑坡的区域预测与预报——以攀西地区为例. 成都: 四川科技出版社, 1994.

[19] 申涧植. 坡面框架工程设计与施工方法. 日本三海堂, 1995, 5.

[20] 国家防汛抗旱总指挥部办公室. 山洪泥石流滑坡灾害及防治. 北京: 科学出版社, 1994.

[21] 徐永年, 匡尚富. 边坡形状对崩塌的影响. 泥沙研究, 1999, (5): 67-73.

[22] 官厅水库坍岸研究小组. 水库滩岸研究. 北京: 水利电力出版社, 1958.

[23] 唐金武, 邓金运, 由星莹, 等. 长江中下游河道崩岸预测方法. 工程科学与技术, 2012, 44 (1): 75-81.

[24] 段金曦, 段文忠, 朱矩蓉. 河岸崩塌与稳定分析. 武汉大学学报 (工学版), 2004, 37 (6): 17-21.

[25] 中国科学院地理研究所. 长江中下游河道特性及其演变. 北京: 科学出版社, 1985.

[26] 叶青超. 黄河下游河流地貌. 北京: 科学出版社, 1990.

[27] 夏军强. 河岸冲刷机理研究及数值模拟. 北京: 清华大学水利水电工程系, 2002.

[28] 刘中惠. 长江中游界牌河段河床演变//长江中下游护岸工程论文集 (2). 武汉: 长江水利水电科学研究院, 1981: 286-295.

[29] 胡春宏, 王延贵, 郭庆超, 等. 塔里木河干流河道演变与整治. 北京: 科学出版社, 2005.

[30] 王延贵, 匡尚富. 冲积河流典型结构岸滩落崩临界淘刷宽度的研究. 水利学报, 2014, 45 (7): 767-775.

[31] Hagerty D J, Spoor M F, Ullrich C R. Bank failure and erosion on the Ohio river. Engineering Geology, 1981, 17 (3): 141-158.

[32] Samadi A, Amiri-Tokaldany E, Davoudi M H, et al. Experimental and numerical investigation of the stability of overhanging riverbanks. Geomorphology, 2013, 184: 1-19.

第 4 章

河流崩岸影响因素与岸滩稳定性评估

岸滩崩塌的机理很复杂，影响河流崩岸的因素是多方面的，主要包括河岸边界条件和河流动力条件[1,2]，雨季降水对河岸崩塌也有重要影响。其中，河岸边界条件是影响河流崩岸的内因，包括河岸形态、土壤特性和河岸地质结构；河流动力条件是河流岸滩崩塌的外因，包括河床冲刷、水位变化与河岸浸泡；雨季降水主要通过河岸侵蚀、裂隙充水浸泡等改变岸滩土壤特性和外力条件，是河岸崩塌的重要影响因素。实际上，这些因素在岸滩稳定性的作用是不一样的，有学者开始引用模糊决策、层次分析等数学方法分析崩岸影响因素的作用[3-7]。本章通过分析无降水情况下河岸崩塌主要影响因素，构造河流岸滩安全性评估的层次结构模型，利用层次分析法进一步分析影响崩岸的主要因素的作用，探讨岸滩稳定性的分析评价方法[3,4]。

4.1 崩岸主要影响因素

4.1.1 岸坡边界条件

1. 土壤特性

岸滩土壤特性主要是指土体的物理性质、状态指标和强度指标，包括土的干容重 γ_{d}、孔隙比 e、含水率 ω、内摩擦角 θ、内聚力 c 及渗透系数 k，对于不同的河岸土质，其特性具有很大的差异[8]（表 4-1）。这些土壤特性之间相互影响，并直接或间接地影响岸滩的稳定性。含水量增加会使内聚力、内摩擦角有所减小，相应的岸滩稳定性减弱。实际上，洪水期岸滩的含水量（长期浸泡使岸滩处于饱和状态）明显高于枯水期，说明枯水期岸滩比洪水期稳定，事实也是如此。从上面岸坡稳定分析可以看出，岸滩崩体的下滑动力是由崩体自身的重力 W、渗透动水力等产生的，影响下滑力的主要因素包括土体的干容重、密实度和渗透性等，而岸滩崩滑体的阻滑力则是由土壤的容重、内摩角和内聚力等产生的，即由式（2-1）衡量。由崩体的稳定系数式（3-17）和式（3-26）可知，内摩擦角 θ 和内聚力 c 越大，其抗滑力越大，崩体的稳定系数越大，表明岸坡越稳定，崩岸发生的概率较小。

表 4-1　武汉江岸土的物理力学特性试验成果[8]

序号	土层分类	含水率 ω/%	干容重 γ_d/(kN/m^3)	孔隙比 e	塑性指数 I_p	液性指数 I_L	稠度	直剪试验		三轴试验		渗透系数
								c/kPa	θ/(°)	c/kPa	θ/(°)	k/(cm/s)
1	人工填土	34.8	13.9	0.98	16.2	0.73	可塑			24.5	6.0	1.18×10^{-5}
2	淤泥	44.4	12.1	1.27	20.1	1.00	流塑	11.76	15.7			1.89×10^{-7}
3	黏土	31.8	14.7	0.9	20.9	0.28	可塑	49.98	6.7	53.9	5.3	8.16×10^{-7}
4	淤泥质亚黏土	37.1	13.3	1.06	16.5	0.93	软塑	25.48	10.8			4.15×10^{-6}
5	淤泥质亚黏土	39.8	13.0	1.12	17.2	0.98	软塑	22.54	3.3	28.42	4.6	2.49×10^{-7}
6	淤泥质轻亚黏土	32.2	14.4	0.92	13.2	0.93	软塑	21.56	11.4	24.50	5.5	9.1×10^{-5}
7	轻亚黏土	29.2	14.9	0.85	9.9	1.09	流塑	28.42	23.9	11.76	7.0	3.7×10^{-5}
8	粉砂	26.4	15.5	0.78		1.07	流塑	15.68	31.1			1.8×10^{-4}

此外，由岸滩崩塌形态的力学分析可知，岸滩土壤性质还直接影响崩岸的崩塌形态和崩塌过程。由式（3-12）和式（3-13）可知，枯水期散粒体岸坡的破坏面为直线，黏性岸坡的破坏面则为上凹曲面；对于上部为黏土的河岸而言，当河槽刷深或河势贴岸，岸坡变陡，岸坡土体由弹性变形发展为塑性破坏的极限平衡状态，导致岸坡出现与岸线平行的张性裂隙，促使崩岸的发生。

2. 岸滩边坡形态

岸滩边坡形态包括岸滩的坡高、坡度及凹凸形态，对岸滩稳定性的影响在 3.3 节中进行了分析，特别是引入了边坡形态坡度参数的概念（式 3-15），指出河流岸滩高度和坡度越大，岸滩越不稳定，内凹形岸滩较外凸形岸滩稳定。实际上，岸滩边坡形态的变化反映岸滩崩体下滑力（矩）与阻滑力（矩）的对比关系。例如，对于外凸形状的河岸［如图 3-6（b），相当于图 3-12 或式（3-25）和式（3-26）中的 x_1 较小，而 x_2 较大］，崩体下滑力较大，对应的崩体稳定系数较小，崩岸发生的概率较大；反之，对于内凹形状的河岸［如图 3-6（c），相当于图 3-12 或式（3-25）和式（3-26）中的 x_1 较大，而 x_2 较小］，崩体下滑力较小，其稳定系数较大，崩岸发生的概率较小。

此外，影响岸滩边坡形态的因素不仅包括岸滩土壤内聚力、内摩擦角、含水率、密实性等，而且还与河床冲刷和河势的变化有重要关系。例如，河床冲刷容易导致复杂边坡的形成，特别是河岸岸脚淘刷常促成凸形岸滩的形成。因此，岸坡形态是崩岸研究的重要参数之一，既能反映岸滩土壤性质，又能体现河道演变的特性，把二者有机地联系在一起。

4.1.2　河流动力条件

1. 河道水流条件

（1）洪水浸泡对土壤的影响

对于同一种土壤，在不同含水量的条件下，其抗剪强度也有很大的不同。当含水量增加时，水分在土粒表面形成润滑剂，使内摩擦角减小。对黏性土来说，含水量增加，使薄膜水变厚，甚至增加自由水，则粒间电子力减弱，内聚力降低。在洪水期，当土壤浸泡时间较长时，土壤含水量增大，甚至呈饱和状态，此时不仅土体的毛重量有所增加，而且土壤内摩擦角和内聚力都有较大幅度的减小，使得岸滩崩体的稳定系数减小，崩岸发生的概率增大，洪水浸泡影响将在第 8 章中进一步分析。在枯水期，岸滩土体干燥，容重较小，土体自身产生的压力较小，而土壤内摩擦角和内聚力都比洪水浸泡期大，相应的岸滩抗剪强度和崩体稳定系数都增大，表明枯水期岸滩发生崩塌的概率减小。西非尼日尔（Niger）河三角洲地区洪水期崩岸多于非汛期的实际情况也进一步说明了这一点[9]。河岸浸泡的影响主要包括河道的水位高低和河岸的浸泡时间，洪水期河岸的浸泡时间将是衡量河岸浸泡影响的主要参数。

(2) 洪水水位变化及岸滩渗流的影响

洪水水位变化主要包括洪水位上升和洪水位下降两种情况。在洪水上升过程中，洪水急升引起的渗透动水力造成崩体下滑力的减小和阻滑力的增大，使崩体的稳定系数增大，崩岸发生的概率减小；对于无渗透性的黏土岸滩，由于洪水位升高，岸滩侧向增加一个水压力，对岸滩的稳定性则是有利的；洪水位缓慢上升引起的渗透动水力的作用减小，而洪水浸泡的作用增强，洪水位缓慢上升对崩岸的影响取决于渗透动水力的作用与洪水浸泡作用的对比。在洪水减退过程中，洪水位减退越快，其渗透比降越大，相应的渗透力越大。对于可渗透岸坡而言，渗透动水力的方向与崩体自身重力的下滑力方向一致，使崩体的下滑力增大，即崩体的稳定系数减小，显然崩体的渗透动水力促使崩岸的发生。

总之，洪水水位的变化引起河岸土壤渗透动水力变化，对河流崩岸产生非常重要的影响[10-12]，表明河道水位变化是研究岸滩崩塌的重要参数，既能体现岸滩土壤的渗透性，又是水流条件的重要标志，把河岸土壤性质和水流条件有机地联系起来。

2. 河道冲淤演变的影响

影响河道冲淤的因素之一是来水来沙条件，当来水含沙量大于河道挟沙能力时，河道将会淤积；当来水含沙量小于河道挟沙能力时，河道则处于冲刷状态。河道冲刷包括两个方面，一是侧向冲刷，二是河床下切。从岸坡稳定系数公式［式（3-25）和式（3-26）］可以看出，在其他条件相同的情况下，河道侧向冲刷，相当于公式中的 x_3 增大，或者河床下切，则相当于公式中的 y_3 值增大，岸坡稳定系数都减小。也就是说，无论是河床下切还是侧向冲刷，岸坡的有效坡度增大，下滑力增加，阻滑力减小，岸坡的稳定性减弱，岸滩崩塌的可能性增加。此外，河型及河势变化都将直接影响河道的侧向变化，其中近岸流的侧向冲刷和弯道环流的凹岸淘刷对河岸崩塌起着重要作用。

4.1.3 气候降水的影响

有关资料表明[13]，我国降水在地区和季节上具有很大的差异，我国平均年降水量为 630mm，呈自沿海向内地、自东南向西北递减的特点；降水主要集中在春、夏、秋季，而且年内降水强度和天数上也有很大的差异。南方河流降雨强度大、天数多，对河流崩岸的影响也就较大；北方河流降雨强度较小和天数少，对河流崩岸的影响较小。虽然南方河流和北方河流降水对崩岸的影响程度有很大的差异，但其影响机理是一样的，主要是通过降雨对河岸的侵蚀和渗透浸泡作用对崩岸产生影响。

在降雨过程中，由于重力的作用，在雨滴降落过程中不断将势能转换为动能，降落到河岸顶面或坡面上时，会以极大的冲击力撞击河岸土壤颗粒，从而使土壤颗粒遭受溅散，土壤结构遭受破坏，地表土壤发生溅蚀[14]；当降水较大时，由降雨所形成的河岸地表径流沿坡面流向坡下或沟道，形成汇流过程，势能不断转化为动能，流速增大，当流速达到土壤颗粒起动流速时，土壤发生冲蚀，水流挟带泥沙输向坡下，最终流入河道，使得河流岸滩形成冲沟，岸坡形态发生一定的变化，对河岸的稳定性产生一定的影响。

河岸土壤颗粒之间具有一定的空隙，在降雨过程中，雨水在重力的作用下渗入土壤颗粒的孔隙之中，土壤含水率大幅度增加，甚至土壤含水量处于饱和，河岸土壤处于浸泡状态，一方面，河岸土壤含水率增加，使得河岸土壤抗剪强度降低；另一方面，渗入土壤中的雨水会增加土体的重量或者由于土壤中的渗流流动而产生渗透力，造成河岸稳定性降低，其机理类似于洪水降落过程的岸滩稳定性分析。此外，对于黏性岸滩，沿河流方向形成纵向裂隙，雨水进入这些裂隙后，不仅增强了裂隙雨水的渗透作用和浸泡作用，使得岸滩土质的抗剪强度降低；而且增加裂隙水流的静水压力，相当于增加了一个指向河道的水平力（矩），加剧了岸滩的不稳定性，促使岸滩崩体发生旋转崩塌，相当于式（3-25）中的外力 P_0。

为了研究降雨和边坡形态对边坡崩塌的影响，文献［15］利用人工降雨变坡试验水槽进行了模拟研究。变坡试验槽长6m、宽2m、高1.3m，上方设有降雨装置，最大降雨强度为100mm/h，雨量可以调节。人工降雨边坡水槽如图4-1（a）所示，试验用沙采用永定河沙与密云粉黏土按一定比例混合而成，如图4-1（b）所示。结合不同的边坡形态和降雨量，文献［16］进行了8个方案的边坡崩塌试验，试验过程中测量了孔隙水压力、土体移动量随累积雨量的变化规律。试验成果表明，边坡崩塌大多都是土体内孔隙水压力达到最大时发生的，孔隙水压力急剧增加是产生崩塌的内在动力；土体位移量与累积降雨有关，当累积降雨达到或超过某一极限时，土体才会失去稳定而产生崩塌。

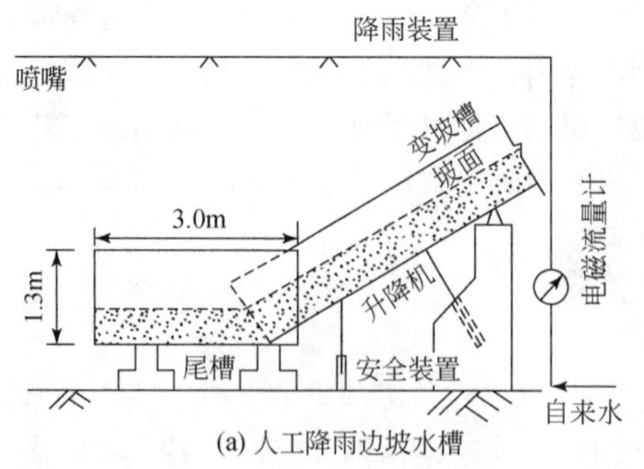

(a) 人工降雨边坡水槽

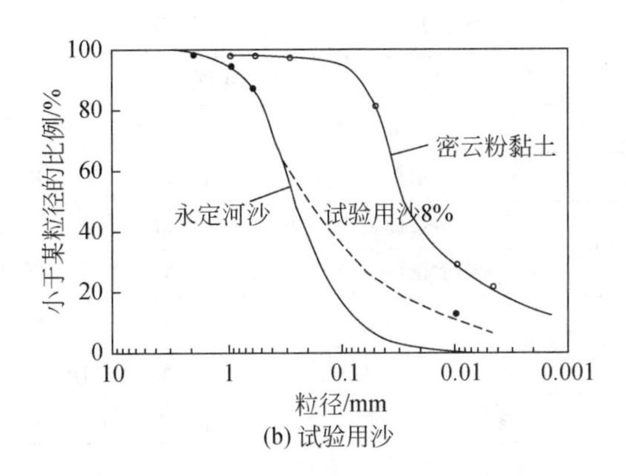

(b) 试验用沙

图 4-1　人工降雨边坡崩塌试验示意图

4.2　崩岸影响因素的层次分析模型与权重分析

4.2.1　层次分析模型

1. 层次分析法

为了研究各影响因子在崩岸过程中的作用，使用层次分析法（analytic hierarchy process，AHP）给定崩岸影响因子的权重[3,7]。层次分析法，是从综合定性与定量的角度对多目标、多准则的系统进行分析评价的一种方法[16]。它是以人的主观判断为主的定性分析方法，根据较丰富的实践经验进行量化，用数值来显示各替代方案的差异，以供研究参考。层次分析法能有效地从宏观尺度上分析问题，将复杂的问题分解为若干层次，建立层次结构模型，从而使很多难以用参数型数学模型方法解决的复杂系统分析成为可能，有助于决策者保持其思维过程的一致性。

单一准则下排序问题是层次分析法的基础，解决这一问题的关键在于由两两比较判断矩阵得到因素的一组权值。为了表示两事物相对权重，层次分析法用标度来量化判断语言。标度的合理性是决策正确性的基础，两两比较判断采用的标度应符合如下的原则[16]。

1）合理性原则。判断给出的相对重要性程度评分应该与定性分析的结果基本相符，标度应该建立在普遍认同的量值基础之上。

2）传递性原则。由于逻辑判断具有传递性，因此判断尺度要符合这种传递性，标度值也应随重要性程度增加而成比例增加。

目前应用较广的标度是 1 ~9 标度法，其判断矩阵标度及定义见表 4-2。

表 4-2　判断矩阵标度及定义

赋值	说明
1	表示指标 x_i 与 x_j 相比，具有重要性相等
3	表示指标 x_i 与 x_j 相比，指标 x_i 比指标 x_j 稍微重要
5	表示指标 x_i 与 x_j 相比，指标 x_i 比指标 x_j 明显重要
7	表示指标 x_i 与 x_j 相比，指标 x_i 比指标 x_j 强烈重要
9	表示指标 x_i 与 x_j 相比，指标 x_i 比指标 x_j 极端重要
2、4、6、8	对应以上两两相邻判断的中间情况
倒数	表示 x_i 与 x_j 比较得到判断 a_{ij}，则 x_j 与 x_i 比较得到 $1/a_{ij}$

层次分析法主要步骤如下[16]：①建立描述研究对象系统内部独立的递阶层次结构模型；②对同属一级的因素以上一级因素为准则进行两两比较，根据判断尺度确定其相对重要度，建立判断矩阵；③层次单排序计算各因素的相对重要度及其一致性检验；④层次总排序计算各因素的综合重要度及其一致性检验。假设某系统中有 n 个因子，两两比较，根据它们之间相对重要性可列出 $n \times n$ 阶方阵（又称判断矩阵）如下：

$$A=\begin{bmatrix} a_{11} & a_{12} & \cdots & a_{1n} \\ a_{21} & a_{22} & \cdots & a_{2n} \\ \vdots & \vdots & \vdots & \vdots \\ a_{n1} & a_{n2} & \cdots & a_{nn} \end{bmatrix} \tag{4-1}$$

层次单排序可归结为求判断矩阵的特征根和特征向量的问题，如已知判断矩阵 A，即计算满足：$AZ=nZ$ 的特征根 n 及对应的特征向量 Z。

但是在一般的决策问题中，决策者不可能给出精确的 Z_i/Z_j 度量，只能对它们进行估计判断。这样，实际给出的矩阵 A 中的各量与理想的 Z_i/Z_j 有偏差，不能保证判断矩阵具有完全的一致性。根据矩阵理论，相应于判断矩阵 A 的特征根也将发生变化，新的问题即归结为

$$A'Z' = \lambda_{\max} Z'\mathrm{CI} = \frac{\lambda_{\max} - n}{n - 1} F_s \phi \mathrm{CI} = \sum_{i=1}^{6} C_i \mathrm{CI} \approx 0 \tag{4-2}$$

式中，$\lambda_{\max}$ 为判断矩阵；A' 为最大特征根；Z' 为对应于 $\lambda_{\max}$ 的特征向量。

由矩阵理论知识可知，当判断矩阵不能保证具有完全一致性时，可用判断矩阵特征根的变化来检查判断的一致性。因此，在层次分析法中引入判断矩阵最大特征根以外的其余特征根的负平均值，作为度量判断矩阵偏离一致性的指标，即用式（4-3）检查决策者判断思维的一致性。

$$\mathrm{CI}=\frac{\lambda_{\max}-n}{n-1} \tag{4-3}$$

2. 层次结构模型

在河流岸滩稳定性进行综合评价时，选取岸滩稳定性作为目标，列为第一层，即目标层。河流崩岸是来水来沙条件、河床冲淤演变和河岸边界条件等诸多因素共同作

用的结果，故将崩岸影响因素分为河岸边界条件和河流动力条件两大类[1]，列为第二层。河岸边界条件包括土壤特性和岸坡形态，主要的影响因素有土壤内聚力、土壤内摩擦角、土壤干容重及河岸边坡形态。河流动力条件主要为来水来沙条件和河床演变特征，而来水来沙条件对河道的作用具体表现为河道冲刷，河道冲刷包括侧向冲刷和垂向冲刷两个方面；此外，河流的水位变化及洪水浸泡也对崩岸有重要的影响，而洪水浸泡主要是通过对河岸浸泡时间长短来影响崩岸。因此，河岸侧向冲刷、河床垂向冲刷、河道水位变化、河岸浸泡时间 4 个因素作为河流动力条件中的分析对象，同时加上岸滩边界条件的 4 个因素，称这 8 个因素为第三层。层次分析结构模型如图 4-2 所示。

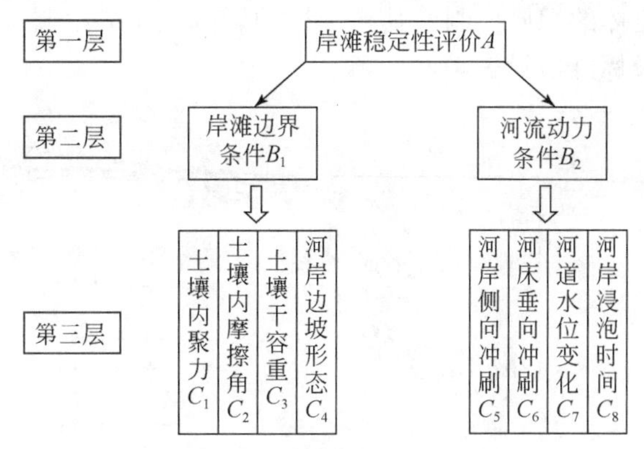

图 4-2　岸滩稳定性评价层次结构模型

4.2.2　河道崩岸影响因素的判别矩阵

在枯水期和洪水期，河道水流对河岸压力与浸泡的时间有很大的差异，各影响因素对岸滩稳定性的作用也有很大的不同[17,18]。因此，本章中层次分析将分为枯水期和洪水期两个阶段进行研究[3]。

1. 枯水期

将枯水期河岸各层次中的诸影响因素两两比较，根据它们的相对重要性，列出判断矩阵，进行崩岸影响分析。在河流岸滩崩塌过程中，河岸条件是崩岸发生的内因，河流动力条件是崩岸发生的外因，也就是说，河岸组成是崩岸发生的物质基础和首要条件，引起河流岸滩崩塌的直接原因是组成河岸的土体失稳，但河流动力条件也是造成崩岸的主要因素，故在第一层中河岸边界条件与河流动力条件相比中，河岸边界条件比河流动力条件稍微重要，标度值取为 3，得出判断矩阵，见表 4-3。

表 4-3　枯水期 *A-B* 判断矩阵及计算结果

岸滩稳定性（A）	B_1	B_2	权重	排序	一致性检验
河岸边界条件（B_1）	1	3	0.75	1	$\lambda_{max}=2$
河流动力条件（B_2）	1/3	1	0.25	2	CI=0

在岸滩边界条件中，主要包括土壤内聚力 c、内摩擦角 θ、干容重 γ_d 及边坡形态等，其中土壤内聚力 c 和内摩擦角 θ 直接决定河岸的抗冲性能。有关研究表明，黏土含量最高的Ⅰ类岸坡，稳定性最好；而砂土含量最高的Ⅳ类岸坡，崩岸发生的概率最大。从岸坡稳定安全系数与土体内聚力 c 和内摩擦角 θ 的关系（图4-3[19]）可以看出，土壤的内聚力 C_1 比土壤内摩擦角 C_2 稍微重要，其标度值为3。土壤干容重 C_3 虽然对崩岸也有一定的影响，但对崩岸的影响明显弱于 C_1。河岸边坡形态 C_4 是指岸坡的坡度和形状，当岸滩坡度大于稳定临界坡度时，坡角越大，岸坡越不稳定；岸坡的形状也影响着崩岸的发生，对于外凸形状的河岸，崩岸发生的概率大，反之，发生的概率小[20]。河岸的形态受河岸土体的性质控制，其对崩岸的影响强于 C_3，略弱于土壤的内摩擦角 C_2。具体对比关系及标度值见表4-4。

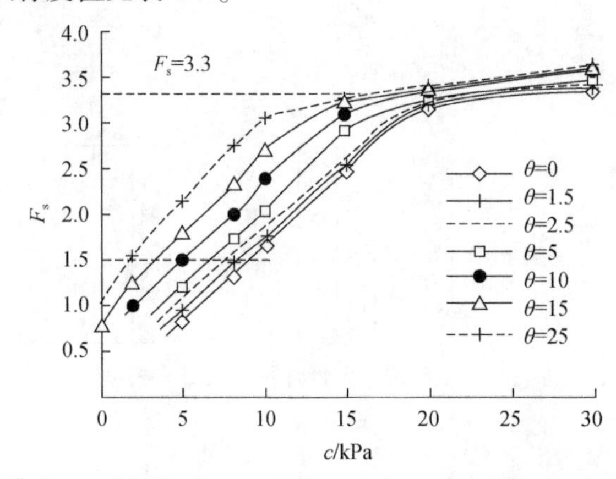

图4-3　岸坡稳定安全系数（F_s）与土体内聚力关系

表4-4　枯水期 B_1-C 判断矩阵及计算结果

河岸边界条件（B_1）	C_1	C_2	C_3	C_4	权重	排序	一致性检验
土壤内聚力（C_1）	1	3	5	4	0.5450	1	λ_{max}=4.0511 CI=0.0191≈0
土壤内摩擦角（C_2）	1/3	1	3	2	0.2329	2	
土壤干容重（C_3）	1/5	1/3	1	1/2	0.0837	4	
河岸边坡形态（C_4）	1/4	1/2	2	1	0.1384	3	

在河流水流动力条件中，河床侧向冲刷 C_5 更易引起崩岸的发生，比河床垂向冲刷 C_6 稍微重要，标度值为3。当河道处于枯水期时，水位较低，且基本处于稳定，河道水位变化 C_7 和河岸浸泡时间 C_8 对崩岸影响很小，不过水位变化在枯水期对崩岸的影响稍强于 C_8，但与河道冲刷相比，影响很小，具体计算结果见表4-5。

表4-5　枯水期 B_2-C 判断矩阵及计算结果

河流动力条件（B_2）	C_5	C_6	C_7	C_8	权重	排序	一致性检验
河岸侧向冲刷（C_5）	1	3	9	9	0.5860	1	λ_{max}=4.1567 CI=0.0587≈0
河床垂向冲刷（C_6）	1/3	1	7	8	0.3085	2	
河道水位变化（C_7）	1/8	1/7	1	2	0.0627	3	
河岸浸泡时间（C_8）	1/9	1/8	1/2	1	0.0428	4	

各判断矩阵的一致性检验：$CI = \sum_{i=1}^{6} C_i CI \approx 0$，这说明判断矩阵具有满意的一致性。

2. 洪水期

洪水期间，河道水位上升处于高位，河岸土壤长期处于浸泡状态与饱和状态，孔隙水压力较高，岸滩抗剪强度降低；汛末，河道水位迅速降落，形成非恒定大比降渗流，对岸滩稳定性的不利影响持续加重，导致岸滩崩塌的概率加大。长江中下游大部分崩岸发生在枯水期或汛后，尤其是大水年之后更加明显，美国密西西比河下游大多数崩岸也发生在汛后。因此，洪水期水位变化和岸滩浸泡对崩岸的影响增强。

河道处于洪水期，河岸土体受到洪水的浸泡，土壤强度有所降低，此时河岸边界条件对于崩岸的制约程度减弱，崩岸易于发生，故河岸边界条件比枯水期的重要性有所减弱，但仍未明显优于河流动力条件，标度值取为 2，得出判断矩阵见表 4-6。

表 4-6　洪水期 *A*-*B* 判断矩阵及计算结果

岸滩稳定性（A）	B_1	B_2	权重	排序	一致性检验
河岸边界条件（B_1）	1	2	0.6667	1	$\lambda_{max}=2$
河流动力条件（B_2）	1/2	1	0.3333	2	CI=0

在洪水期间，由于土壤内聚力 C_1 和土壤内摩擦角 C_2 将有所减小，岸坡土体自重引起崩岸的作用得到加强，故土壤干容重 C_3 与河岸边坡形态 C_4 相比，其影响作用稍微明显一些，但 C_1 和 C_2 的重要性并没有改变，判断矩阵如表 4-7。

表 4-7　洪水期 B_1-*C* 判断矩阵及计算结果

岸滩边界条件（B_1）	C_1	C_2	C_3	C_4	权重	排序	一致性检验
土壤内聚力（C_1）	1	3	4	5	0.5450	1	
土壤内摩擦角（C_2）	1/3	1	2	3	0.2329	2	$\lambda_{max}=4.0511$
土壤干容重（C_3）	1/4	1/2	1	2	0.1384	3	CI=0.0191≈0
河岸边坡形态（C_4）	1/5	1/3	1/2	1	0.0837	4	

对于水流动力条件，洪水期高水位时的河道冲刷对崩岸的影响明显减弱，而河道水位变化与岸滩浸泡对岸滩崩塌的作用大幅度提高，明显优于河道冲刷。判断矩阵见表 4-8。

表 4-8　洪水期 B_2-*C* 判断矩阵及计算结果

河流动力条件（B_2）	C_5	C_6	C_7	C_8	权重	排序	一致性检验
河岸侧向冲刷（C_5）	1	3	1/5	1/4	0.1130	3	
河床垂向冲刷（C_6）	1/3	1	1/6	1/5	0.0589	4	$\lambda_{max}=4.1320$
河道水位变化（C_7）	5	6	1	2	0.5053	1	CI=0.0494≈0
河岸浸泡时间（C_8）	4	5	1/2	1	0.3228	2	

各判断矩阵的一致性检验：$CI = \sum_{i=1}^{6} C_i CI \approx 0$，这说明判断矩阵具有满意的一致性。

4.2.3 崩岸影响因素的权重分析

1. 枯水期

枯水期崩岸影响因素各层关系构成判断矩阵，各矩阵的单排序及最后的总排序计算详细结果见表4-9。从表4-9中可看出，枯水期崩岸影响因素权重总排序中，土壤内聚力和土壤内摩擦角的权重系数分别为0.4087和0.1747，分别排在第一位和第二位，表明河岸土壤特性是影响岸滩稳定性的首要因素，而河岸边坡形态和土壤干容重的权重系数分别为0.1038和0.0628，明显小于土壤特性的权重，排在第四位和第六位，仍属于主要影响因素。在水流动力条件中，河岸侧向冲刷和河床垂向冲刷的权重系数分别为0.1465和0.0771，分别排在第三位和第五位，是岸滩崩塌的主要影响因素；而河道水位变化和河岸浸泡时间的权重系数分别为0.0157和0.0107，远小于其他因素权重值，排在最后两位，属于次要影响因子，可以忽略不计。

表4-9 枯水期崩岸影响因子权重系数

影响因子	河岸边界条件				河流动力条件			
	土壤内聚力	土壤内摩擦角	土壤干容重	河岸边坡形态	河岸侧向冲刷	河床垂向冲刷	河道水位变化	河岸浸泡时间
权重	0.4087	0.1747	0.0628	0.1038	0.1465	0.0771	0.0157	0.0107
排序	1	2	6	4	3	5	7	8

2. 洪水期

洪水期崩岸影响因素各层关系构成判断矩阵，各矩阵的单排序及最后的总排序计算结果见表4-10。从表4-10可看出，在洪水期崩岸影响因素权重排序中，河道岸滩边界因素土壤内聚力和土壤内摩擦角的权重系数分别为0.3633和0.1552，排在第一位和第三位，表明洪水期岸滩土壤特性仍然是影响岸滩崩塌的首要因素，而河岸形态和土壤干容重的权重系数分别为0.0558和0.0923，明显小于土壤特性的权重，排在第六位和第五位，仍属于主要影响因素。在水流动力条件中，由于洪水期水位变化和岸滩浸泡的作用明显增强，河道水位变化和河岸浸泡时间的权重系数明显增大，分别为0.1684和0.1076，排序上升至第二位和第四位，由次要影响因素上升为主要影响因素；而河岸侧向冲刷和河床垂向冲刷的作用明显减弱，其权重系数大幅度分别减至0.0377和0.0196，排在最后两位，由主要影响因素降至次要影响因素，可以忽略不计。

表4-10　洪水期崩岸影响因子权重系数

影响因子	河岸边界条件				河流动力条件			
	内聚力	土壤内摩擦角	土壤干容重	河岸形态	河岸侧向冲刷	河床垂向冲刷	河道水位变化	河岸浸泡时间
权重	0.3633	0.1552	0.0923	0.0558	0.0377	0.0197	0.1684	0.1076
排序	1	3	5	6	7	8	2	4

3. 各影响指标的权重矩阵

利用影响因素层次模型和层次分析法探讨了枯水期和洪水期岸滩稳定的主要影响因素的作用，给出了枯水期和洪水期各影响因素的权重系数和矩阵[3]。枯水期和洪水期各影响指标的权重矩阵分别为 Z_1 和 Z_2：

$$Z_1 = [0.4087 \quad 0.1747 \quad 0.0628 \quad 0.1038 \quad 0.1465 \quad 0.0771 \quad 0.0157 \quad 0.0107]^{\mathrm{T}} \tag{4-4}$$

$$Z_2 = [0.3633 \quad 0.1552 \quad 0.0923 \quad 0.0558 \quad 0.0377 \quad 0.0197 \quad 0.1684 \quad 0.1076]^{\mathrm{T}} \tag{4-5}$$

通过分析各影响因素的权重系数，可以较清晰地了解不同时期各因素的作用。也就是说，在分析和评价岸滩的稳定性时，结合河流岸滩所处的时期，重点关注权重系数较大的影响因素，忽略一些次要因素。

4.3　岸滩稳定性综合评价与分析

4.3.1　主要影响因素的量化分析

1. 量化分析方法

由于崩岸影响因素的量纲不同，很难有效地利用多目标函数评价不同条件下岸滩的稳定性，因此，对岸滩影响指标进行无量纲化是非常必要的[4]。河流岸滩安全性影响指标可分为定量指标和定性指标，如与土壤特性相关的内聚力、内摩擦角、干容重等皆为定量指标，具有准确的数值；河岸侧向冲刷、河床垂向冲刷、河道水位变化和河岸浸泡时间等虽然为定量指标，但需要给出进一步的说明。例如：侧向冲刷宽度为某河段在某一时期内侧向冲刷的距离；垂向冲刷深度为某河段在某一时期内河床垂向冲刷的深度；水位变化则是某河段在某一时期内水位变化的幅度；河岸浸泡时间为某河段在某一时期内河岸持续浸泡的时长。

对于定量指标，某些指标值越大，岸滩越安全，为正向指标，如土壤黏性系数、土壤内摩擦角；反之，为负向指标，如土壤干容重、河岸侧向冲刷、河床垂向冲刷、河道水位变化、河岸浸泡时间。为便于确定岸滩稳定性的综合目标函数的单向性和比较分析，这里统一约定指标大者为优（即正向指标），对指标值小为优者（即负向指标）可利用指标同趋势化方法进行处理，形成统一的正向指标。所谓影响指标同趋势化就是将指标通过整理变换[21]，使所有指标转化为同一方向，具体处理方法可采用指标转置的方法，即大小值和求补法，用式（4-6）计算处理后的指标值：

$$E_i'=E_{\max}+E_{\min}-E_i \tag{4-6}$$

式中，E_i'为处理后的正向指标值；$E_{\max}$为负向指标最大值；$E_{\min}$为负向指标最小值；E_i为原负向指标值。

影响指标进行同趋势化后，为了消除各影响指标量纲的影响，需要对指标进行规范化或无量纲化。具体方法就是用同一指标数列中的最大值去除数列中的每一个指标值，即用式（4-7）计算

$$E_{ii}=\frac{E_i'}{E_{\max}'} \tag{4-7}$$

式中，E_{ii}为处理后的无量纲指标值；$E_{\max}'$为正向指标序列中的最大值；E_i'为正向序列中第 i 个指标。

河岸形态作为一个定性指标，只有定性描述或简单的等级划分，而没有定量数值。为了进一步探讨河岸形态对河岸稳定的影响，第 3 章中通过分析不同类型岸坡形态的稳定状况（图 3-6），引入岸滩边坡形态坡度参数[20]，即式（3-15）。一般说来，岸滩边坡坡度小于稳定坡度时，岸滩处于稳定状态；当岸滩边坡坡度介于崩塌坡度和稳定坡度之间时，岸滩处于不稳定状态；当岸滩边坡坡度大于崩塌坡度时，岸滩崩塌。

岸滩边坡形态这类指标现阶段还很难用准确的数值表示，仍通过模糊评判法对定性指标进行量化。具体方法为，根据相关专家对所给定的指标按规定的评语进行评判，并赋予指标的隶属度。指标评语集为

$$U=\{U_1(\text{稳定}),U_2(\text{较稳定}),U_3(\text{不稳定}),U_4(\text{很不稳定}),U_5(\text{崩塌})\} \tag{4-8}$$

赋予指标评语的隶属度集为

$$U=(1.0,0.8,0.5,0.2,0) \tag{4-9}$$

根据专家对各个指标不同方案下所下的评语，按其标准隶属度进行平均，取平均值作为该指标的隶属度。

2. 影响因素的指标量化

为便于分析比较和实际应用，结合河流岸滩形态、土壤特性和水流条件的实际情况，设计了土体性质和水位变化差异大的 3 个不同河段进行稳定性评估，3 个河段分别称为河段 1、河段 2 和河段 3。拟定 3 种河段在不同时期河岸土壤性质、河流动力条件和边界条件所对应的指标，见表 4-11[4]。

表 4-11　三个河段枯（洪）水期影响指标

时期	河段	土壤内聚力/kPa	土壤内摩擦角/(°)	土壤干容重/(kN/m³)	河岸稳定状态	河岸侧向冲刷/m	河床垂向冲刷/m	河道水位变化/m	河岸浸泡时间/天
枯水期	1	25.9	26.8	20.40	较稳定	1.01	0.75	0.13	0.5
	2	18.9	16.4	20.21	不稳定	0.68	0.46	0.1	0.1
	3	12.9	12.6	20.52	很不稳定	0.54	0.23	0.26	1
洪水期	1	25.9	26.8	20.40	较稳定	1.32	2.86	2.4	15
	2	18.9	16.4	20.21	不稳定	1.22	2.5	1.7	17
	3	12.9	12.6	20.52	很不稳定	0.67	0.79	3.8	35

在不同河段岸滩安全性综合评价过程中，通过对定性指标和定量指标进行量化处理后，得到了层次结构模型中底层各影响因素指标的量化值，X_1 和 X_2 分别为枯水期和洪水期不同河段岸滩各影响因素的量化指标矩阵：

$$X_1=\begin{bmatrix}1 & 1 & 0.990 & 0.6 & 0.535 & 0.307 & 0.885 & 0.6\\ 0.730 & 0.612 & 1 & 0.2 & 0.861 & 0.693 & 1 & 1\\ 0.498 & 0.470 & 0.986 & 0.4 & 1 & 1 & 0.385 & 0.1\end{bmatrix} \tag{4-10}$$

$$X_2=\begin{bmatrix}1 & 1 & 0.991 & 0.6 & 0.508 & 0.276 & 0.816 & 1\\ 0.730 & 0.612 & 1 & 0.2 & 0.583 & 0.402 & 1 & 0.943\\ 0.498 & 0.470 & 0.985 & 0.4 & 1 & 1 & 0.447 & 0.429\end{bmatrix} \tag{4-11}$$

4.3.2　河段岸滩稳定性综合评价与分析

河道岸滩稳定性综合评价就是通过岸滩崩塌影响因子层次结构模型和权重系数，利用模糊数学方法将定性指标定量化和定量指标标准化，进而构造枯水期和洪水期岸滩安全性的综合评价函数，以评价河道岸滩稳定性[4]。

在确定了岸滩底层各影响指标的量化值后，根据各影响因子指标的权重系数，可以构造岸滩稳定综合评价函数，即

$$G = ZX = \sum_{i=1}^{n} z_i x_i \tag{4-12}$$

式中，G 为河段岸滩安全性综合评价指标函数值，G 越大，河段稳定性越好；x_i 为底层各影响因子的标准量化值；z_i 为底层各影响因子对岸滩安全性作用的权重；n 为底层影响因子的数量。

对于枯水期和洪水期的岸滩，已知不同时期各影响因子的权重矩阵 Z_1 和 Z_2，以及不同河段影响因子的量化矩阵 X_1 和 X_2，便可求得枯水期和洪水期河段的稳定综合评价函数 G_k 和 G_h，即

$$G_k = Z_1 X_1 \tag{4-13}$$

$$G_h = Z_2 X_2 \tag{4-14}$$

可以利用式（4-13）和式（4-14）计算枯水期和洪水期 3 种河段的安全性综合评

价函数值，结果见表4-12。结合表4-11的实际情况，从表4-12中可以得出如下。

表4-12　不同河段岸滩安全性综合评价函数值

时期	枯水期			洪水期		
河段	1	2	3	1	2	3
综合评价函数值	0.830	0.695	0.620	0.913	0.763	0.546

1）枯水期河段1、河段2和河段3的综合评价函数值分别为0.830、0.695和0.620，表明河段1最安全，河段2次之，河段3最不安全。3个河段的土壤性质差别较大，河段1土壤性质对应的主要影响因子对岸滩的稳定性最有利，河段3土壤性质对应的影响因子对岸滩稳定性不利，虽河段1的冲刷较为严重，其岸滩稳定性排序仍为第一位。

2）洪水期河段1、河段2和河段3的综合评价函数值分别为0.913、0.763和0.546，表明河段1最安全，河段2次之，河段3最不安全。同样，虽然河段1的冲刷、水位变化和河岸浸泡时间都较大，但仍不能超过河岸土壤性质的作用，因此河段1的安全性仍然最好；河段3由于土壤性质的安全性较弱，再加上水位变化和河岸浸泡时间的影响都较大，该河段的稳定性最差。

4.3.3　讨论

岸滩稳定性综合评价方法是把层次分析方法应用于河道岸滩稳定分析的一种评价方法，尚处于初步研究阶段，有许多内容需要深入研究，距实际应用还有一定的距离。因此，针对岸滩稳定性综合评价方法，需要给出如下说明。

1）层次分析法主要用于对无结构特性以及多目标、多准则、多时期等的系统评价，但不能为决策提供改进方案或者新方案。因此，岸滩稳定性综合评价方法主要适用于不同条件下河流岸滩稳定性的评价，它能够给出不同河岸的稳定性和稳定性排序，但不能给出河流岸滩发生崩塌的具体条件，只能对岸滩稳定性的预测研究有参考价值。

2）层次分析法是一种带有模拟人脑的决策方式的方法，所需定量数据信息较少，带有较多的定性色彩。在确定岸滩稳定影响因素的权重矩阵时，层次分析法主要是根据专家调查来确定影响指标的重要程度，具有一定主观能动性，不同的专家或者专家样本的差异都会对河岸影响指标的权重产生影响，其结果仍然具有较多的定性成分。

3）层次分析法是把定型判断和定量推断相结合，增强科学性和实用性。在利用此方法进行评价河道岸滩稳定性时，仍然需要获得河岸边界条件和河流动力条件中的八项影响指标参数。在实际河流中，很多情况缺乏如此全面的岸滩实测资料，获得诸多实测资料仍有很大的困难。

4）目前，关于河道岸滩稳定性综合评价方法，还没有结合实际河流岸滩利用实测资料进行评价和检验。而是根据河流岸滩边界水流动力特点，设计了三种河流岸滩，并拟定了相应影响因素的指标值，其主要目的就是通过拟定的不同河段介绍河流岸滩稳定性评价的步骤和过程。也就是说，该方法若要应用于实际，还需要深入开展更多的研究。

5）河岸稳定性综合评价方法仅能给出不同河岸稳定性排序，还不能给出岸滩稳定性的稳定等级，如稳定、较稳定、不稳定、很不稳定、崩塌等，若要给出岸滩稳定性的稳定等级的界定范围，还需要结合大量的实际岸滩稳定性分析，来给出各稳定等级的界定标准，这也是我们需要努力的方向之一。

4.4 小结

1）岸滩崩塌的主要影响因素包括河岸边界地质条件和水流动力条件。河岸边界地质条件包括岸坡地质结构（一元结构和二元结构）、土壤特性（干容重、内摩擦角、密实度、渗透性和黏滞性）及岸坡形态等；水流动力条件是指河流水位及其变化，河道冲淤特点及河势变化。其中岸坡形态和河道水位分别是联系岸滩土壤特性与河道演变、河岸土壤性质与水流条件的两个重要参数。

2）在河流崩岸综合评价过程中，以河流岸滩崩塌为目标（第一层），通过河流岸滩边界和水流动力的相互作用（第二层），分析河流岸滩崩塌的具体影响因素（第三层），建立河流岸滩崩塌影响因素的层次结构模型。结合枯水和洪水期河流崩岸的影响因素特征，利用层次分析研究了枯水期和洪水期各影响因素的作用，给出了各影响因素的权重系数。

3）结合各影响因素的权重系数，指出枯水期影响岸滩崩塌权重最大的因素是土壤特性参数（黏性系数和内摩擦角），影响权重较大的主要因素为侧向冲刷、河岸形态和垂向冲刷，水位变化和洪水浸泡影响权重不大；对于洪水期，影响岸滩崩塌权重最大的两个因素为土壤内聚力和水位变化，影响较大的主要因素为土壤内摩擦角、洪水浸泡和土壤容重，而河床冲刷影响权重较小。

4）利用模糊数学原理将定性指标定量化和将定量指标标准化和定向化，以消除量纲的影响。根据岸滩稳定性影响因素权重和无量纲化指标的特点，构造了枯水期和洪水期岸滩稳定性的综合评价函数，指出综合评价函数值越大，岸滩稳定性越好。

5）结合实际河流岸滩的特点，构造了三种不同的岸滩河段，拟定了土壤边界条件和水动力条件，利用综合评价函数对三种河段进行稳定性评价，给出了合理的评价结果和评价过程。

6）鉴于岸滩稳定性综合评价方法是把层次分析方法应用于河道岸滩稳定分析的一种评价方法，还没有应用于实际河流岸滩稳定性评价，以后还有许多问题需要深入研究。

参考文献

[1] 王延贵．冲积河流岸滩崩塌机理的理论分析及试验研究．北京：中国水利水电科学研究院，2003.

[2] 王延贵．河流岸滩挫落崩塌机理及其分析模式．水利水电科技进展，2013，33（5）：21-25.

[3] 王延贵，金亚昆．模糊层次分析在河道岸滩稳定性评价中的应用．浙江水利科技，2014，(5)：38-41.

[4] 王延贵，齐梅兰，金亚昆．河道岸滩稳定性综合评价方法．水利水电科技进展，2016，36 (5)：55-59.

[5] 王坤．模糊决策理论在崩岸研究中的应用．长江科学院院报，2005，22 (4)：12-15.

[6] 廖小永，王坤．模糊统计聚类理论在崩岸问题中的应用研究．长江科学院院报，2007，24 (2)：5-8.

[7] 岳红艳，余文畴．层次分析法在崩岸影响研究中的应用．武汉：长江护岸工程（第六届）及堤防防渗工程技术经验交流会，2001.

[8] 王铁成，邓红．武汉城市堤防线段护岸工程//长江中下游护岸工程论文集 (4)．武汉：水利部长江水利委员会，1990：85.

[9] Abam T K S. Factors affecting distribution of instability of river banks in the Niger delta. Engineering Geology，1993，35 (1/2)：123-133.

[10] Haefeli R. 1948. The stability of slopes acted upon by parallel seepage. Proceedings of the Second International Conference on Soil Mechanics and Foundation Engineering，Rotterdam，(Ⅰ)：57-62.

[11] Burgi P H，Karaki S. Seepage effect on channel bank stability. Journal of the Irrigation & Drainage Division，1971，97 (1)：59-72.

[12] 王延贵，匡尚富，陈吟．洪水位变化对岸滩稳定性的影响．水利学报，2015，46 (12)：1398-1405.

[13] 王莉萍，王维国，张建忠．我国主要流域降水过程时空分布特征分析．自然灾害学报，2018，27 (02)：163-175.

[14] 王礼先．水土保持学．北京：中国林业出版社，1995.

[15] 徐永年，匡尚富．边坡形状对崩塌的影响．泥沙研究，1999，(5)：67-73.

[16] 许树柏，和金生．层次分析法．北京：科学出版社，1986：1-30.

[17] 陈燕飞，潘林勇，王延贵．洪水位变化对河岸崩塌影响机理的研究．中国农村水利水电，2004，(11)：93-95.

[18] 王延贵，匡尚富，黄永健．洪水期岸滩崩塌有关问题的研究．中国水利水电科学研究院学报，2003，1 (2)：90-97.

[19] 张幸农，蒋传丰，陈长英，等．江河崩岸的影响因素分析．河海大学学报（自然科学版），2009，37 (1)：36-40.

[20] 王延贵，匡尚富．河岸崩塌类型与崩塌模式的研究．泥沙研究，2014，(1)：13-20.

[21] 张庆华，白玉慧，倪红珍．节水灌溉方式的优化选择．水利学报，2002，(1)：47-51.

第 5 章

崩岸对河床冲淤的响应机理

河流崩岸是冲积河流侧向演变的一种形式，主要是在水流作用或水沙条件变化引起河道冲刷演变，使河岸土体受力状态发生变化，当土体受力不能满足岸滩的稳定条件时，河岸失稳崩塌，其影响因素主要是河岸土壤边界条件和水流动力条件。目前，结合崩岸形成的过程和特点，崩岸发生的机理主要从河流岸滩稳定理论、水流动力作用或者二者结合起来进行研究[1-5]。从土力学传统意义上，很多学者通过河岸土体受力分析，利用土坡稳定理论来解释和分析河岸崩塌的机理，即采用土体阻滑力与下滑力的比值（称为安全系数）作为判断岸滩稳定的依据[1-3]，在第 3 章中已作了详细介绍。从河床演变的角度，文献［4，5］利用河势发展接近地貌临界来描述弯道横向移动特征，指出弯曲河道的横向移动速率（R_1）与相对曲率$\left[R_c=\dfrac{R_m(\text{河弯曲率半径})}{B_m(\text{河宽})}\right]$有关，并存在最大值，且当 R_c 在 3.0 左右时，河弯横向移动速率最大，此时也是弯道崩岸剧烈发生的时候。结合岸边地质条件，文献［4］利用这一理论解释了下荆江姜介子河段崩岸的成因。大量事实表明崩岸现象多发生在受水流剧烈冲刷的河岸，许多专家学者认为，崩岸主要是水流冲刷侵蚀河岸造成的，特别是河岸岸脚的侧向淘刷。Thorne 等也认为水流冲刷是导致河岸侵蚀的主导因素[3]，河岸侧向冲刷和河床垂向冲深均降低了河岸稳定性，从而引起河流崩岸。作者通过分析河床冲刷和河岸侧向淘刷对崩岸的影响[6-11]，探讨河道挫崩和落崩的力学机制，推导出河道临界崩塌高度和临界淘刷宽度公式，并提出河岸崩退的分析模式与崩退速率的计算方法，相关成果将在第 5 ~7 章中陆续介绍。

5.1　河床冲淤对崩岸的影响

5.1.1　河床冲淤前后崩体的稳定系数

1. 基本公式

河道的冲刷包括两个方面，一是河床下切，二是河岸侧向冲刷。第 3 章推导出岸滩挫崩的稳定系数公式［式（3-26）］。为了深入分析河床冲刷对崩岸的影响，主要研究枯水期低水位状态的情况，此时可不考虑渗流的影响，即 $f=0$ 及 $J_s=0$。那么，枯水期无渗流时，河床冲刷后的河岸稳定系数变为

$$K=\frac{-\gamma\cos\alpha A\tan\theta+cl}{\gamma A\sin\alpha} \tag{5-1}$$

河道冲刷前，河岸稳定系数为

$$K_0=\frac{-\gamma\cos\alpha_0 A_0\tan\theta+cl_0}{\gamma A_0\sin\alpha_0} \tag{5-2}$$

河道冲刷前后河岸稳定系数的对比关系为

$$\begin{aligned}K_0-K&=\frac{\gamma A_0\cos\Theta_0\tan\theta+cl_0}{\gamma A_0\sin\Theta_0}-\frac{\gamma A\cos\Theta\tan\theta+cl}{\gamma A\sin\Theta}\\&=\frac{\gamma A_0(x_4-x_{20})\tan\theta+cl_0^2}{\gamma A_0(y_{20}-y_4)}-\frac{\gamma A(x_4-x_3)\tan\theta+cl^2}{\gamma A(y_3-y_4)}\end{aligned} \tag{5-3}$$

式中，下标 0 代表冲刷前的变量；Θ_0 为冲刷前的坡角。在崩岸分析过程中，为便于深入定量分析，河流岸滩边坡主要是指简单型河岸形态，并把岸滩边坡处理成直线或折线[6,7]，即简单型河岸形态分为直线边坡形态和折线边坡形态两种情况。

2. 简单型河岸形态

（1）直线边坡形态

直线边坡河道冲刷前后的岸滩崩塌形态概化为如图 5-1 所示的模式。为便于比较，采用坐标系法进行分析。设冲刷前岸脚点的坐标为（x_{20}，y_{20}），结合第 3 章的稳定分析，相应岸边折点的坐标变为：$x_1=0$，$y_1=y_5=0$，$x_4=x_5$。那么河道冲刷前后崩体断面面积分别为

$$A_0=\frac{1}{2}[x_{20}y_{20}+(x_4-x_{20})(y_{20}+y_4)] \tag{5-4}$$

$$A=\frac{1}{2}[x_3(y_2+y_3)-x_2y_3+(x_4-x_3)(y_3+y_4)] \tag{5-5}$$

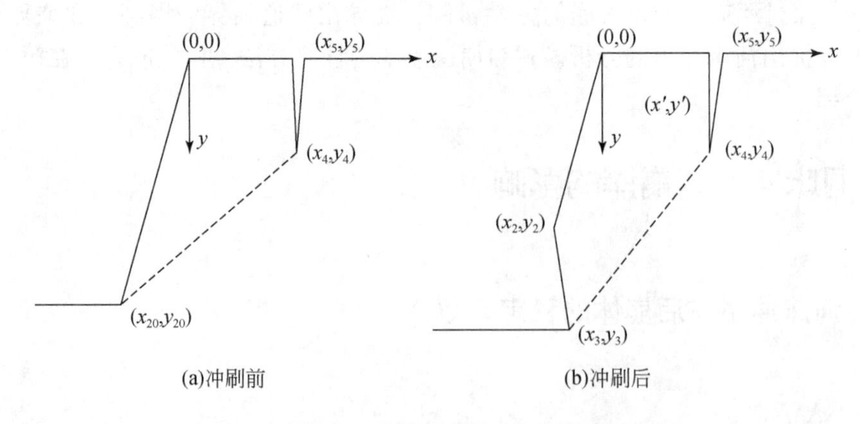

图 5-1　直线边坡岸滩冲刷前后稳定分析示意图

把式（5-4）和（5-5）代入式（5-3）后，得

$$K_0-K=\frac{\gamma[x_{20}y_{20}+(x_4-x_{20})(y_{20}+y_4)](x_4-x_{20})\tan\theta+2c[(x_{20}-x_4)^2+(y_{20}-y_4)^2]}{\gamma[x_{20}y_{20}+(x_4-x_{20})(y_{20}+y_4)](y_{20}-y_4)}$$
$$-\frac{\gamma[x_3(y_2+y_3)-x_2y_3+(x_4-x_3)(y_3+y_4)](x_4-x_3)\tan\theta+2c[(x_3-x_4)^2+(y_3-y_4)^2]}{\gamma[x_3(y_2+y_3)-x_2y_3+(x_4-x_3)(y_3+y_4)](y_3-y_4)} \quad (5\text{-}6)$$

（2）折线边坡形态

折线边坡河道冲刷前后的岸滩崩塌概化模式如图 5-2 所示。河道冲刷前后崩体断面的面积分别为

$$A_0=\frac{1}{2}\gamma[x_{20}y_1+(x_{20}-x_1)y_{20}+(x_4-x_{20})(y_{20}+y_4)] \quad (5\text{-}7)$$

$$A=\frac{1}{2}[(x_3-x_1)y_2+(x_3-x_2)y_3+x_2y_1+(x_4-x_3)(y_3+y_4)] \quad (5\text{-}8)$$

同样，把式（5-7）和（5-8）代入式（5-3）后，得出折线边坡河岸冲刷前后稳定系数的对比关系为

$$K_0-K=\frac{\gamma[x_{20}y_1+(x_{20}-x_1)y_{20}+(x_4-x_{20})(y_{20}+y_4)](x_4-x_{20})\tan\theta+2c[(x_{20}-x_4)^2+(y_{20}-y_4)^2]}{\gamma[x_{20}y_1+(x_{20}-x_1)y_{20}+(x_4-x_{20})(y_{20}+y_4)](y_{20}-y_4)}$$
$$-\frac{\gamma[(x_3-x_1)y_2+(x_3-x_2)y_3+x_2y_1+(x_4-x_3)(y_3+y_4)](x_4-x_3)\tan\theta+2c[(x_3-x_4)^2+(y_3-y_4)^2]}{\gamma[(x_3-x_1)y_2+(x_3-x_2)y_3+x_2y_1+(x_4-x_3)(y_3+y_4)](y_3-y_4)} \quad (5\text{-}9)$$

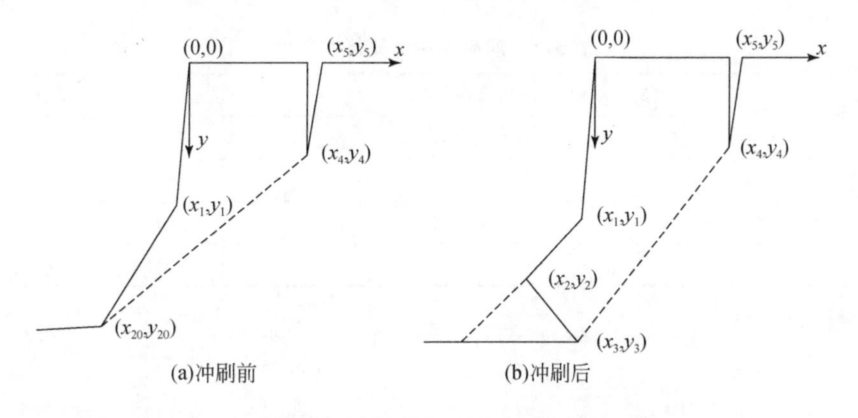

图 5-2　折线边坡岸滩冲刷前后稳定分析示意图

5.1.2　河床冲淤对崩岸影响分析

1. 河床下切的影响

仅考虑河床下切，而不考虑侧向冲刷拓宽。设河床冲刷下切 Δy，那么 $x_2=x_3=x_{20}$，$y_2=y_{20}$，$y_3=y_{20}+\Delta y$，考虑到 Δy 与河深 H 相比属于小值，其二阶量可忽略，因此，上述直线边坡形态和折线边坡形态河岸稳定系数的对比关系经过近似化简，分别变为如下方程：

$$K_0-K\approx\frac{\gamma E_1^2(x_4-x_{20})\tan\theta+2E_2(x_4-x_{20})(y_{20}-x_4)+2E_1E_2-4cE_1(y_{20}-y_4)^2}{\gamma(y_{20}-y_4)[E_1^2(y_{20}-y_4)-\Delta yE_1(y_{20}-y_4)(x_4-x_{20})+E_1^2\Delta y]}\Delta y \quad (5\text{-}10)$$

$$K_0-K\approx\frac{\gamma G_1^2(x_4-x_{20})\tan\theta+2G_2(x_4-x_{20})(y_{20}-x_4)+2G_1G_2-4cG_1(y_{20}-y_4)^2}{\gamma(y_{20}-y_4)[G_1^2(y_{20}-y_4)-\Delta yG_1(y_{20}-y_4)(x_4-x_{20})+G_1^2\Delta y]}\Delta y \quad (5\text{-}11)$$

式中，$E_1=x_{20}y_{20}+(x_4-x_{20})(y_{20}+y_4)$；$G_1=x_{20}y_1+(x_{20}-x_1)y_{20}+(x_4-x_{20})(y_{20}+y_4)$；$E_2=G_2=c[(x_{20}-x_4)^2+(y_{20}-y_4)^2]$。

从式（5-10）和式（5-11）可知，无论是直线边坡，还是折线边坡的河流岸滩，当河床发生冲刷下切（$\Delta y>0$），式（5-10）和式（5-11）的右端分子一般情况大于零，即 $K_0-K>0$，$K<K_0$，河床冲刷后，河岸稳定性降低；而且河床冲刷越深，即 Δy 越大，相应的（K_0-K）越大，K 值越小，河岸越不稳定。其物理意义是，河床冲刷下切后，会使崩体破坏面的倾角增加，崩体所受的下滑力 F_d 增加较多，而阻滑力则变化不大，或略有减小，导致岸滩崩体的稳定系数 K 小于冲刷前的稳定系数 K_0，表明冲刷后崩体的稳定性减弱，崩岸的概率增加。当河床冲刷到一定程度，即 Δy 增加到一定程度，下滑力增加，当下滑力 F_d 大于或等于阻滑力 F_r 时，崩体将发生崩塌。作为估算例子，按照表 5-1 的条件［参见图 3-12（b）］，对河床冲刷下切后河岸的稳定系数进行估算，结果如图 5-3 所示。计算结果表明，河床冲刷深度越大，河岸稳定系数越小，与上述分析成果是一致的。

表 5-1　河岸稳定计算基本条件

土质基本参数		内聚力/(kPa)	内摩擦角/(°)	密度/(t/m³)	孔隙比	饱和度/%	
		6	10	2.7	0.8	50	
岸滩几何形态［图 3-12（b）］	点号	0	1	2	3	4	5
	X/m	0	-0.3	-0.6	-0.6	0.5	0.5
	Y/m	0	3	4	4.5	0.83	0

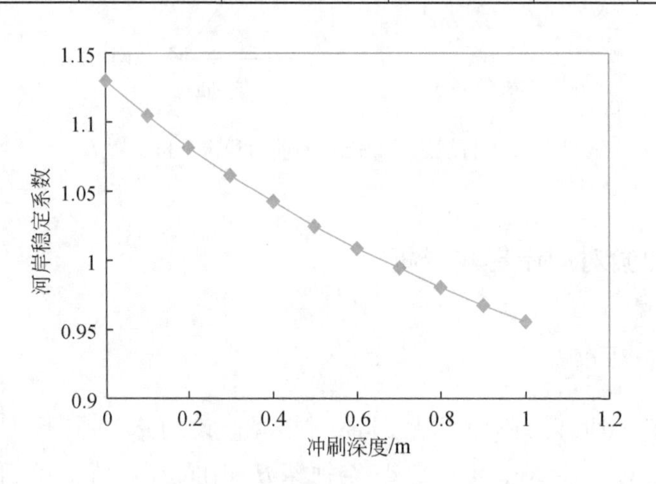

图 5-3　河床冲刷对崩岸的影响

2. 河床淤积对崩岸的影响

河床淤积相当于 Δy 值小于零，从式（5-10）和式（5-11）可知，无论是直线边坡，还是折线边坡的河岸滩，式（5-10）和式（5-11）的右端分子一般情况小于零，即 $K_0-K<0$，$K>K_0$，河床淤积后，河岸稳定性增大；而且河床淤积抬高越多，即 Δy 越小，相应的（K_0-K）越小，K 值越大，河岸越稳定。其物理意义是，无论是河床淤积（Δy 减小为负值），还是岸边淤积，其结果都是使水平角 α 值增大，倾角 Θ 减小，崩体的下滑力 F_d 减小，阻滑力 F_r 则有所增加，崩体稳定性增加。对于黄河下游这样的多沙游荡河道，河床淤积比较严重，河势多变，即侧向冲刷剧烈。因此，稳定河势、控制侧向冲蚀则是黄河治理的关键。

5.2 河岸挫崩力学机制

当岸坡土壤黏性较大，河岸较陡或呈直立状态，河床冲刷下切，河岸内部的应力场将会发生一定的变化，河岸稳定性也将随之变化。河岸内部应力场的变化类似于挡土墙主动应力场的变化特征，河床冲刷下切后的河岸崩塌机理可以利用挡土墙的破坏原理进行解释[2,12]。一般情况，在河床下切过程中，岸滩土体应力场发生变化，在河岸上会出现纵向张性裂缝［照片2-7（a）和照片3-2］，纵向裂隙的产生使得崩塌破坏面面积大幅减少，崩体阻滑力大幅度减小，裂隙越深，崩塌破坏面减幅越大，对应的阻滑力减小越多，岸滩越不稳定；若河道继续冲刷，河岸以挫落的形式崩塌，对应的破坏面接近平面，即发生挫崩。其中，与岸线平行的张性裂隙的产生和深度大小对崩岸有重要的影响。对河流岸滩张性裂隙的产生机理及深度进行如下的分析。

根据土力学理论[1,13]，岸滩表面以下土体的应力分布如图 5-4 所示。图中 σ_z 为自重应力；σ_x 为侧压力；K_0 为静止土压力系数；τ 为切应力；τ_f 为土的抗剪强度；c 为土的内聚力；θ 为土的内摩擦角，且有

$$\sigma_x = K_0\sigma_z \tag{5-12}$$

$$\sigma_z = \gamma z \tag{5-13}$$

当河床冲刷下切达到一定深度，或河岸侧向冲刷使主槽向岸边逐渐逼近，由于岸滩一侧泥沙被冲走，表面以下土体水平压力减小，岸滩处于弹性变形状态之中［图5-4（a）］。

若河槽进一步冲刷加深，或深槽贴岸使岸坡变陡，就会使岸滩土体由弹性变形发展为塑性破坏的极限平衡状态［图5-4（b）］，此时岸滩顶部会出现拉应力，进而出现与岸线平行的张性裂隙。在极限平衡状态下，土体垂直方向的自重应力 σ_z 与由 σ_z 派生的水平侧向压力 σ_x 有如下关系［图5-4（c）］：

$$\sigma_x = \gamma z \tan^2\left(45° - \frac{\theta}{2}\right) - 2c\tan\left(45° - \frac{\theta}{2}\right) \tag{5-14}$$

当土体发生张性裂隙，其水平侧应力 $\sigma_x = 0$ 时，对应的深度应为裂隙的深度 H'。上述应力方程变为

$$\gamma z_0 \tan^2\left(45°-\frac{\theta}{2}\right)-2c\tan\left(45°-\frac{\theta}{2}\right)=0 \tag{5-15}$$

$$z_0 = H' = \frac{2c}{\gamma}\tan\left(45°+\frac{\theta}{2}\right) \tag{5-16}$$

式（5-16）说明岸顶厚度为 z_0 的土层内的土压力为负值区，正是张力带所在，实际上也就是张性裂隙的深度，即可利用式（5-16）计算岸滩张性裂隙深度。显然，岸坡的稳定性取决于河道深度与张性裂隙发育深度的对比关系，在抗张能力较小的粉沙亚黏土中，河流冲刷加深到一定程度，就会产生张性裂隙，进而促使岸坡挫落或滑动[7,12]。

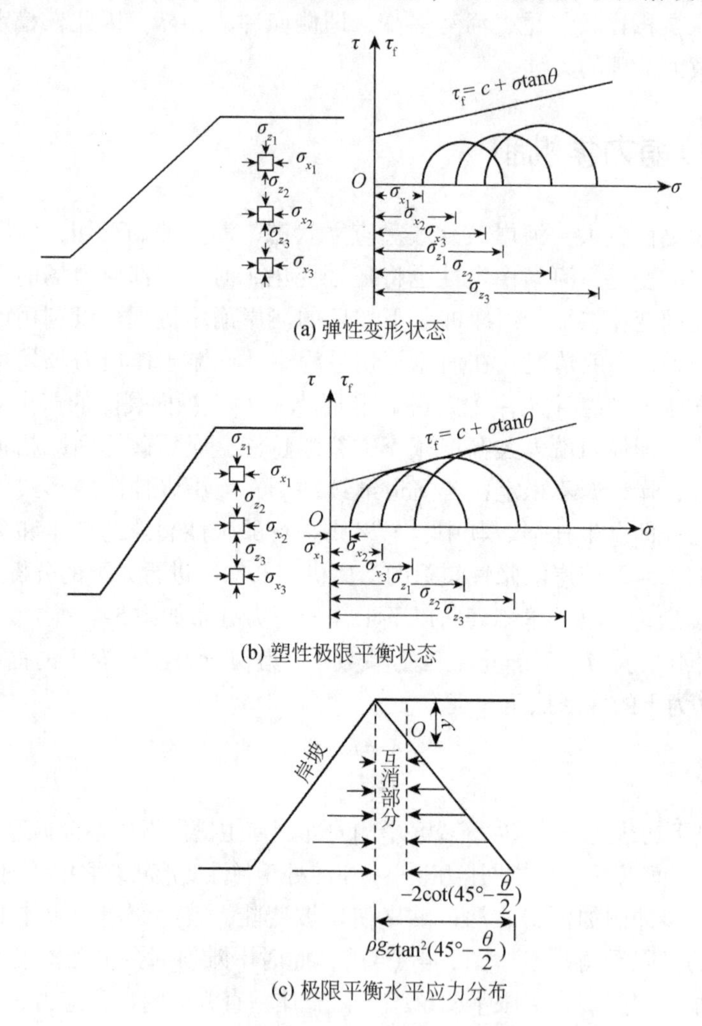

图 5-4　河道下切后岸滩崩塌挫落力学机制示意图

5.3　河岸挫崩的崩塌高度

很多研究学者就河岸崩塌高度进行了研究，文献［14］利用水槽就模型沙的坍塌过程及崩塌高度进行了试验研究，文献［3］则利用稳定分析的方法就直线边坡的河岸崩塌高度进行了分析，进而应用于河道冲淤计算[3,15]。本节利用河岸稳定分析的办法，就一般的折线边坡河岸的崩塌高度进行分析，同时考虑高水位浸泡及渗流作用的影响，进而提出河岸临界崩塌高度的概念[7,8,12]。

5.3.1 崩岸稳定分析方程

当河床冲刷到一定程度，河岸发生崩塌，对应的河深 H 即为河流岸滩临界崩塌高度，或简称河岸崩塌高度。为方便起见，对于折线边坡的崩塌体，用折点处河深 H_i（即纵坐标 y_i）和边坡倾角 Θ_i 来表达（图 3-13）。在崩岸分析过程中，若考虑洪水浸泡和渗流的作用，对应的稳定系数公式用式（3-26）计算。若崩体的重量 W 和断面面积 A 分别用式（3-19）和式（3-20b）表达，并代入式（3-26），转换为倾角的形式，整理后得

$$(S_{\Theta\theta}+fn_{J\gamma})S_{\Theta}H^2-2S_tH+[2S_tH'-(S_{\Theta\theta}+fn_{J\gamma})S_A]=0 \tag{5-17}$$

式中，$S_{\Theta\theta}=\sin^2\Theta-\cos\Theta\sin\Theta\dfrac{\tan\theta}{K}$，主要反映破坏面坡度和土壤内摩擦角影响的参数；$S_{\beta\Theta}=\cos(\beta-\Theta)\sin\Theta-\sin(\beta-\Theta)\cos\Theta\dfrac{\tan\theta}{K}$，$n_{j\gamma}=\dfrac{(\gamma_{\text{sat}}-\gamma_{\text{w}}-\gamma)S_{\Theta\theta}+\gamma_{\text{w}}J_{\text{s}}S_{\beta\Theta}}{\gamma}$，反映渗流强度的作用；$S_{\Theta}=\dfrac{1}{\tan\Theta}-\dfrac{1}{\tan\Theta_0}$，反映河岸破坏面与河岸形态的影响；$S_t=\dfrac{c}{K\gamma}$，称为河岸强度系数，反映河岸土壤黏性与重力的对比关系，其值越大，河岸强度越高，也越稳定；$S_A=\dfrac{H_2^2-H_1^2}{\tan\Theta_2}+\dfrac{H_1^2}{\tan\Theta_1}+\dfrac{H'^2}{\tan\Theta}-\dfrac{H_2^2}{\tan\Theta_0}$，河岸崩体参数，反映了河岸崩体的体积和重量的大小。方程（5-17）为岸滩崩体稳定分析模式方程，主要反映了河岸土壤特性、岸坡形态、河床冲刷、岸滩渗流等因素的共同作用关系。

文献［16］深入研究了洪水期的河流崩岸问题，指出枯水期的河流崩岸影响因素与洪水期具有明显的不同。在枯水期间，岸滩水流浸泡和渗流对河流崩岸的作用较小，而河岸高度、河床冲刷等则是影响崩岸的主要因素。因此，在探讨枯水期河流崩岸的分析模式时，不需要考虑岸滩水流浸泡和渗流的作用，即 $f=0$。枯水期岸滩崩体稳定分析模式方程变为

$$S_{\Theta\theta}S_{\Theta}H^2-2S_tH+(2S_tH'-S_{\Theta\theta}S_A)=0 \tag{5-18}$$

式中，$S_{\Theta\theta}=\sin^2\Theta-\cos\Theta\sin\Theta\dfrac{\tan\theta}{K}=\dfrac{1}{2}-\dfrac{\cos(2\Theta-\theta)}{2\cos\theta K}$；$S_t=\dfrac{c}{K\gamma}$；其他参数没有变化；式（5-18）就是枯水期岸滩崩体稳定分析方程。

5.3.2 岸滩挫落崩塌高度公式

通过求解式（5-18），可得挫崩崩体高度的公式：

$$H=\frac{S_t+\sqrt{S_t^2-S_\Theta(S_{\Theta\theta}+fn_{J\gamma})[2S_tH'-(S_{\Theta\theta}+fn_{J\gamma})S_A]}}{(S_{\Theta\theta}+fn_{J\gamma})S_\Theta}$$

$$=\frac{S_t}{(S_{\Theta\theta}+fn_{J\gamma})S_\Theta}+\sqrt{\left(\frac{S_t}{(S_{\Theta\theta}+fn_{J\gamma})S_\Theta}\right)^2-\frac{2S_tH'-(S_{\Theta\theta}+fn_{J\gamma})S_A}{(S_{\Theta\theta}+fn_{J\gamma})S_\Theta}} \tag{5-19}$$

式（5-19）为河流岸滩崩塌体高度的一般计算公式。若取稳定系数 $K=1$ 时，上述公式即为河岸临界崩塌高度。当河岸高度大于河岸临界崩塌高度时，河岸将会发生崩塌。从式（5-19）可以看出，影响河岸崩塌高度的因素包括河岸边界条件、水流条件和地质条件。作为计算例子，按照表 5-1 的计算条件，计算洪水期岸滩崩塌高度，如图 5-5 所示[7]。从图可以看出，在给定的河岸形态下，洪水浸泡和洪水降落造成岸滩坍落高度的减小。

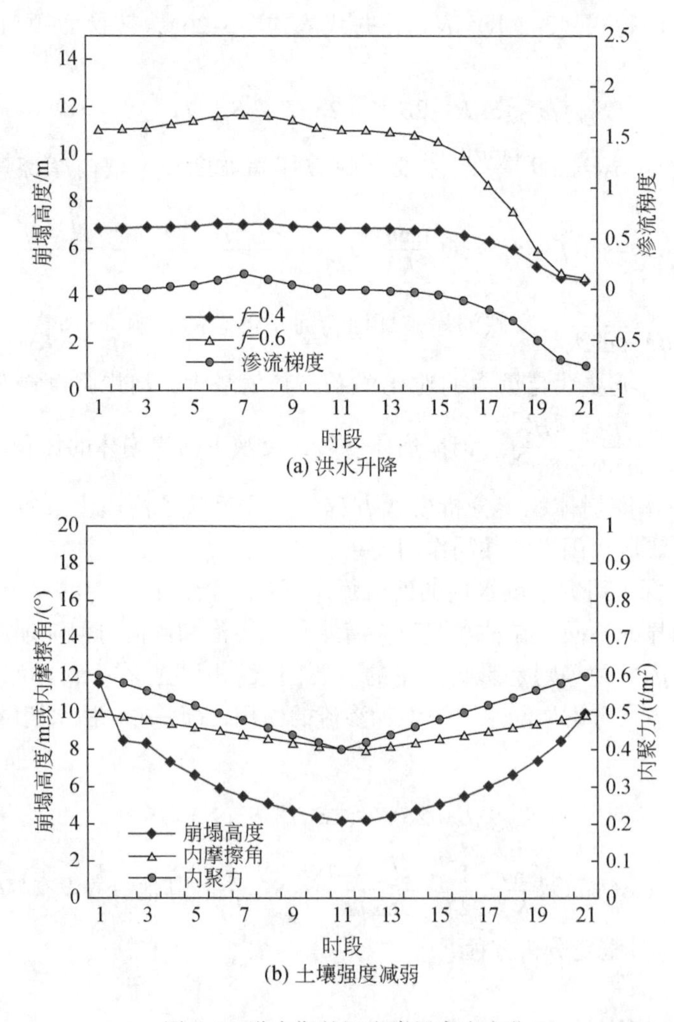

(a) 洪水升降

(b) 土壤强度减弱

图 5-5　洪水期的河岸崩塌高度变化

在枯水期的低水位状态，河岸基本上不存在浸泡和渗流，即 $f=0$ 及 $J_s=0$，求解方程（5-18）便得枯水期岸滩临界崩塌高度公式，或者直接从式（5-19）导出河岸临界崩塌高度：

$$
\begin{aligned}
H_{\mathrm{cr}} &= \frac{S_t+\sqrt{S_t^2-S_\Theta S_{\Theta\theta}(2S_tH'-S_{\Theta\theta}S_A)}}{S_{\Theta\theta}S_\Theta} \\
&= \frac{S_t}{S_{\Theta\theta}S_\Theta}+\sqrt{\left(\frac{S_t}{S_{\Theta\theta}S_\Theta}\right)^2-\frac{2S_tH'-S_{\Theta\theta}S_A}{S_{\Theta\theta}S_\Theta}}
\end{aligned}
\tag{5-20}
$$

式中，$S_{\Theta\theta}=\sin^2\Theta-\cos\Theta\sin\Theta\tan\theta=\frac{1}{2}-\frac{\cos(2\Theta-\theta)}{2\cos\theta}$；$S_t=\frac{c}{\gamma}$；其他参数没有变化。

从式（5-20）可以看出，河岸崩塌高度与河岸形态、水流条件和河岸强度等有重要的关系，与河岸强度系数成正比，与河岸坡度、裂隙深度成反比。对于折线岸滩破坏面的倾角，可以按照文献［17］的推导方法求得。河岸崩塌破坏面的倾角由下式确定：

$$
\tan(2\Theta-\theta)=\frac{H^2-H'^2}{\dfrac{H_2^2-H_1^2}{\tan\Theta_2}+\dfrac{H_1^2}{\tan\Theta_1}+\dfrac{H^2-H_2^2}{\tan\Theta_0}} \tag{5-21a}
$$

$$
\Theta=\frac{1}{2}\left[\tan^{-1}\left(\frac{H^2-H'^2}{\dfrac{H_2^2-H_1^2}{\tan\Theta_2}+\dfrac{H_1^2}{\tan\Theta_1}+\dfrac{H^2-H_2^2}{\tan\Theta_0}}\right)+\theta\right] \tag{5-21b}
$$

式（5–21）表明，破坏面的倾角主要取决于河岸形态、裂隙深度和土壤内摩擦角。破坏角与河岸高度、河岸外凸及内摩擦角成正比，与河岸裂隙深度成反比。

5.3.3 直线边坡岸滩崩塌高度

直线边坡岸滩的首次崩塌和二次崩塌的边界条件有一定的不同，其岸滩崩塌高度分析也有一定的差异，首先分析岸滩初次崩塌的情况，然后分析岸滩二次崩塌的情况。

1. 直线边坡崩岸

为了更加深入地探讨直线边坡崩岸的崩塌高度，仅选择枯水期的情况就崩塌高度进行分析。在枯水低水位期间，不考虑河岸水流浸泡和渗流的影响。在直线边坡形态下，河床冲刷后，岸滩崩塌示意图参见图 5-1。此时 $H_1=0$，或 $\Theta_1=\Theta_2$，河岸崩塌高度的公式形式仍可用式（5-20）来表达，但公式中的一些参数将会发生变化，即

$$
A=\frac{H^2-H'^2}{2\tan\Theta}-\frac{H^2-H_2^2}{2\tan\Theta_0}-\frac{H_2^2}{2\tan\Theta_2}
$$

$$
S_A=\frac{H_2^2}{\tan\Theta_2}+\frac{H'^2}{\tan\Theta}-\frac{H_2^2}{\tan\Theta_0}
$$

$$
\Theta=\frac{1}{2}\left[\tan^{-1}\left(\frac{H^2-H'^2}{\dfrac{H_2^2}{\tan\Theta_2}+\dfrac{H^2-H_2^2}{\tan\Theta_0}}\right)+\theta\right]
$$

对于直线边坡河岸，河床冲刷有垂直下切和侧向冲刷两种特殊情况。

(1) 第一种情况，河床垂直冲刷下切

对于河床垂直冲刷下切的情况，相当于 $\Theta_0=90°$，此时，$A=\frac{H^2-H'^2}{2\tan\Theta}-\frac{H_2^2}{2\tan\Theta_2}$；$S_\Theta=\frac{1}{\tan\Theta}$；$S_A=\frac{H_2^2}{\tan\Theta_2}+\frac{H'^2}{\tan\Theta}$。代入一般河岸临界坍塌高度公式后，得

$$H_{cr}=\frac{S_t\cos\theta}{\cos\Theta\sin(\Theta-\theta)}+\sqrt{\left(\frac{S_t\cos\theta}{\cos\Theta\sin(\Theta-\theta)}\right)^2-\frac{2S_tH'-\sin\Theta\sin(\Theta-\theta)\left(\frac{H_2^2}{\tan\Theta_2}+\frac{H'^2}{\tan\Theta}\right)}{\cos\Theta\sin(\Theta-\theta)}} \tag{5-22}$$

文献［3］对河床垂直下切的直线边坡崩岸进行了研究，崩岸破坏面倾角 Θ 可由下式来确定为［此式也可从式（5-21）导出］

$$\Theta=\frac{1}{2}\left\{\tan^{-1}\left[\left(\frac{H}{H_2}\right)^2\left(1-\left(\frac{H'}{H}\right)^2\right)\tan\Theta_2\right]+\theta\right\} \tag{5-23}$$

(2) 第二种情况，河岸侧向冲刷

对于侧向淘刷的情况，相当于 $\Theta_0=\Theta_1=\Theta_2$，对应的河岸崩塌高度公式为

$$H_{cr}=\frac{S_t\cos\theta}{\cos\Theta\sin(\Theta-\theta)}+\sqrt{\left(\frac{S_t\cos\theta}{\cos\Theta\sin(\Theta-\theta)}\right)^2-\frac{2S_tH'-\cos\Theta\sin(\Theta-\theta)H'^2}{\cos\Theta\sin(\Theta-\theta)}} \tag{5-24}$$

式中，

$$\Theta=\frac{1}{2}\left\{\tan^{-1}\left[\left(1-\frac{H'^2}{H^2}\right)\tan\Theta_0\right]+\theta\right\} \tag{5-25}$$

从上述崩塌高度公式可以看出，对于直线边坡河岸，无论是河床垂直冲刷下切，还是沿岸坡冲刷，河岸崩塌高度的主要影响因素包括河岸强度系数（含内摩擦角）、河岸形态与河岸纵向裂隙等。河岸强度系数越大，河岸崩塌高度越大；而河岸坡度与裂隙深度越大，河岸崩塌高度越小。

2. 垂直河岸的崩塌

作为崩岸的一种特殊情况，当河岸直立而且河道冲刷下切时，河岸不冲刷拓宽，此时，$\Theta_1=\Theta_2=\Theta_0=90°$，$H_1=0$，根据文献［2］的研究，垂直河岸崩塌的破坏面的坡角为 $\Theta=\frac{\pi}{4}+\frac{\theta}{2}$。对应的岸滩崩塌高度为

$$H_{cr}=4S_t\tan\left(\frac{\pi}{4}+\frac{\theta}{2}\right)-H' \tag{5-26}$$

式（5-26）表明，对于垂直河岸而言，临界崩塌高度主要取决于河岸土壤的性质，与河岸强度系数和内摩擦角成正比，与河岸裂隙深度成反比。

3. 直线边坡岸滩的二次崩塌

直线边坡崩岸后的边坡形态为折线形岸坡，二次崩岸的崩塌高度公式可利用折线形边坡的公式。由于岸滩顶面张性裂缝垂直且深度相等，即 $\Theta_1=90°$，$H_1=H'$，此时，S_A

$=\frac{H_2^2-H'^2}{\tan\Theta_2}+\frac{H'^2}{\tan\Theta}-\frac{H_2^2}{\tan\Theta_0}$。因此，临界崩塌高度和崩塌破坏面倾角分别为

$$H_{cr}=\frac{S_t}{S_{\Theta\theta}S_\Theta}+\sqrt{\left(\frac{S_t}{S_{\Theta\theta}S_\Theta}\right)^2-\frac{2S_tH'-S_{\Theta\theta}S_A}{S_{\Theta\theta}S_\Theta}} \tag{5-27}$$

$$\Theta=\frac{1}{2}\left[\tan^{-1}\left(\frac{H^2-H'^2}{\frac{H_2^2-H'^2}{\tan\Theta_2}+\frac{H^2-H_2^2}{\tan\Theta_0}}\right)+\theta\right] \tag{5-28}$$

当河床垂直冲刷，河岸平行后退，即 $\Theta_0=90°$，$\Theta=\Theta_2$，相当于文献［3］中的二次崩塌问题。对应的临界崩塌高度为

$$\begin{aligned}H_{cr}&=\frac{S_t}{S_{\Theta\theta}S_\Theta}+\sqrt{\left(\frac{S_t}{S_{\Theta\theta}S_\Theta}\right)^2-\frac{2S_tH'-S_{\Theta\theta}S_A}{S_{\Theta\theta}S_\Theta}}\\&=\frac{S_t\cos\theta}{\cos\Theta\sin(\Theta-\theta)}+\sqrt{\left(\frac{S_t\cos\theta}{\cos\Theta\sin(\Theta-\theta)}\right)^2-\frac{2S_tH'-\cos\Theta\sin(\Theta-\theta)H_2^2}{\cos\Theta\sin(\Theta-\theta)}}\end{aligned} \tag{5-29}$$

式中，$A=\frac{H'^2-H_2^2}{2\tan\Theta_2}+\frac{H^2-H'^2}{2\tan\Theta}=\frac{H^2-H_2^2}{2\tan\Theta}$；$S_\Theta=\frac{1}{\tan\Theta}$；$S_A=\frac{H_2^2}{\tan\Theta}$。

二次崩塌与初次崩塌的机理是一致的，河岸崩塌高度的主要影响因素及其相互关系没有明显的变化，其主要差异表现在崩体上部都是垂直等高的（即 $\Theta_1=90°$，$H_1=H'$），或者平行后退（$\Theta_0=90°$，$\Theta=\Theta_2$）。

上述几种典型岸滩形态挫崩稳定分析方程和崩塌高度公式中的主要变化参数汇入表 5-2 所示。

表 5-2 直线边坡稳定分析方程的主要参数

典型崩塌类型		参数	河岸形态参数取值
首次崩塌	一般情况	$S_A=\frac{H_2^2}{\tan\Theta_2}+\frac{H'^2}{\tan\Theta}-\frac{H_2^2}{\tan\Theta_0},\Theta=\frac{1}{2}\left[\tan^{-1}\left(\frac{H^2-H'^2}{\frac{H_2^2}{\tan\Theta_2}+\frac{H^2-H_2^2}{\tan\Theta_0}}\right)+\theta\right]$	$H_1=0$
首次崩塌	垂向冲刷	$S_\Theta=\frac{1}{\tan\Theta},S_A=\frac{H_2^2}{\tan\Theta_2}+\frac{H'^2}{\tan\Theta},\Theta=\frac{1}{2}\left\{\tan^{-1}\left[\left(\frac{H}{H_2}\right)^2\left(1-\left(\frac{H'}{H}\right)^2\right)\tan\Theta_2\right]+\theta\right\}$	$H_1=0$ $\Theta_0=90°$
二次崩塌	一般情况	$S_A=\frac{H_2^2-H'^2}{\tan\Theta_2}+\frac{H'^2}{\tan\Theta}-\frac{H_2^2}{\tan\Theta_0},\Theta=\frac{1}{2}\left[\tan^{-1}\left(\frac{H^2-H'^2}{\frac{H_2^2-H'^2}{\tan\Theta_2}+\frac{H^2-H_2^2}{\tan\Theta_0}}\right)+\theta\right]$	$\Theta_1=90°$, $H_1=H'$
二次崩塌	垂向冲刷	$S_\Theta=\frac{1}{\tan\Theta},S_A=\frac{H_2^2-H'^2}{\tan\Theta_2}+\frac{H'^2}{\tan\Theta},\Theta=\frac{1}{2}(\Theta_2+\theta)$	$\Theta_1=90°$ $H_1=H'$ $\Theta_0=90°$

5.3.4 河岸纵向裂隙的作用

当岸坡土壤黏性较大，在河床下切过程中，河岸上会出现纵向张性裂缝，张性裂隙的出现对河岸崩塌具有显著的促进作用。为便于分析，以直线边坡河岸为例进行说明，当河岸出现纵向裂隙时，河岸临界崩塌高度可由式（5-20）确定。从式（5-20）可以看出，河岸的崩塌高度与河岸纵向裂隙深度有一定的关系，当河岸纵向裂隙深度减小，河岸的崩塌高度增大，表明河岸稳定性增大，不容易崩塌，当河岸纵向裂隙深度为零时，河岸临界崩塌高度最大，此时河岸最不容易崩塌；若河岸纵向裂隙深度增大，河岸崩塌高度减小，表明河岸稳定性减小。当河岸纵向裂隙深度达到式（5-16）的计算值时，河岸临界崩塌高度最小，相应的河岸稳定性最小。对于直立河岸，河岸崩塌高度为

$$H_{\mathrm{cr}}=\frac{4c}{\gamma}\tan\left(\frac{\pi}{4}+\frac{\theta}{2}\right)-H' \tag{5-30}$$

从式（5-30）看出，河岸崩塌高度与河岸纵向裂隙深度成反比。

综上所述，河床冲刷下切，会促使河岸纵向裂隙的产生，河岸纵向裂隙的产生又进一步促使河岸崩塌。

5.3.5 河岸崩塌高度公式的检验及实用性

1. 河岸崩塌高度公式的检验

河岸崩塌是一个多学科交叉的课题，涉及土力学、河流动力学等方面的内容，使得河岸崩塌资料的获取受到一定的限制。因此，以下仅就河岸临界崩塌高度公式的合理性进行检验。

（1）天然资料的检验

在天然河道中，同时进行河岸土质特性（内聚力和内摩擦角）、河岸形态（河岸高度、河岸坡度、河岸淘刷）及水流条件（水位、渗流）等方面的观测工作比较少，正好观测到河岸临界崩塌状态的资料更少。在河流上一般测量的河岸高度和边坡坡度并不是临界状态，而是相对稳定的河岸高度和边坡坡度，这一稳定的河岸高度和边坡坡度要远小于河岸崩塌高度和崩塌坡度。官厅水库实际资料表明[18]，河岸崩塌坡度远大于河岸稳定坡度，一般增大20%以上。同样，西非尼日尔河也普遍存在崩岸问题，文献[19]就尼日尔河三角洲岸滩的稳定性进行了研究。根据文献[19]提供的资料，$c=26\mathrm{kN/m^2}$，$\theta=28°$，$\gamma=19\mathrm{kN/m^3}$，可以求得尼日尔河三角洲的临界崩塌高度与河岸倾角的关系，如图5-6所示。同时把文献[19]提供的实测相对稳定河岸高度和河岸倾角的资料绘入图5-6。考虑到崩塌坡度大于稳定坡度，为便于比较，用尼日尔河三角洲相对稳定坡角增加25%后代替崩塌坡角。从图5-6可以看出，河岸高度与河岸倾角成反比关系，河岸倾角越小，对应的河岸高度越大；模拟的岸滩崩塌坡度与实测值符合较好。

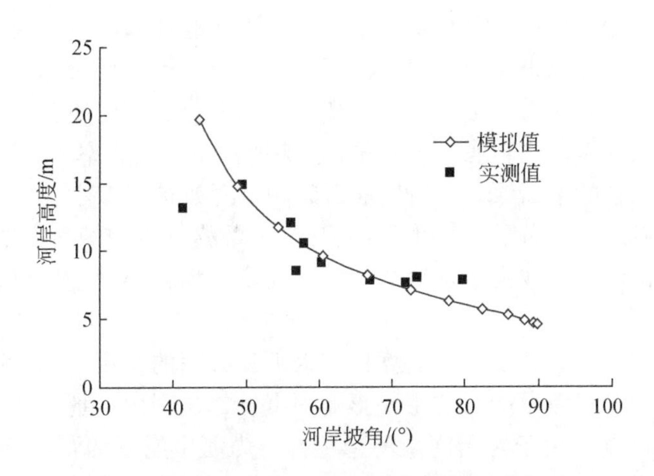

图 5-6 尼日尔河实测河岸高度与模拟值的对比

(2) 试验资料

在模型沙（电木粉、粉煤灰等）河岸崩塌机理的试验过程中，模型试验的河岸崩塌一般都是垂直下切，即相当于垂直河岸的崩塌，对应的河岸崩塌高度公式用式（5-30）表达。文献［20-22］就电木粉、粉煤灰等模型沙力学特性进行了试验研究，给出了模型沙内聚力和内摩擦角的试验成果。作者针对性地进行了模型沙剪切试验和坍塌高度测量，主要成果参见表 5-3。通过选定与试验模型沙对应的力学参数（内聚力和内摩擦角），利用式（5-30）计算相应的河岸崩塌高度，计算结果参见表 5-3，模型沙河岸的崩塌高度与计算值基本一致。

表 5-3 模型试验的河岸坍塌高度与计算值的对比

模型沙	饱和度/%	内聚力 c/(kN/m^2)	内摩擦角 θ/(°)	容重 γ/(kN/m^3)	崩塌高度/m	
					计算值	试验值
电木粉	100	0.05	33	11.4	0.032	0.015～0.03
	40	0.15	33	7.26	0.152	0.11～0.16
粉煤灰	90	0.1	29	14.27	0.048	0.03～0.05
	75	0.5	30	14.04	0.247	0.2～0.28

2. 河岸临界崩塌高度的实用性

河岸临界崩塌高度反映了一种河岸崩塌的临界状态，相当于河岸崩体的下滑力等于阻滑力，表明河岸临界崩塌高度可用于衡量河岸的稳定性。河床冲刷后，河岸高度增大，当冲刷后的河岸高度大于临界崩塌高度时，河岸将会发生崩塌。如果知道河道的地形资料、河道水位变化特点和河岸土壤特性，就可以估算河道不同位置的河岸临界崩塌高度，进而判断现状河岸的稳定性，给出发生河岸崩塌概率较高的位置，预测河床冲刷多少后河岸才可能会发生崩塌。因此，河岸崩塌高度对河岸崩塌的预测和防治具有重要的参考价值。

由于河道侧向变化机理十分复杂，目前河床演变的计算分析一般不考虑河岸的侧向变化，即使考虑计算成果也难于满足工程需求，但对于一些实际问题，如弯道取水问题、裁弯取直等，确实需要考虑河床演变的侧向变化。河岸崩退是河床演变中的重要内容，主要包括河岸冲刷和崩塌两个方面，有时河岸崩塌速率大于河岸冲刷的速率。随着对河岸崩塌问题的不断深入，河岸崩退问题已开始被很多学者应用于河床演变的数学模型计算[3,17]，河岸崩塌高度可用于河床演变数模计算中的河岸稳定性判别指标，当冲刷后的河岸高度等于或大于崩塌高度时，河岸崩塌将会发生，数学模型中需进行崩塌计算。

综上所述，河岸崩塌高度及其估算具有以下三方面的作用，一是通过河岸崩塌高度公式可以清楚地了解河岸崩塌的主要影响因素；二是利用河道实测资料，估算不同位置的河岸崩塌高度，用于判断河岸的稳定性，为河岸崩塌的预测与防治提出依据；三是利用河岸崩塌高度来判断数学模型是否需要进行河岸崩塌计算，以提高河床演变计算的精度和实用性。

5.4 河道冲刷引起的崩岸实例

5.4.1 模型水槽试验成果

在崩岸试验中进行了两组顺直河道冲刷下切的试验研究[7]，相应的试验条件参见表2-3。试验要点是通过降低尾水位而达到河床冲刷下切的目的，顺直河道方案1和顺直河道方案2的试验流量皆为6L/s，顺直河道方案1的尾水水位为15cm，相当于降水冲刷前崩岸情况，顺直河道方案2的尾水水位仅为8cm，相当于降水冲刷后的崩岸情况。在试验过程中，观测两种试验工况下的崩岸现象与变化，主要试验成果参见表5-4，图5-7为两种试验方案典型断面的河岸崩退对比结果，照片5-1为相应的试验现象[7]。

表5-4　河床冲刷下切对崩岸的影响

方案	顺直河道方案1	顺直河道方案2
容重/(kN/m^3)	14.37	14.24
河岸空隙比	1.342	1.265
河岸含水率/%	59.89	55.82
产生裂缝时间/min	10	15
产生崩塌时间/min	40～45	15
崩塌总数	2	10
崩塌形式	挫落	挫崩、滑崩、倒塌

续表

方案		顺直河道方案 1	顺直河道方案 2
裂隙尺度/cm	长度	C. S. 1 下 5cm 处：35 ~ 50； C. S. 3 下 20cm 处：20 ~ 30	裂隙较多（有大有小）
	宽度	0.5 ~ 3	
崩块尺度/cm	长度	C. S. 1 下 5cm 处：50 ~ 53； C. S. 3 下 20cm 处：25 ~ 30	大崩块：35 ~ 40 小崩块：10 ~ 20
	宽度	C. S. 1 下 5cm 处：10； C. S. 3 下 20cm 处：5 ~ 5.5	大崩块：10 ~ 20 小崩块：3 ~ 5
崩塌特点及有关现象		首先在河岸出现顺长裂隙，逐渐扩大，岸面降低，致使以坐落的形式崩塌，崩块较大；崩后岸坡上部几乎垂直，伴有其他裂隙出现	崩塌数量明显增多，崩体也有所减小；较大崩岸的崩塌过程长，滑崩或下挫，崩面为变坡；较小的崩塌过程短，倒崩或剪崩，崩面垂直
备注			照片 5-1

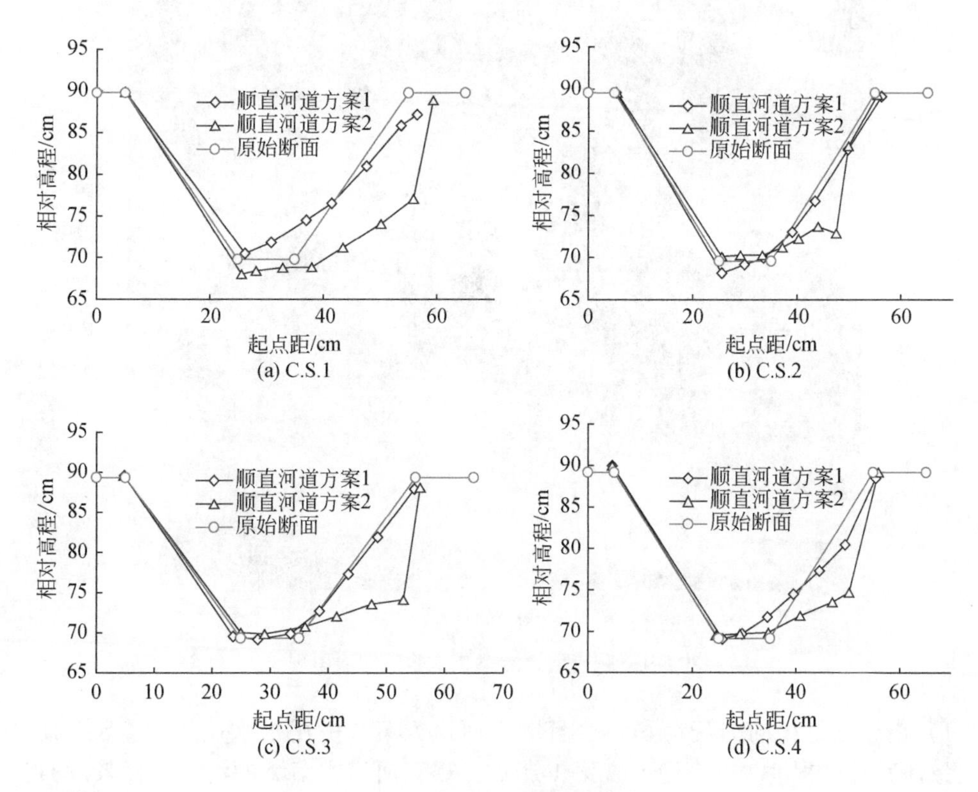

图 5-7　崩岸后的断面形态比较

(a) 倒崩

(b) 挫崩

照片 5-1　顺直河道方案 2 试验中的崩岸现象

1）由于施放相同的流量 6L/s，且顺直河道方案 2 的尾水水位较顺直河道方案 1 低，致使其冲刷程度较顺直河道方案 1 严重，顺直河道方案 2 的河道断面较顺直河道方案 1 有明显的扩展，既有河床冲刷也有侧向冲刷。

2）对于较大的崩岸而言，首先在河岸出现顺长裂隙，逐渐扩大，岸面降低，其崩塌过程较长；以滑崩或挫崩为主，崩后岸坡上部较陡，河岸伴有其他裂隙出现。对于较小的崩岸而言，其崩塌在较短时间内完成，以落崩（倒崩或剪崩）为主，崩后岸坡几乎为垂直状态。

3）鉴于试验水平限制，仍难区分河床冲刷和侧向冲刷对崩岸的影响，仅以概括地说明河道冲刷的影响。与河道降水前的顺直方案1相比，河道降水冲刷后，顺直方案2的崩岸数量和频率明显增多，崩体也有所减小。

4）根据推算，河道冲刷后顺直河道方案2的平均崩岸速率为1.0～12.9cm/h，而河道冲刷前的平均崩岸速率0～3cm/h，顺直河道方案1明显小于顺直河道方案2，表明河道冲刷对崩岸的影响是明显的。

5.4.2 典型河道

水库蓄水运用初期，下游河道的冲刷是河床下切的典型例子，水库兴建后会大大改变下游的水沙条件，使得下游河道洪峰频率减少、洪峰流量削减调平，历时加长；水库运用后大量泥沙沉积在水库内，下泄的水流基本上是清水，使得坝下游河道从上而下发生长距离冲刷，剧烈冲刷部位逐渐下移，因此水库运用前后下游河道的崩岸特点也将发生很大的变化。当然，坝下游河道的冲刷也很难区分河床冲刷下切和河岸侧向淘刷的影响，在此也仅能说明河道冲刷对崩岸的影响是明显的。

1. 汉江中下游河道

表5-5为汉江中下游不同时期的年均崩岸速率及崩岸统计[23,24]，统计结果表明，蓄水期（1968～1985年）丹江口至河口段的崩岸长度和崩岸速率大于蓄水前的崩岸长度和崩岸速率，蓄水前19年中的崩岸长度为248.61km，平均崩岸速率为10.1m/a；蓄水后18年中的崩岸长度为309.46km，平均崩岸速率为13.3m/a，即蓄水后的崩岸速率比蓄水前增加了约1/3。其中，1983～1984年的崩岸是比较严重的，其崩岸长度达112.04m，平均崩岸速率高达43.4m/a，其主要原因为随着河床累积冲刷的增加，连续遭遇丰水年1983年和1984年。从沿程崩岸情况来看，襄樊至泽口河段增加最多，平均崩岸速率比蓄水前增加了约1.1倍；襄樊以上和泽口以下河段有增有减，但以减少较多。崩岸长度增加的河岸累计长851km，占整个河岸长的2/3；崩岸长度减少的河岸累计长439km，占整个河岸长的1/3，可见蓄水后下游河道崩岸总长度是增加的。

表5-5　汉江中下游不同时期的崩岸情况

河段	河岸长/km	1949～1967年（蓄水前）		1968～1985年（蓄水后）		1983～1984年	
		崩长/km	平均崩岸速率/(m/a)	崩长/km	平均崩岸速率/(m/a)	崩长/km	平均崩岸速率/(m/a)
丹江口至襄樊	232.8	49.75	11.2	39.7	9.5	13.61	29.2
襄樊至泽口	610.18	101.53	8.8	201.71	18.4	67.81	55.6
泽口至河口	447.24	97.33	11.5	68.05	8.5	30.62	34.2
合计	1290.22	248.61	10.1	309.46	13.3	112.04	43.4

注：平均崩岸速率为年内平均崩退的河岸宽度

2. 长江中下游河道

三峡水库蓄水运行后，出库水流含沙量减小，泥沙粒径细化，引起坝下游河道冲刷，特别是长江中游宜昌至湖口河段，冲刷发展速度较快[25,26]。不同时期长江中游各河段平滩河槽冲淤情况如表5-6所示[14]。

表5-6　不同时期长江中游各河段平滩河槽冲淤特点

项目	时段	河段				
		宜昌至枝城	枝城至城陵矶	城陵矶至汉口	汉口至湖口	宜昌至湖口
总冲淤量/$10^4 m^3$	1966~2002年	-14 403	-49 358	18 756	40 927	-4 078
	2002年10月~2006年10月	-8 140	-32 830	-7 759	-12 927	-61 650
	2006年10月~2008年10月	-2 230	-3 567	85	3 275	-2 437
	2008年10月~2013年10月	-4 021	-33 379	-3 485	-14 034	-54 928
	2002年10月~2013年10月	-14 391	-69 776	-11 159	-23 686	-119 015
河道冲深/m	深泓平均冲深	-3.9	-1.19	-0.19	-0.94	
	局部深泓最大冲深	-19.3	-15.0	-8.0	-7.4	

注：城陵矶至湖口河段为2001年10月至2013年10月数据；平滩河槽为宜昌流量30 000m^3/s相应水面线以下的河槽

三峡水库蓄水运用后，2002年10月至2013年10月宜昌至湖口河段总体为冲刷，平滩河槽总冲刷量为11.901亿m^3（含河道采砂量），年平均冲刷量为1.035亿m^3，年平均冲刷强度为10.84万m^3/km。其中，围堰蓄水期冲刷量为6.17亿m^3，年平均冲刷量为1.37亿m^3；初期蓄水期冲刷量为0.2437亿m^3，年平均冲刷量为0.120亿m^3；试验性蓄水期冲刷量为5.49亿m^3，年平均冲刷量为1.10亿m^3。

三峡水库蓄水运用后，宜昌至湖口段各河段冲淤有很大的差异。自2003年三峡水库蓄水以来，宜昌至枝城河段河床冲刷剧烈，2002年10月至2013年10月平滩河槽累计冲刷泥沙量为1.44亿m^3，深泓纵剖面平均冲刷下切3.9m，局部深泓最大冲深达19.3m；同期荆江河段平滩河槽累计冲刷泥沙量为6.98亿m^3，深泓纵剖面平均冲刷深度为1.19m，最大冲刷深度为15.0m；城陵矶至汉口河段的251km河道河床有冲有淤，总体表现为冲刷，同期河段平滩河槽冲刷量为1.12亿m^3，深泓平均冲刷深度仅为0.19m，最大冲刷深度为8.0m（簰洲湾附近）；汉口至湖口河段的295km河道河床有冲有淤，总体为冲刷，2002年10月至2013年10月该河段平滩河槽冲刷量为2.37亿m^3，河道深泓线平均冲刷深度为0.94m，最大冲刷深度为7.4m。从表1-4所示的长江中下游河道崩岸发生情况可以看出，2003~2018年长江中下游干流河道共发生崩岸险情947处，总长度704.4km。其中，2003~2006年围堰蓄水期长江中下游河道冲刷较严重，对应的崩岸较多，年平均崩岸约80次，年平均崩岸长度为77.7km；随着护岸工程的逐渐实施，崩岸强度、频次逐渐减轻，水库初期蓄水期和试验性蓄水期年平均崩岸次数分别为41次和55次，年平均崩岸长度分别为20.2km和35.3km。

3. 典型水库冲刷后的崩岸特征

当水库处于降低水位运用时，库区水面比降增大，库槽水流流速增大，库床发生冲刷，库床下切，岸滩发生崩塌。塔里木河流域渭干河上的东方红水库[27]，1970 年投入运用，由于来沙量大，库容小，水库很快淤满，库容损失严重。为此，东方红水库在每年汛期和汛后各进行一次泄空冲刷，以恢复部分调节库容和淤沙库容。

1984 年冬季，东方红水库泄空冲刷从 11 月 29 日 10 时开始至 12 月 1 日 6 时，历时 44h，水库冲刷前后泄空冲刷效果表明（图 5-8）[27]，坝前最大冲刷深度达 4m，冲刷范围约 2. 2km，泄洪冲刷导致岸滩的强烈崩塌，如照片 5-2 所示。对沙质淤积的边滩，滩坎以一定的坡度滑落［照片 5-2（a）］，对有黏性夹层的滩坎，形成直立岸壁，水流淘刷岸脚，产生垂直裂隙，然后整块崩塌［照片 5-2（b）和（c）］，并逐渐被水流冲刷［照片 5-2（d）］，主槽逐渐拓宽。从冲刷前及冲刷期间的沿库查勘可知，冲刷前仅在东方红工程千佛洞前发现一处边滩裂塌，但在冲刷过程中，伴随主槽冲刷下切，库区滩岸频繁坍塌，河道展宽，如照片 5-3 所示，2#断面水面宽由 11 月 29 日 10 时 45 分的 20 ~ 30m，经 24h 冲刷，至 11 月 30 日 10 时扩宽至 50 ~ 60m。

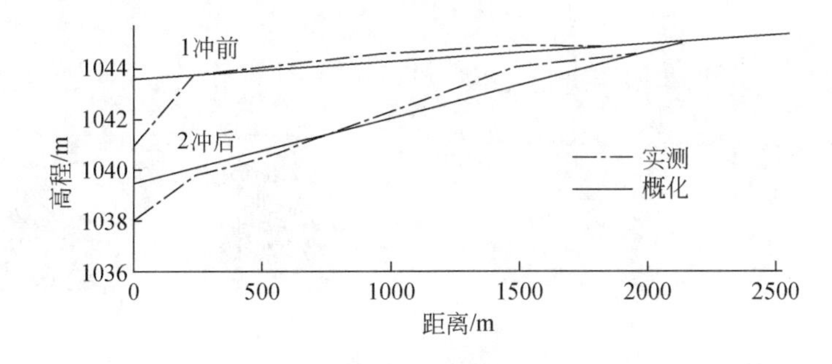

图 5-8　水库冲刷前后河床纵剖面

(a) 冲刷下切挫崩

(b) 剪崩

(c) 倒崩

(d)崩体冲刷

照片 5-2　东方红水库泄空冲刷过程中的岸滩崩塌现象

(a) 11月29日10时45分

(b) 11月30日10时

照片 5-3　东方红水库泄空冲刷过程中的河道展宽对比

5.5　小结

1）从河岸稳定方程出发，深入分析了河床冲刷下切或淤积抬升对崩岸的影响。河床冲刷降低后，岸坡的安全系数将会减小，表明冲刷后崩体的稳定性减弱，河流崩岸的概率增加，当河床冲刷到一定程度，崩体将发生崩塌。河道淤积促使崩体稳定性增加。模型水槽试验成果、水库下游河道冲刷及水库泄空冲刷的实际情况已经说明上述成果的正确性，河床冲刷下切后，河岸崩塌数量和崩塌频率明显增多，崩体也有所减小。

2）从河岸土体应力分析出发，根据土体稳定平衡理论，进一步分析了陡坡和直立岸滩的崩塌坐落机制。在河床冲刷下切或者岸滩淘刷的过程中，黏性岸滩会出现纵向裂隙，河岸裂隙促使岸滩的崩塌。岸滩纵向裂隙深度主要取决于土壤的内聚力 c 和内摩擦角 θ，可由式（5-16）确定。

3）河岸崩塌高度是衡量河岸稳定性的判别参数，影响岸滩崩塌高度的因素包括河岸形态、水流条件和河岸土质情况，崩塌高度与河岸强度系数成正比，与河岸坡度、渗流强度和裂隙深度成反比。考虑高水位浸泡和渗流作用的影响，折线形态河岸初次崩塌的临界高度可由式（5-19）计算。枯水期的河岸临界崩塌高度与崩滑面的坡角分别由式（5-20）和式（5-21）确定。在此基础上，进一步分析了直立河岸崩塌、直线边坡初次崩塌和二次崩塌的河岸临界崩塌高度，并利用天然资料和试验资料检验了公式的合理性。

参考文献

[1] 蔡伟铭，胡中雄．土力学与基础工程．北京：中国建筑工业出版社，1991.

[2] 尹国康．长江下游岸坡变形//长江中下游护岸工程论文集（2）．武汉：长江水利水电科学研究院，1981：95.

[3] Osman A M，Thorne C R. Riverbank stability analysis Ⅰ：theory. Journal of Hydraulic Engineering，1988，114（2）：134.

[4] 荣栋臣．下荆江姜介子河段崩岸原因分析及治理意见//长江中下游护岸工程论文集（4）．武汉：水利部长江水利委员会，1990：80.

[5] Nanson G C，Hickin E J. Channel migration and incision on the Beatton River. Journal of Hydraulic Engineering，1983，109（3）：327-337.

[6] 王延贵，匡尚富，黄永健．河道冲淤对冲积河流岸边崩坍的影响．武汉：长江护岸工程（第六届）及堤防防渗工程技术经验交流会，2001.

[7] 王延贵．冲积河流岸滩崩塌机理的理论分析及试验研究．北京：中国水利水电科学研究院，2003.

[8] 王延贵，匡尚富．河岸临界崩塌高度的研究．水利学报，2007，38（10）：1158-1165.

[9] 王延贵，匡尚富．河岸淘刷及其对河岸崩塌的影响．中国水利水电科学研究院学报，2005，3（4）：251-257.

[10] 王延贵，匡尚富．冲积河流典型结构岸滩落崩临界淘刷宽度的研究．水利学报，2014，45（7）：767-775.

[11] 王延贵，陈吟，陈康．冲积河流岸滩崩退模式与崩退速率．水利水电科技进展，2018，38（4）：14-20.

[12] 王延贵．河流岸滩挫落崩塌机理及其分析模式．水利水电科技进展，2013，33（5）：21-25.

[13] 陈希哲．土力学地基基础．北京：清华大学出版社，1989.

[14] 王延贵，王兆印，曾庆华，等．模型沙物理特性的试验研究及相似分析．泥沙研究，1992，

(3)：74-84.
[15] 夏军强．河岸冲刷机理研究及数值模拟．北京：清华大学，2002.
[16] 王延贵，匡尚富，黄永健．洪水期岸滩崩塌有关问题的研究．中国水利水电科学研究院学报，2003，1（2）：90-97.
[17] Jumikis A R. 1962. Soil Mechanics. Princeton：D Van Nostrand Company，Inc.
[18] 官厅水库坍岸研究小组．水库滩岸研究．北京：水利电力出版社，1958.
[19] Abam T K S. Factors affecting distribution of instability of river banks in the Niger delta. Engineering Geology，1993，35（1/2）：123-133.
[20] 徐永年．抛石和软体排抛石压重护岸效果的对比试验研究．北京：中国水利水电科学研究院，2001.
[21] 张红武，江恩惠．黄河高含沙洪水模型的相似条件．人民黄河，1995，(4)：1-3.
[22] 黄风梁，陈稚聪，府仁寿．模型沙部分性质比较的试验研究．泥沙研究，1997，(4)：52-60.
[23] 喻学山，周开萍，杜修海．汉江丹江口水利枢纽下游崩岸几护岸工程变化的初步分析//长江中下游护岸工程论文集（2）．武汉：长江水利水电科学研究院，1981：201.
[24] 文宗伦．汉江下游大洪水对河道及崩岸险工的影响//长江中下游护岸工程论文集（3）．武汉：长江水利水电科学研究院，1985：117.
[25] 泥沙评估课题专家组．三峡工程泥沙问题评估报告．北京：中国工程院，2015.
[26] 韩其为，杨克诚．三峡水库建成后下荆江河型变化趋势的研究．泥沙研究，2000，(3)：1-11.
[27] 彭润泽，刘善钧，王世江，等．东方红电站1984年冬季泄空冲刷分析．泥沙研究，1985，(4)：32-42.

第6章
近岸河床演变对崩岸的影响

河床变形不仅包括河床的冲刷降低或淤积抬高，而且还包括岸滩的冲刷扩宽和淤积缩窄，即河道的侧向演变。在水流紊动和边界外形的共同影响之下，水流方向与岸边有一夹角，使得水流冲击河岸，引起河岸冲刷，或者弯道产生的横向环流使凹岸发生淘刷。岸滩冲刷，特别是岸脚的淘刷，对河岸的崩塌产生不利影响[1]。本章通过深入研究岸滩冲刷，特别是岸脚淘刷机理，进一步分析近岸河床演变对崩岸的影响。

6.1 近岸及岸脚淘刷机理

6.1.1 岸滩泥沙起动及岸脚淘刷

1. *岸滩泥沙起动*

河岸泥沙与河床泥沙的受力特性基本上是一致的，但是，由于河岸边滩具有一定坡度，甚至处于直立状态，泥沙所受到的拖拽力和重力在斜面上产生的下滑力发生变化（图6-1）。因此，在岸滩上与平底河床上泥沙起动有所差异。文献［2］就沙质岸坡上的散颗粒泥沙的起动问题进行了研究，参考文献［2］的研究思路，对于黏性岸滩上的黏性泥沙的起动问题进行如下分析。假设河道岸滩的边坡倾角为 Θ，水流与斜坡水平轴的夹角为 ϕ，拖拽力 F'_D 与重力在斜面上的分力 $W'\sin\Theta$ 的合力为

$$F=\sqrt{(F'_D\sin\phi+W'\sin\Theta)^2+F'^2_D\cos^2\phi} \tag{6-1}$$

相应的阻滑力

$$F_R=C_k+(W'\cos\Theta-F_L)\tan\theta \tag{6-2}$$

岸坡上泥沙起动条件为

$$\sqrt{(F'_D\sin\phi+W'\sin\Theta)^2+F'^2_D\cos^2\phi}=C_k+(W'\cos\Theta-F_L)\tan\theta \tag{6-3}$$

求解上式可得岸坡上的拖拽力为

$$F'_D=-W'\sin\phi\sin\Theta+\sqrt{[C_k+(W'\cos\Theta-F_L)\tan\theta]^2-W'^2\sin^2\Theta\cos^2\phi} \tag{6-4}$$

对于平底河床而言，相应的阻滑力为

$$F_R = C_k + (W' - F_L)\tan\theta \tag{6-5}$$

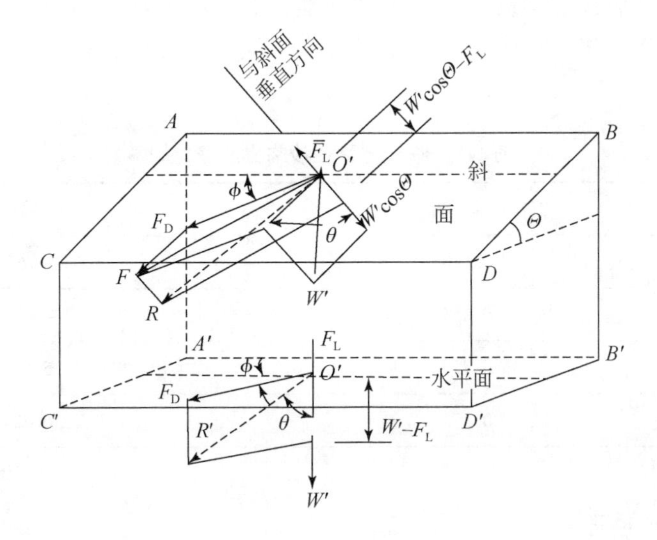

图 6-1　岸坡上泥沙颗粒受力分析示意图

相应的起动条件为

$$F_D = F_R = C_k + (W' - F_L)\tan\theta \tag{6-6}$$

令 τ_{bc} 为平底时的起动拖拽力，τ_c 为斜坡上的起动拖拽力，即

$$\frac{\tau_c}{\tau_{bc}} = \frac{F'_D}{F_D} \tag{6-7}$$

把式（6-5）、式（6-6）代入上式，整理得

$$\frac{\tau_c}{\tau_{bc}} = \sqrt{\left[1-\left(1-\frac{C_k}{F_D}+\frac{F_L}{F_D}\tan\theta\right)(1-\cos\Theta)\right]^2-\left[1-\frac{C_k}{F_D}+\frac{F_L}{F_D}\tan\theta\right]^2\cot^2\theta\cos^2\phi\sin^2\Theta}$$
$$-\left(1-\frac{C_k}{F_D}+\frac{F_L}{F_D}\tan\theta\right)\cot\theta\sin\phi\sin\Theta \tag{6-8}$$

若令 $\phi=0$，即水流与斜坡倾斜方向成正交，相当于河道边坡上的泥沙起动条件：

$$\frac{\tau_c}{\tau_{bc}} = \sqrt{\left[1-\left(1-\frac{C_k}{F_D}+\frac{F_L}{F_D}\tan\theta\right)(1-\cos\Theta)\right]^2-\left(1-\frac{C_k}{F_D}+\frac{F_L}{F_D}\tan\theta\right)^2\cot^2\theta\sin^2\Theta} \tag{6-9}$$

再令 $F_L=0$，即忽略上举力，上式变为

$$\frac{\tau_c}{\tau_{bc}} = \sqrt{\left[1-\left(1-\frac{C_k}{F_D}\right)(1-\cos\Theta)\right]^2-\left(1-\frac{C_k}{F_D}\right)^2\cot^2\theta\sin^2\Theta} \tag{6-10}$$

目前，关于泥沙起动的研究成果比较多，其中包括窦国仁[3]、唐存本[4]等的起动公式，据此可以求得岸坡泥沙起动条件。从式（6-8）~式（6-10）进一步分析可知，在同水流条件下，岸滩边（斜）坡上泥沙起动所需的剪切力小于平坡上泥沙起动所需的切应力，即同水流条件下，岸坡泥沙更容易起动。

另外，文献［5］就岸坡黏性粒团进行了力学平衡分析，求得岸坡黏性粒团的起动流速公式，进而计算了细沙与黏性沙的临界流速，如表 6-1 所示。计算结果表明，黏性

沙最小临界抗冲流速比细沙最小临界流速大几倍，水深越大，两者相差越大。这说明二元结构组成的岸坡，上层黏性沙很难被冲动，而下层粉细沙则非常容易达到起动状态，并随水流发生输移，从而使得崩岸过程中岸坡逐渐变陡，最后导致上部岸体失去稳定而发生崩岸。

表 6-1　细沙与黏性沙临界流速比较　　（单位：m/s）

水深	细沙临界流速	黏土临界抗冲流速
5m	0.618	2.767
10m	0.682	4.312
15m	0.723	5.59
20m	0.753	6.72

2. *岸脚淘刷机理*

就同一河道的岸坡和河床而言，河床剪切应力分布与岸坡有很大的差异，相应的泥沙起动特性也不同。图 6-2 为梯形断面上的剪切力分布[2,6]，对于梯形断面渠道，堤脚处的剪切应力较大。因此，顺直河道的河岸冲刷主要发生在岸坡的中下部或岸脚的地方。文献［7］也就顺直河道岸脚的淘刷机理进行了研究，也得出了类似的结果。成果表明，从岸脚外侧 0.2h（h 为水深）宽度范围内流速特征与远岸点的流速有明显不同，虽然时均流速略小于远岸点，但流速脉动值明显大于远岸点，岸脚附近的时均流速及其脉动值都直接影响岸脚的淘刷。在岸脚未发生明显冲刷时，距岸脚 0.15h 左右处的流速脉动强度最大，流速脉动最大变幅为主流时均流速的 1.912 倍。当岸脚被水流明显淘刷后，脉动流速最大点移至岸脚 0.1h 左右处，最大脉动变幅达主流时均流速的 1.928 倍，脉动流速方向不仅是顺水流方向，垂直方向也有明显的脉动，相对变幅也可达 1.78，进一步揭示了岸脚淘刷的机理。

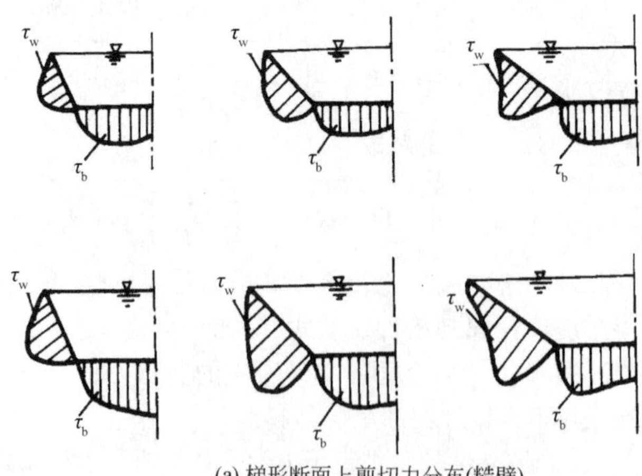

(a) 梯形断面上剪切力分布(糙壁)
τ_w和τ_b分别为河岸与河底剪切力

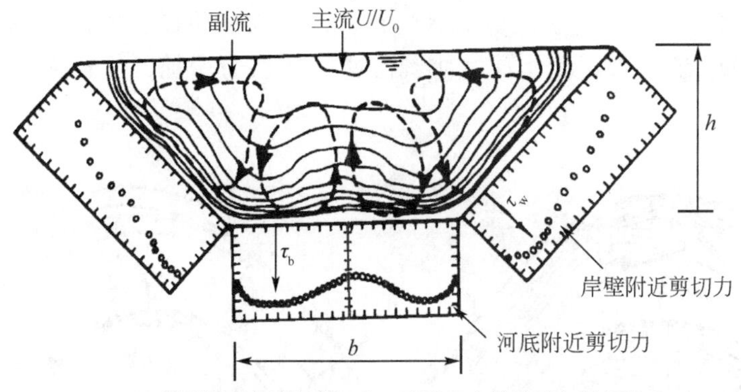

(b) 梯形断面上边界剪切力、副流和主流流速之间的关系

F_r=3.24；B/H=1.52；τ_w和τ_b分别为河岸与河底剪切力

图 6-2 梯形断面上的剪切力分布特性

6.1.2 弯道凹岸淘刷机理

1. 弯曲河道的剪切力分布

在弯道水流中，床面剪切力的分布与纵向流速的分布一致，流速最大处，剪切力也最大，图 6-3 为弯道剪切力分布[2,8]。可以看出，受环流的影响，在弯道进口断面 (弯道上游)，凸岸为高剪切力区，凹岸为低剪切力区；而在弯道出口断面则情况正好相反，凹岸为高剪切力区，凸岸为低剪切力区；最大剪应力发生在弯道下游的凹岸处。因此，弯道崩岸一般发生在进口处的凸岸和出口处的凹岸。

河岸剪切力直接关系到河岸变形速度，了解其垂线分布特点是非常重要的。Hooke 在模型中测量的凹岸边壁剪切力表明[8]，当河底为动床时，最大边壁剪切力出现在水面以下 5cm 深的范围内（模型最大水深 25cm），再向下受河床表面沙波的影响，其变化很不规则。而当河底为定床时，最大边壁剪切力在更深处出现。在模型中，凹岸边壁剪切力有两个极大值。最大值在弯顶稍下游［图 6-3（b）中的+0. 05 断面］，次大值在接近弯道出口处（+0. 19 断面）。各级流量下，均出现这两个最大值，而且它们的位置基本上不随流量而变化[8]，Ippen 和 Drinker 也得到类似的成果[9]［图 6-4］。

2. 弯道泥沙运动特性

弯道水流运动的主要特点是螺旋流，它对于泥沙运动，无论是悬移质，还是推移质，以及对成型淤积体，都会产生明显的影响。Hooke 的研究成果表明[8]，泥沙输移与河床剪切力有直接的关系，如图 6-5 所示。在弯道上段，最大剪切力经过凸岸边滩的顶部，泥沙强烈输移带也在相应部位。在弯道下段，最大剪切力带穿过弯道中心线，沿凹岸进入下游的凸岸边滩。尽管存在横向环流，但由于水流和泥沙在运动中具有一定的动量，大部分输移的泥沙仍将穿过弯道中心线，并沿凹岸的最大剪切力区运动，然后进入下一个凹岸。水沙调整的结果，从凹岸深槽到下一个弯道的凸岸边滩，水深逐渐减小，流速增大，从而造成高剪力区。在凹岸边滩的下游，水深逐渐加大，流速减小，剪切力降低。在过渡段则水深减小，流速和剪切力增加，使得泥沙可以通过河道中心线。

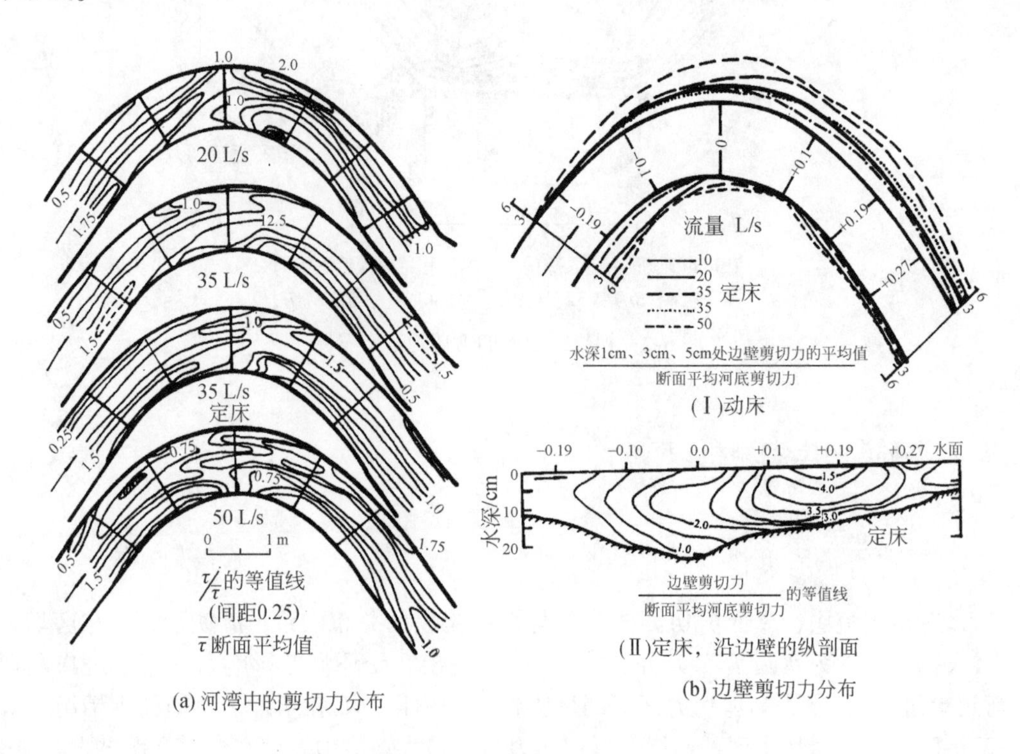

(a) 河湾中的剪切力分布

(b) 边壁剪切力分布

图 6-3　Hooke 弯道剪切力 τ 分布

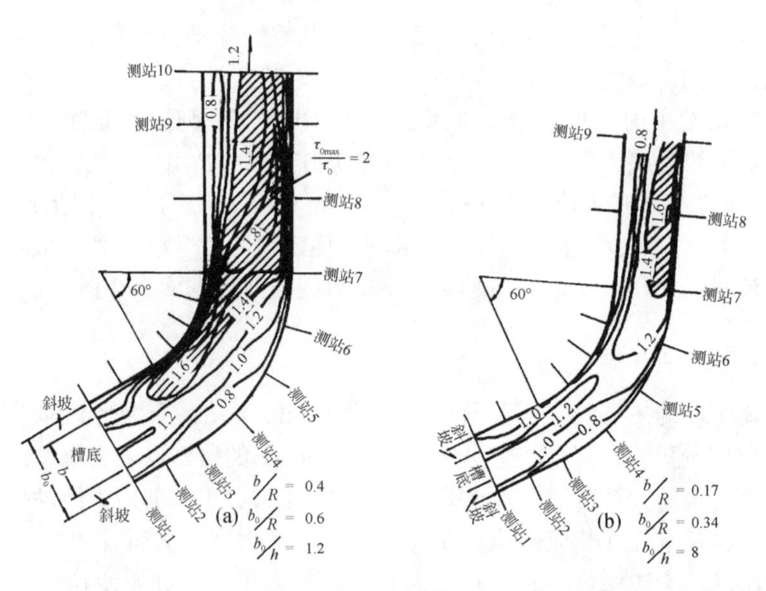

图 6-4　Ippen 弯道剪切力比值（τ/τ_0）等值线分布

b 为渠底宽；b_0 为渠顶宽；R 为渠弯半径；τ 为切应力；τ_0 为弯道进口断面平均切应力；h 为水深

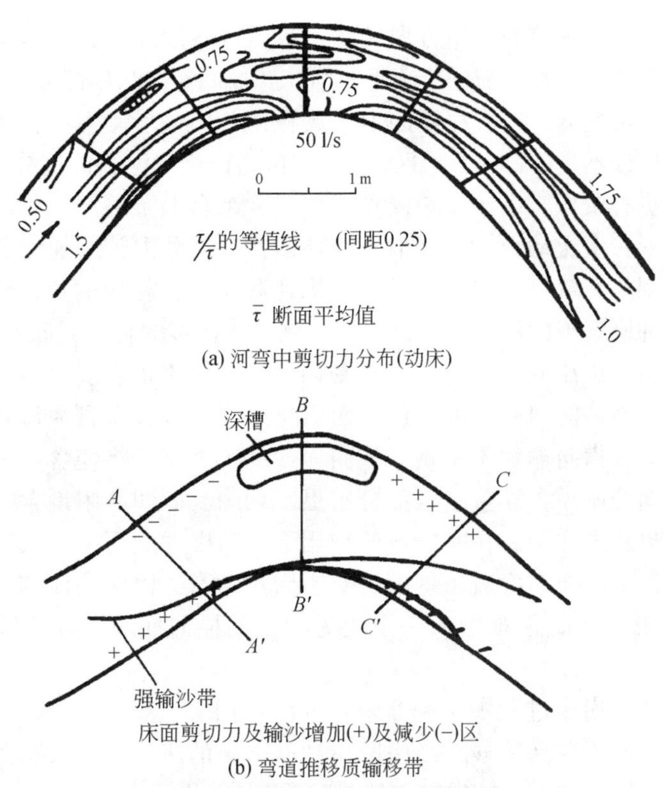

(a) 河弯中剪切力分布(动床)

(b) 弯道推移质输移带

图 6-5 弯道剪切力分布与推移质运动特性图

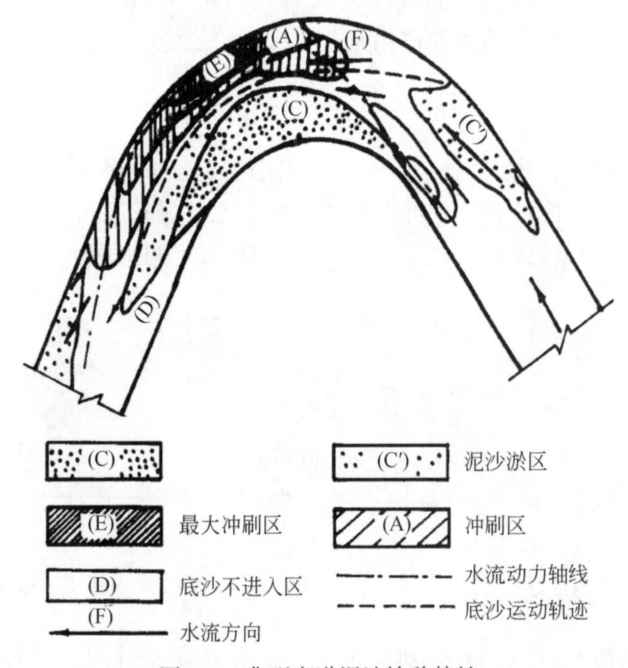

图 6-6 典型弯道泥沙输移特性

关于弯道水流运动与底沙运动的关系，曾庆华进行了长期深入的研究[10]，如图 6-6

所示。在弯道进口段，水流向凸岸方向转移，但因有底沙补给，凸岸不会造成很大的冲刷坑。当进入弯道后，在环流的作用下，河床底部泥沙向凸岸部分（C）区集中，这里水面纵比降小、流速低，造成底沙的大量淤积，其形式呈镰刀状，镰刀形边滩的下游内侧存在一个底沙不进入的（D）区。（C′）区是凸岸沙滩嘴的边缘，这里大部分泥沙是过境的，但也有淤积，当凸岸边滩形成以后，来自上游的泥沙就沿着这一边缘运动。边滩不断发展，水流动力轴线就不断地外延，水流动力轴线逼近凹岸，在弯顶以下形成最大的冲刷区。弯道出口以下的水面纵比降很大，相应的流速仍然较大，但因有来自上游凹岸冲刷下来的泥沙及来自（C′）区过境泥沙的补给，该处将会出现淤积。

悬移质运动与螺旋流的关系也是非常密切的。螺旋流将表层含沙较少而泥沙较细的水体带向凹岸，并折向河底攫取泥沙；而后将这些含沙较多且泥沙较粗的底部水体带向凸岸边滩，形成横向输沙不平衡。横向输沙的不平衡，将使含沙较多的水体和较粗的泥沙集中输向凸岸，含沙量沿水深分布更不均匀；而凹岸附近含沙较少且泥沙较细，含沙量分布也较为均匀。在螺旋流的作用下，凹岸冲刷下来的底沙总是转移到凸岸，由此形成床面上的横向底坡，特别是对于天然河弯，横向输沙的不平衡招致河床及河岸的不断变形，因此很难形成一个较为稳定的横向底坡，且又转而影响泥沙的运移。

环流运动在弯道崩岸过程中起到非常重要的作用[1,11]，水流在通过弯道时形成螺旋环流，并引起横向不平衡输沙，结果凹岸冲刷下来的底沙总是转移到凸岸，并淤积下来。从弯道底沙输移和河床冲淤特点的关系图6-6可知，弯道顶点下游处正是冲刷最剧烈的部位，其崩岸强度最大，而且随大水的下挫和小水的上提有所变化。嘶马弯道的崩岸过程充分显示了环流动力的作用是非常大的[12]。

3. 涡量淘刷分析

对于水流质团而言，水流涡量实际上是质团旋转速度的两倍[13]，涡量越大，质团旋转速度越大，对岸滩泥沙颗粒的冲刷作用越强。在柱坐标系统（$\vec{e}_\theta$，$\vec{e}_r$，$\vec{e}_z$）中，对于水流充分发展的情形，无量纲化后，涡量向量分量的表达式为

$$\Omega=\begin{cases}\Omega_\theta=\dfrac{\varepsilon}{q}\left(q\dfrac{\partial V_z}{\partial r}-\dfrac{\partial V_r}{\partial z}\right)\\ \Omega_r=\dfrac{1}{q}\dfrac{\partial V_\theta}{\partial z}\\ \Omega_z=\dfrac{1}{r}\dfrac{\partial(rV_\theta)}{\partial r}\end{cases}\tag{6-11}$$

式中，$\Omega_0=\dfrac{\bar{V}}{R_c}$，$\Omega_\theta=\dfrac{\tilde{\Omega}_\theta}{\Omega_0}$，$\Omega_z=\dfrac{\tilde{\Omega}_z}{\Omega_0}$，$\Omega_r=\dfrac{\tilde{\Omega}_r}{\Omega_0}$；$\Omega_0$ 为中线平均涡量，$\tilde{\Omega}_\theta$ 和 Ω_θ 分别为纵向涡量分量和无量纲值，$\tilde{\Omega}_z$ 和 Ω_z 分别为垂向涡量分量和无量纲值，$\tilde{\Omega}_r$ 和 Ω_r 分别为径向涡量分量和无量纲值；q 为单宽流量；ε 为水流扩散系数；R_c 为弯道中心线的半径；Z、r 和 θ 分别为 $\vec{e}_z$，$\vec{e}_r$ 和 $\vec{e}_\theta$ 方向的水深、弯曲半径和角度；V_z、V_r 和 V_θ 分别为 $\vec{e}_z$，

$\vec{e}_r$ 和 $\vec{e}_\theta$ 方向的流速。把弯道凹岸的三维流速分布公式代入上式，涡量分量的表达式为[14]

$$\begin{cases}\Omega_\theta=\dfrac{2\varepsilon}{(\mu+1)q^2}\{2\beta_3 r[z_m^2-(z-z_m)^2]^{-2}(z-z_m)-b'r^{-\mu}\}-\varepsilon(\mu+1)b'r^{-\mu-2}[z_m^2-(z-z_m)^2]\\ \Omega_z=(-\mu+1)k_1[z_m^2-(z-z_m)^2]r^{-(\mu+1)}\\ \Omega_r=\dfrac{-2k_1}{q}(z-z_m)r^{-\mu}\end{cases} \tag{6-12}$$

式中，$\mu=1500\left(\dfrac{R_c}{b}\right)^{-0.1}\left(\dfrac{\bar{h}}{b}\right)^{0.3}Re^{-0.3}$，$z_m=0.55(\sin\Theta)^{-0.80}$，$\beta_3=\dfrac{1}{\varepsilon Re}$，$k_1$ 为系数，可取 11；z_m 为 V_θ 最大时的相对水深，b 为水流宽度，$\bar{h}$ 为断面平均水深，Re 为水流雷诺数（$Re=\dfrac{\bar{V}\bar{h}}{\upsilon_t}$），$\Theta$ 为凹岸倾角，

$$b=\begin{cases}\dfrac{4\beta_3(1-z_m)\cdot r_2^{(\mu-1)}}{2[z_m^2-(1-z_m)^2]^2+\left[(\mu-1)\dfrac{q}{r_2}\right]^2[z_m^2-(1-z_m)^2]^3} & (b'>0，凹岸 Ⅰ 区)\\ \dfrac{\beta_3 r_0^{(\mu-1)}}{(0.5-z_m)[z_m^2-(0.5-z_m)^2]} & (b'<0，凹岸 Ⅱ 区)\end{cases}$$

弯道水流特征及凹凸岸的区分如图 6-7 所示[14]，有关符号的意义参见图 6-7（b）。对于径向涡量分量 Ω_r 而言，其值随着不同水深而有较大的变化，在最大纵向流速以上的区域内，涡量分量为负值；在最大纵向流速以下的区域内，径向涡量分量为正值，在最大纵向流速附近的径向涡量分量等于零。表明同一垂线上径向涡量的旋转方向上下不同，上部旋转方向为负，下部旋转方向为正。对于弯道凹岸的垂直岸壁上，水流径向涡流分量大为减弱。

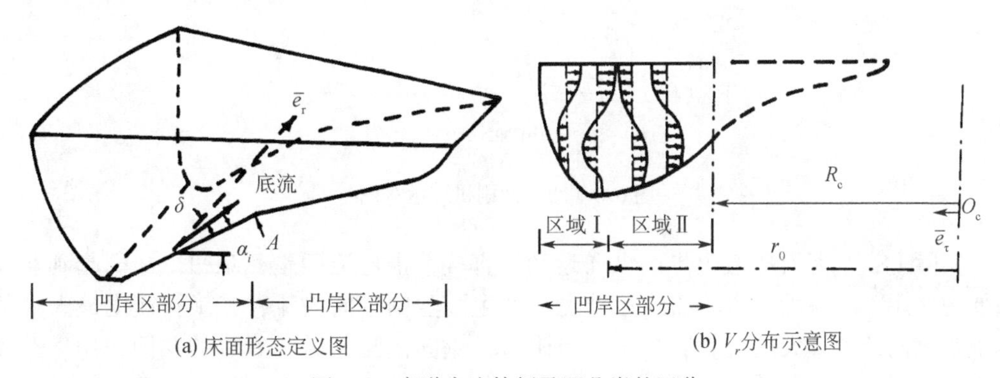

(a) 床面形态定义图 (b) V_r分布示意图

图 6-7 弯道水流特征及凹凸岸的区分

而对于垂向涡量分量 Ω_z 而言，固定的弯道，涡量分量将保持相同的符号，即表明涡流方向不随水深和最大流速位置而变化，但旋转的速度随不同水深有很大的差异，其旋转速度最大发生在纵向流速最大时的水深 Z_m 处。

在弯道水流充分发展的情况下，纵向涡量分量 Ω_θ 仍由径向流速的垂向梯度和垂向流速的径向梯度两部分组成。研究成果表明[14]，在纵向流速最大值以上的区域内，其涡量分量为正值；在纵向流速最大值以下的区域内，水流纵向涡量分量为负值。表明不同水深的纵向涡流旋转方向有很大的差异，上部旋转方向为正，下部旋转方向为负。可以理解为纵向涡量分量的符号与主漩涡和凹岸漩涡在近壁的回转方向有关，如图 6-8 所示。在水面附近，凹岸漩涡回转方向向上为正，而主漩涡回转方向向下为负。河道泥沙的冲淤，对应于涡量的纵向分量。根据纵向涡量分量的凹岸分布可知，弯道凹岸冲刷最强烈的部位处于沿主旋涡与凹岸旋涡相分离点的切线与凹岸交汇处（称为滞点）及其附近，在此处弯道横向蠕动速度最大。对此也可以理解为在近壁处凹岸旋涡回转方向向上，其动力作用将引起滞点以上部位淘刷（上淘刷）；而该处主旋涡回转方向向下，其动力作用将引起滞点以下部位的淘刷作用（下淘刷）[14]。

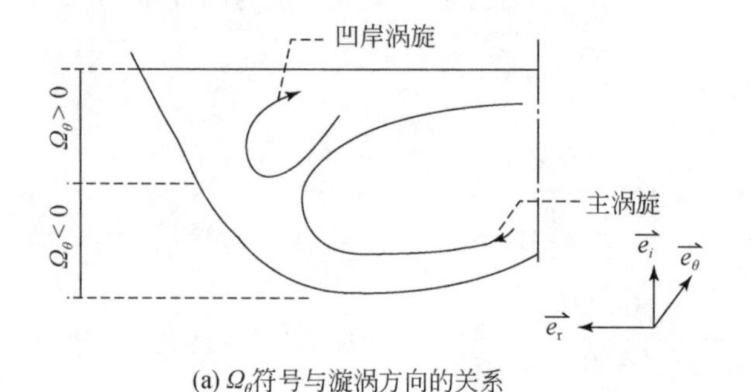

(a) Ω_θ符号与漩涡方向的关系

(b) 冲刷示意图

图 6-8　凹岸冲刷机理示意图

实际上，水流沿弯道边界的纵向运动，直接冲击弯道凹岸，对凹岸冲刷起到非常重要的作用。水流沿弯道的曲线运动也会产生强烈的垂向涡流，其旋转速度最大处基本上是纵向流速最大的位置，位于滞点附近，垂向涡流与纵向涡流的共同作用，造成滞点及其附近的严重冲刷，冲刷后的岸坡形状则成抛物线。岸壁的冲刷实际上是通过水流对岸壁的作用力来完成的。Chiu 和 Hsiung 的切应力测试结果表明[15]，凹岸冲刷的强弱与切应力的关系是纵向切应力分布最大值所在处冲刷最强烈。

6.2 弯道横断面形态

对于散粒体弯道岸滩的稳定性和断面形态，有很多学者进行了分析研究[2,14,16-22]，而有关黏性岸滩河道的研究成果较少。本节考虑黏性河岸泥沙颗粒间的黏性力，借鉴文献［2，14］的处理方法，现就黏性河岸的稳定性和断面形态进行分析。

倾斜床面上的横向泥沙运动，受到螺旋流和重力的影响，底流与纵向成 δ 偏角，如图6-7（a）所示。在动力平衡条件下，泥沙颗粒沿纵向运动，底流作用于黏性土粒上的力被沿河床横坡向下的黏性土粒水下重力所平衡，即

$$F_{\mathrm{D}}\sin\delta=(W'-F_{\mathrm{L}})\sin\Theta \tag{6-13}$$

式中，F_{D} 为作用于单颗粒的切力方向的拖曳力；W' 为颗粒的水下重力；F_{L} 为上举力。在有床面形态的情况下，假定河床横向坡角 Θ 为平均值，床面纵向坡度可以忽略，沿流向（纵向）作用于黏性土粒上的力的平衡方程为

$$F_{\mathrm{D}}\cos\delta=(W'-F_{\mathrm{L}})\cos\Theta\tan\theta+C_k \tag{6-14}$$

式中，C_k 为泥沙黏性力；θ 为泥沙的休止角；$\tan\theta$ 为动摩擦系数，为0.4～0.6[23]。合并式（6-13）和式（6-14）得

$$\cot\delta=\frac{\tan\theta}{\tan\Theta}+\frac{C_k}{(W'-F_{\mathrm{L}})\sin\Theta} \tag{6-15}$$

求解方程（6-15）得

$$\tan\Theta=\frac{\tan\theta\pm C_f\sqrt{1+(\tan^2\theta-C_f^2)\tan^2\delta}}{(1-C_f^2\tan^2\delta)}\tan\delta \tag{6-16}$$

式中，$C_f=\dfrac{C_k}{W'-F_{\mathrm{L}}}$。

一般情况，$\tan\delta$ 比较小，$\sqrt{1+(\tan^2\theta-C_f^2)\tan^2\delta}\cong 1+\frac{1}{2}(\tan^2\theta-C_f^2)\tan^2\delta$ 则

$$S_{\mathrm{p}}=\tan\Theta=\frac{2\tan\theta\pm C_f[2+(\tan^2\theta-C_f^2)\tan^2\delta]}{2(1-C_f^2\tan^2\delta)}\tan\delta \tag{6-17}$$

式中，S_{p} 为横向床面坡度。按照文献［2］的方法，得

$$\tan\delta=m_0\frac{\tilde{h}}{R}=m_0\frac{h}{R_{\mathrm{c}}}\frac{h}{r} \tag{6-18}$$

$$\tan\Theta=\frac{\mathrm{d}(\tilde{h})}{\mathrm{d}(\tilde{r})}=\frac{h_{\mathrm{c}}}{R_{\mathrm{c}}}\frac{\mathrm{d}h}{\mathrm{d}r} \tag{6-19}$$

式中，$h=\dfrac{\tilde{h}}{\tilde{h}_{\mathrm{c}}}$；$m_0$ 为系数；h_{c} 为弯道中心半径（R_{c}）处的水深。把式（6-18）和式（6-19）代入式（6-17），令 $\eta=\dfrac{h}{r}$，$\mathrm{d}h=\eta\mathrm{d}r+r\mathrm{d}\eta$，整理得

$$\frac{\mathrm{d}r}{r}=\frac{2(R_c^2-m_1^2h_c^2\eta^2)}{2m_2R_c^2\eta+m_3h_c^2\eta^3}\mathrm{d}\eta \tag{6-20}$$

式中，$m_1=C_fm_0$，$m_2=m_0\tan\theta-1\pm C_fm_0$，$m_3=C_fm_0^2[2C_f\pm m_0(\tan^2\theta-C_f^2)]$。积分得

$$r=C_0\left[\frac{m_3h_c^2\eta^2}{2m_2R_c^2+m_3h_c^2\eta^2}\right]^{\frac{1}{2m_2}}\left[\frac{m_3h_c^2}{2m_2R_c^2+m_3h_c^2\eta^2}\right]^{\frac{m_1^2}{m_3}} \tag{6-21}$$

式中，C_0 为微积分常数，可由 $h|_{r=1}=1$ 或 $\eta|_{r=1}=\eta_c=1$ 来确定，代入式（6-21），得

$$r=\left[\frac{2m_2R_c^2+m_3h_c^2}{2m_2R_c^2+m_3h_c^2\eta^2}\eta^2\right]^{\frac{1}{2m_2}}\left[\frac{2m_2R_c^2+m_3h_c^2}{2m_2R_c^2+m_3h_c^2\eta^2}\right]^{\frac{m_1^2}{m_3}} \tag{6-22}$$

对于有量纲而言，式（6-22）可转换为

$$\frac{R}{R_c}=\left[\frac{2m_2R_c^2+m_3h_c^2\eta_c^2}{2m_2R_c^2+m_3h_c^2\eta^2}\left(\frac{\eta}{\eta_c}\right)^2\right]^{\frac{1}{2m_2}}\left[\frac{2m_2R_c^2+m_3h_c^2\eta_c^2}{2m_2R_c^2+m_3h_c^2\eta^2}\right]^{\frac{m_1^2}{m_3}} \tag{6-23}$$

式中，$\eta=\dfrac{h}{R}$，h_c 为中心线处的水深。上述公式可以用于弯道横断面的估算，公式考虑了河岸泥沙颗粒间的黏性力，较好地反映黏性河岸的实际情况，遗憾的是没有搜集到有关的资料进行检验。

对于散粒体的岸滩而言，$C_f=0$，上式变为

$$\frac{h}{h_c}=\left(\frac{R}{R_c}\right)^{m\tan\theta} \tag{6-24}$$

6.3 主流变化对崩岸的影响

6.3.1 主流及主流弯曲

水流动力轴线又称为主流线，它是沿程各断面最大垂线平均流速所在点的连接线，水流动力轴线对河岸的淘刷崩塌具有重要的影响。在不受两岸约束的宽浅河段内，水流动力轴线也很少有在长距离内保持直线的，而是因流量的不同，具有一定的弯曲程度。图 6-9 为黄河下游花园口游荡型河段水流动力轴线弯曲系数与流量的关系[2]，在流量小于 2000m³/s 时，随着流量的减少，主流线的弯曲程度迅速增加，所谓的“小水坐弯，大水趋中”就是指的这种情况。

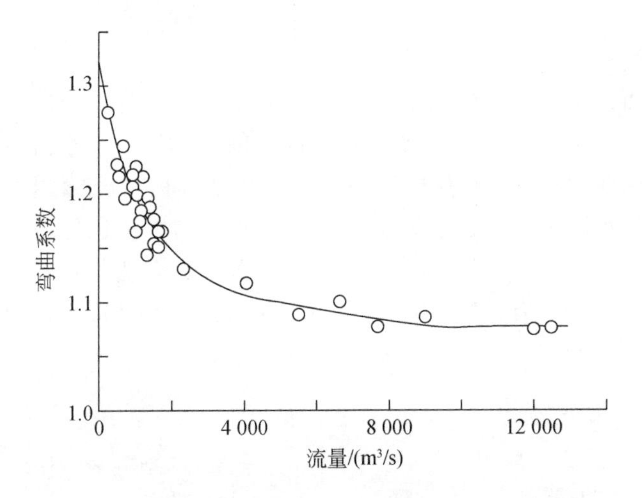

图 6-9 黄河下游花园口河段主流弯曲系数与流量的关系

在弯曲型河流上，水流动力轴线同样具有低水傍岸，大水走中泓的规律。水流顶冲位置随水流动量$\left(\frac{Q^2}{gA}\right)$的变化而上提下挫，在小水时顶冲点位于弯顶附近或稍上，大水时顶冲点下移至弯顶以下。另外，水流动力轴线又受两岸的约束，水流动力轴线的曲率半径（R_f）与弯道的曲率半径（R）之间存在一定的相关关系。综合上述两方面的作用，长江下游河弯水流动力轴线可以用下列经验关系来表示[23,24]：

$$R_f = KR\left(\frac{Q^2}{gA}\right)^m \tag{6-25}$$

式中，A 为断面面积；K、m 为经验系数和指数。荆江河段：$K=0.053$，$m=0.35$；长江枝城至城陵矶段：$K=0.055$，$m=0.35$；城陵矶至九江河段：$K=0.173$，$m=0.201$。张植堂等[23]曾对天然河湾水流动力轴线进行了理论分析，得到河湾水流动力轴线曲率半径的表达式

$$R_f = \sqrt[3]{\frac{1}{\varphi J_f g}\left(R\frac{Q}{A}\right)^2} \tag{6-26}$$

式中，J_f 为水流动力轴线处的水面比降；φ 为河弯的中心角。

6.3.2 主流横向摆动对崩岸的作用

1. 主流冲击河岸的力学分析

一般情况，受河流边界弯曲或者不连续（矶头或丁坝）的影响，天然河流的主流并不是顺直的，而是与河岸呈一定的夹角 β，即使是顺直河段，河床形态的变化，也会导致河道主流流向发生变化（如黄河下游出现的横流或斜流），使主流与河岸呈现一定的夹角。水流斜交或者正交河岸，一方面，河道主流靠近河岸，水流的流速横向梯度

$\left(\frac{\partial V_\theta}{\partial r}\right)$增大，导致岸壁的纵向剪切力 $\tau_{r\theta}\left(\tau_{r\theta}=\mu_t\left[\frac{\partial V_\theta}{\partial r}-\frac{V_\theta}{r}\right]\right)$增大，进而导致河岸的冲刷程度增大；另一方面，主流对河岸造成一定的冲击作用，水流的冲击作用可用冲量方程来描述[25]，水流对岸壁的冲击力主要与水流冲击前后的流速、水流方向和作用时间有关。侧向水流流速变化越大，作用时间越短，河岸所受的冲击力越大；水流与岸线的夹角越大，相应的水流冲击力也越大。水流与岸滩间的作用也可通过如下受力分析进行说明[5]，如图 6-10 所示。F'为水流对河岸的作用力，F 为河岸对水流的作用力，二者是一对作用力与反作用力；P_1、P_2 为作用于脱离体两端断面上的动水压力，仍可近似用静水压力公式计算。

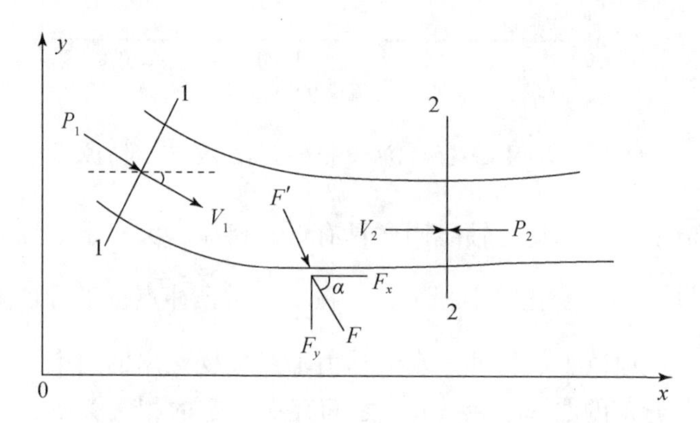

图 6-10　纵向水流对河岸顶冲的物理力学模式

由 x 轴方向动量方程可知：

$$P_1\cos\beta-P_2-F_x=\rho Q(\alpha_2'V_2-\alpha_1'V_1\cos\beta) \tag{6-27}$$

由 y 轴方向动量方程可知：

$$F_y-P_1\sin\beta=\rho Q\alpha_1'V_1\sin\beta \tag{6-28}$$

式中，α_1'、α_2'为动量修正系数，令，$\alpha_1'=\alpha_2'=\alpha'$。为简单起见，假设脱离体上下游的动水压力、过水断面面积及断面平均流速值均相等，求解 F_x'、F_y'，经整理可得

$$F_x'=-F_x=(1-\cos\beta)(P+\rho Q\alpha'V) \tag{6-29}$$

$$F_y'=-F_y=-(P+\rho Q\alpha'V)\sin\beta \tag{6-30}$$

水流对河岸的作用力大小为

$$F'=\sqrt{F_x^2+F_y^2}=2(P+\rho Q\alpha'V)\sin\frac{\beta}{2} \tag{6-31}$$

方向与 F 相反，F'与 x 轴向夹角为 $\alpha=-\arctan\left(\cot\frac{\beta}{2}\right)$。

上式表明，在满足上述假定的情况下，纵向水流对河岸的作用力 F'的大小与流量 Q、纵向水流流速 V 及其顶冲角 β、动水压力 P 有关。纵向水流流速 V、河宽 b、水深 h 及顶冲角 β 越大，水流对河岸的作用力 F'就越大，水流对河岸土体所做的功就越大。当岸边土体所受的冲击力较大、达到或超过岸边土体的塑性临界应力或极限平衡剪应力时（一般情况土壤浸泡后，其临界应力大幅度减小），岸边土壤可能会发生塑性破坏或极限剪切破坏，河岸淘刷严重，河流崩岸发生的概率大大增加，崩岸强度加大。因此，纵向水流的顶冲作用与崩岸的发生有着密切的关系。

2. 主流冲击对崩岸的影响

对于顺直河道，水流沿河岸顺直流动，与河岸的夹角较小，甚至是平行的，水流对河岸冲击的作用力很小，甚至无额外的冲击力。但是，当河床冲刷或者淤积，河床变形，或者河道岸滩边界不连续，如存在矶头或丁坝，造成与岸边斜交的主流，对河岸产生冲击和淘刷作用，可能会造成崩岸，甚至引起大范围的岸滩崩塌。长期水流斜交也可能引起河势的变化，甚至河道由顺直转化为弯曲。

对于弯曲河道，其主流一般在弯道进口段甚至弯道上游的过渡段靠近凸岸，此时主流与岸线的夹角相对较小，对岸边的冲击作用较弱。进入弯道后，主流则逐渐向凹岸过渡，至弯顶以下靠近凹岸，主流与凹岸的夹角逐渐增大，水流对凹岸的冲击作用也逐渐增强，到凹岸弯顶以下附近或顶冲点，夹角达到最大，此处的水流冲击力也最大，相应的岸边崩塌也最严重。自此以下相当的距离内，主流仍靠向凹岸，但主流与岸线的夹角也开始减小，相应的冲击作用减弱，河流崩岸逐渐减轻。在弯道的出口段，主流逐渐向中间部位转移，主流与凹岸间的夹角减小，凹岸受到的冲击作用减弱，弯道出口段凹岸的崩塌虽仍然较强，但较弯道凹岸相比有所减弱。

主流顶冲对崩岸的发生与演变有很大的影响，江河弯曲及分汊为主流顶冲河岸创造了极为有利的条件。主流最初逼近凹岸的部位，即为“顶冲点”，河岸顶冲点附近是岸滩遭受冲击和淘刷最严重的部位，也是崩岸最严重的地方，因此顶冲点的位置在河流崩岸、护岸及工程设计中都十分重要。主流线和顶冲点随流量而变化，洪水期一般主流线趋中趋直，顶冲点在弯顶稍下游处；枯水期水位下降，主流线走弯靠岸，顶冲点上提。顶冲点的上提下挫、主流线的离岸远近以及与岸线交角的大小，决定着主流对河岸的冲击作用，影响着河岸淘刷和崩岸的变化过程和规律。弯道主流变化可分为进口区、变异区（洪枯水流顶冲区）、常年贴流区（常年集中顶冲区）和出口区[24]，如图6-11所示。其中变异区和贴流区是顶冲点上提下挫的区域，河岸受到水流的冲击，岸滩会发生淘刷，岸坡变陡，发生崩岸。

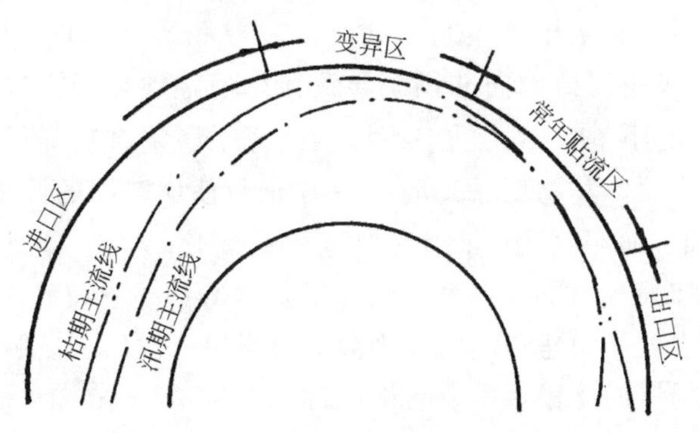

图6-11　弯道水流主流线变化特点

6.4 侧向冲刷对崩岸的影响

6.4.1 岸脚淘刷对崩岸的作用

无论是游荡型河段，还是弯曲型河道或者分汊河道，河势变化主要是通过河岸边滩冲淤来实现的，岸滩冲刷后退的过程伴随着河岸的崩塌。近岸流对岸滩的作用较强，致使岸滩发生崩塌的概率或崩塌的强度也会增大。河道侧向淘刷主要发生在低水位期间，可不考虑水流浸泡和水流渗透的影响，即 $f=0$，$J_s=0$。冲刷前后河岸土体稳定系数的相对关系同样可用式（5-3）来表达。

仍然以坐标系进行分析，设冲刷前岸脚点的坐标为（x_{20}，y_{20}），冲刷增量值为（Δx，Δy），直线边坡形态和折线边坡形态的对比关系仍然采用第5章的形式，分别为式（5-6）和式（5-9）。为方便起见，仅考虑河道侧向平行淘刷，不考虑河床冲刷下切。那么，$x_2=x_3=x_{20}+\Delta x$，$y_2=y_{20}-\Delta x\tan\Theta_2$，$y_3=y_{20}$，考虑到 Δx 与河深 H 相比属于小值，其二阶量可忽略，因此，直线边坡形态和折线边坡形态河岸稳定系数的对比关系经过近似化简，分别变为

$$K_0-K\approx\frac{\gamma E_1^2\tan\theta+4cE_1(x_4-x_{20})-2E_2(y_4+x_{20}\tan\Theta_2)}{\gamma(y_{20}-y_4)[E_1^2-\Delta xE_1(y_4+x_{20}\tan\Theta_2)]}\Delta x \tag{6-32}$$

$$K_0-K\approx\frac{\gamma G_1^2\tan\theta+4cG_1(x_4-x_{20})+2G_2[y_1-y_4+(x_1-x_{20})\tan\Theta_2]}{\gamma(y_{20}-y_4)\{G_1^2-\Delta xG_1[y_4-y_1+(x_{20}-x_1)\tan\Theta_2]\}}\Delta x \tag{6-33}$$

式中，$E_1=x_{20}y_{20}+(x_4-x_{20})(y_{20}+y_4)$；$G_1=x_{20}y_1+(x_{20}-x_1)y_{20}+(x_4-x_{20})(y_{20}+y_4)$；$E_2=G_2=c[(x_{20}-x_4)^2+(y_{20}-y_4)^2]$。

从式（6-32）和式（6-33）可知，无论是直线边坡，还是折线边坡的河岸，当河岸发生侧向淘刷时（相当于 $\Delta x>0$），式（6-32）和式（6-33）的右边分子一般都大于零，即 $K_0>K$，表明河道侧向冲刷，导致河岸稳定性降低，当 Δx 增加时，崩滑面的倾角 Θ 增大，此时（K_0-K）的差值增加，河岸稳定系数降低，当 Δx 增加到一定程度，河岸发生崩塌。其物理意义是，Δx 增加致使崩滑面的倾角 Θ 增大，崩体所受的下滑力 F_d 增加，而阻滑力 F_R 则有所减小或变化不大，导致河岸稳定性减弱，随着侧向冲刷继续加大，当下滑力大于或等于阻滑力，即岸坡稳定系数小于1.0时，崩岸可能会发生，也就是说弯道侧向冲刷会加速崩岸的发生。按照表5-1所示的边界条件，作者计算了河岸崩体稳定系数与侧向冲刷宽度的关系，如图6-12所示。可以看出，河岸崩体稳定系数与侧向冲刷宽度和冲刷面积成正比，表明侧向冲刷越多，河岸越易崩塌。

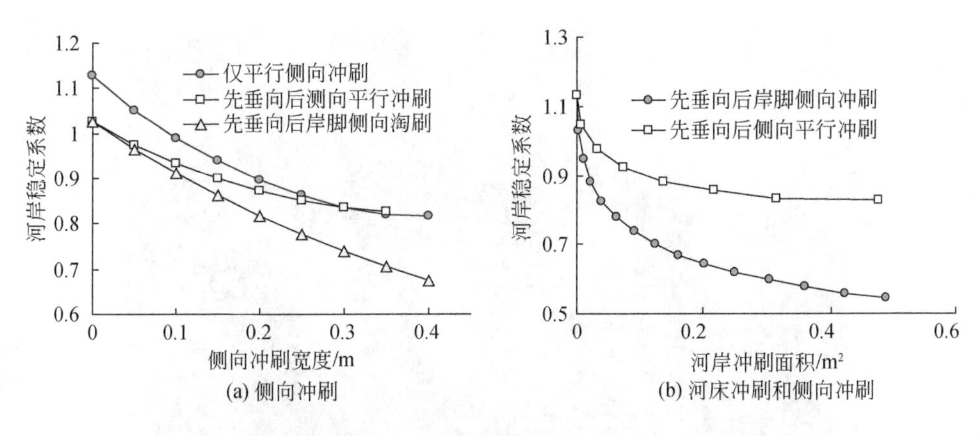

图 6-12　河道冲刷对崩岸的影响

6.4.2　弯道崩岸试验成果

作者利用模型水槽试验就弯道凹岸严重淘刷引起的崩岸问题进行了研究[25]，试验成果定性地说明了侧向冲刷对河岸崩塌的影响，进而证实上述分析是正确的。在崩岸试验中进行了 2 组弯曲河道试验，其中弯曲河道方案 1 和弯曲河道方案 2 的试验流量分别为 6. 0L/s 和 2. 0L/s，对应的尾门控制水位分别为 15cm 和 4cm，其他条件一样，见表 2-3。两组试验的试验现象参见照片 6-1 ~ 照片 6-2，主要试验成果参见表 6-2，图 6-13 为弯道凹岸崩塌后的断面形态。主要试验成果如下[25]：

1）对于弯曲河道方案 1，其河道水位较高且流速较小，崩岸发生的频率较低，崩塌块体较大；上游凸岸冲刷严重，崩岸较多，以落崩和挫崩为主，崩塌尺度为 20cm×5cm；弯道凹岸顶部及其以下淘刷严重，且有小块崩塌，伴有较多的裂隙。

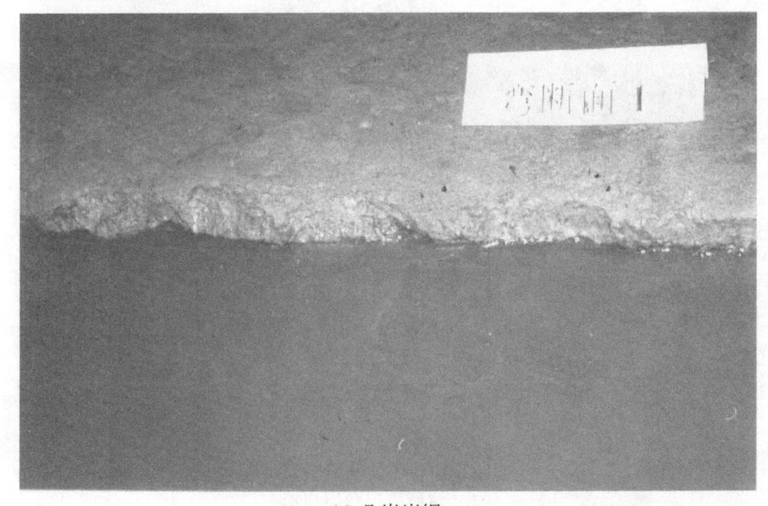

(a) 凸岸崩塌

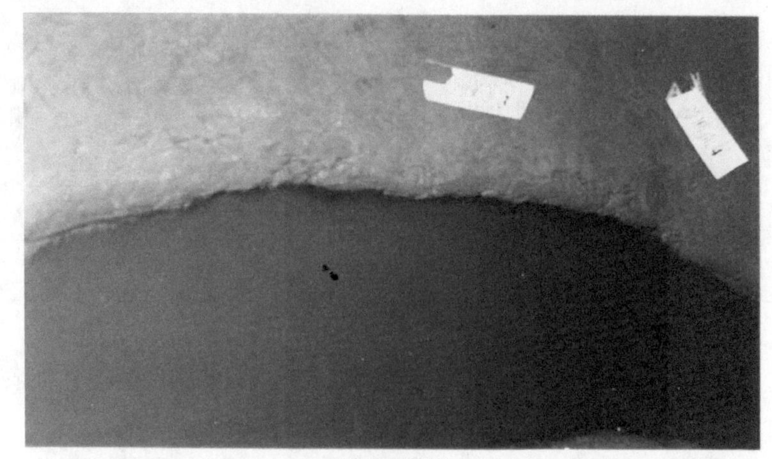

(b) 凹岸崩塌

照片 6-1　弯曲河道方案 1 试验的崩岸现象

(a) 试验末期河岸崩塌情况

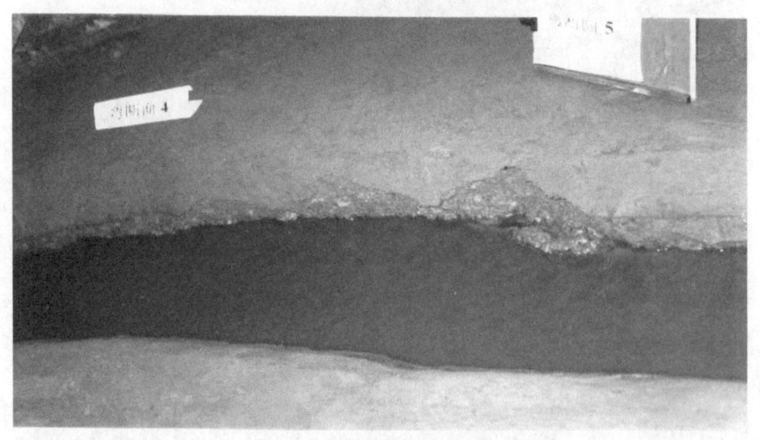

(b) 弯道进口凸岸崩塌

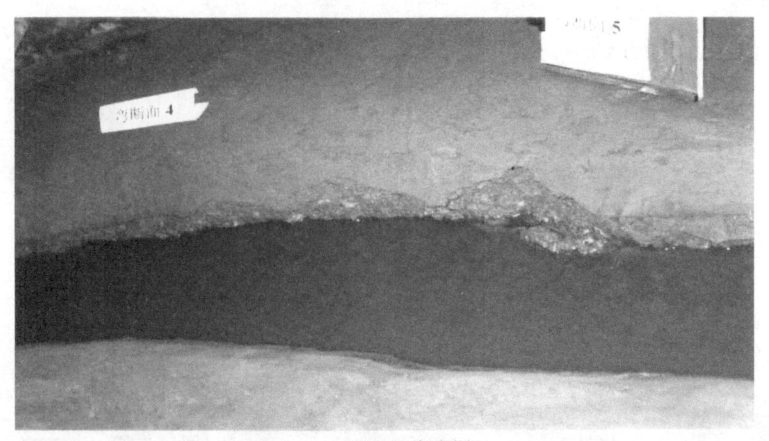

(c) 弯道凹岸崩塌

照片 6-2 弯曲河道方案 2 试验中的崩塌过程及现象

表 6-2 河床冲刷下切对崩岸的影响

方案		弯曲河道方案 1	弯曲河道方案 2
曲率半径/m		2.5	2.5
容重/(kN/m^3)		13.58	12.78
河岸空隙比 e		1.397	1.445
河岸含水率/%		54.90	48.57
产生崩塌时间/min		25	12
崩塌总数		C. S. 1 ~ C. S. 3 右岸和弯道顶部及以下有数次崩塌	C. S. 1 ~ C. S. 3 右岸和弯道顶部及以下(C. S. 3 以下) 崩岸严重
崩塌形式		坐塌	坐塌、倒崩
裂隙尺度/cm	长度	裂隙较多 (10 ~ 20)×(0.3 ~ 2.5)	裂隙较多
	宽度		
崩块尺度/cm	长度	10 ~ 20	大崩块：30 ~ 50 小崩块：10 ~ 20
	宽度	5	2 ~ 5
崩塌特点及有关现象		上游凸岸淘刷、崩塌较多，以片状落崩为主，崩岸并列，尺度为 20cm×5cm；弯道凹岸顶部及其以下淘刷较严重，且有小块崩塌发生，伴随较多的纵向裂隙	C. S. 1 ~ C. S. 3 右岸和弯道顶部及以下(C. S. 3 以下) 崩岸严重的主要部位，以片状剪崩或倒塌为主，崩岸并列，尺度为 20cm×5cm，崩岸犬牙交错；上游凸岸与下游凹岸淘刷严重，淘刷达 10cm 以上，进而出现较大的崩塌，此时以倒崩和剪崩为主
备注		照片 6-1	照片 6-2

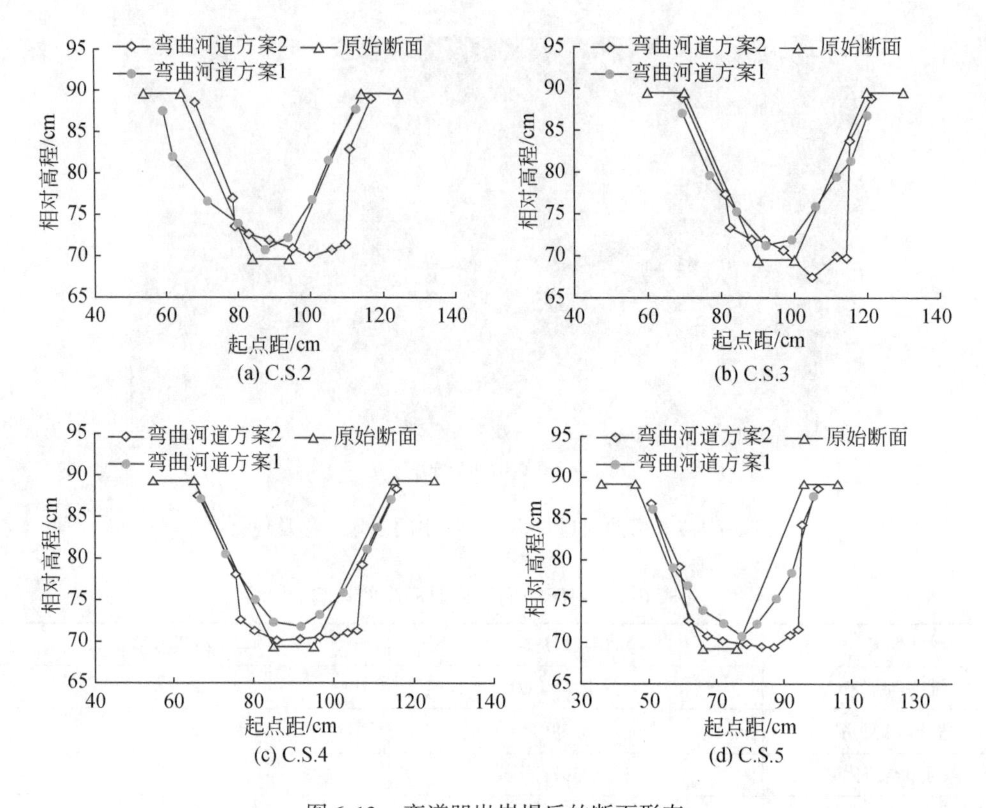

图 6-13　弯道凹岸崩塌后的断面形态

2）对于水位较低的弯曲河道方案 2，C. S. 1 ~ C. S. 3 右岸和弯道顶部及以下（C. S. 3 以下）都是崩岸严重的部位，以挫崩和落崩为主，落崩并列，崩塌尺度为 20cm×5cm，河岸崩塌犬牙交错；上游凸岸和下游凹岸淘刷严重，侧向淘刷达 10cm 以上，进而出现较大的崩塌，以倒崩和剪崩为主。显然，河道水位较低和流速较大时，崩岸发生的频率加大，崩塌块体较小。

3）较大崩岸的崩塌过程长，以滑崩或挫崩为主，崩后岸坡上部较陡，河岸伴有其他裂隙出现；而较小河岸崩塌在较短时间内完成，以倒崩或剪崩为主，崩后岸坡几乎为垂直状态。

4）弯道崩岸和崩岸严重发生的位置是基本固定的，一般发生在弯道上游河段的凸岸（或过渡段）和弯道凹岸顶冲部位及其以下河段，与弯道河岸发生冲刷的部位是一致的。

6.4.3　典型弯道崩岸问题

一般情况，由于弯道横向环流的作用，弯道水流对凹岸的淘刷作用比较明显，弯道岸滩后退的速率大于顺直河道，也就是说弯道崩岸比顺直河道严重。长江中游荆江河段属于弯曲型河道，在三峡水库蓄水运用前，荆江河段长期垂向冲淤变化不大，而侧向冲刷和淤积是荆江河段河势变化的重要表现形式，侧向冲刷导致崩岸加剧，特别是弯道凹岸崩岸现象十分严重。例如。石首弯曲河段[26]，该河段上至古丈堤，下至鱼尾洲，长约 15km，其中古丈堤至向家洲洲头（荆 89—荆 94 段）为弯道上段，向家洲洲头至鱼尾洲（荆 94—荆 98 段）为弯道下段。石首弯曲河段在三峡水库蓄水前主流线频繁剧烈变化，弯道上段 1996 年主流线走五虎朝阳心滩右汊，而 1998 年、2000 年、2001 年主流线走左汊；弯道下段自 1996 年起，主流线有逐渐右摆的趋势，1996 ~ 1998 年主流线向右最大摆幅为 500m（荆 97 段附近），1998 ~ 2001 年主流线向右最大摆幅为 450m（荆 98 段），造成下游顶冲点下移约 2km，如图 6-14 所示。主流线变化将会引起河岸的横向冲刷，崩岸剧烈发生。石首弯道上段崩岸主要发生在左岸的向家洲上段（荆 89—荆 90 段）及向家洲洲头，1996 与 2000 年测图比较，荆 89—荆 90 段最大崩宽 160m，向家洲洲头最大崩宽 200m；荆 90—荆 92 段下虽已护岸，但仍多次出现窝崩险情或崩窝损毁护坡。石首弯道下段崩岸主要发生在右岸北门口和左岸鱼尾洲，北门口上段已守护，下段未守护段（荆 96 右岸段以下）崩岸严重，1996 ~ 1998 年最大崩宽 480m（荆 97 段上 400m），1998 ~ 2001 年最大崩宽 370m（荆 97 段下 100m）。

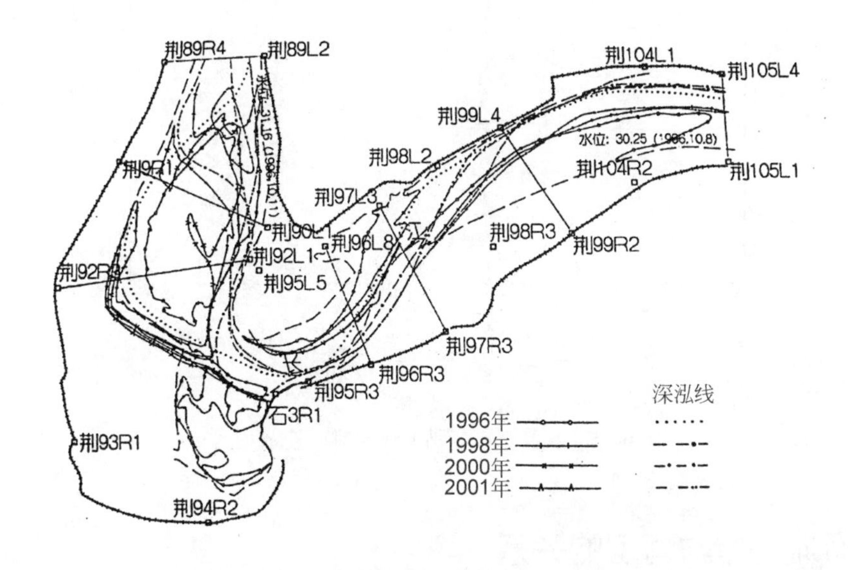

图 6-14　石首弯道段河势（25m 等高线）

在长江下游河段也有许多弯曲型河段，存在着严重的横向淘刷引起崩岸剧烈的例子。最典型实例为长江江都嘶马弯道的崩岸[12,27]，嘶马弯道位于长江下游扬中河段上游段，该弯道上起丹徒五峰山，下至泰州市高港，全长 25km，曲率半径 5 ~ 6km，弯顶处曲率半径小于 4km，为一向北凸起的分汊型陡弯河道，如图 6-15 所示[27]。嘶马弯道河岸区为第四系覆盖区，厚度 80 ~ 280m，产状平缓，上细下粗，具有现代河流沉积物组成的二元结构特征。长期以来嘶马弯道受到螺旋环流的作用和丁坝工程的影响，水流结构复杂，河岸侧向淘刷和局部冲刷严重，河床演变不断变化，嘶马弯道顶冲点具有随时间不断下移的趋势，致使河道崩岸不断发生，特别是弯道凹岸顶点及其以下附近崩岸更加严重。据有关资料分析表明，嘶马弯道北岸岸线（凹岸）年年崩退，从上游至下游崩退程度不同。三江营—杜家汪一线江岸（弯道上段）1954～1964年、1964～1984年和1984～2001年平均崩退分别为450m、300m和150m，对应的平均崩退速率分别为45m/a、15m/a和8.8m/a，崩退速率逐渐降低；杜家汪—东二坝一线江岸（弯道中上段）1954～1964年和1964～1984年平均崩退分别为500m和400m，对应的崩退速率分别为50m/a和20m/a，1984～2001年由于护岸工程的修筑，岸线后退不明显，崩退速率逐渐减小；东二坝—江泰交界处（弯道中下段）1954～1964年、1964～1984年和1984～2001年平均崩退分别为550m、200～600m和400m，对应崩退速率分别为55m/a、10～30m/a和23.5m/a，有逐渐减小的趋势；江泰交界处—南官河口河段（弯道下段）1954～1984年江岸稍有崩退，并不严重，而后几年趋于稳定。在嘶马弯道中，凹岸崩退最严重的的河段为中上段和中下段，特别是弯道顶点及其以下附近（东二坝附近），凹岸侧向冲刷最为严重，致使崩岸速率最大。

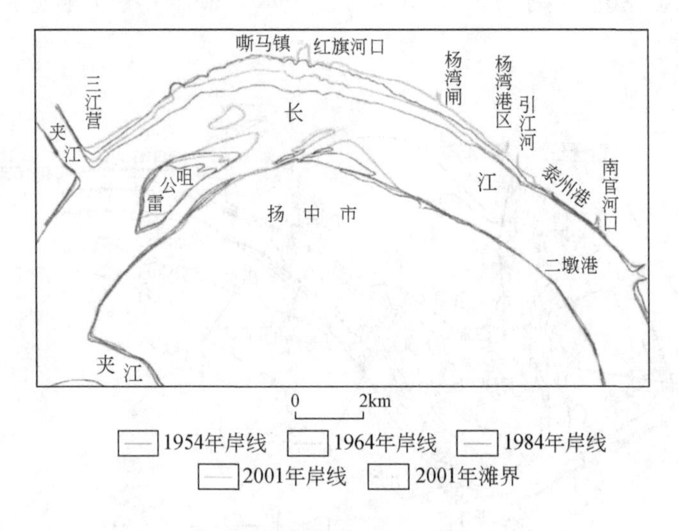

图6-15　长江江都嘶马河段岸滩变迁示意图

6.5　河流崩岸与河型的关系

6.5.1　河型及其崩岸特点

1. 河型及其特点

根据河床的平面形态特点（静态）及河床演变特点（动态），冲积河流有多种河型。按我国河流的具体情况，平原冲积河流分为四种基本类型[28]：①顺直型；②弯曲型或蜿蜒型；③分汊型；④游荡型。

1）顺直型河道：按一般规律，顺直型河道的静态特点是中水河槽顺直，边滩成犬牙交错状分布；动态特点主要是边滩在洪水期向下游平移。

2）弯曲型或蜿蜒型河道：弯曲型河道的主要静态特征是中水河槽具有弯曲的外形，深槽紧靠凹岸，边滩依附于凸岸；其动态特征是凸岸淤长，凹岸冲刷，河道在无约束情况下向下游蜿蜒蛇行，在有约束条件下常形成畸形河弯；畸形河弯的发展，常出现自然裁弯取直。长江中游的上荆江河段为微弯型河道，下荆江为蜿蜒型弯曲河道；黄河下游艾山至利津河段、塔里木河干流曲毛格金至恰拉河段、汉江皇庄至河口河段等为弯曲型河道。

3）分汊型河道：分汊型河道的静态特点是河槽为江心洲分成两汊或多汊，动态特征是江心洲稳定（一般有居民），而各汊道则有周期性消长。长江城陵矶至徐六泾河段为分汊河道。

4）游荡型河道：游荡型河道的静态特征是中水河槽宽浅，心滩众多，汊道纵横；动态特征是主流摆动游荡不定。黄河花园口至高村河段、塔里木河干阿拉尔至沙雅鹿场河段、汉江丹江口至皇庄河段为游荡型河道。

2. 不同河型河道的崩岸特点

由于不同河型河道的平面形态和河床演变特性有着很大的差异，水流动力条件与河岸边界的作用也不一样，不同河型的崩岸特点和崩岸强度也有很大的差异，表 6-3 为不同河型河道的崩岸情况[2,29]。

对于游荡型河道，如黄河下游游荡型河道，由于主槽变化无常，其河势变化都是通过滩地崩塌来实现的，滩地崩塌速率之高是其他河型不能相比的，其崩岸速率达 400m/a 以上，高村至孙口的过渡型河段，其坍塌速率已大大减小，约为 178m/a，但仍比其他河型河道的崩岸速率大很多；对于特殊的游荡性河段，其崩岸速率更大，如黄河下游游荡型河段的柳园口附近[2]，在 1954 年 8 月一次洪水中，主流原来靠近北岸，洪峰到达后，主流开始南移，北岸则淤出大片滩地，但不久河流又由南岸北移，重新回到原来的位置，在一昼夜内，来回摆动达 6km 之多。对于其他游荡型河流也是如此，如塔里木河干流河道新其满河段以上为游荡型河段，其滩地崩塌虽不如黄河下游快，但滩地崩塌仍然剧烈，如上游阿拉尔和新其满断面[30]，河势摆动幅度一般为 300 ~ 1000m。

对于弯曲型河道，其河岸崩塌速率不像游荡型河道那样大，其河势变化也没有游荡型河道剧烈。一般情况，弯道河岸崩塌速率相对较小，其崩塌速率为每年几米到数十米，最大可达数百米，如长江中游荆江河段为弯曲型河道，该河段的平均崩塌速率为 30m/a，最大为 88.4m/a。弯道进口处的凸岸、弯道凹岸及其出口处的凹岸都属于高剪切力区，其河岸淘刷及崩塌都比较严重，特别是弯道主流顶冲点附近，相应的崩塌速率也最大。例如，长江下荆江姜介子河段[31] 1987 年较 1986 年深泓线向岸边普遍摆动 15 ~ 30m，最大摆动达 58m；1988 年较 1987 年深泓线向岸边普遍摆动 10m 左右，最大摆动达 25m。

对于分汊河道，河岸崩塌仍然是普遍的，而且崩塌速率仍然较大，如在九江至河口的分汊河段，平均崩岸速率为 48.7m/a，最大可达 200m/a。

表 6-3　不同河型与河流崩岸的关系

河段名称		宽深比（b/h）	河型	崩岸速率/(m/a)	
				最大	平均
长江中下游	荆江河段	2.23～4.45	弯曲型	88.4	30
	九江至河口段		分汊型	200	48.7
黄河下游	铁桥至东坝头	19.0～32.0	游荡型		470
	东坝头至高村		游荡型		409
	高村至孙口	8.6～12.4	过渡型		178

6.5.2　贴岸主流及河岸组成的作用

崩岸是河道主流作用于岸滩的结果。主流逼近滩岸，使岸滩冲刷及淘刷，引起岸滩坍塌，使得主流的进一步摆动，下游河势也随之变化。因此，无论是顺直型河流、弯曲型河流、分汊型河流还是游荡型河流，主流贴岸是河流崩岸发生的重要条件，主流贴岸会引起近岸河床的冲刷，特别是岸滩发生淘刷，岸坡变陡，岸坡稳定性降低，而当岸脚淘刷到一定程度时，河岸将会发生崩塌。其中，贴岸主流方向和强度是影响河流崩岸程度的重要水流因素，若贴岸主流与岸边具有较大的夹角，且主流流速较大，那么岸滩冲刷也越严重，对应的河岸崩塌也越严重。弯道水流是典型的贴岸流，主流弯曲不仅使水流顶冲滩岸，而且会产生横向环流，加速弯道凹岸的淘刷和侵蚀，崩岸速率加大。例如。长江中游监利天字一号河段，其主流贴岸和冲淤变化对崩岸有重要影响[32]，天字一号河段右岸迎流顶冲段护岸，该河段 1998～2002 年淤积 89 万 m^3，2002～2007 年冲刷 334 万 m^3，2002 年后冲刷强度明显加大。从图 6-16 可以看出，2002 年后，近岸深槽淘刷，并不断向右岸靠近，岸脚冲刷内切，使得岸坡失稳崩塌，加之岸坡为典型二元结构且没有护岸，造成该河段长达 2050m 的边滩出现强烈崩岸险情（照片 6-3），距岳阳长江干堤堤脚最小距离已不足 60m，已经危及堤防安全。

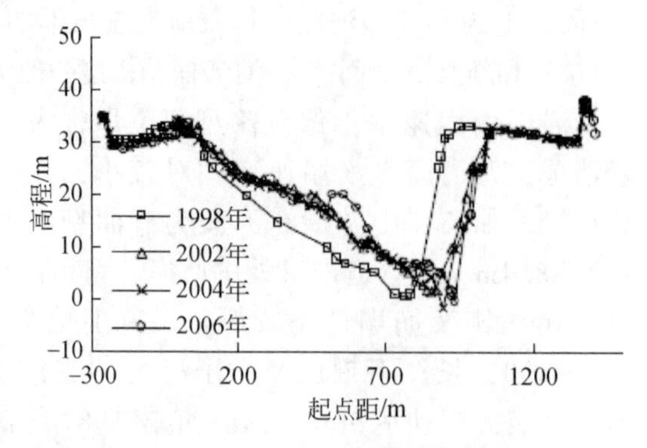

图 6-16　天字一号典型断面冲淤变化

照片 6-3　天字一号河段的崩岸与护岸①

主流贴岸是影响河岸崩塌的重要水流因素，而河岸结构组成则是直接影响岸滩崩塌发生的关键边界条件。文献［33］就岸滩沙层厚度对崩岸的影响，绘制了不同河型崩岸速率与河岸沙层厚度比例（即深泓以上沙层厚度 Δh 与滩槽高度 ΔH 的比值）的关系，如图 6-17 所示。河岸崩塌速率与河岸沙层厚度比例成正比，在河岸情况等同时，凹岸的坍岸速率可以是直段的若干倍。

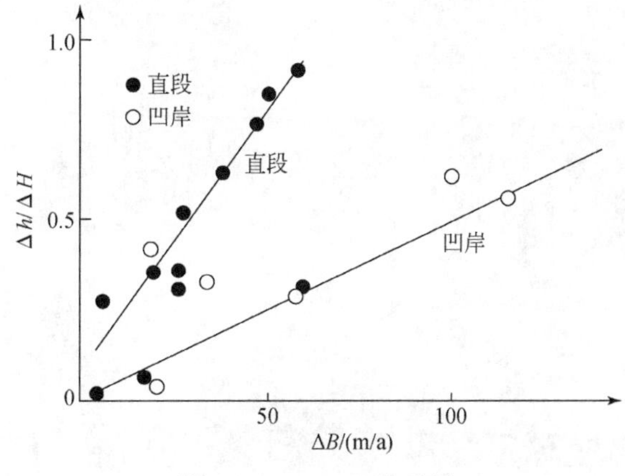

图 6-17　$\Delta h/\Delta H$ 关系图

6.5.3　不同河型崩岸试验成果

为了模拟不同河型的崩岸，作者利用模型试验就顺直河道、微弯河道、弯曲河道等崩岸过程和崩塌特点进行了试验研究，对应的试验方案为顺直河道方案 1，微弯河道方案 0 和弯曲河道方案 1。其中，微弯河道和弯曲河道的曲率半径分别为 3.1m 和 2.5m，其他水流条件和边界条件一样，见表 2-1。试验成果参见表 6-4 和照片 6-3 及照片 6-4。主要试验成果介绍如下[25]。

① 左图来源于：李柯夫．长江干堤岳阳段部分河段发生严重崩岸险情，三湘都市报，2006-03-30。

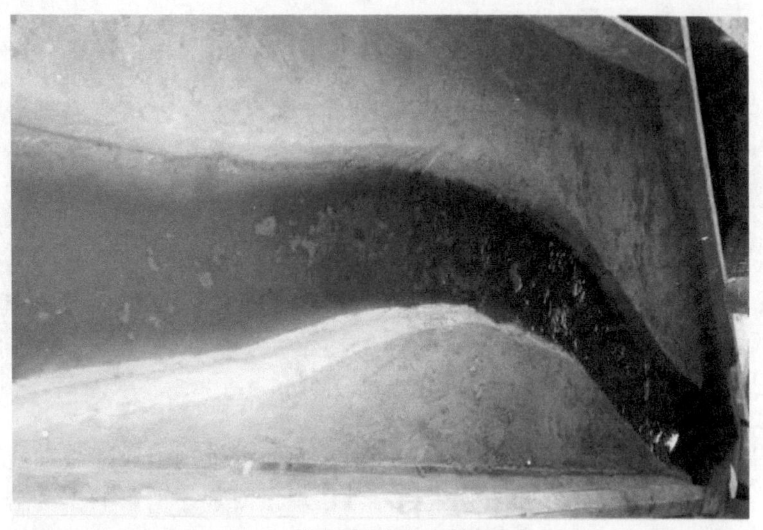

(a) 微弯河道方案试验初期

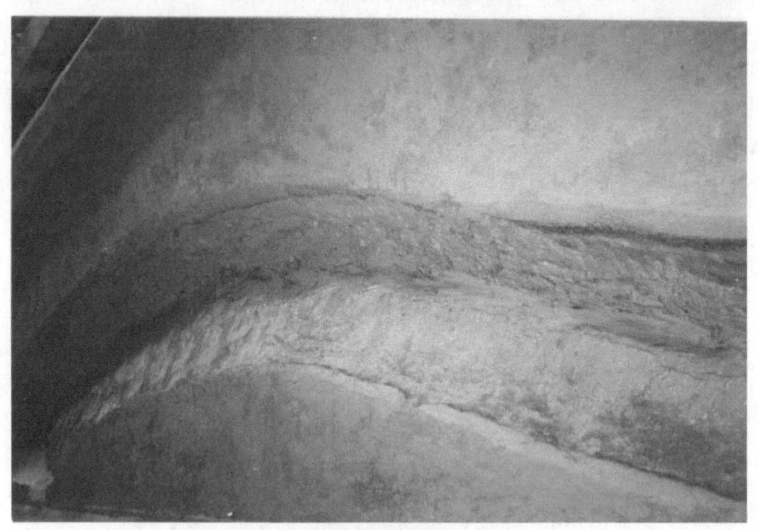

(b)试验末期的崩岸

照片 6-4　微弯河道方案试验的崩塌现象

表 6-4　不同河型崩岸的试验成果

方案	顺直河道方案 1	微弯河道方案	弯曲河道方案 1
曲率半径/m	∞	3.1	2.5
容重/(kN/m^3)	14.37	14.03	13.58
河岸空隙比 e	1.342	1.331	1.397
河岸含水率/%	59.89	55.65	54.90
产生崩塌时间/min	40～45	25	25
崩塌总数	2（C.S.1 下 5cm 处和 C.S.3 下 20cm 处）	C.S.1～C.S.3 右岸：3 次以上	C.S.1～C.S.3 右岸和弯曲河道顶部及以下有数次崩塌

续表

方案		顺直河道方案1	微弯河道方案	弯曲河道方案1
崩塌形式		坐落	坐塌	坐塌
裂隙尺度/cm	长度	C. S. 1：35～50 C. S. 3：20～30	裂隙较多	裂隙较多 10～20×0. 3～2. 5
	宽度	0. 5～3		
崩块尺度/cm	长度	C. S. 1：50～53 C. S. 3：25～30	大崩块：40 小崩块：10～15	10～20
	宽度	C. S. 1：10 C. S. 3：5～5. 5	大崩块：10 小崩块：5	5
崩塌特点及有关现象		首先在河岸出现顺长裂隙，逐渐扩大，岸面降低，致使以坐落的形式崩塌，崩块较大；崩后岸坡上部几乎垂直，伴有其他裂隙出现	微弯河段上游凸岸淘刷、崩塌较多，以坐落为主；弯道凹岸顶部及其以下虽有淘刷，但不严重，无崩塌现象	上游凸岸淘刷、崩塌较多，以片崩坐落为主，片崩并列，尺度为20cm×5cm；弯曲河道凹岸顶部及其以下淘刷较严重，且有小块崩塌发生，伴随较多的纵向裂隙
备注			照片6-4	照片6-1

1）在模型试验中，较大崩岸的崩塌过程长，以滑崩或挫崩为主，崩后岸坡上部较陡，崩后河岸伴有其他裂隙出现；较小崩岸在较短时间内完成，以倒崩或剪崩为主，崩后岸坡几乎为垂直状态。

2）顺直河道崩岸取决于水流动力条件与河岸边界的相互作用，其发生位置是变化的；相比之下，弯曲河道严重崩岸发生的位置是基本固定的，一般发生在弯曲河道上游河段的凸岸（或过渡段）和弯曲河道凹岸顶冲部位及其以下凹岸部位；而且相同条件下，弯曲河道崩岸比顺直河道更为严重，弯曲河道的崩岸速率大于顺直河道的崩岸速率。

3）弯曲河道的曲率半径直接影响河岸的崩塌，弯曲河道方案1的曲率半径 $R=2.5$m，相应的崩岸较严重；微弯河道方案的曲率半径为3. 1m，其崩岸有所减轻；顺直河道的曲率半径很大，几乎无弯曲，相应的崩岸最轻。也就是说，曲率半径越小（弯曲河道方案1，$R=2.5$m），河道崩岸越严重，相应的崩岸速率也就越大。

6.6 小结

1）结合河岸泥沙起动和剪切力分布特点，揭示了河岸岸脚淘刷的机理，指出主流贴岸对河流崩岸具有重要的影响，其中贴岸主流方向和强度是影响河流崩岸的重要水流因素。

2）根据弯道水沙运动原理、剪切力分布特点和涡量理论，深入揭示了弯曲河道淘刷和崩岸严重的机理，指出在主流和副流的共同作用下，弯曲河道进口处的凸岸、弯曲河道顶部及其出口处的凹岸都属于高剪切力区和冲刷严重区域，也是弯曲河道崩岸严重的区域，特别是弯曲河道凹岸顶点下游崩岸严重，这些现象在模型试验中得到验证和模拟。

3）弯曲河道凹岸的淘刷崩塌作用，其断面形态是不对称的，凹岸陡立，泥沙颗粒不稳定，易于冲刷。从河岸泥沙颗粒的稳定性出发，考虑了泥沙颗粒间的黏滞性，导出了弯曲河道黏性岸滩的稳定断面方程。

4）河道主流靠岸或顶冲岸滩会增加对岸滩的作用力，增加岸滩的冲刷作用；河岸的侧向冲刷，特别是岸（堤）脚的淘刷，导致岸滩泥沙块体的滑力（矩）增加，阻滑力（矩）减小，相应的稳定系数减小，当冲刷到一定程度，岸滩崩塌。

5）不同河型的河岸崩塌也有很大的差异。游荡型河道的岸滩崩塌速率很大，崩塌速率可达每年几百米或者几千米；弯曲河道的河势横向摆动相对减弱，其摆动速率为每年几米到数十米，最大可达数百米，河势变幅大的部位一般发生在弯曲河道的凹岸；对于分汊河道，河岸崩塌仍然是很普遍的。

6）试验成果表明，较大崩岸以滑崩或挫崩为主，较小崩岸以倒崩或剪崩为主；弯道严重崩岸一般发生在弯曲河道上游河段的凸岸（或过渡段）和弯曲河道凹岸顶冲部位及其以下河段，而且相同条件下，弯曲河道崩岸比顺直河道更为严重，弯曲河道的崩岸速率大于顺直河道的崩岸速率；曲率半径越小，河道崩岸越严重，相应的崩岸速率也就越大。

参考文献

[1] 王延贵，匡尚富．河岸淘刷及其对河岸崩塌的影响．中国水利水电科学研究院学报，2005，3（4）：251-257.

[2] 钱宁．河床演变学．北京：科学出版社，1987.

[3] 窦国仁．论泥沙起动流速．水利学报，1960，（4）：46-62.

[4] 唐存本．泥沙起动规律．水利学报，1963，（2）：1-12.

[5] 岳红艳，余文畴．长江河道崩岸机理．人民长江，2002，33（8）：20-22.

[6] ASCE Task Committee. ASCE Task Committee on Hydraulic，Bank mechanics and modeling of riverbank width adjustment. River Width Adjustment Ⅰ：Processes and Mechanisms. Journal of Hydraulic Engineering，1998，124（9）：881-902.

[7] 河海大学水利水电工程学院，江西省水利科学研究所．江西省长江大堤实体护岸岸脚淘刷机理试验研究报告．南京：河海大学，2002.

[8] Hooke R L B. Distribution of sediment transport and shear stress in a meander bend. The Journal of Geology，1975，83（5）：543-565.

[9] Ippen A T，Drinker P A. Boundary shear stresses in curved trapezoidal channels. Journal of the Hydraulics Division，1962，88（5）：143-180.

[10] 曾庆华．弯道河床演变中几个问题的研究．人民长江，1978，（1）：48-53.

[11] 毛佩郁，毛昶熙．河湾水流与河床冲淤综合分析．水利水运工程学报，1999，（1）：96-105.

[12] 魏延文，李百连．长江江苏河段嘶马弯道崩岸与护岸研究．河海大学学报（自然科学版），2002，30（1）：93-97.

[13] 夏震寰．现代水力学（一）控制流动的原理．北京：高等教育出版社，1990.

[14] 王平义. 弯曲河道动力学. 成都：成都科技大学出版社，1995.
[15] Chiu C L, Hsiung D E. Secondary flow, shear stress and sediment transport. Journal of the Hydraulics Division, 1981, 107 (7): 879-898.
[16] Bridge J S. Flow, bed topography, grain size and sedimentary structure in open channel bends: a three-dimensional model. Earth Surface Processes, 1977, 2 (4): 401-416.
[17] Odgaard A J. Transverse bed slope in alluvial channel bends. Journal of the Hydraulics Division, 1981, 107 (12): 1677-1694.
[18] 王韦，蔡金德. 弯曲河道内水深和流速平面分布的计算. 泥沙研究，1989，(2)：46-54.
[19] Kikkawa H, Ikeda S, Kitagawa A. Flow and bed topography in curved open channels. American Society of Civil Engineers, 1976, 102 (9): 1327-1342.
[20] Zimmerman C, Kennedy J F. Transverse bed slopes in curved alluvial streams. Journal of the Hydraulics Division, 1978, 104: 33-48.
[21] Komura S. Method for computing bed profiles during floods. Journal of Hydraulic Engineering, 1986, 112 (9): 833-845.
[22] Julien P Y, Wargadalam J. Alluvial channel geometry: theory and applications. Journal of Hydraulic Engineering, 1995, 121 (4): 312-325.
[23] 张植堂，林万泉，沈勇健. 天然河弯水流动力轴线的研究. 长江科学院院报，1984，1 (1)：47-57.
[24] 张柏年. 论护岸工程布置//长江中下游护岸工程论文集 (2). 武汉：长江水利水电科学研究院，1981：76.
[25] 王延贵. 冲积河流岸滩崩塌机理的理论分析及试验研究. 北京：中国水利水电科学研究院，2003.
[26] 王维国，阳华芳，熊法堂，等. 近期长江荆江河道演变特点. 人民长江，2003，34 (11)：19-21.
[27] 胡秀艳，姚炳魁，朱常坤. 长江江都嘶马段岸崩灾害的形成机理与防治对策. 地质学刊，2016，(2)：357-362.
[28] 武汉水利电力学院. 河流泥沙工程学. 中国学术期刊文摘，2008，(16)：227-228.
[29] 徐永年，梁志勇，王向东，等. 长江九江河段河床演变与崩岸问题研究. 泥沙研究，2001，(4)：41-46.
[30] 王延贵，胡春宏. 塔里木河干流河道工程与非工程措施五年实施方案有关技术问题的研究. 北京：中国水利水电科学研究院，2001.
[31] 荣栋臣. 下荆江姜介子河段崩岸原因分析及治理意见//水利部长江水利委员会. 长江中下游护岸工程论文集 (4). 武汉：水利部长江水利委员会. 1990：80.
[32] 彭玉明，熊超，杨朝云. 长江荆江河道演变与崩岸关系分析. 水文，2010，30 (6)：29-31.
[33] 长江流域规划办公室荆江河床试验站. 荆江护岸河段河床演变分析//长江流域规划办公室. 长江中下游护岸工程经验选编. 北京：科学出版社，1978.

第7章

岸滩侧向淘刷宽度与崩退速率

目前关于挫崩和落崩的发生过程和成因的研究较多[1-3]，且主要是定性分析，而定量分析成果较少。本章针对不同的挫崩和落崩形式，结合岸滩崩塌形成机理和力学平衡分析，通过引入河岸淘刷宽度的概念，探讨岸滩崩塌发生的临界崩塌宽度、岸滩崩退模式和崩退速率[4-7]，提出了岸滩崩退速率的计算模式和方法，为岸滩侧向演变预测提供技术支撑。

7.1 岸滩侧向淘刷宽度

7.1.1 岸滩淘刷与临界淘刷宽度

在第6章系统分析了岸脚淘刷与近岸淘刷机理，指出河岸淘刷对河岸侧向变化发挥重要作用。河岸冲刷，特别是岸脚淘刷在河流中经常发生，主流贴岸是河岸淘刷的前提。就同一河道的岸坡和河床而言，河床剪切应力分布与岸坡有很大的差异，相关成果表明，梯形断面河渠岸脚处的剪切应力较大，顺直河道河岸冲刷主要发生在岸边的中下部或岸脚，贴岸主流的方向和强度是河岸冲刷的重要水流因素；对于弯曲河道，在主流和副流的共同作用下，弯道进口处的凸岸、弯道及其出口处的凹岸都属于高剪切力区，河岸淘刷严重，其中凹岸岸脚处的剪切力最大、淘刷最严重。无论是顺直河道，还是弯曲河道，河岸冲刷或淘刷主要发生在岸边的中下部或岸脚，直接影响岸滩的稳定性[8,9]。

当河岸岸脚发生侧向淘刷时，岸滩上部土体处于临空状态，特别是侧向淘刷宽度到达一定程度时，临空块体的重力（矩）大于阻力（矩）时，岸滩将会发生挫崩或落崩，此时对应的淘刷宽度称为崩塌临界淘刷宽度，简称崩塌宽度，如图3-13或图3-14所示。河岸淘刷宽度可由下式确定[4,5]。

$$B=-\frac{H-H_2}{\tan\Theta_0} \tag{7-1}$$

把式（7-1）代入式（3-20b），可得崩体断面面积 A 为

$$A=\frac{H_1^2-H_2^2}{2\tan\Theta_2}+\frac{H^2-H'^2}{2\tan\Theta}-\frac{H_1^2}{2\tan\Theta_1}-\frac{B（H+H_2）}{2} \tag{7-2}$$

把上式代入式（3-26），求得河岸侧向淘刷宽度 B 为

$$B=\frac{1}{H+H_2}\left[R_A-\frac{2\left(S_t l-\frac{R_{f\gamma}\cos\Theta}{K}\right)}{R_{f\gamma}\sin\Theta+R_{J\beta}}\right] \tag{7-3}$$

式中，$R_A=\frac{H_2^2-H_1^2}{\tan\Theta_2}+\frac{H^2-H'^2}{\tan\Theta}-\frac{H_1^2}{\tan\Theta_1}$，河岸崩体形态参数，反映了河岸崩体的体积和重力的大小；$R_{f\gamma}=1+f\left(\frac{\gamma_{\rm sat}-\gamma_{\rm w}-\gamma}{\gamma}\right)$，反映河岸浸泡的影响；$S_t=\frac{c}{K\gamma}$，称为河岸强度系数，反映河岸土壤黏性与重力的对比关系，其值越大，河岸强度越高，也越稳定；$R_{J\beta}=\frac{\gamma_{\rm w}fJ_{\rm s}}{\gamma}\left[\cos(\beta-\Theta)+\frac{\sin(\beta-\Theta)\tan\theta}{K}\right]$，反映渗流强度的影响。当 $K=1$ 时，得到河岸的挫崩或落崩的临界淘刷宽度为

$$B_{\rm cr}=\frac{1}{H+H_2}\left[R_A-\frac{2(R_t l-R_\gamma\cos\alpha)}{R_\gamma\sin\alpha+\frac{\gamma_{\rm w}}{\gamma}fJ_{\rm s}R_{\alpha\theta}}\right] \tag{7-4}$$

上式表明当河岸淘刷宽度大于临界淘刷宽度时，河岸将会发生挫崩或剪切落崩，影响河岸崩塌临界淘刷宽度的因素包括岸滩几何形态、土壤特性、河道水流特性（渗流）等。

河岸淘刷宽度大于临界淘刷宽度，崩岸破坏面接近于垂直状态时，河岸崩塌为落崩[2,3]，如图 3-5 所示。当临空土体的重量首先超过土体的剪切强度时，临空土块沿垂直切面下滑，形成剪切落崩（或称剪崩）；当临空土块自身重力矩首先大于黏性土层的抗拉力矩时，悬空土块产生旋转落崩（或称倒崩）；当悬空土块的自重产生的拉应力首先超过了土体的抗拉强度，悬空土块下方一部分土块坍落，形成拉伸落崩。其中，剪崩和倒崩是经常发生的崩塌形式，本章重点分析研究这两种落崩形式的临界淘刷宽度。

7.1.2 剪切落崩临界淘刷宽度

剪切落崩的主要特点是岸脚被淘空，崩体处于临空状态，崩体重力需要克服的阻力主要是沿垂直破坏面上的土体内聚力，当淘刷到一定宽度时，崩体重力大于破坏面上土体内聚力时，岸滩发生剪切落崩。剪切落崩的破坏面接近于垂直状态，即 $\Theta=90°$，剪切落崩的临界淘刷宽度可用挫崩临界淘刷宽度公式（7-4）求得，也可以按照如下过程进行推求。结合第 3 章导出的剪切落崩稳定系数公式（3-29b），令 $K=1$，便得河岸剪崩临界淘刷宽度 $B_{\rm cr}$ 为

$$B_{\rm cr}=\frac{2S_t(H-H')}{H+H_2}+\frac{H_1^2}{(H+H_2)\tan\Theta_1}+\frac{H_2^2-H_1^2}{(H+H_2)\tan\Theta_2} \tag{7-5}$$

对直线边坡而言，$H_1=H_2$，$\Theta_1=\Theta_2=\Theta$，河岸剪崩临界淘刷宽度 $B_{\rm cr}$ 为

$$B_{cr}=\frac{2S_t\tan\Theta\ (H-H')\ +H_1^2}{(H+H_1)\ \tan\Theta} \tag{7-6}$$

对于平行淘刷的临空崩体而言，$H=H_1$，相应的临界淘刷宽度为

$$B_{cr}=\frac{2S_t\tan\Theta\ (H-H')\ +H^2}{2H\tan\Theta} \tag{7-7}$$

从式（7-6）和式（7-7）可以看出，剪崩临界淘刷宽度主要取决于岸滩土壤特性、淘刷位置、边坡形态及河岸裂隙深度等。一般情况，土壤强度系数越大，临空厚度越厚，边坡越小，纵向裂隙越浅，对应的剪切临界淘刷宽度越大。当其他条件不变时，岸滩无裂隙时淘刷宽度最大；岸滩纵向裂隙越深，淘刷宽度越小。河岸表层裂隙深度可由式（5-16）确定[10]，把式（5-16）代入式（7-7），可得相应的剪崩临界淘刷宽度为

$$B_{cr}=\frac{2S_t\tan\Theta\left[H-2S_t\tan\left(45°+\dfrac{\theta}{2}\right)\right]+H^2}{2H\tan\Theta} \tag{7-8}$$

对于直立的岸滩而言，对应于剪崩的临界淘刷宽度为

$$B_{cr}=S_t\left(1-\frac{H'}{H}\right)=S_t\left[1-\frac{2S_t\tan\left(45°+\dfrac{\theta}{2}\right)}{H}\right] \tag{7-9}$$

在给定河岸及土壤性质的情况下，通过上式可以求得剪崩的临界条件。在河流侧向冲刷过程中，临界淘刷宽度反映了发生剪切落崩的临界条件，可用于预测河流侧向冲刷过程中发生的河岸剪崩。作为例子[4,5]，图7-1和图7-2分别为直立岸滩无裂隙和有裂隙等厚淘刷后发生剪崩时的临界淘刷宽度与临空厚度的关系。从图中可以看出，河岸无裂隙时，直线边坡河岸临界淘刷宽度与临空厚度成直线正比例关系，河岸强度系数越大，临界淘刷宽度越大；直立河岸临界淘刷宽度仅与河岸强度系数有关。河岸有裂隙时，对于一般直线边坡河岸，虽然临界淘刷宽度随临空厚度增大而增大，但临空厚度对淘刷宽度的作用随河岸强度系数的增大而加强；无裂隙的临界淘刷宽度大于有裂隙的，缓边坡河岸的临界淘刷宽度大于直立河岸。

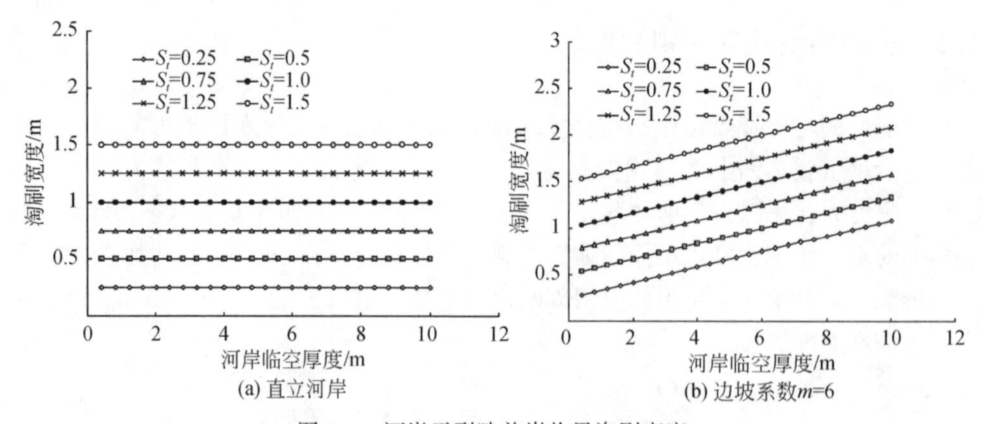

图7-1　河岸无裂隙剪崩临界淘刷宽度

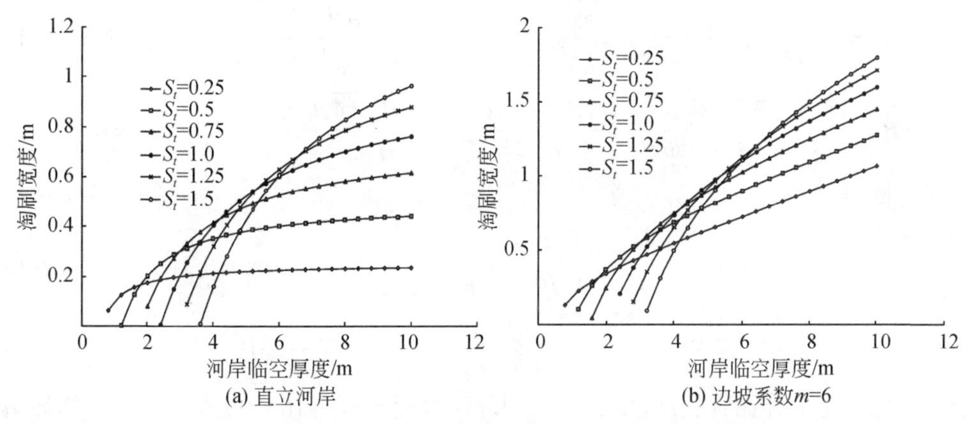

图 7-2　河岸有裂隙剪崩临界淘刷宽度

7.1.3　旋转落崩临界淘刷宽度

旋转落崩的特征是悬空崩体自身重力产生的力矩克服黏性土层的抗拉力矩，当岸滩淘刷到一定程度，且崩体重力矩大于破坏面上的抗拉力矩时，岸滩发生旋转落崩。第 3 章导出折线边坡岸滩旋转落崩的安全系数公式，如式（3-34b）和（3-40b）所示。

若令 $F_s=1.0$，便得折线边坡河岸的倒崩临界淘刷宽度分别为[4]

$$B_{cr}=\frac{3}{2(H+2H_2)}\left\{H_2^2\cot\Theta_2-H_1^2(\cot\Theta_2-\cot\Theta_1)+\sqrt{[H_2^2\cot\Theta_2-H_1^2(\cot\Theta_2-\cot\Theta_1)]^2-\frac{4(H+2H_2)}{3}\left[\frac{H_1^3\cot^2\Theta_1}{3}+H_1^2(H_2-H_1)\cot\Theta_2\cot\Theta_1+\frac{(H_2-H_1)^2(H_2-2H_1)\cot^2\Theta_2}{3}-3S_t(H-H')^2\right]}\right\}\quad(\sigma_1=\sigma_2) \tag{7-10a}$$

$$B_{cr}=\frac{3}{2(H+2H_2)}\left\{H_2^2\cot\Theta_2-H_1^2(\cot\Theta_2-\cot\Theta_1)+\sqrt{[H_2^2\cot\Theta_2-H_1^2(\cot\Theta_2-\cot\Theta_1)]^2-\frac{4(H+2H_2)}{3}\left[\frac{H_1^3\cot^2\Theta_1}{3}+H_1^2(H_2-H_1)\cot\Theta_2\cot\Theta_1+\frac{(H_2-H_1)^2(H_2-2H_1)\cot^2\Theta_2}{3}-6S_t(H-H')^2\right]}\right\}\quad(\sigma_2=0) \tag{7-10b}$$

从式（7-10）可以看出，倒崩临界淘刷宽度仍然取决于岸滩土壤性质、边坡形态、淘刷位置及河岸裂隙深度等，临界淘刷宽度与河岸强度系数、河岸临空厚度成正比，与坡度和河岸裂隙深度成反比。但是，并不是所有的岸滩都存在倒崩临界宽度，只有在以下条件时，才能求解岸滩临界淘刷宽度，即

$\sigma_1=\sigma_2$

$$[H_2^2\cot\Theta_2-H_1^2(\cot\Theta_2-\cot\Theta_1)]^2-\frac{4(H+2H_2)}{3}\left[\frac{H_1^3\cot^2\Theta_1}{3}+H_1^2(H_2-H_1)\cot\Theta_2\cot\Theta_1+\frac{(H_2-H_1)^2(H_2-2H_1)\cot^2\Theta_2}{3}-3S_t(H-H')^2\right]\geqslant 0$$

$\sigma_2=0$

$$[H_2^2\cot\Theta_2-H_1^2(\cot\Theta_2-\cot\Theta_1)]^2-\frac{4(H+2H_2)}{3}\left[\frac{H_1^3\cot^2\Theta_1}{3}+H_1^2(H_2-H_1)\cot\Theta_2\cot\Theta_1+\frac{(H_2-H_1)^2(H_2-2H_1)\cot^2\Theta_2}{3}-3S_t(H-H')^2\right]\geqslant 0$$

对于直线边坡岸滩，旋转落崩的临界淘刷宽度既可从直线边坡岸滩的安全系数公式（3-36b）和式（3-41b）推求，也可以从上述折线边坡岸滩的临界淘刷宽度公式（7-10）求得，即[4]

$$B_{cr}=\frac{3H_1^2}{2(H+2H_1)\tan\Theta}+\sqrt{\frac{S_t(H-H')^2}{H+2H_1}-\frac{H_1^3(4H-H_1)}{4(H+2H_1)^2\tan^2\Theta}}\quad(\sigma_1=\sigma_2)\tag{7-11a}$$

$$B_{cr}=\frac{3H_1^2}{2(H+2H_1)\tan\Theta}+\sqrt{\frac{2S_t(H-H')^2}{H+2H_1}-\frac{H_1^3(4H-H_1)}{4(H+2H_1)^2\tan^2\Theta}}\quad(\sigma_2=0)\tag{7-11b}$$

对应的条件为

$$\tan\Theta>\sqrt{\frac{H_1^3(4H-H_1)}{4S_t(H-H')^2(H+2H_1)}}\quad(\sigma_1=\sigma_2)\tag{7-12a}$$

$$\tan\Theta>\sqrt{\frac{H_1^3(4H-H_1)}{8S_t(H-H')^2(H+2H_1)}}\quad(\sigma_2=0)\tag{7-12b}$$

对于均厚的临空崩体而言，$H=H_1$，并把裂隙深度公式（5-16）代入，相应的临界淘刷宽度为

$$B_{cr}=\sqrt{\frac{S_t\left[H-2S_t\tan\left(45°+\frac{\theta}{2}\right)\right]^2}{3H}-\frac{H^2}{12\tan^2\Theta}}+\frac{H}{2\tan\Theta}$$

$$\tan\Theta>\sqrt{\frac{H^3}{4S_t(H-H')^2}}\quad(\sigma_2=\sigma_1)\tag{7-13a}$$

$$B_{cr}=\sqrt{\frac{2S_t\left[H-2S_t\tan\left(45°+\frac{\theta}{2}\right)\right]^2}{3H}-\frac{H^2}{12\tan^2\Theta}}+\frac{H}{2\tan\Theta}$$

$$\tan\Theta>\sqrt{\frac{H^3}{8S_t(H-H')^2}}\quad(\sigma_2=0)\tag{7-13b}$$

对于直立的均厚临空崩体而言，对应倒塌临界淘刷宽度为

$$B_{cr}=\sqrt{\frac{S_t}{3H}}\left[H-2S_t\tan\left(45°+\frac{\theta}{2}\right)\right]\quad(\sigma_2=\sigma_1)\tag{7-14a}$$

$$B_{cr}=\sqrt{\frac{2S_t}{3H}}\left[H-2S_t\tan\left(45°+\frac{\theta}{2}\right)\right]\quad(\sigma_2=0)\tag{7-14b}$$

在给定河岸及土壤性质的情况下，通过上式可以求得倒崩发生的临界淘刷宽度，用于预测河道侧向淘刷过程中倒崩发生的情况。作为例子，作者分别计算了直立河岸与直线边坡河岸均厚淘刷的临界淘刷宽度[4,5]，如图 7-3 和图 7-4 所示。计算结果表明，

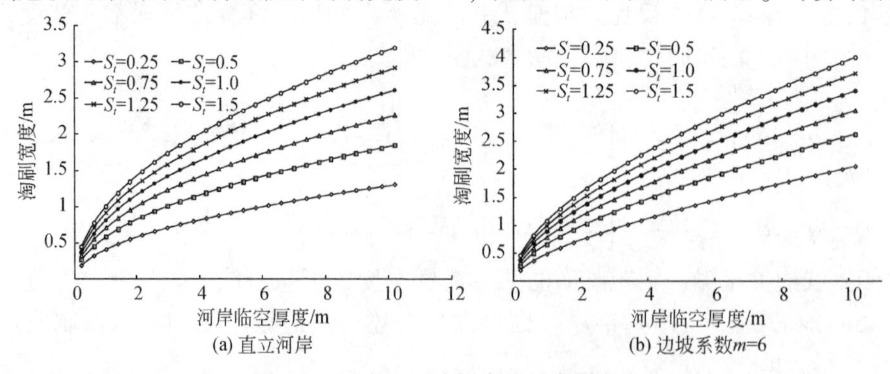

(a) 直立河岸 (b) 边坡系数m=6

图 7-3 河岸无裂隙倒崩临界淘刷宽度

河岸临空厚度越大，发生倒崩的淘刷宽度越大；河岸强度系数越大，岸滩倒崩淘刷宽度也越大；不同河岸强度系数，河岸临空厚度对淘刷宽度的作用是不同的，河岸强度系数越大，河岸临空厚度对淘刷宽度的作用越大。

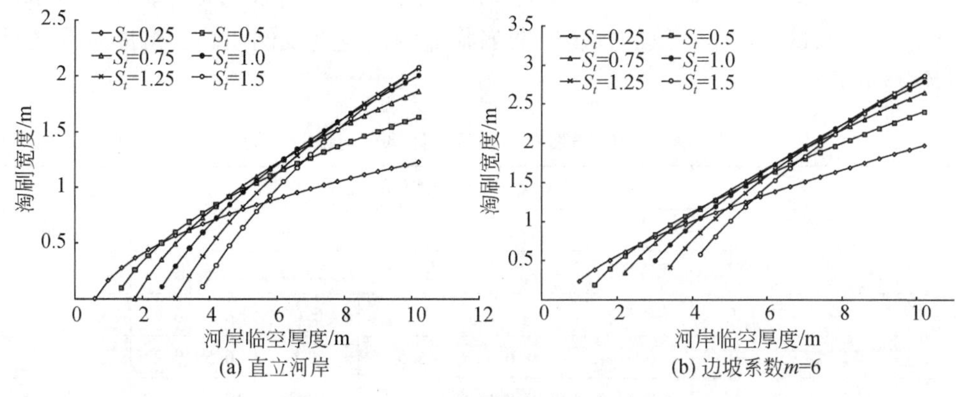

图 7-4　河岸有裂隙倒崩临界淘刷宽度

7.1.4　河岸临界淘刷宽度公式的检验

剪崩和倒崩在天然河流中虽然是普遍发生的，但有关河岸临界淘刷宽度的测量资料较少，特别是既包括河岸土壤资料又包括河岸淘刷方面的实测资料更少。因此，上述河岸临界淘刷宽度公式很难用实测资料进行验证，仅能利用现有的试验资料进行检验。实际上有关河岸临界淘刷宽度的试验资料也是很少的，作者曾就模型沙岸滩的淘刷崩塌问题进行了一些试验研究，取得了一些河岸淘刷的试验资料，但遗憾的是当时没能同时开展测量淘刷和土样剪切试验。因此，结合淘刷试验的实际情况和现有模型沙（电木粉和粉煤灰）的力学特性资料[11-14]，有针对性地进行了模型沙的抗剪试验[5]，据此近似地给出河岸淘刷试验模型沙样的力学参数（内聚力和内摩擦角），临界淘刷宽度计算条件参见表 7-1。

表 7-1　岸滩崩塌试验模型沙基本参数

模型沙	方案序号	比重	沙样容重/(kN/m³)	内聚力/(kN/m²)	内摩擦角/(°)	河岸坡角/(°)
电木粉	1	1.45	10.7	0.05	33	70
	2	1.45	7.26	0.15	33	70
粉煤灰	3	2.17	13.58	0.1	29	45
	4	2.17	12.78	0.5	30	45

在模型淘刷试验过程中，一般是先冲刷下切，然后再侧向淘刷，即近似认为是直立岸滩的落崩试验，因此，采用直立岸滩的临界淘刷宽度公式进行计算和检验。一方面，由于在淘刷试验中很难测量河岸的纵向裂隙深度，在计算过程中选取了无纵向裂

隙和有纵向裂隙两种情况进行计算；另一方面，正确判断河岸剪崩和倒崩也有一定难度，在模型沙崩塌试验过程中仅给出了河岸淘刷崩塌时的宽度，不具体区分剪崩和倒崩，因此，在确定崩塌临界淘刷宽度，需要分别计算剪崩淘刷宽度和倒崩淘刷宽度。表7-2为河岸崩塌临界淘刷宽度计算结果与试验值的对比。结果表明，河岸临界淘刷宽度的计算范围与试验值是一致的，表明剪崩临界淘刷宽度及倒崩临界淘刷宽度的计算公式是合理的。

表7-2　模型沙崩塌临界淘刷宽度计算值与试验值的对比　（单位：cm）

模型沙	方案序号	临界淘刷宽度公式计算值						试验值
		剪崩			倒崩			
		有裂隙	无裂隙	范围	有裂隙	无裂隙	范围	
电木粉	1	4.1	4.2	4.1～4.2	6.3	6.6	6.3～6.6	6～7
	2	4.9	6.4	4.9～6.4	6.5	9.2	6.5～9.2	8～9
粉煤灰	3	8.4	8.6	8.4～8.6	10.3	10.8	10.3～10.8	8～10
	4	8.0	13.1	8.0～13.1	8.2	15.0	8.2～15.0	10～12

7.2　岸滩侧向崩退

7.2.1　岸滩崩退研究

在冲积河流中，河道冲刷主要包括河床垂向冲刷和河岸侧向冲刷，均将会导致岸滩崩塌；岸滩发生崩塌后，大量的土体倒入或滑入河道内，在岸脚处产生堆积，堆积泥沙逐渐被水流冲刷带走，然后河道继续冲刷，不断的河道冲刷使得岸滩逐步崩塌后退。河岸崩退过程实际上是经历河道冲刷→岸滩崩塌→崩塌堆积→崩塌堆积体冲刷→河道冲刷→岸滩继续崩塌等阶段，也就是河岸展宽的过程。国内外很多学者对河道的侧向崩退演变过程进行了研究，王党伟等[15]分析了河岸展宽的影响因素，认为水动力学-土力学的模拟方法对于河岸的展宽研究比较适合；代加兵等[16]通过GPS-RTK测量技术对黄河河段进行观测后提出了河岸崩塌量与土地利用类型、河型、岸高等之间的定性关系；夏军强等[17]建立了细沙河流一维非均匀悬移质泥沙数学模型，对黏性河岸的横向展宽过程进行了模拟；钟德钰等[18]采用平面二维数学模型对黄河下游河道的横向变形进行了模拟；Jia 等[19]利用三维数值模型模拟长江石首河段的河岸侵蚀及河势演变。

作为河流侧向崩退的重要指标，有很多学者就河岸侧向冲刷率和崩退速率的估算进行了研究[20-24]，但由于研究问题的复杂性，考虑因素不同，河岸冲刷率和崩退速率的公式也有很大的差异，一些学者的河岸冲刷率公式参见表7-3。显然，影响河岸崩塌率的主要因素包括水流条件（流速 V、剪切力 τ、水深 h），河道条件（河宽 B、河深 H、边坡及纵比降、河道形态）和河岸土壤结构（粒径、临界剪切力、抗冲性）。此外，王延贵等结合岸滩崩塌过程和特点，提出了岸滩崩塌模式和崩退速率的计算方法[25]。

表 7-3　河岸冲刷率公式汇总表

序号	作者	公式形式	公式适用特点	备注
1	尹学良[20]	$\frac{db}{dt}=K\frac{V^2}{gD}\left(\frac{b'}{b}\right)^n\sqrt{gh}$		K—系数，n—指数，D—岸边土质粒径，b'—河槽宽度，b—水面河宽，g—重力加速度，h—水深
2	许炯心[21]	$\frac{\Delta b}{b}=C_1-K_1\ln\frac{M}{0.76\rho_w ghJ}$ 卵石出露河段：$C_1=0.91$，$K_1=0.27$ 卵石未出露河段：$C_1=0.35$，$K_1=0.14$	汉江资料	Δb—河道展宽宽度，h—水深，J—河床比降，M—河岸粉砂黏土含量，C_1、K_1 分别为常数和系数，ρ_w—水密度
3	Osman[22]	$\frac{db}{dt}=K_1(\tau-\tau_c)e^{-K_2\tau_c}$	黏性物质组成河岸	τ_c—岸滩物质的临界剪切力，τ—水流剪切力，K_1—系数，K_2—系数
4	梁志勇等[23]	$\frac{db}{dt}=K_1\frac{\tau-\tau_c}{\tau_b}\sqrt{gmH}$		m—平均边坡系数，K_1—系数，H—河岸高度，τ_b—河床水流剪切力，τ_c—岸滩泥沙临界剪切力
5	夏军强[24]	$\lg\left(\frac{R_{1e}}{S_b}\right)=C_1+C_2\lg\left(\frac{\sqrt{b}}{h}\right)$ $S_b=\left(\frac{Q^{0.5}}{J^{0.2}b}\right)$ 花园口：$C_1=-2.51$，$C_2=-3.20$ 艾山：$C_1=-0.73$，$C_2=1.21$	黄河下游河道	C_1、C_2 分别为常数和系数，Q—流量，R_{1e}—岸滩冲刷率

7.2.2　河岸崩退机理与过程

1. 岸滩崩退机制

岸滩侧向崩退是岸滩土体的抗冲性和近岸水流的冲蚀力之间相互作用的结果，一般包括河岸侧向冲刷和河岸崩塌两个方面。

一方面，河岸侧向冲刷后退是指在水面线以下的岸滩土体被水流冲刷带走使得岸滩逐步后退的现象。当河道近岸水流的切应力达到河岸土体的临界起动切应力时，岸滩泥沙颗粒将会起动并被水流带走，岸滩发生侧向展宽。岸滩侧向冲刷后退通常发生在水流直接顶冲河段，特别是弯道凹岸的淘刷会导致岸脚冲刷严重，引起凹岸冲刷后退。由冲刷引起的岸滩后退速率取决于水流强度和河岸土体的抗冲性能，相应的估算公式如表 7-3 所示。

另一方面，崩岸引起的岸滩后退是指河岸在水流冲刷作用下，岸坡逐渐变陡超过其临界状态后发生失稳。河道冲刷包括河床垂向冲刷和河岸侧向冲刷，对于河床垂向冲刷下切和岸脚冲刷严重的河段，岸滩土体下部逐渐失去支撑，当河床垂向冲刷达到一定程度，使得河岸高度大于临界崩塌高度时，此时崩塌土体重量产生的下滑力首先超过土体的阻力，河岸会发生挫落崩塌［图7-5（a）］，破坏面接近平面，河岸临界崩塌高度可由式（5-20）估算。对于河岸侧向冲刷严重的河段，当河道侧向冲刷到一定程度，且侧向冲刷宽度大于临界淘刷宽度时，河岸将会发生落崩（图3-14），落崩的破坏面一般近似为平面，崩塌块体沿河岸多呈条形，横向宽度和体积较滑崩小，其发生过程短暂且简单。其中，剪切崩落主要是临空土体的重力大于破坏面的阻滑力，可概括为挫崩崩塌面处于直立的一种特殊形式，其临界淘刷宽度可由式（7-5）估算；倒崩则是崩塌体重力产生的动力矩首先大于黏性土层的抗拉力矩，其临界淘刷宽度可由式（7-10)表达。河岸崩塌进入河流后，崩塌体堵塞和阻碍水流，同时水流又会冲刷崩塌体，崩塌体逐渐减少，此后随着河道的不断冲刷，崩岸继续发生。鉴于不同岸滩发生崩岸的成因、过程和机理等有较大的差异，岸滩崩塌速率的估算方法也有较大的不同，而且目前还不成熟。

2. 河岸崩退过程

在均质冲积河流中，岸滩崩塌主要包括滑崩、挫崩、落崩三种形式，这三类崩岸形式具有不同的崩塌过程和特点，相应的崩退过程也有一定的差异。

滑崩发生的力学机制是崩滑体的下滑力矩大于土体阻滑力矩，其崩滑面为一曲面，崩滑体积较大。滑崩发生后，崩滑体一般是以坐塌形式滑入河道水流中（称为滑塌)，当滑塌体较小且水流较深时，滑塌体将淹没在水流中，在河流中形成堆积体，并逐渐被水流冲刷，直至形成新的冲淤平衡或新的崩塌；当滑塌体较大和水流深度较浅时，滑塌体坐滑进入河流后，上半部裸露在水面以上，下半部淹没在水中，且遭受水流冲刷，当崩体冲刷到一定程度后，上部崩体继续下滑崩塌，然后继续冲刷，直至崩塌体被完全淹没和冲掉，进入下一个崩岸循环。

挫崩发生的力学机制则是河床严重冲刷使得崩塌体的下滑力大于崩塌体的阻滑力，其破坏面呈平面，崩塌块体略小于滑崩。挫崩崩滑体在进入河流过程中，主要包括滑塌和倒塌两种形式，如图3-4所示。滑塌就是崩滑体以坐滑的形式进入河流，其形式和特点与滑崩类似；倒塌则是崩塌体是以翻倒的形式进入河流，在河流中形成一定大小的堆积体，并遭受水流的冲刷，直至被水流逐渐冲刷掉，进入新的崩塌过程。

落崩就是当岸脚发生淘刷后，崩体处于悬空状态，当岸滩淘刷到一定程度后，崩体就会发生落崩，落崩破坏面一般为平面，而且崩体多为条形，落崩主要包括剪切落崩、旋转落崩和拉伸落崩，如图3-5所示。落崩发生后，崩体直接塌落进入水流，遭受水流的冲刷，直至冲掉，并开始新的崩岸过程。

综上所述，岸滩崩塌后，各类崩岸的崩塌体以滑塌或倒塌的形式进入河流，然后遭受水流冲刷。其中，滑崩、挫崩滑塌、剪崩均以滑塌的形式进入河流，若滑塌体淹没于水流，滑塌体将逐渐被冲刷掉，进入下一个崩岸过程；若滑塌体大于水深时，滑塌体下部首先被冲刷，然后坐塌下滑或淹没，直至全部冲刷掉，进入下一个崩岸循环。挫崩倒塌和旋转落崩以倒塌的形式进入河流，由于挫崩或落崩的崩体宽度较小，倒塌进入河流的崩体直接被水流淹没冲刷，致使崩体逐渐被冲掉，进入下一个崩岸过程。鉴于滑崩分析较为复杂，这里仅就挫崩和落崩的崩退过程进行分析。

7.2.3 岸滩冲刷崩退模式

结合岸滩挫崩和落崩的崩塌特点和崩体入水的形式和冲刷过程，可以把岸滩冲刷崩退分析模式概括为以下三种[25]。

1. 挫崩滑塌冲刷崩退模式

挫落崩塌体进入河道的形式一般为滑塌，由于岸滩高度较河道水深大得多，崩塌体滑塌后上部裸露水上，下部崩体浸泡在水体中受到水流冲刷，致使崩体继续向水中滑塌，直至崩体全部冲掉，并形成新的崩塌，造成岸滩不断崩退展宽。若崩块体积比较小，崩塌后将全部浸泡在水中受到水流的冲刷，直至冲刷消失，进入下一个崩塌过程。河道这一崩退展宽的过程可概括为：河岸初始状态→河床冲刷→岸滩失稳挫崩滑塌进入水流→崩体冲刷逐渐下滑→崩体冲刷消失→进入下一个冲刷崩塌过程，即挫崩滑塌冲刷崩退模式，如图 7-5 所示。

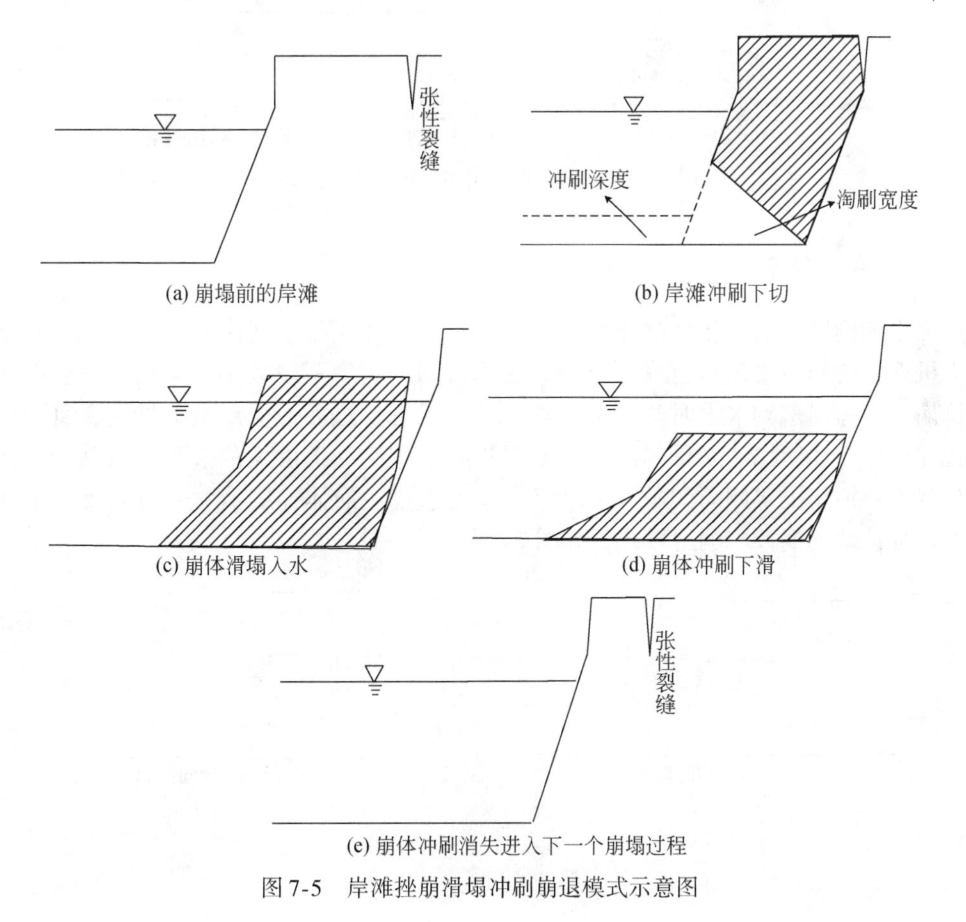

图 7-5　岸滩挫崩滑塌冲刷崩退模式示意图

2. 挫崩倒塌冲刷崩退模式

当岸滩发生挫落崩塌时，崩塌体除了以滑塌的形式进入河道外，还可能以倒塌的形式进入河流。鉴于挫落崩塌的宽度较小，崩塌体以倒塌的形式进入水流后，崩塌体一般将淹没在水流中，并持续遭受水流的冲刷，直至冲刷掉并形成新的崩塌，造成岸滩不断崩退展宽。这一崩退展宽的过程可概括为：河岸初始状态→河床冲刷→岸滩挫崩倒塌进入水流→崩体冲刷消失→下一个冲刷崩塌过程，即挫崩倒塌冲刷崩退模式，如图 7-6 所示。

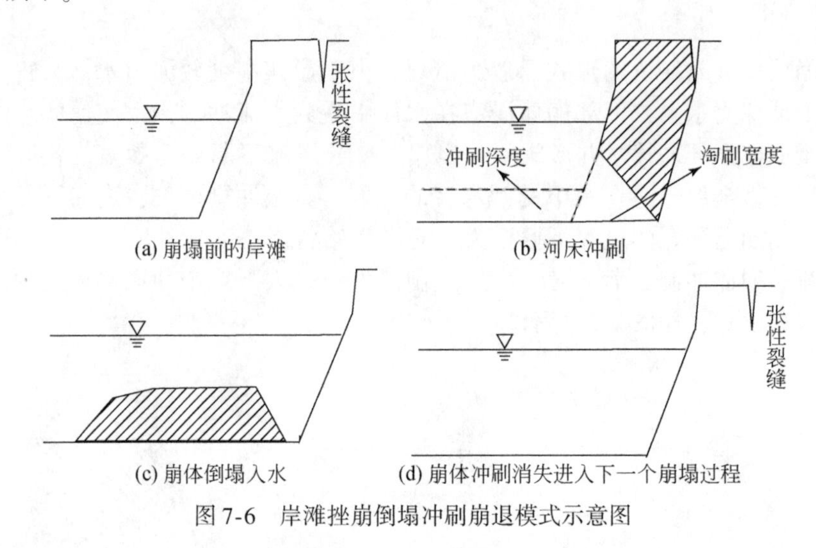

图 7-6　岸滩挫崩倒塌冲刷崩退模式示意图

3. 落崩冲刷崩退模式

河岸淘刷后，上部土体处于悬空状态，在重力作用下，河岸会发生落崩。根据其发生机理，落崩主要包括剪崩和倒崩。鉴于落崩的宽度一般较小，无论是发生剪崩还是倒崩，崩体崩落到水中时基本上均处于淹没状态，进而遭受水流的冲刷，直至崩体冲掉并形成新的崩塌，使得岸滩不断崩退展宽。这一崩退展宽的过程可概括为：河岸初始状态→河岸下部侧向淘刷→岸滩落崩进入水流→崩体冲刷消失→进入下一个冲刷崩塌过程，即落崩冲刷崩退模式，如图 7-7 所示。

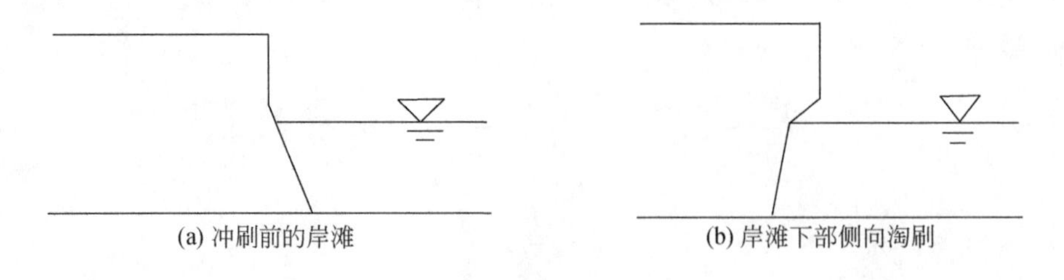

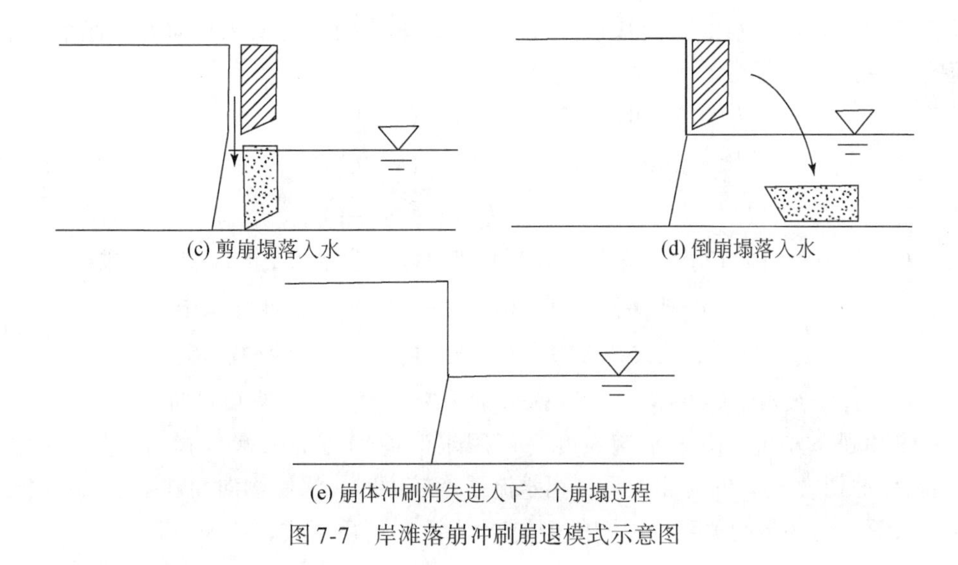

图 7-7　岸滩落崩冲刷崩退模式示意图

7.3　岸滩崩退速率

7.3.1　河道冲刷速率和岸滩崩退速率公式

1　河道冲刷速率

河道冲刷包括河床垂向冲刷与河岸侧向冲刷，有很多学者就垂向和侧向冲刷速率开展了深入研究。王兆印等[26]认为河床垂向冲刷率与冲刷水流的功率、水力比降、床沙粒径等有关，即

$$R_b=k\ (P_w-P_{wc})\ J^{0.5}D^{-0.25} \tag{7-15}$$

式中，P_w和P_{wc}分别为水流的功率和床沙的临界起动功率，$P_w=\gamma hVJ$，$P_{wc}=0.1\ \frac{\gamma}{g}\times\left[\frac{\gamma_s-\gamma_w}{\gamma_w}gD\right]^{1.5}$。通过对各种较粗泥沙的实验研究，并结合泥沙的粒径和容重，给出了较粗颗粒泥沙河床冲刷速率公式：

$$R_b=0.218\ \frac{\gamma_w}{\gamma_s-\gamma_w}\frac{nV}{h^{0.67}D^{0.25}}\left[\frac{\gamma n^2V^3}{h^{0.33}}-0.1\ \frac{\gamma_w}{g}\left(\frac{\gamma_s-\gamma_w}{\gamma_w}gD\right)^{1.5}\right] \tag{7-16}$$

式中，R_b 为河床冲刷率，kg/m^2s；n 为河床的粗糙度；V 为水流的流速，m/s；D 为河床泥沙的粒径，m；g 为重力加速度，m/s^2；γ_s 为河床泥沙的容重，kg/m^3；γ_w 为水流的容重，kg/m^3。针对黏性非均匀床沙，孙志林、吴月勇等认为河床垂向冲刷速率主要取决于水流剪切力[27,28]，即

$$R_b=M\left(\frac{\tau_b}{\tau_c}-1\right)^{\alpha} \tag{7-17}$$

文献［27］以方程（7-17）为基础，给出了黏性非均匀沙的河床垂向冲刷速率与水流流速的关系：

$$R_{\mathrm{b}}=\begin{cases}(2\sim3.5)\times10^{-5}\ (V^2/V_{\mathrm{c}}^2-1)^2\\(1\sim4.5)\times10^{-5}\ (V^2/V_{\mathrm{c}}^2-1)\\(1\sim2)\times10^{-6}\ (V^2/V_{\mathrm{c}}^2-1)^2\end{cases}\tag{7-18}$$

文献［28］以方程（7-17）为基础，给出了细颗粒黏性原状土的冲刷率公式：

$$R_{\mathrm{b}}=\begin{cases}(0.8\sim9.8)\times10^{-2}\ (\tau_{\mathrm{b}}/\tau_{\mathrm{c}}-1)^{0.5}\quad(\text{粉沙冲刷率})\\(0.2\sim5.5)\times10^{-3}\ (\tau_{\mathrm{b}}/\tau_{\mathrm{c}}-1)\quad(\text{细沙冲刷率})\end{cases}\tag{7-19}$$

式中，M 为冲刷系数，$\mathrm{kg/m^2s}$；V_{c} 和 τ_{c} 分别为床沙的起动流速和起动剪切力。

侧向冲刷一方面取决于水流强度（可用水流剪切力 τ 来衡量）与河岸抗冲能力（可用临界剪切力 τ_{c}）的对比关系，当水流强度较大时，河岸侧向冲刷率较大；另一方面还与水深 h 有一定的关系。岸滩的侧向冲刷率 R_{le} 可用下式表达为[5,23]

$$R_{\mathrm{le}}=\left(\frac{\mathrm{d}b}{\mathrm{d}t}\right)_{\mathrm{le}}=K_{l1}\frac{\tau-\tau_{\mathrm{c}}}{\tau_{\mathrm{b}}}\sqrt{gh}\tag{7-20a}$$

或者根据 Osma[22] 和 Thorne[3] 河岸横向演变模型而提出的岸滩侧向冲刷的速率公式：

$$R_{\mathrm{le}}=\left(\frac{\mathrm{d}b}{\mathrm{d}t}\right)_{\mathrm{le}}=K_{l2}\ (\tau-\tau_{\mathrm{c}})\ \mathrm{e}^{-k_2\tau_{\mathrm{c}}}\tag{7-20b}$$

式中，τ 和 τ_{b} 分别为河岸和河床水流的剪切力，$\mathrm{N/m^2}$；τ_{c} 为河岸土体的起动切应力，$\mathrm{N/m^2}$；K_l 为横向冲刷系数，式（7-20b）取值为 3.64×10^{-4}。

岸滩侧向冲刷速率公式中的临界剪切应力 τ_{c} 可用岸坡泥沙起动切应力公式（6-10）计算，即 τ_{bc} 为平床泥沙起动剪切力，可采用唐存本公式进行计算[29]，即

$$\tau_{\mathrm{bc}}=\frac{1}{77.5}\left[3.2\ (\gamma_{\mathrm{s}}-\gamma_{\mathrm{w}})\ D+\left(\frac{\gamma_{\mathrm{d}}}{\gamma_{\mathrm{d0}}}\right)^{10}\frac{c}{D}\right]\tag{7-21}$$

式中，γ_{d} 和 γ_{d0} 为河床泥沙的干容重和稳定干容重。为了计算方便，宗全利等[30]综合考虑土体的天然含水率、液限、塑限等指标，建立黏性土液性指数与临界起动切应力之间经验关系为

$$\tau_{\mathrm{c}}=0.897-0.2397I_{\mathrm{L}}\tag{7-22}$$

式中，I_{L} 为土体的液性指数。

近岸水流切应力通常为断面平均水流切应力的 0.75～0.77 倍[17]，因此，取岸滩土体的切应力为

$$\tau=0.75\gamma_{\mathrm{w}}hJ\tag{7-23}$$

式中，γ_{w} 为水的容重，$\mathrm{kg/m^3}$；h 为水深，m；J 为河道水力比降。

2. 岸滩平均崩退速率

河岸崩退速率是指单位时间内岸滩后退的宽度，等于岸滩崩退距离与发生崩退过程所需时间的比值。实际上，岸滩横向崩退速率包括两个部分[25,31]，一是岸滩的侧向淘刷，二是岸滩的崩塌。其中河岸冲刷，特别是河岸淘刷，促使河岸的崩塌，如图 7-8

所示。对应的岸滩淘刷崩塌宽度 B_{le} 为

$$B_{le}=\Delta B_{le}+B_{fc}=R_{le}\left(\Delta T_{le}+T_{fe}\right)=R_{le}T_{le} \tag{7-24}$$

式中，B_{le} 和 T_{le} 分别为岸滩侧向淘刷崩塌宽度和时间；ΔB_{le} 和 ΔT_{le} 分别为岸滩侧向冲刷宽度和时间；B_{fc} 和 T_{fe} 分别为淘刷宽度和时间；B_{fc} 也为崩塌宽度。

岸滩的稳定性主要取决于岸滩几何形态（岸滩边坡倾角 Θ，岸滩高度 H）和岸滩土壤性质（土的容重、内聚力和内摩擦角），结合式（7-20a），岸滩的平均崩塌速率 R_{fc} 可用下式表达：

$$R_{fc}=\left(\frac{\mathrm{d}b}{\mathrm{d}t}\right)_{fc}=K_2\frac{\gamma_s H\tan\Theta}{c\quad\tan\theta}\sqrt{gH}=K_2\frac{\sqrt{gH}}{N} \tag{7-25}$$

式中，$N=\dfrac{c\quad\tan\theta}{\gamma_s H\tan\Theta}$，文献［32］称之为岸滩的稳定数。

此外，岸滩平均崩塌速率还可以根据岸滩冲刷崩塌模式进行估算。首先，河床纵向冲刷和岸滩侧向冲刷会导致岸滩崩塌，利用岸滩临界崩塌高度或临界侧向淘刷宽度作为崩岸判别条件，确定崩塌宽度 B_{fc}；然后，崩塌体进入河道后受到水流的冲刷，崩塌体冲刷完成后所需时间为崩塌冲刷时间 T_{fc}，进而求得岸滩平均崩塌速率 R_{fc}，即

$$R_{fe}=\frac{B_{fc}}{T_{fe}+T_{fc}} \tag{7-26}$$

岸滩平均崩退速率可由下式计算为

$$R_{bf}=\frac{\Delta B_{le}+B_{fc}}{T_{le}+T_{fc}}=\frac{\Delta B_{le}+B_{fc}}{\Delta T_{le}+T_{fe}+T_{fc}} \tag{7-27}$$

河岸崩退速率公式（7-27）反映了两方面的内容，一是说明河岸崩退速率的影响因素是多方面的，主要包括水流泥沙因子、边界土壤条件和河流条件等，河岸崩退速率与水流强度、河深成正比，与河岸稳定数成反比；二是反映了河岸崩退包括河岸冲刷后退和崩塌后退两个阶段，公式第一部分为河岸冲刷后退的作用，第二部分为河岸崩塌后退的影响。

7.3.2 挫崩滑塌冲刷崩退速率

挫崩滑塌崩退过程实际上包括岸滩挫落崩塌阶段和崩体滑塌冲刷阶段，前者实质上是河床发生纵向冲刷和侧向冲刷，特别是当河床纵向冲刷到一定程度，且河流岸滩高度大于临界崩塌高度时，岸滩将发生挫崩；后者是指挫崩发生后，崩塌块体滑落入水并被水流逐渐冲刷的过程。岸滩崩退速率计算需要推求岸脚冲刷时间、冲刷宽度，以及崩塌宽度和崩块滑落入水并被水流逐渐冲刷带走的时间等参数。

1. *岸滩淘刷时间和淘刷宽度*

当河床垂向冲刷到一定程度后，河流岸滩高度大于临界崩塌高度，岸滩将发生挫落崩塌[33]，见图3-13。河道垂向冲刷时间由下式确定为

$$T_{ve}=\frac{\Delta H_{ve}}{R_{ve}}=\gamma_d\frac{H_{cr}-H}{R_b} \tag{7-28}$$

式中，R_{ve}为河床垂向体积冲刷速率，m/s，$R_{ve}=R_b/\gamma_d$；T_{ve}为河床垂向冲刷时间，s；ΔH_{ve}为岸滩崩塌时河床冲刷深度，m；H_{cr}为岸滩临界崩塌高度，m；H为河岸初始高度，m；γ_d为床沙的干容重，kg/m^3。

在岸滩崩塌发生之前，侧向淘刷与垂向冲刷是同步进行的，因此侧向淘刷时间可用河床垂向冲刷时间来代替，即

$$T_{lc}=T_{ve}=\gamma_d\frac{H_{cr}-H}{R_b} \tag{7-29}$$

岸滩侧向淘刷宽度B_{le}可由式（7-29）计算，即

$$B_{le}=\Delta B_{le}+B_{fc}=\gamma_d(H_{cr}-H)\frac{R_{le}}{R_b} \tag{7-30}$$

2. 滑塌体冲刷时间

河岸发生崩塌（称为首次滑塌或第一次滑塌）后，崩体滑塌进入河流中，崩体坐滑后的高度将会降低，取决于河岸岸脚侧向淘刷泥沙的体积，河岸崩体的剩余高度等于河岸的原高度减去由于淘刷崩体泥沙引起的崩体降低的高度。崩体降低的高度H_m可由同崩岸宽度、同淘刷土量的矩形体换算获得，H_m等于岸脚淘刷土体的体积除以河岸崩塌宽度，如图7-8所示。具体求解过程如下：

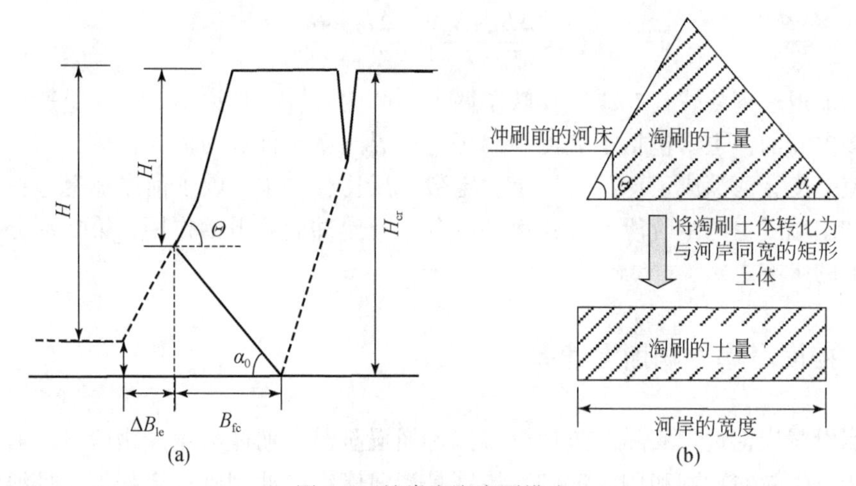

图7-8　挫崩岸脚淘刷模式

岸滩淘刷引起的土体体积减少量S_1：

$$S_1=\frac{(2H_{cr}-H-H_1)(H-H_1)}{2\tan\Theta}+\frac{(H_{cr}-H_1)^2}{2\tan\alpha_0} \tag{7-31}$$

式中，α_0为岸脚淘刷角；Θ为河岸倾斜角；H_1为岸脚淘刷后折点处河岸的高度。岸滩淘刷的土量转化为土层高度H_m：

$$H_m=S_1/B_{HL} \tag{7-32}$$

式中，B_{HL}为河岸崩体平均宽度，可近似用淘刷崩塌宽度代替，即 $B_{HL}=B_{le}=\frac{H-H_1}{\tan\Theta}+\frac{H_{cr}-H_1}{\tan\alpha_0}$。首次岸滩崩塌后崩体的剩余高度 H_{sy}：

$$H_{sy}=H-H_m \tag{7-33}$$

岸滩崩塌后崩体剩余高度与水深比较，崩体存在全部淹没水中和部分淹没水中两种情况。

情况 1：若 $H_{sy}\leqslant h$，崩岸后滑塌体处于全部淹没状态。此时，崩塌体作为河床部分进行冲刷，逐渐被水流冲刷带走。崩体被水流冲走的时间（T_{fc}）等于崩塌后河岸的剩余高度与垂向冲刷速率的比值，即

$$T_{fc}=\frac{H_{sy}}{R_b/\gamma_d} \tag{7-34}$$

情况 2：若 $H_{sy}>h$，崩岸后部分滑塌体将裸露水面以上。此时，崩滑体下部将继续进行侧向冲刷，崩滑体下部侧向冲刷到一定程度（如崩体宽度 B_{HL}）后，崩滑体将继续滑塌，使得剩余崩滑体继续滑入水流。首次滑塌后，崩滑体下部第二次被冲刷的时间（T_{fc1}）可由下式表达：

$$T_{fc1}=\frac{B_{HL}}{R_{le}} \tag{7-35}$$

崩滑体下部第二次被冲掉的泥沙体积可根据实际情况进行计算，如仍按首次崩塌模式计算，冲刷泥沙体积（S_2）为

$$S_2=\frac{(2H_{cr}-H-H_1-2H_m)(H-H_1-H_m)}{2\tan\Theta}+\frac{(H_{cr}-H_1-H_m)^2}{2\tan\alpha_0} \tag{7-36}$$

崩滑体下部第二次冲刷泥沙量转化为土体的厚度为

$$H_{m1}=S_2/B_{HL} \tag{7-37}$$

崩滑体第二次冲刷崩塌后剩余崩滑体的高度为

$$H_{sy1}=H-H_m-H_{m1} \tag{7-38}$$

若 $H_{sy1}<h$，崩滑体滑塌后全部淹没水中，将按照上述情况 1 进行计算。剩余崩塌体被冲走的时间，即

$$T_{fc2}=\frac{H_{sy1}}{R_b/\gamma_d} \tag{7-39}$$

若 $H_{sy1}>h$，崩滑体第二次滑塌后仍然处于部分水流淹没状态，崩滑体将继续进行侧向冲刷，需按照上述滑塌计算方法进行循环计算，直至崩滑体剩余高度小于水深。若崩滑体发生了 n 次滑塌，从第一次滑塌进入河流后，崩塌体被冲走所需的时间为

$$T_{fc}=T_{fc1}+T_{fc2}+\cdots+T_{fcn} \tag{7-40}$$

3. 崩退速率计算公式

在一个挫崩滑塌崩退循环过程中，岸滩后退的距离近似等于崩岸前的侧向淘刷宽度与岸滩崩塌体宽度之和，可由式（7-30）计算。若忽略河岸崩塌的时间，挫崩滑塌冲刷崩退过程中所用的总时间为岸滩崩塌前的侧向冲刷时间与崩塌块体被水流冲刷时

间之和，即

$$T_{\mathrm{bf}}=T_{\mathrm{le}}+T_{\mathrm{fc}} \tag{7-41}$$

根据式（7-27）便可求得挫崩滑塌冲刷平均崩退速率。首次崩塌后滑塌体全部淹没水下时的冲刷崩退速率：

$$R_{\mathrm{bf}}=\frac{B_{\mathrm{le}}}{T_{\mathrm{le}}+T_{\mathrm{fc}}}=\frac{(H_{\mathrm{cr}}-H)\ R_{\mathrm{le}}}{H_{\mathrm{cr}}-H_{m}} \tag{7-42a}$$

首次崩塌后滑塌体部分淹没时的冲刷崩退速率 R_{bf}：

$$R_{\mathrm{bf}}=\frac{B_{\mathrm{le}}}{T_{\mathrm{le}}+T_{\mathrm{fc}}}=\frac{(H_{\mathrm{cr}}-H)R_{\mathrm{le}}}{H_{\mathrm{cr}}-H+(n-1)B_{\mathrm{HL}}}\frac{R_{\mathrm{ve}}}{R_{\mathrm{le}}}+H_{syn-1} \tag{7-42b}$$

式（7-42）表明挫崩滑塌冲刷崩退速率为崩岸前侧向冲刷速率和崩塌后退速率的加权平均值。前者取决于近岸流与岸滩的相互作用，其影响因素包括水流剪切力和岸滩土壤抗剪切力；后者表现为岸滩崩体的下滑力与其阻滑力的对比关系，同时还取决于水流对崩滑体的冲刷速率，主要影响因素包括流速、水深、河岸高度、裂隙深度、土体内聚力和内摩擦角等。

7.3.3 挫崩倒塌冲刷崩退速率

在挫崩倒塌冲刷崩退过程中，河岸发生挫崩倒塌之前，侧向冲刷时间和宽度与挫崩滑塌冲刷崩退的计算过程是一致的，仍然用第 7.3.2 节中的计算方法和公式。但挫崩倒塌冲刷崩退与挫落滑塌冲刷崩退的差异主要表现为岸滩崩塌后，崩体进入河流的形式不再是滑塌，而是以倒塌的形式。鉴于岸滩挫崩宽度不是很大，崩体倒塌后进入河流后将被水流全部淹没，崩体将以河床冲刷的态势直接被水流冲刷。挫崩倒塌进入河道中土体的厚度应为崩体的宽度 B_{HL}，因此崩体逐渐被冲走的时间 T_{fc}为

$$T_{\mathrm{fc}}=\frac{B_{\mathrm{HL}}}{R_{\mathrm{b}}/\gamma_{\mathrm{d}}'} \tag{7-43}$$

在挫崩倒塌冲刷崩退过程中，岸滩后退的距离仍近似等于挫崩发生前岸滩侧向淘刷宽度与岸滩崩塌体宽度之和，可用式（7-30）表达；崩退过程所用的总时间为挫崩发生前岸滩侧向冲刷时间与崩体倒入水中被水流冲刷的时间之和，仍用式（7-41）表达：

挫崩倒塌冲刷崩退速率 R_{bf}的计算公式为

$$R_{\mathrm{bf}}=\frac{B_{\mathrm{le}}}{T_{\mathrm{le}}+T_{\mathrm{fe}}}=\frac{(H_{\mathrm{cr}}-H)\ R_{\mathrm{le}}}{H_{\mathrm{cr}}-H+B_{\mathrm{HL}}} \tag{7-44}$$

7.3.4 落崩冲刷崩退速率

与挫崩崩退类似，落崩冲刷崩退过程实际上也包括岸滩崩塌阶段和崩体冲刷阶段，前者是河道发生侧向淘刷后形成落崩的过程；后者是指落崩发生后，崩塌块体崩落到水中，被水流逐渐冲刷的过程。因此，岸滩崩退速率的计算需要用到岸脚淘刷时间、

淘刷宽度，以及崩塌宽度和崩块逐渐被水流冲刷带走的时间等参数。

1. 岸脚冲刷时间和淘刷宽度

在河岸发生冲刷过程中，当岸滩发生淘刷之前，河道岸滩冲刷的宽度为 ΔB_{le}（图 7-9），其对应的冲刷时间 ΔT_{le}：

$$\Delta T_{le} = \Delta B_{le} / R_{le} \tag{7-45}$$

当岸脚淘刷宽度达到临界淘刷宽度时，岸滩将会发生落崩。岸滩淘刷宽度 B_{cr} 可由式（7-5）求得。岸脚的淘刷时间可表示为淘刷宽度与侧向冲刷速率的比值，即

$$T_{fe} = \frac{B_{cr}}{R_{le}} \tag{7-46}$$

岸滩落崩发生前的冲刷时间为

$$T_{fl} = \Delta T_{le} + T_{fe} \tag{7-47}$$

对应的冲刷宽度为

$$B_{bf} = \Delta B_{le} + B_{cr} \tag{7-48}$$

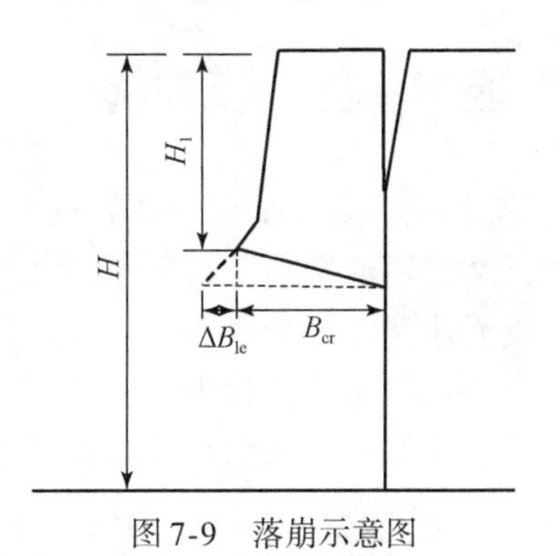

图 7-9　落崩示意图

2. 落崩崩块被水流冲走的时间

对于落崩而言，河岸崩塌通常属于条形崩塌，其体积较小，进入河道的崩体基本上全部被水流淹没。然而，倒崩和剪崩的崩体落入水中后，被冲刷厚度有一定的差异。倒崩发生后，需要被冲刷带走的土体厚度为临界淘刷宽度 B_{cr}；剪崩发生后，需要被冲刷带走的土体厚度为崩体的高度 H_s。河岸发生落崩后，进入河道的崩体以河床泥沙冲刷的形式被逐渐冲走，该过程所需的时间可以用塌入水中的土体厚度与河床垂向冲刷速率的比值来计算。对于旋转落崩而言，崩块被水流冲刷带走的时间：

$$T_{fc} = \frac{B_{cr}}{R_{ve}} = \frac{\gamma_d B_{cr}}{R_b} \tag{7-49a}$$

对于剪切落崩而言，崩块被水流冲刷带走的时间为

$$T_{fc} = \frac{H_s}{R_{ve}} = \frac{\gamma_d H_s}{R_b} \tag{7-49b}$$

3. 崩退速率计算公式

河岸发生崩塌的时间一般很短，可忽略不计，所以落崩崩退过程所用的总时间为岸脚冲刷时间和崩块被水流冲刷带走的时间之和，即

倒崩 $$T_{xf}=T_{fl}+T_{fc}=\Delta T_{le}+T_{fe}+T_{fc} \tag{7-50a}$$

剪崩 $$T_{bf}=T_{fl}+T_{fc}=\Delta T_{le}+T_{fe}+T_{fc} \tag{7-50b}$$

在一个崩退循环过程中，河岸后退的距离等于岸滩淘刷前的侧向冲刷宽度和临界淘刷宽度之和，可用式（7-48）表示。因此，河岸落崩崩退速率的计算公式为

倒崩 $$R_{xf}==\frac{\Delta B_{le}+B_{cr}}{\Delta T_{fe}+T_{fe}+T_{fc}} \tag{7-51a}$$

剪崩 $$R_{bf}=\frac{\Delta B_{le}+B_{cr}}{\Delta T_{le}+T_{fe}+T_{fc}} \tag{7-51b}$$

式中，R_{xf}和R_{bf}分别为倒崩和剪崩的崩退速率，m/s。落崩崩退速率是由河岸的淘刷速率及河床的冲刷速率决定的，主要取决于河岸土体性质和水流强度。

7.4 典型河流岸滩崩退速率的计算与检验

本章提出的岸滩崩退速率计算公式所涉及的参数较多，既包括岸滩土体的性质，如土壤液性指数和抗剪强度，又包括河岸的几何形态，如河岸高度，还需要知道河道水流条件和河床条件，如水流流速和泥沙粒径等。目前，搜集和实测上述河岸崩退速率计算所需要的参数资料仍有一定的难度，特别是崩岸瞬时资料的获取难度更大，因此很难精确验证公式的适用性，仅能利用典型河段崩岸的平均情况，对河岸崩退速率公式进行检验，以说明计算公式的合理性。

鉴于冲积河流岸滩崩塌机理和崩塌过程十分复杂，在河岸崩塌预测方面还没有成熟的研究成果和计算方法。本章提出的河岸崩退模式和河岸崩退速率计算也只是一种概化计算模式和估算方法，还处于初步研究阶段。

7.4.1 黄河下游河道崩退速率计算

1. 黄河下游河道

黄河下游河道岸滩主要是由泥沙淤积形成，属于均质岸滩，当河槽发生冲刷或岸滩遭受淘刷时将发生崩岸，特别是小浪底水库修建以后，黄河下游河道垂向冲刷较剧烈，岸滩崩塌严重，如照片 7-1 所示。黄河下游河道一般存在洪水期冲刷、枯水期淤积的特点。在洪水期，一方面河道垂直冲刷下切，河岸容易发生挫崩；另一方面，高水位洪水对岸滩土体的浸泡作用比较明显，岸滩土体的内聚力减小，抗剪强度降低，岸滩容易发生挫崩。在枯水期，河道水位降低，岸滩土体含水量降低，岸滩抗剪强度有所恢复，侧向冲刷后岸滩常发生落崩，如照片 1-5 所示。因此，黄河下游河道崩退速率

的计算分为汛期和非汛期是必要的，洪水期采用挫崩崩退模式，非洪水期采用落崩崩退模式。

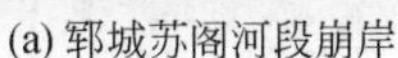
(a) 郓城苏阁河段崩岸

(b) 菏泽段崩岸

照片 7-1　黄河下游河岸崩塌情况

考虑到黄河下游河岸土壤特性的差异，选用黄河下游河道平均地质边界和水文资料如下[34-36]。河岸地质边界条件，河岸土壤内聚力和内摩擦角分别为 20kPa 和 26°，河岸坡脚 $\Theta=60°$，岸滩高度 $H=5\text{m}$；河床粗糙度 $n=0.02$，泥沙中值粒径 $D_{50}=0.1\text{mm}$，泥沙干容重 $\gamma_d=15.9\text{kN/m}^3$。水流动力条件，洪水期，平均水深 $h=4.2\text{m}$，河床比降 $J=0.000\ 35$，水流流速 $V=2.43\text{m/s}$；枯水期，平均水深 $h=2.3\text{m}$，河床比降 $J=0.000\ 26$，水流流速 $V=1.12\text{m/s}$。根据黄河下游河道的边界和水文资料，把黄河下游崩岸主要分为洪水期发生挫崩和枯水期发生落崩两种情况，按照上述相应的河岸崩退速率公式进行计算，计算结果如表 7-4 所示[25]。

表 7-4　黄河下游河岸崩退速率和崩退距离的参数计算

<table>
<tr><th>计算参数</th><th>类型</th><th>τ_c/(N/m²)</th><th>τ/(N/m²)</th><th>S_b/(kg/m²s)</th><th>H_{cr}或B_{cr}/m</th><th>崩退速率/(m/s)</th><th>崩退距离/m</th><th>平均崩退距离/m</th><th>年均崩退距离/m</th></tr>
<tr><td rowspan="2">洪水期(120 天)</td><td>倒塌(崩)</td><td rowspan="2">0.157</td><td rowspan="2">10.8</td><td rowspan="2">0.19</td><td rowspan="2">6.87</td><td>2.3×10^{-6}</td><td>23.85</td><td rowspan="2">27.22</td><td rowspan="4">49.42</td></tr>
<tr><td>滑塌(剪崩)</td><td>2.95×10^{-6}</td><td>30.59</td></tr>
<tr><td rowspan="2">枯水期(245 天)</td><td>旋转落崩</td><td rowspan="2">0.48</td><td rowspan="2">7.35</td><td rowspan="2">0.057</td><td>2.36</td><td>1.05×10^{-6}</td><td>22.38</td><td rowspan="2">22.19</td></tr>
<tr><td>剪切落崩</td><td>0.65</td><td>1.04×10^{-6}</td><td>21.99</td></tr>
</table>

在黄河下游河岸的实际后退过程中，挫崩滑塌和挫崩倒塌可能是交错发生的，两种崩塌情况崩退速率的平均值为 49.42m/a。根据“中国河流泥沙公报”2013～2016 年黄河下游典型断面资料统计结果显示[37]，黄河下游河道游荡河段花园口、过渡河段高村、弯曲河段泺口等典型断面的崩岸速率分别为 10～180m/a、3～45m/a 和 1～5m/a，与上述计算结果是一致的。

2. 典型断面

以下利用黄河下游高村水文站的断面形态、水流条件和地质资料对岸滩侧向演变过程进行计算，计算流程如图 7-10 所示。

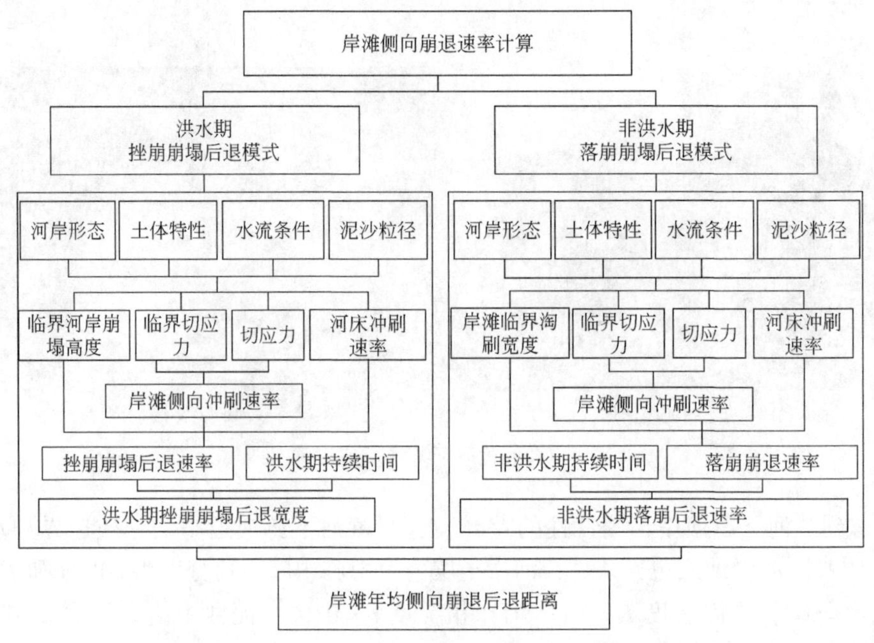

图 7-10　岸滩崩退速率计算流程图

高村水文站具有较系统全面的实测水沙资料、断面资料和岸滩土壤性质资料，因此选择高村站作为岸滩崩退速率计算的典型断面。根据高村水文站断面的实测资料，取河岸高度为5m，河岸坡度为60°。黄河下游滩岸绝大部分为黏性土体[38]，滩岸底层土体的黏粒含量为23.4%，塑性指数为15.2。河床泥沙粒径采用2006 年高村站测量断面数据，岸滩底层土体 $D_{50}=0.013\text{mm}$，床沙 $D_{50}=0.133\text{mm}$。枯水期土体的容重、内摩擦角和内聚力 c 分别为18.9kN/m³，26.7°和4.1kN/m²；洪水浸泡将使得岸滩土壤的内摩擦角和内聚力发生变化，根据土体特性与土壤相对含水量的关系[39]，计算洪水期土体、内摩擦角和内聚力分别为24°和3kN/m²。高村断面 2004 ~ 2011 年洪水期和非洪水期的平均来流流量、水深等资料如表 7-5 所示。自 2003 年小浪底水库调水调沙起，黄河下游河道冲刷严重，断面形态不断变化，高村站断面形态的变化如图 7-11 所示。

表 7-5　高村水文站断面的水流过程

年份	时期	平均流量/(m³/s)	水深/m	流速/(m/s)	切应力/(N/m²)	持续时间/天
2004	洪水期	2495	2.9	3.09	7.87	31
	非洪水期	823	1.37	1.07	1.1	335
2005	洪水期	2415	4.3	4.51	17.52	41
	非洪水期	894	1.6	1.69	2.58	325
2006	洪水期	3214	4.5	1.88	9.16	18
	非洪水期	911	1.15	0.81	0.67	347

续表

年份	时期	平均流量/(m^3/s)	水深/m	流速/(m/s)	切应力/(N/m^2)	持续时间/天
2007	洪水期	3192	3. 1	2. 68	4. 81	20
	非洪水期	898	1. 1	1. 01	0. 88	345
2008	洪水期	3361	3. 5	2. 65	5. 4	13
	非洪水期	745	1. 46	1. 51	2. 14	352
2009	洪水期	3279	4. 0	2. 87	8. 53	14
	非洪水期	707	1. 1	1. 12	1. 29	351
2010	洪水期	2783	3. 8	3. 28	8. 11	36
	非洪水期	934	1. 16	0. 92	0. 85	329
2011	洪水期	2856	2. 8	2. 35	3. 8	36
	非洪水期	896	1. 25	1. 05	1. 1	329

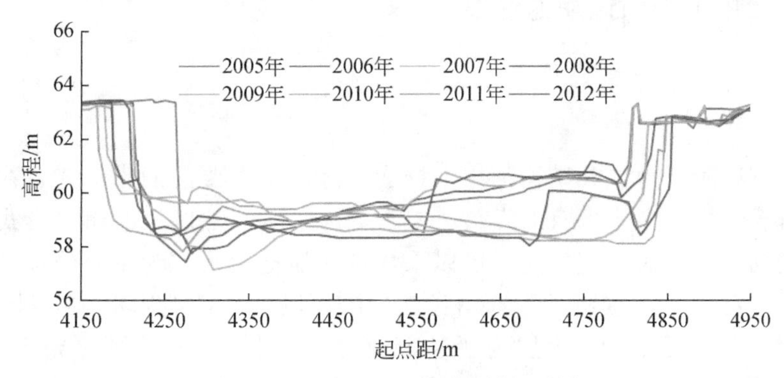

图 7-11　2005 ~ 2012 年高村断面形态

根据前文的分析，洪水期用临界崩塌高度作为岸滩崩塌的临界条件，枯水期用临界淘刷宽度来判定。计算结果表明[40]，在洪水期，岸滩土体浸水饱和后抗剪强度降低，同时土体的重度增加，岸滩容易发生挫崩，其临界高度为 7. 28m；在非洪水期，河岸土体容重较小，河岸相对稳定，高村站断面落崩的临界淘刷宽度为 0. 438m。此外，水流切应力对岸滩的冲刷和崩退过程是非常重要的，由高村站滩岸土体的粒径 (0. 013mm) 估算临界起动切应力为 0. 39N/m²，而洪水期水流切应力的变化范围是 3. 8 ~ 17. 52N/m²，枯水期水流切应力的变化范围是 0. 67 ~ 2. 11N/m²，表明无论是洪水期还是枯水期，泥沙都是可以冲刷起动的，而且汛期冲刷较严重，其中 2005 年洪水期和枯水期的切应力均为最大，且该年份崩退距离最大，这也说明水流的切应力是决定河岸崩退的主要因素。

河岸冲刷后退的距离与洪水期水流流量的关系密切，如图 7-12 (a) 所示，洪水期水流流量越大，侧向冲刷崩退距离越大。根据前文的计算方法得到高村站断面岸滩崩退距离与实际河岸崩退距离的对比关系如图 7-12 (b) 所示，高村站断面崩退距离的计算值与实测值基本一致，点群皆分布于45°线两侧。表明本章建立的岸滩崩退模式与崩退速率的计算方法是合理的。

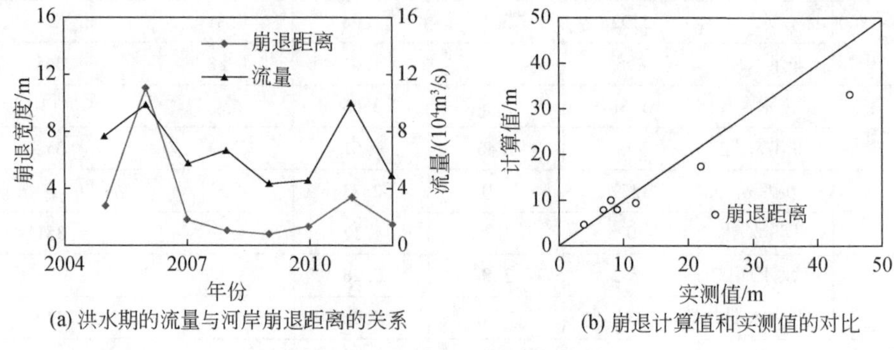

(a) 洪水期的流量与河岸崩退距离的关系　(b) 崩退计算值和实测值的对比

图 7-12　高村断面的崩退计算

7.4.2　长江中下游河道崩退速率

1. 长江中游河段

长江中下游河道为二元结构河岸，挫崩、落崩是主要的崩岸形式。在汛期，挫崩和落崩都会发生；在非汛期，落崩是二元结构岸滩经常发生的崩岸形式。在估算长江中下游河道岸滩崩退速率时，可以采用落崩崩退模式作为主要的计算方法。结合长江中下游河岸的土壤特性，选用长江中游河段的平均地质水文资料如下[41,42]：河岸土体组成为二元结构，上层为亚黏土和粉质黏土，下层主要是粉细砂及中砂；上层黏土厚度 $H=2\text{m}$，干容重 $\gamma_d=18.0\text{kN/m}^3$，内聚力 $c=25\text{kN/m}^2$，内摩擦角 $\theta=16°$，中值粒径为 $D_{50}=0.01\text{mm}$；临界起动切应力 $\tau_c=0.1\text{N/m}^2$；河道水深 $h=16\text{m}$，流速 $V=2.5\text{m/s}$，河床粗糙度 $n=0.02$，比降 $J=0.000\ 08$。计算时假设河岸为垂直形态，考虑到剪切落崩和旋转落崩的差异，分别估算了剪切落崩和旋转落崩的崩退速率和崩退距离，见表7-6。

表 7-6　长江中游河段崩退速率和崩退距离计算

计算参数	τ_c/(N/m²)	τ/(N/m²)	R_b/(kg/m²s)	B_{cr}/m	R_{xf}/(m/s)	R_{bf}/(m/s)	旋转崩退速率/(m/a)	剪切崩退速率/(m/a)
计算值	0.1	0.9	0.0038	1.13	1.22×10^{-6}	1.1×10^{-6}	38	34

在实际河岸崩退过程中，剪切落崩和旋转落崩两种形式可能是交错发生的。计算结果表明，长江中下游河段岸滩发生旋转落崩和剪切落崩的崩退速率分别为38m和34m，旋转崩塌发生的强度略大于剪切落崩，实际情况也是如此。表7-7为长江中下游典型河段年平均崩岸宽度，长江中下游典型河段的年平均崩退宽度范围为20～50m，

与计算崩退速率 34 ~ 38m 基本一致。

表 7-7　长江中下游典型河段年平均崩岸宽度[43]

地点	汇口	枞阳	无为	官庄圩	东至阜康圩	为小江镇	南京七县	栖霞龙潭	丹徒龙门口
崩宽/(m/a)	30 ~ 40	40 ~ 50	40	50	40	40	21	26.4	20

2. 江都司马河段

嘶马弯道位于长江下游扬中河段的上游，上游承接镇扬河段的谏壁—大港弯道，下游与泰兴水道相连接，是典型的弯曲分汊型陡弯河道，江岸崩退剧烈，崩岸以落崩为主。根据资料搜集情况，长江江都嘶马河段的地质水文资料如下[44]：河岸土体组成为二元结构，上层为粉质黏土，下层为砂层。上层黏土厚度 $H=2.3\text{m}$，内聚力 $c=3.8\text{kN/m}^2$，内摩擦角 $\theta=19.4°$，中值粒径为 $D_{50}=0.06\text{mm}$；平均水深 $h=16\text{m}$，河床粗糙度 $n=0.022$，比降 $J=0.000\ 08$。在实际河岸崩退速率计算过程中，不考虑河岸边坡形态的影响，且仅考虑淘刷部分，计算按照剪崩和倒崩两种情况，计算崩退速率和崩退距离如表 7-8 所示[25]。

表 7-8　江都嘶马河段崩退速率和崩退距离计算

计算参数	τ_c/(N/m²)	τ/(N/m²)	S_b/(kg/m²s)	剪切 B_{cr}/m	旋转 B_{cr}/m	R_{bf}/(m/s)	R_{xf}/(m/s)	剪切崩退距离/(m/a)	旋转崩退距离/(m/a)	平均后退距离/(m/a)
计算值	0.63	0.75	0.007	0.2	1.37	3.6×10^{-7}	8.9×10^{-7}	11.3	27.6	19.45

以剪切崩退和旋转崩退形式计算的崩退速率分别为 11.3m/a 和 27.6m/a，旋转崩塌发生的强度比较大，两种计算情况的平均崩退速率为 19.45m/a，与长江江都嘶马河段平均崩退速率 15m/a 接近，说明河岸崩退速率计算公式对长江下游河岸崩退的估计符合实际情况。

3. 下荆江河段典型断面

2003 年三峡水库蓄水后，下荆江河段崩岸频繁发生，特别是下荆江石首河段（图 6-14）。石首河段位于下荆江进口段，河岸大部分为现代河流沉积物构成的二元结构，抗冲性较差，当下部土层被掏空后，上部土层发生落崩。荆 98 断面位于石首河段的北门口弯顶下游，侧向演变过程剧烈（照片 7-2），崩岸后退是该断面的演变特征。荆 98 断面崩退速率计算流程与图 7-10 相似，但由于断面崩岸一般以落崩为主，因此，洪水期和非洪水期均采用落崩的崩退模式进行计算[39]。

照片 7-2　荆江石首河段荆 98 断面崩岸

荆 98 断面距上游沙市水文站和下游监利水文站的距离皆为 80km，其流量过程采用沙市水文站的实测流量过程，作为典型断面近岸水动力的计算条件。根据上游沙市站和下游监利站的实测资料，插值计算典型断面洪水期和非洪水期的水位过程及相应比降，流量过程及断面形态资料来源于水文站实测资料，图 7-14 为荆 98 断面形态变化过程，荆 98 断面的水流条件如表 7-9 所示，其中 2007 年和 2010 年的水流流量较大，洪水期的平均流量分别为 22 073m^3/s 和 23 159.6m^3/s。荆 98 断面的河岸土体资料主要来源于文献［41］，荆 98 断面的河岸为典型的二元结构，河岸高 25m 左右，上部黏性土层厚度较薄，一般为 1～3m，泥沙干容重为 14.0kN/m^3，D_{50}=0.01mm，饱和土体的重度为 18.30kN/m^3，c=9.3kPa，内摩擦角为 31°。下部沙土层厚度较大，土体的干容重为 13.6kN/m^3，饱和重度为 17.90kN/m^3，D_{50}=0.14mm，c=0，内摩擦角为 39°。下荆江河床沉积物为中细沙，D_{50}=0.15mm。

结合落崩崩退模式与崩退速率的计算方法，求得 2004～2015 年荆 98 断面岸滩崩退速率[38]，如图 7-13 所示。深泓贴近典型断面右岸，致使右岸逐年崩塌后退。其中，2007 年和 2010 年河岸侧向崩退速率较大，分别为 70.2m/a 和 41.2m/a，主要是由于这两年洪水期水流切应力较大。计算结果表明，断面崩退速率计算值和实测值的点群分布在斜率为 1 的直线附近（图 7-14），计算崩退速率与实测崩退速率是一致的，进而说明本章提出的岸滩崩退模式与崩退速率的计算方法是合理的。

表 7-9　荆 98 右岸断面的水流条件

年份	时期	平均流量/(m^3/s)	近岸水深/m	近岸流速/(m/s)	近岸切应力/(N/m^2)	持续时间/天
2004	洪水期	20 473	23.70	1.65	5.04	120
	非洪水期	8 338	19.43	1.23	2.73	245
2005	洪水期	25 162	24.96	1.75	5.47	90
	非洪水期	9 430	19.73	1.33	2.70	275
2006	洪水期	14 688	21.60	1.65	4.14	60
	非洪水期	7 696	17.96	1.24	2.21	305
2007	洪水期	22 073	24.18	1.67	8.00	120
	非洪水期	6 936	17.54	1.21	5.29	245

续表

年份	时期	平均流量/(m^3/s)	近岸水深/m	近岸流速/(m/s)	近岸切应力/(N/m^2)	持续时间/天
2008	洪水期	22 421	24.46	1.63	3.85	90
	非洪水期	9 035	19.39	1.33	2.39	275
2009	洪水期	21 390	24.30	1.62	3.30	90
	非洪水期	8 466	18.71	1.37	1.85	275
2010	洪水期	23 160	23.64	2.13	7.13	90
	非洪水期	8 441	18.19	1.10	4.86	275
2011	洪水期	16 902	22.36	1.42	3.98	90
	非洪水期	8 519	18.16	1.14	2.36	275
2012	洪水期	25 001	24.36	1.63	4.17	90
	非洪水期	9 540	18.93	1.15	2.72	275
2013	洪水期	20 154	22.58	1.59	4.33	90
	非洪水期	8 251	17.94	1.12	2.58	275
2014	洪水期	23 439	23.77	1.65	2.77	90
	非洪水期	9 632	19.00	1.11	1.56	275
2015	洪水期	15 938	21.87	1.42	2.55	150
	非洪水期	8 435	17.86	1.18	1.47	215

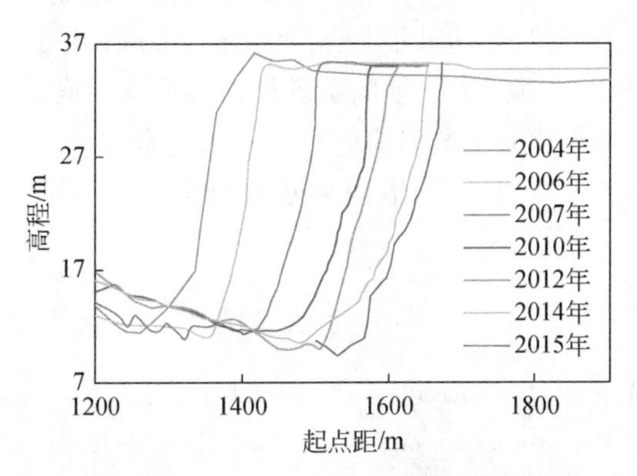

图 7-13　2004～2015 年荆 98 断面形态

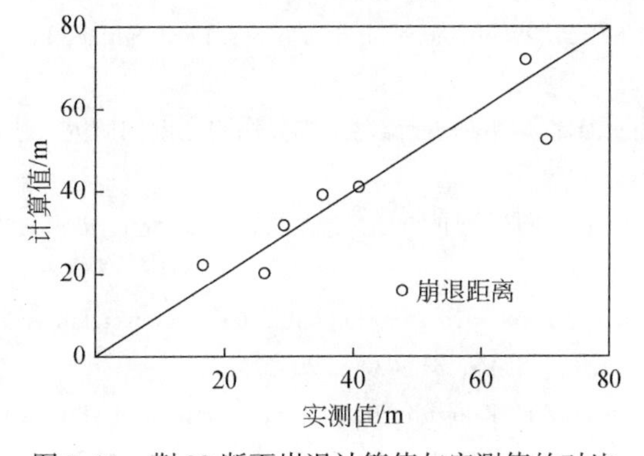

图 7-14　荆 98 断面崩退计算值与实测值的对比

7.5 小结

1）当河岸岸脚发生侧向淘刷，岸滩上部土体处于临空状态，当侧向淘刷宽度大于临界淘刷宽度，岸滩发生崩塌。通过力学平衡分析，建立了剪崩和倒崩不同状况的临界淘刷宽度的公式［式（7-5）和式（7-10）］，并用水槽淘刷试验资料检验其正确性。

2）落崩临界淘刷宽度主要取决于岸滩土壤特性、淘刷位置、边坡形态及河岸裂隙深度等，与河岸强度系数、河岸临空厚度成正比，而与坡度和河岸裂隙深度成反比。其中，倒崩一般发生在陡立的岸滩。

3）结合岸滩挫落崩塌和落崩发生的过程和特点，冲积河流岸滩侧向崩退冲刷模式可分为三种类型：挫崩滑塌冲刷崩退模式，其崩退过程为：岸滩初始状态→河道冲刷下切→岸滩失稳发生挫崩崩塌→崩体滑塌入水→崩体冲刷并消失→进入下一个冲刷崩塌过程；挫崩倒塌冲刷崩退模式，其崩退过程为：岸滩初始状态→河道冲刷下切→岸滩失稳发生挫崩崩塌→崩体倒塌入水→崩体冲刷消失→进入下一个冲刷崩塌过程；落崩冲刷崩退模式，其崩退过程为：岸滩初始状态→岸滩侧向淘刷→岸滩失稳落崩→崩体崩落入水→崩体冲刷消失→进入下一个冲刷崩塌过程。

4）岸滩崩退包括河岸冲刷和河岸崩塌，主要影响因素包括水流泥沙因子、边界土壤条件和河岸形态等，岸滩崩退速率与水流强度、河深成正比，与河岸稳定数成反比。结合岸滩的侧向淘刷、河床的垂向冲刷以及河岸崩塌的临界状态，提出了河流岸滩三种崩退模式的计算过程和计算方法，导出了各种模式下岸滩崩退速率的计算公式。

5）利用长江中下游和黄河下游河道的岸滩及水文资料，估算了长江和黄河下游河道的岸滩崩退速率和距离，与实际崩退距离基本符合，说明本文建立的崩退模式和崩退速率是合理的。

参考文献

［1］Samadi A，Amiri-Tokaldany E，Davoudi M H，et al. Experimental and numerical investigation of the stability of overhanging riverbanks. Geomorphology，2013，184：1-19.

［2］Chitale S V，Mosselman E，Laursen E M. River width adjustment. I：processes and mechanisms. Journal of Hydraulic Engineering，2000，126（2）：160-161.

［3］Thorne C R，Tovey N K. Stability of composite river banks. Earth Surface Processes & Landforms，2010，6（5）：469-484.

［4］王延贵，匡尚富．冲积河流典型结构岸滩落崩临界淘刷宽度的研究．水利学报，2014，45（7）：767-775.

［5］王延贵．冲积河流岸滩崩塌机理的理论分析及试验研究．北京：中国水利水电科学研究院，2003.

［6］Wang Y，Kuang S，Su J. Critical caving erosion width for cantilever failures of river bank. International Journal of Sediment Research，2016，31（3）：220-225.

［7］Chen Y，Wang Y. Studies on the pattern of bank collapse-retreat of alluvial rivers. E-proceedings of the 37th IAHR World Congress August 13-18，2017，Kuala Lumpur，Malaysia.

[8] 王延贵，匡尚富．河岸淘刷及其对河岸崩塌的影响．中国水利水电科学研究院学报，2005，3（4）：251-257.
[9] 钱宁．河床演变学．北京：科学出版社，1987.
[10] 蔡伟铭，胡中雄．土力学与基础工程．北京：中国建筑工业出版社，1999.
[11] 中国水利水电科学研究院．抛石和软体排抛石压重护岸效果的对比试验研究．北京：中国水利水电科学研究院，2001.
[12] 张红武，江恩惠．黄河高含沙洪水模型的相似条件．人民黄河，1995，(4)：1-3.
[13] 黄风梁，陈稚聪，府仁寿．模型沙部分性质比较的试验研究．泥沙研究，1997，(4)：52-60.
[14] 王延贵，王兆印，曾庆华，等．模型沙物理特性的试验研究及相似分析．泥沙研究，1992，(3)：74-84.
[15] 王党伟，余明辉，刘晓芳．冲积河流河岸冲刷展宽的力学机理及模拟．武汉大学学报（工学版），2008，41（4）：14-19.
[16] 代加兵，刘宏远，戴海伦，等．黄河宁蒙河段塌岸侵蚀现场监测及评价研究．泥沙研究，2015，(5)：63-68.
[17] 夏军强，袁欣，王光谦．冲积河道冲刷过程中横向展宽的初步模拟．泥沙研究，2000，(6)：16-24.
[18] 钟德钰，杨明，丁赟．黄河下游河岸横向变形数值模拟研究．人民黄河，2008，30（11）：107-109.
[19] Jia D，Shao X，Wang H，et al. Three-dimensional modeling of bank erosion and morphological changes in the Shishou bend of the middle Yangtze River. Advances in Water Resources，2010，33（3）：348-360.
[20] 尹学良．清水冲刷河道重建平衡问题//尹学良．河床演变河道整治论文集．北京：中国建材工业出版社，1996.
[21] 许炯心．边界条件对水库下游河床演变的影响——以汉江丹江口水库下游河道为例．地理研究，1983，2（4）：60-71.
[22] Osman A M，Thome C R. Riverbank stability analysis I：theory. Journal of Hydraulic Engineering，1988，114（2）：135-150.
[23] 梁志勇，徐永年．引水防沙与河床演变．北京：中国建材出版社，2000.
[24] 夏军强．河岸冲刷机理研究及数值模拟．北京：清华大学，2002.
[25] 王延贵，陈吟，陈康．冲积河流岸滩崩退模式与崩退速率．水利水电科技进展，2018，38（4）：14-20.
[26] 王兆印，黄金池，苏德惠．河道冲刷和清水水流河床冲刷率．泥沙研究，1998，(1)：1-11.
[27] 孙志林，张翀超，黄赛花，等．黏性非均匀沙的冲刷．泥沙研究，2011，(3)：44-48.
[28] 吴月勇，范力阳，陈国平，等．细颗粒黏性原状土的冲刷特性试验研究．水道港口，2017，38（5）：453-457.
[29] 唐存本．泥沙起动规律．水利学报，1963，(2)：1-12.
[30] 宗全利，夏军强，张翼，等．荆江段河岸黏性土体抗冲特性试验．水科学进展，2014，25（4）：567-574.
[31] Hooke J M. An analysis of the processes of river bank erosion. Journal of Hydrology（Amsterdam），1979，42（1-2）：39-62.
[32] Ponce V M. Generalized stability analysis of channel banks. Journal of the Irrigation & Drainage Division，1978，104（4）：343-350.

[33] 王延贵，匡尚富．河岸临界崩塌高度的研究．水利学报，2007，38（10）：1158-1165.

[34] 彭丽云，李涛，刘建坤．黄河冲积粉土的吸力和强度特性关系．北京交通大学学报，2009，33（4）：129-133.

[35] 王四巍，刘海宁，刘汉东．黄河下游堤防边坡多因素敏感性分析．人民黄河，2009，31（7）：18-19.

[36] 赵寿刚，王笑冰，杨小平，等．黄河下游沉积粘土层的土力学特性分析．矿产勘查，2005，8（10）：32-33.

[37] 中华人民共和国水利部．中国河流泥沙公报（2010—2018）．北京：中国水利水电出版社，2011—2019.

[38] 夏军强，吴保生，王艳平，等．黄河下游游荡段滩岸土体组成及力学特性分析．科学通报，2007，52（23）：2806-2812.

[39] 王延贵，匡尚富，陈吟．洪水位变化对岸滩稳定性的影响．水利学报，2015，46（12）：1398-1405.

[40] 陈吟．冲积河流水系连通性机理与预测评价模型．北京：中国水利水电科学研究院，2019.

[41] 张翼，夏军强，宗全利，等．下荆江二元结构河岸崩退过程模拟及影响因素分析．泥沙研究，2015，(3)：27-34.

[42] 夏军强，宗全利，许全喜，等．下荆江二元结构河岸土体特性及崩岸机理．水科学进展，2013，24（6）：810-820.

[43] 中国科学院地理研究所．长江九江至河口河床边界条件及其与崩岸的关系//长江流域规划办公室．长江中下游护岸工程经验选编．北京：科学出版社，1978.

[44] 胡秀艳，姚炳魁，朱常坤．长江江都嘶马段岸崩灾害的形成机理与防治对策．地质学刊，2016，(2)：357-362.

第 8 章 洪水期的河流崩岸问题

8.1 洪水期的崩岸研究与水位变化

8.1.1 崩岸研究状况

在洪水期，随着洪水位的变化将会经历洪水上涨、洪水浸泡、洪水降落等不同阶段，洪水水位剧烈变化是洪水期的主要特征。此外，水库枢纽的蓄水和泄洪、河口潮汐的变化等将会引起河道或河口水位的剧烈变化。在水位剧烈变化的情况下，由于河道水位（含洪水）的变化和高水位水流（含洪水）的浸泡，岸滩土壤特征和稳定性发生变化，甚至促使岸滩崩塌。针对洪水期或水位变化引起的崩岸问题，国内外很多学者开展了相关研究，文献［1-3］在多个假定条件的基础上，分别对岸滩匀质结构和夹层结构进行了不同水位的稳定计算。计算结果显示，不管河道内是涨水还是降水，都存在着使一个河岸边坡稳定系数达到最小的水位值，而且降水期比涨水期河岸边坡更容易发生破坏；李青春等利用 GEO-SLOPE 软件对水库岸坡不同水位下的稳定性进行了分析，指出水位变化对边坡稳定性有重要的影响，提出了对稳定性影响较大的敏感水位区[4]。陆彦等分析了岸坡上泥沙颗粒的受力，研究了水位下降时渗流对岸坡稳定的影响[5]。赵炼恒等研究了水位升降和水流淘蚀对临河路基边坡稳定性的影响[6]，指出高水位对提高边坡抗滑稳定性有积极作用，水位下降对边坡抗滑稳定性的影响相反。本书作者通过岸滩稳定分析，较系统地研究了洪水期洪水上涨和降落过程中的崩岸问题[7,8]，给出了不同情况下岸滩稳定性次序[9]；这些结论与西非尼日尔河口洪水期崩岸发生的实测资料结果是一致的[10]。水流浸泡将会改变河岸土壤的抗剪强度，直接影响河岸崩塌的过程，文献［11］以武汉市汉江汇合口附近的崩岸为例，研究了浸泡和洪水水位降落对软土岸坡的影响，指出洪水浸泡和洪水位降落直接促使崩岸的加速发生。

本章针对洪水过程的变化特点，通过岸滩稳定分析和崩岸实例深入系统地研究岸滩在洪水过程不同阶段（洪水上涨、浸泡和降落）和不同边界条件下的稳定性，并给出了不同条件下岸滩稳定性的排序，进而分析了其他洪水险情的特点及其与崩岸的关系。

8.1.2 洪水位变化与河岸渗流的关系

河流水位变化导致河流岸边渗流的变化，不同时期的变化特点也有很大的差异。主要有以下几种情况。

1）枯水期。一般情况，枯水期顺直河道的水流距岸边有一定的距离，相应的水位比较低，岸边土壤处于非饱和状态，且孔隙水压力较小。此时，岸边土壤基本上不存在水流浸泡问题，渗透力的作用也非常小。

2）洪水涨水期。洪水期，河道水位从低水位逐渐进入或者急涨到洪水期的高水位，此时河岸临水一侧将受水压力的作用，对岸滩的稳定性有一定的积极作用。在水压力的作用下，河岸出现渗流现象，内部土体受到渗透力的作用。

3）洪水浸泡期。在较长时间的洪水期内，河道水位相对较高，水流一般处于靠岸状态。此时，岸滩全部或部分浸泡于水中，岸坡内部不存在超静水压力，但土体将会受到岸滩水流的浮力作用，使土体的有效重量减小。另外，由于岸滩土体长期处于饱和状态，土体的物理性质也将发生一定的变化，特别是由于土体受浸泡后，土体的剪切力（内摩擦角和内聚力）将大幅度减小，岸滩稳定性减弱。

4）洪水降落期。洪峰过后，水位从高处或堤顶处突然降至低处（或堤脚），边坡表面的水压力不存在，但土体内的浮托力来不及全部消失，转化为土体的有效重量增加，同时土体内的水流开始向河内渗出，河岸土堤受渗透力的作用，使岸滩的稳定性减弱[9,11]。

8.2 洪水浸泡后的崩岸问题

8.2.1 洪水浸泡对岸滩土壤抗剪强度的影响

衡量河岸土体抗剪强度的参数主要包括土体内聚力和内摩擦角，其稳定性与土体含水量有重要的关系[12]。土壤饱和度是指在土体孔隙中，水体积与土体孔隙体积的比值，与土壤含水量成正比关系，土壤含水量越高，相应的土壤饱和度越高。黏性土含水率增大后，相应的土壤饱和度增加，结合水膜厚度增大，土颗粒之间的距离增大，导致土体内聚力和内摩擦角减小，致使土体的抗剪强度降低，且与含水率并不是简单的线性关系[13]。作者利用现有参考文献提供的实验资料[14-16]，研究了土壤抗剪强度与含水量的关系[9]。

1. 内聚力和含水量的关系

图8-1为土壤内聚力与土壤饱和度的关系，表明土壤内聚力与土壤饱和度成反比关系，土壤饱和度越大，相应的土壤内聚力越小。也就是说，土壤浸泡后，其含水量大幅度增加，饱和度增加，相应的内聚力将会减小。土壤内聚力随土壤饱和度（或称相对含水量）呈指数形式衰减，可用下式表达：

$$c' = c\mathrm{e}^{-\beta_1(\omega'-\omega)} \tag{8-1}$$

式中，c'和ω'分别为土壤浸泡后（洪水期）的内聚力和饱和度；c 和 ω 分别为土壤初期（枯水期）的内聚力和饱和度；β_1 为指数，称为衰减系数，$\beta_1=0.0361$。

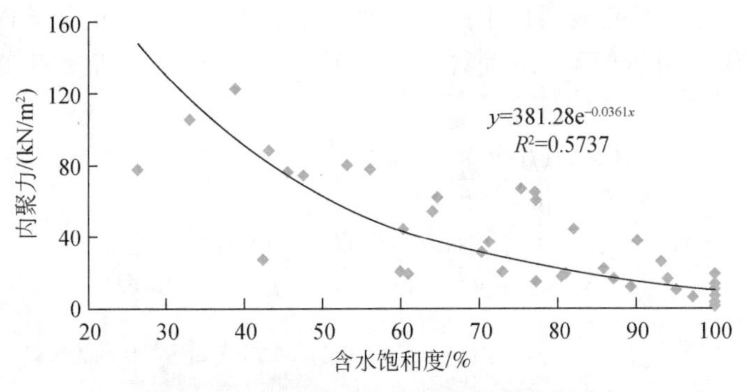

图8-1　土体内聚力和含水饱和度的关系

2. 内摩擦角正切和含水量的关系

土壤内摩擦角的正切值与土壤饱和度的关系如图8-2所示。土壤内摩擦角正切值与饱和度呈反比关系，土壤饱和度越大，其内摩擦角的正切值越小，即河岸洪水浸泡后，岸滩土体饱和度增加，相应的土壤内摩擦角减小。土壤内摩擦角正切值随饱和度呈指数关系衰减，可用下式表达：

$$\tan\theta' = \tan\theta\mathrm{e}^{-\beta_2(\omega'-\omega)} \tag{8-2}$$

式中，θ'为土壤浸泡后（洪水期）土体的内摩擦角；θ 为浸泡初期（枯水期）土体的内摩擦角；β_2 为衰减指数，$\beta_2=0.0277$。

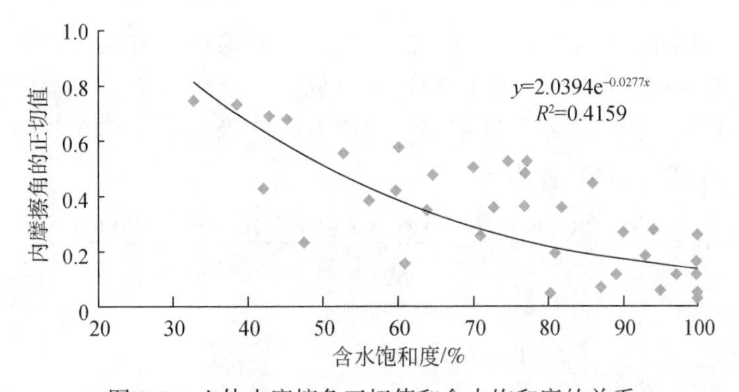

图8-2　土体内摩擦角正切值和含水饱和度的关系

8.2.2 洪水浸泡后岸滩稳定性

1. 洪水期岸滩稳定系数

崩岸发生的形式包括滑崩、挫崩、落崩、窝崩等[17]。由于滑崩和窝崩分析模式比较复杂，难以直接分析；剪切落崩可以采用挫崩的模式进行分析，因此，以下仅以岸滩挫崩的崩塌分析模式探讨洪水上涨与浸泡后岸滩的稳定性。在洪水期，河岸崩体作为一个整体（图8-3），所受的力主要包括有效重力 W'，渗透动水力 P_d，破坏面处的支撑力 N 和阻滑力 P_τ。设渗透线以上的崩体面积 A_u，渗透线以下的崩体面积 A_d，整个崩体断面的面积为 A。根据第 3 章崩体稳定分析，导出了洪水期挫崩崩塌体的稳定系数 K'[17,18]：

$$K'=\frac{\{W'\cos\Theta+P_d\sin(\beta-\Theta)\}\tan\theta'+c'l}{W'\sin\Theta+P_d\cos(\beta-\Theta)}$$
$$=\frac{\{[\gamma+f(\gamma_{sat}-\gamma_w-\gamma)]\cos\Theta+\gamma_w fJ_s\sin(\beta-\Theta)\}A\tan\theta'+c'l}{[\gamma+f(\gamma_{sat}-\gamma_w-\gamma)]A\sin\Theta+\gamma_w fJ_sA\cos(\beta-\Theta)} \tag{8-3}$$

式中，A、P_d和 W'分别由式（3-20b）、式（3-21）和式（3-19）获得。$f=\frac{A_d}{A}$；γ 和 γ_{sat} 分别为岸滩土体的干容重和饱和容重；γ_w 为水的容重；c'为洪水上升浸泡后岸滩土体的内聚力；θ'为洪水上升浸泡后岸滩土体的内摩擦角；l 为挫崩崩塌面的长度；其他符号意义参见图 3-13。

在洪水上涨之前，即非汛期，河道水位较低，岸滩几乎无浸泡现象，也不考虑渗透力的存在，即上述各式中的渗透力 P_d 为零，土体重力为 W，相应的岸滩崩体稳定系数变为

$$K=\frac{W\cos\Theta\tan\theta+cl}{W\sin\Theta} \tag{8-4}$$

$$W=\gamma A \tag{8-5}$$

2. 洪水浸泡后岸滩稳定性变化

在洪水涨升末期，岸滩经历长时期的浸泡，岸滩渗透水流梯度已经很小，渗流基本处于平衡状态，渗透力对崩岸的影响逐渐减弱。在此状态下，假定岸滩渗透水压力处于基本平衡状态，崩体内外水位相等，即岸滩内已没有渗流存在，崩体内的动水力为零，即 $P_d=0$。式（8-3）变为

$$K_{fi}=\frac{W'\cos\Theta\tan\theta'+c'l}{W'\sin\Theta}=\frac{[\gamma+f(\gamma_{sat}-\gamma_w-\gamma)]A\cos\Theta\tan\theta'+c'l}{[\gamma+f(\gamma_{sat}-\gamma_w-\gamma)]A\sin\Theta} \tag{8-6}$$

利用式（8-6）与式（8-4）对比，可得

$$\frac{K_{fi}}{K}=\frac{1}{K_w}\frac{K_\theta K_w P_{\tau\theta}+K_c P_{\tau c}}{P_{\tau\theta}+P_{\tau c}}=K_\theta\frac{P_{\tau_\theta}}{P_\tau}+\frac{K_c}{K_w}\frac{P_{\tau_c}}{P_\tau} \tag{8-7}$$

式中，

$$K_\theta=\frac{\tan\theta'}{\tan\theta}=e^{-\beta_3(\omega'-\omega)} \tag{8-8}$$

$$K_c=\frac{c'}{c}=e^{-\beta_1(\omega'-\omega)} \tag{8-9}$$

$$K_w=\frac{W}{W'}=\frac{\gamma+f(\gamma_{sat}-\gamma_w-\gamma)}{\gamma} \tag{8-10}$$

$$P_{\tau_\theta}=\gamma A\cos\Theta\tan\theta \tag{8-11}$$

$$P_{\tau_c}=cl \tag{8-12}$$

$$P_\tau=P_{\tau_\theta}+P_{\tau_c}=\gamma A\cos\Theta\tan\theta+cl \tag{8-13}$$

岸滩经过长时间的浸泡，土壤的内摩擦角（θ'）和内聚力（c'）将有很大程度的减小，一般情况 $K_w>1.0$，$K_\theta<1.0$，$K_c<1.0$，即

$$\frac{K_{fi}}{K}=K_\theta\frac{P_{\tau_\theta}}{P_\tau}+\frac{K_c}{K_w}\frac{P_{\tau_c}}{P_\tau}<\frac{P_{\tau_\theta}+P_{\tau_c}}{P_\tau}=1.0 \tag{8-14}$$

也就是说岸滩浸泡后的稳定系数小于浸泡前的稳定系数，表明汛期长期浸泡后岸滩容易崩塌。此外，有关学者也对洪水浸泡后河岸稳定坡角进行了研究[19]，通过考虑渗流贴坡河岸的稳定性，给出浸泡渗流状态下的极限坡角 Θ_L 的表达式为

$$\tan\Theta_L=\frac{\gamma_{sat}-\gamma_w}{\gamma_{sat}}\tan\theta'=\left(1-\frac{\gamma_w}{\gamma_{sat}}\right)\tan\theta' \tag{8-15}$$

式中，θ'为岸坡土壤的自然休止角。上式表明河岸处于浸泡渗流状态下，河岸坡角减小，河岸极限坡角小于岸坡土壤的休止角；当岸滩坡角大于 Θ_L，岸滩又可能发生崩塌。这一结果与上述稳定分析的结论是一致的。

作为洪水浸泡对河岸稳定性影响的一个计算例子[8]，按照表 5-1 所示的河岸崩块条件，就河岸浸泡后的稳定性进行了计算，如图 8-3 所示。计算结果表明，河岸浸泡后，土壤的内聚力和内摩擦角分别减小 30% 和 20% 时，河岸稳定系数从 1.21 减小到 0.81，减小 30% 以上。

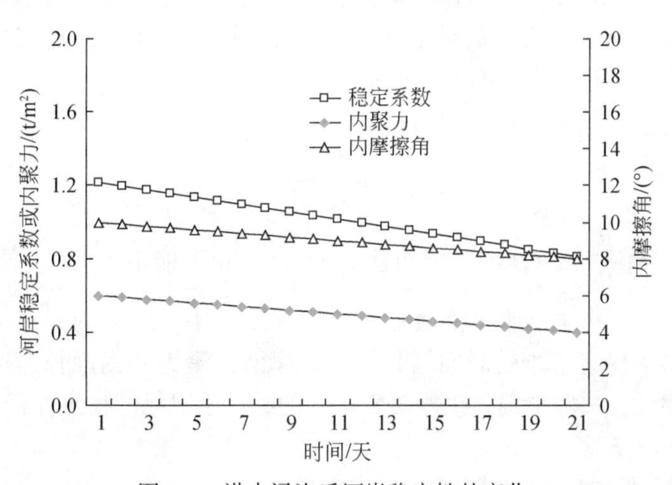

图 8-3　洪水浸泡后河岸稳定性的变化

8.3　洪水上涨期的崩岸分析

洪水上涨的速率及岸边土质的不同，使得岸滩相应的稳定性有较大的差异，以下仅分析洪水缓慢上涨（慢涨）过程中的黏性土岸滩和洪水迅速上涨（快涨）时的黏土岸滩两种情况下的河岸稳定性[8,9]。

8.3.1 洪水慢涨过程的黏性土岸滩

与黏土岸滩相对应，所谓黏性土岸滩是指岸滩土壤具有一定的黏性，但又小于黏土岸滩。当洪水上涨缓慢时，一方面洪水浸泡对岸滩土壤的特性（内聚力和摩擦角）产生影响，导致岸坡的稳定性减弱；另一方面，岸滩在水压力的作用下，产生一定的渗透力，在分析岸滩的稳定性时需要考虑，岸滩稳定系数可用式（8-3）表达，即

$$K_{su}=\frac{\{[\gamma+f(\gamma_{sat}-\gamma_w-\gamma)]\cos\Theta+\gamma_w fJ_s\sin(\beta-\Theta)\}A\tan\theta'+c'l}{[\gamma+f(\gamma_{sat}-\gamma_w-\gamma)]A\sin\Theta+\gamma_w fJ_s A\cos(\beta-\Theta)} \tag{8-16}$$

比较式（8-16）和式（8-4）可得

$$\begin{aligned}\frac{K_{su}}{K}&=\frac{K_\theta\{[\gamma+f(\gamma_{sat}-\gamma_w-\gamma)]\cos\Theta+\gamma_w fJ_s\sin(\beta-\Theta)\}A\tan\theta+K_c cl}{\gamma A\cos\Theta\tan\theta+cl}\\&\quad\cdot\frac{\gamma A\sin\Theta}{[\gamma+f(\gamma_{sat}-\gamma_w-\gamma)]A\sin\Theta+\gamma_w fJA\cos(\beta-\Theta)}\\&=\left[K_\theta\frac{P_{\tau_\theta}}{P_\tau}+\frac{K_c}{K_w}\frac{P_{\tau_c}}{P_\tau}+\frac{K_\theta}{K_w}\frac{P_d}{P_\tau}\sin(\beta-\Theta)\right]\frac{P_{\tau\alpha}}{P_{\tau\alpha}+\frac{P_d}{K_w}\cos(\beta-\Theta)}\end{aligned} \tag{8-17}$$

式中，$P_{\tau_\alpha}=W\sin\Theta=\gamma A\sin\Theta$。从上式可以看出，影响岸滩稳定系数的因素主要包括岸滩浸泡后内聚力、内摩擦角的减小幅度以及渗透力的大小。因为洪水上涨时，土壤渗透力的方向角$\beta<90°$，说明渗透作用对岸滩的稳定性有利；另外，土壤浸泡造成内摩擦角和内聚力的大幅度减小，从而减弱岸滩的稳定性。因此，岸滩的稳定性主要决定于河岸土壤浸泡和渗流力相互作用的对比关系。一般情况有

$$\frac{P_{\tau\alpha}}{P_{\tau\alpha}+\frac{P_d}{K_w}\cos(\beta-\Theta)}<1.0$$

而$K_\theta\frac{P_{\tau_\theta}}{P_\tau}+\frac{K_c}{K_w}\frac{P_{\tau_c}}{P_\tau}+K_\theta\frac{P_d}{P_\tau}\sin(\beta-\Theta)$既可能大于1.0，也可能小于1.0。导致$K_{su}$和$K$的大小关系难以确定。但由于洪水上涨缓慢，渗流梯度较小，产生的渗透力较小；而洪水缓慢上涨引起洪水浸泡岸滩的时间增长，使得岸滩内聚力和内摩擦角减小，致使岸滩稳定性减小。因此，一般情况，洪水缓慢上升的黏性土岸滩的稳定性仍是以减小为主。

8.3.2 洪水快涨时的黏土岸滩

对于黏土岸滩，在洪水初期水位上涨迅速，由于黏土渗水能力小和岸滩浸泡时间短，致使岸滩内几乎不存在渗流。在分析洪水迅速上涨的岸滩稳定性时，主要考虑侧向水压力的作用，而不考虑岸滩内渗透力及长期浸泡的影响，即岸滩土壤抗剪强度没有变化，如图8-4所示。计算临河岸滩各折线侧面所受的侧向水压力并不困难，分别设为P_1［P_{1x}，P_{1y}］、P_2［P_{2x}，P_{2y}］、P_3［P_{3x}，P_{3y}］，其中［　］内为各侧面水压力在X和Y轴的分量。通过对崩体进行力学平衡分析，可得崩体稳定系数为

$$K_{\mathrm{qu}}=\frac{[(W+P_{\mathrm{L}y})\cos\Theta+P_{\mathrm{L}x}\sin\Theta]\tan\theta+cl}{(W+P_{\mathrm{L}y})\sin\Theta-P_{\mathrm{L}x}\cos\Theta} \tag{8-18}$$

式中，$P_{\mathrm{L}x}$为崩体临河侧的水平水压力，$P_{\mathrm{L}x}=P_{1x}+P_{2x}+P_{3x}=\frac{1}{2}\gamma_W h$；$P_{\mathrm{L}y}$为崩体临河侧垂直压力，$P_{\mathrm{L}y}=P_{1y}+P_{2y}-P_{3y}$。

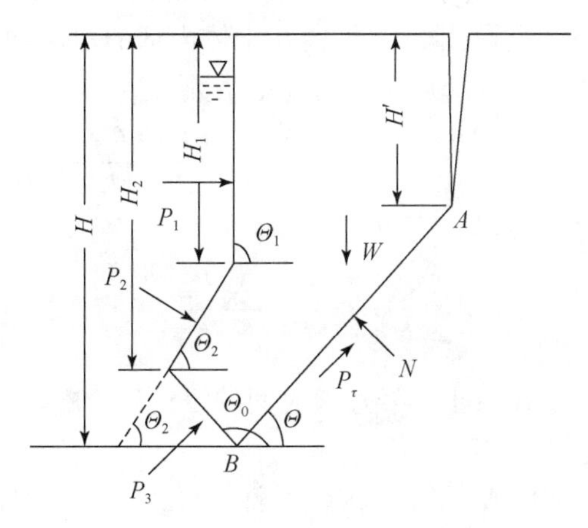

图 8-4　洪水迅速涨升期黏土岸滩崩体受力分析

利用式（8-18）对比式（8-4），可得到洪水上涨前后岸滩稳定系数的对比关系，即

$$\begin{aligned}\frac{K_{\mathrm{qu}}}{K}&=\frac{[(W+P_{\mathrm{L}y})\cos\Theta+P_{Lx}\sin\Theta]\tan\theta+cl}{W\cos\theta\tan\theta+cl}\cdot\frac{W\sin\Theta}{(W+P_{\mathrm{L}y})\sin\Theta-P_{\mathrm{L}x}\cos\Theta}\\&=\frac{P_\tau+(P_{\mathrm{L}y}\cos\Theta+P_{\mathrm{L}x}\sin\Theta)\tan\theta}{P_\tau}\cdot\frac{P_{\tau_\alpha}}{P_{\tau_\alpha}-P_{\mathrm{L}x}\cos\Theta+P_{\mathrm{L}y}\sin\Theta}\end{aligned} \tag{8-19}$$

式中，

$$\frac{P_\tau+(P_{\mathrm{L}y}\cos\Theta+P_{\mathrm{L}x}\sin\Theta)\tan\theta}{P_\tau}>1.0$$

而且一般情况（如对于河岸较陡时），$\frac{P_{\tau_\alpha}}{P_{\tau_\alpha}-P_{\mathrm{L}x}\cos\Theta+P_{\mathrm{L}y}\sin\Theta}>1.0$。

所以，$\frac{K_{\mathrm{su}}}{K}>1.0$，即 $K_{\mathrm{su}}>K$。

也就是说，对于黏土岸坡，洪水迅速上涨时，在水压力的作用下，其稳定系数大于洪水前的安全系数，稳定性增加。

8.4　洪水降落对岸滩稳定性的影响

江河洪峰过后，洪水降落及降落速率对岸滩的稳定性有重要的影响，对不同土质的岸滩具有不同的作用。在此主要分析洪水骤降过程中的黏土岸滩和洪水缓慢降落过程中的黏性土岸滩两种情况的稳定性。

8.4.1 洪水骤降过程中的黏土岸滩

岸滩在受到汛期长时间的浸泡后，土壤处于饱和状态，土壤的内聚力和内摩擦角都有很大幅度的减小；另外，由于黏土岸滩具有较好的保水性，洪水骤降时，侧向水压力突然消失，而岸滩又来不及排水，停留在土体内部的水流增大了岸滩土体的重量。由式（8-3）可知，洪水水位骤降后岸滩的稳定系数 K_{qd}：

$$K_{qd}=\frac{[\gamma+f(\gamma_{sat}-\gamma)]A\cos\Theta\tan\theta'+c'l}{[\gamma+f(\gamma_{sat}-\gamma)]A\sin\Theta} \tag{8-20}$$

对比式（8-20）与式（8-4）可得

$$\frac{K_{qd}}{K}=K_\theta\frac{P_{\tau_\theta}}{P_\tau}+\frac{K_c}{K_{w'}}\frac{P_{\tau_c}}{P_\tau} \tag{8-21}$$

式中，$K_{w'}=\dfrac{\gamma+f(\gamma_{sat}-\gamma)}{\gamma}$。岸滩土壤经过长时间的浸泡后，$K_\theta<1.0$；$K_c<1.0$；$K_{w'}>1.0$。所以，$\dfrac{K_{qd}}{K}=K_\theta\dfrac{P_{\tau_\theta}}{P_\tau}+\dfrac{K_c}{K_{w'}}\dfrac{P_{\tau_c}}{P_\tau}<1.0$，即 $K_{qd}<K$。也就是说，经过长时间浸泡过的黏土岸滩，当洪水骤降后，岸滩的稳定系数总是减小，崩岸的机会增加；与洪水浸泡相比，稳定系数还要减小$\left(\dfrac{f\gamma_w K}{\gamma K_{w'}\cdot K_w}\right)$，表明洪水骤降后，崩岸的机会大幅度增加，险情进一步加重。

8.4.2 洪水慢降过程中的黏性岸滩

岸滩在汛期长时间浸泡后，一方面土壤处于饱和状态，土壤的内聚力和内摩擦角都有一定程度的减小；另一方面，由于黏性岸滩具有一定的渗透性，当洪水缓慢降落时，岸滩土体逐渐向河内排水，岸滩在排水过程中，渗透力作用在土体上，其方向指向河流一侧。此时岸滩稳定系数为

$$\begin{aligned}K_{sd}&=\frac{[W'\cos\Theta+P_d\sin(\beta-\Theta)]\tan\theta'+c'l}{W'\sin\Theta+P_d\cos(\beta-\Theta)}\\&=\frac{\{[\gamma+f(\gamma_{sat}-\gamma_w-\gamma)]\cos\Theta+\gamma_w fJ_s\sin(\beta-\Theta)\}A\tan\theta'+c'l}{[\gamma+f(\gamma_{sat}-\gamma_w-\gamma)]A\sin\Theta+\gamma_w fJ_sA\cos(\beta-\Theta)}\end{aligned} \tag{8-22}$$

通过比较式（8-22）和式（8-4）可得

$$\frac{K_{sd}}{K}=\left[K_\theta\frac{P_{\tau_\theta}}{P_\tau}+\frac{K_c}{K_w}\frac{P_{\tau_c}}{P_\tau}+\frac{K_\theta P_d}{K_w P_\tau}\sin(\beta-\Theta)\right]\frac{P_{\tau\alpha}}{P_{\tau\alpha}+\dfrac{P_d}{K_w}\cos(\beta-\Theta)} \tag{8-23}$$

因为洪水降落时，一般情况 $\beta<\alpha<90°$。因此，

$$\frac{P_{\tau_\alpha}}{P_{\tau_\alpha}+\dfrac{P_d}{K_w}\cos(\beta-\Theta)}\cong 1-\Delta P<1.0$$

$$K_\theta \frac{P_{\tau_\theta}}{P_\tau}+\frac{K_c}{K_w}\frac{P_{\tau_c}}{P_\tau}<\frac{P_{\tau_\theta}+P_{\tau_c}}{P_\tau}=1.0$$

$$\frac{K_{sd}}{K}\cong\left[K_\theta \frac{P_{\tau_\theta}}{P_\tau}+\frac{K_c P_{\tau_c}}{K_w P_\tau}+\frac{K_\theta P_d}{K_w P_\tau}\sin(\beta-\Theta)\right](1-\Delta P)<1-\Delta\Delta P \tag{8-24}$$

式中，$\Delta\Delta P=\left[K_\theta \frac{P_{\tau_\theta}}{P_\tau}+\frac{K_c P_{\tau_c}}{K_w P_\tau}\right]\Delta P+\frac{K_\theta P_d}{K_w P_\tau}\sin(\Theta-\beta)(1-\Delta P)$；$\Delta P=\frac{P_d}{K_w P_{\tau\alpha}}\cos(\beta-\Theta)$；一般情况，$0<\Delta P<1$，所以，$\Delta\Delta P>0$。从式（8-24）可知，$K_{sd}<K$，说明岸滩稳定系数减小。

8.5 洪水期岸滩稳定性的综合比较

针对上述分析的几种典型洪水水位升降和河岸组成的组合工况，包括洪水浸泡岸滩（简称洪水浸泡期），洪水快速上涨的黏土岸滩（简称洪水快速上涨期），洪水缓慢上涨的黏性岸滩（简称洪水缓慢上涨），洪水快速降落的黏土岸滩（简称洪水骤降期），洪水缓慢降落的黏性岸滩（简称洪水缓慢下降）等，现对比分析如下。

8.5.1 洪水快速上涨与洪水缓慢上涨

为了分析洪水迅速上涨和洪水缓慢上涨河岸的稳定性关系，结合上述分析方法，将式（8-18）和式（8-16）相除可得

$$\frac{K_{qu}}{K_{su}}=\frac{P_{\tau\theta}+\{-P_{Ly}\cos\Theta+P_{Lx}\sin\Theta\}\tan\theta+P_{\tau c}}{K_w K_\theta P_{\tau\theta}+K_c P_{\tau c}+P_d K_\theta \sin(\beta-\Theta)\tan\theta}\cdot\frac{\gamma K_w A\sin\Theta+P_d\cos(\beta-\Theta)}{\gamma A\sin\Theta-P_{Ly}\sin\Theta-P_{Lx}\cos\Theta} \tag{8-25}$$

式中，$K_\theta<1$，$K_c<1$，$K_w>1$，且 $P_{Lx}\tan\Theta-P_{Ly}$ 大于 0，$\cos(\beta-\Theta)>0$，$\sin(\beta-\Theta)>0$。但是，由于缓慢上涨，$\sin(\beta-\Theta)$ 的值会比较小，则

$$\frac{P_{\tau\theta}+\{-P_{Ly}\cos\Theta+P_{Lx}\sin\Theta\}\tan\theta+P_{\tau c}}{P_{\tau\theta}K_w K_\theta+K_c P_{\tau c}}>1,\quad \frac{\gamma K_w A\sin\Theta}{\gamma A\sin\Theta-P_{Ly}\sin\Theta-P_{Lx}\cos\Theta}>1$$

即$\frac{K_{qu}}{K_{su}}>1$，洪水迅速上涨期的稳定系数大于洪水缓慢上涨期的稳定系数，表明洪水迅速上涨过程的岸滩稳定性大于洪水缓慢上涨的稳定性。

8.5.2 洪水缓慢上涨与洪水浸泡期

洪水缓慢上涨期岸滩稳定系数公式为式（8-16），洪水浸泡期岸滩稳定系数为式（8-6），将式（8-16）与式（8-6）对比，并简化可得

$$\frac{K_{su}}{K_{fi}}=\frac{K_w K_\theta P_{\tau\theta}+K_c P_{\tau c}+P_d K_\theta \sin(\beta-\Theta)\tan\theta}{K_w K_\theta P_{\tau\theta}+K_c P_{\tau c}}\cdot\frac{K_w p_{\tau_\alpha}}{K_w p_{\tau_\alpha}+P_d\cos(\beta-\Theta)} \tag{8-26}$$

在洪水上升过程中，渗透力指向河岸一侧，$\beta>90°$，一般情况，$\cos(\beta-\Theta)<0$，$\sin(\beta-\Theta)>0$，则

$$\frac{K_{\mathrm{w}}K_{\theta}P_{\tau\theta}+K_{c}P_{\tau c}+P_{\mathrm{d}}K_{\theta}\sin(\beta-\Theta)\tan\theta}{K_{\mathrm{w}}K_{\theta}P_{\tau\theta}+K_{c}P_{\tau c}}>1;\ \frac{K_{\mathrm{w}}p_{\tau_{\alpha}}}{K_{\mathrm{w}}p_{\tau_{\alpha}}+P_{\mathrm{d}}\cos(\beta-\Theta)}>1$$

因此，$\frac{K_{\mathrm{su}}}{K_{\mathrm{fi}}}>1$，即洪水缓慢上涨期的稳定系数大于洪水浸泡期的稳定系数，表明洪水上涨期的岸滩稳定性大于洪水浸泡期。

8.5.3 洪水浸泡期与洪水缓慢下降期

洪水浸泡岸滩稳定系数式（8-6）与洪水缓慢下降时岸滩稳定系数式（8-22）对比，可得

$$\frac{K_{\mathrm{fi}}}{K_{\mathrm{sd}}}=\frac{K_{\mathrm{w}}K_{\theta}P_{\tau\theta}+K_{c}P_{\tau c}}{K_{\mathrm{w}}K_{\theta}P_{\tau\theta}+P_{\mathrm{d}}\sin(\beta-\Theta)\tan\theta'+K_{c}P_{\tau c}}\cdot\frac{K_{\omega}P_{\tau\alpha}+P_{\mathrm{d}}\cos(\beta-\Theta)}{K_{\omega}p_{\tau\alpha}}\tag{8-27}$$

洪水下降期 $\beta<\Theta<90°$，$\sin(\beta-\Theta)<0$，$\cos(\beta-\Theta)>0$，则

$$\frac{K_{\mathrm{w}}K_{\theta}P_{\tau\theta}+K_{c}P_{\tau c}}{K_{\mathrm{w}}K_{\theta}P_{\tau\theta}+P_{\mathrm{d}}\sin(\beta-\Theta)\tan\theta'+K_{c}P_{\tau c}}>1,$$

$$\frac{K_{\omega}P_{\tau\alpha}+P_{\mathrm{d}}\cos(\beta-\Theta)}{K_{\omega}p_{\tau\alpha}}>1$$

因此，$\frac{K_{\mathrm{fi}}}{K_{\mathrm{sd}}}>1$，即洪水浸泡期的稳定系数大于洪水缓慢下降期的稳定系数，与洪水浸泡期相比，洪水下降期岸滩更容易崩塌。

8.5.4 洪水缓慢下降与洪水骤降期

同样，利用洪水缓慢下降时的稳定系数除以洪水骤降期的稳定系数，即式（8-22）与式（8-20）相比，可得

$$\frac{K_{\mathrm{sd}}}{K_{\mathrm{qd}}}=\frac{K_{\mathrm{w}}P_{\tau c}K_{\theta}+K_{c}P_{\tau c}+\gamma_{\mathrm{w}}fJ_{\mathrm{s}}\sin(\beta-\Theta)AK_{\theta}\tan\theta}{K_{\mathrm{w}}P_{\tau c}K_{\theta}+K_{c}P_{\tau c}}\cdot\frac{\gamma K_{\mathrm{w}'}A\sin\Theta}{\gamma K_{\mathrm{w}'}A\sin\Theta+\gamma_{\mathrm{w}}fJ_{\mathrm{s}}A\cos(\beta-\Theta)}\tag{8-28}$$

洪水缓慢下降时，上部土体的含水量有所减小，同时土体的内摩擦角和内聚力有所升高，所以：

$$\frac{K_{\mathrm{w}}P_{\tau c}K_{\theta}+K_{c}P_{\tau c}+\gamma_{\mathrm{w}}fJ_{\mathrm{s}}\sin(\beta-\Theta)AK_{\theta}\tan\theta}{K_{\mathrm{w}}P_{\tau c}K_{\theta}+K_{c}P_{\tau c}}>1$$

因为洪水缓慢下降时，渗流比降较小，一般情况下：

$$\frac{\gamma K_{\mathrm{w}'}A\sin\Theta}{\gamma K_{\mathrm{w}'}A\sin\Theta+\gamma_{\mathrm{w}}fJ_{\mathrm{s}}A\cos(\beta-\Theta)}>1$$

所以，$\frac{K_{\mathrm{sd}}}{K_{\mathrm{qd}}}>1$，即 $K_{\mathrm{sd}}>K_{\mathrm{qd}}$，即洪水降落的速度越快，岸坡越不稳定。

8.5.5 洪水期岸滩稳定性综合比较

本章就洪水期的洪水迅速上涨、缓慢上涨、长期浸泡、骤降、缓慢下降等各类洪水变化情况下的不同土质岸滩稳定性进行了对比分析，得出相互之间的对比关系，即

$$\frac{K_{qu}}{K_{su}}>1,\ \frac{K_{su}}{K_{fi}}>1,\ \frac{K_{fi}}{K_{sd}}>1,\ \frac{K_{sd}}{K_{qd}}>1 \tag{8-29}$$

$K_{qu}>K_{su}>K_{fi}>K_{sd}>K_{qd}$，洪水变化期岸滩稳定系数从大到小的顺序依次为：洪水迅速上涨期、洪水缓慢上涨期、洪水浸泡期、洪水缓慢下降期、洪水骤降期。前述洪水期不同阶段和典型土质岸滩的稳定分析结果表明，洪水迅速上涨期岸滩稳定性最好，其次是洪水缓慢上涨期，依次为洪水浸泡期和洪水缓慢下降期，洪水骤降期岸滩稳定性最差。

综上所述，影响岸滩稳定系数的因素主要包括岸滩浸泡后内聚力、摩擦角的减小幅度和渗透力的大小。经过长时间浸泡过的黏性岸滩，一方面长期浸泡使土壤的内聚力和内摩擦角减小，岸滩阻滑力减小；另一方面土壤内产生流向河流的渗透力（$\beta<90°$），岸滩下滑力增大。与枯水期比较，洪水下降过程中的黏性岸滩，稳定系数将大幅度减小，崩岸机会大大增加，险情加重。

作为洪水升降对河岸稳定影响的计算例子[8]。按照表5-1所示的河岸崩块条件，作者就洪水升降过程河岸的稳定性进行了计算，如图8-5所示。计算结果表明，在洪水上涨过程中，一方面渗流梯度为正，渗透力对河岸稳定虽有一定的影响，但作用不大；另一方面，湿润面积增大，河岸所受的升力有所增大，导致河岸的稳定系数增大。在洪水降落过程中，洪水影响主要包括湿润面积减小和渗流梯度变为负值，湿润线降低使崩体所受升力减小，河岸稳定性减弱；渗流梯度为负，渗透力变为河岸崩塌的动力，河岸稳定系数随着渗流梯度的增大而大幅度减小，特别是在洪水骤降状态时，渗流水力梯度较大，河岸所受渗透力较大，其稳定性大幅度减弱。

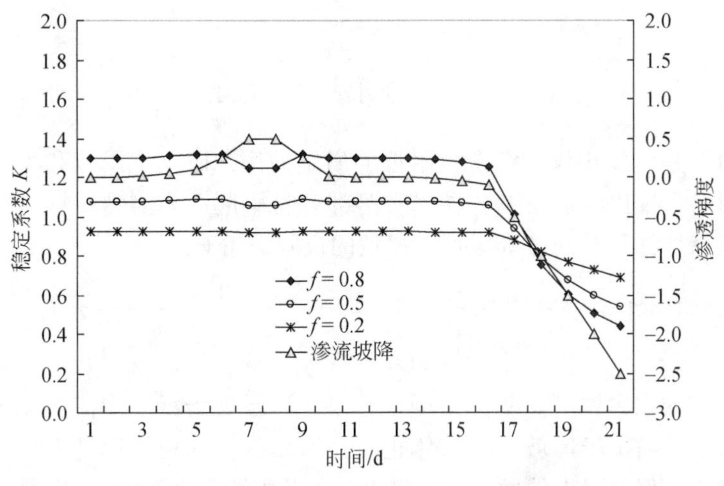

图8-5 洪水升降对河岸稳定性的影响

此外，针对水位升高和降落对河岸稳定性的直接影响，文献［1］在多个假定条件的基础上，就均质结构岸滩稳定性受水位变化的影响进行了分析计算，如图 8-6 所示。计算成果显示，不管河道内水位是涨升还是降落，都存在着一个最小的河岸边坡稳定系数，而且洪水降落比涨升时河岸边坡更容易发生破坏，与上述分析结果是一致的。

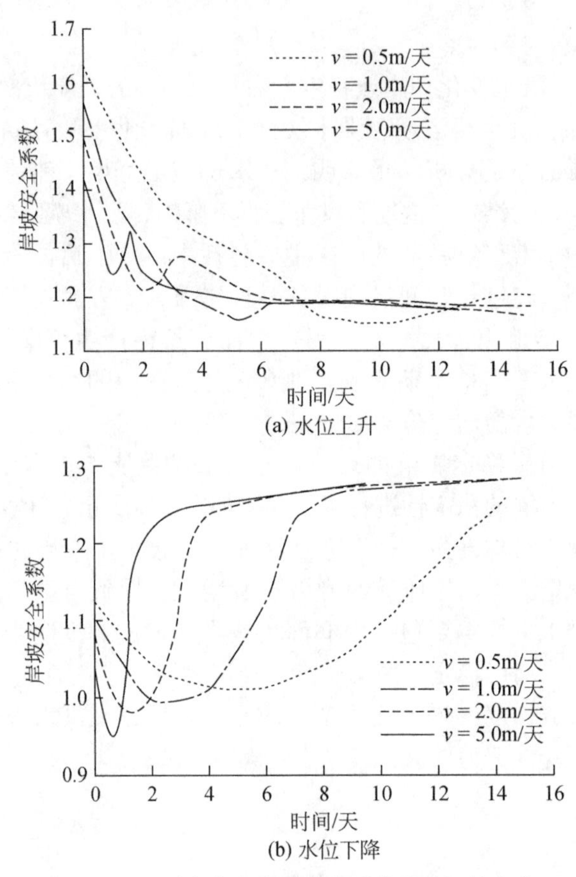

图 8-6　不同水位变速时安全系数随时间的变化

文献［11］以武汉市汉江汇合口附近的崩岸为例，研究了浸泡和洪水水位降落对软土岸坡的影响，推出洪水浸泡和洪水降落都容易引起河岸崩塌。针对渗流对岸坡稳定的分析，文献［20］给出了非黏性土岸坡的极限坡角 Θ_L 公式：

$$\tan\Theta_L=\frac{\gamma_{sat}-\gamma_w}{\gamma_{sat}\cot\theta'+\gamma_w\left(\dfrac{J_s}{\sin\Theta_L}\right)}=\frac{1}{1+\dfrac{\gamma_w}{\gamma_{sat}-\gamma_w}\left(1+\dfrac{J_s\tan\theta'}{\sin\Theta_L}\right)}\tan\theta' \tag{8-30}$$

式中，J_s 为渗流的水力坡度。从上式可以看出，河岸处于浸泡渗流状态下，河岸坡角减小，河岸极限坡角小于岸坡土壤的休止角；河岸渗流水力坡度越大，河岸极限坡角越小，说明渗流会促使崩岸的发生（$J_s>0$）；当岸滩坡角大于 Θ_L，岸滩又可能发生崩塌。文献［21］利用水槽试验研究了渗流对河岸稳定性的影响，给出了渗流塌岸后，

河岸面积增加值 ΔA_e 的表达式为

$$\frac{\Delta A_e}{J_s}=a+bV^n \tag{8-31}$$

式中，a、b 和 n 分别为系数和指数；V 为河道水面流速。上式表明岸滩崩塌面积与渗流比降和河道水面流速成正比。

8.6 渗透险情与河流崩岸的关系

有关资料表明[22]，截至 2014 年，我国已建成五级以上江河堤防 28.44 万 km，累计达标堤防 18.87 万 km，堤防达标率为 66.4%；其中一级、二级达标堤防长度为 3.04 万 km，达标率为 77.5% 。但是，许多堤防仍然存在堤基条件差、堤身填筑质量不达标、堤后坑塘多及堤脚未加保护等弱点，一旦遭遇洪水，堤防经常发生渗透破坏、崩岸等险情，其中渗透破坏类型主要有管涌、流土、接触流土和接触冲刷四种[23]，管涌和流土是均质岸滩发生渗透破坏的两种基本形式。1998 年的特大洪水，长江中下游干堤出现的重大险情中，管涌险情占第一位，共有 159 处，占各类险情总数的 54.5%[24]，多处堤段的渗透破坏险情由于未能及时得到有效控制，造成堤防溃决。因此，在开展河流崩岸研究的同时，有必要探讨堤防渗透险情的破坏机理及其与崩岸的关系，以便能及时合理地处理渗透和崩岸险情，确保堤防工程的安全。

8.6.1 河岸渗流与洪水位变化

我国堤防大多建在第四纪冲积层的地面上，堤基表层为 1 ~ 10m 厚的弱透水砂壤土或粉质黏土覆盖层，下部为黏性土夹细砂、中粗砂到深层为砂卵石，总厚度达数十米，为强透水层；堤基各层不均匀或夹有薄砂层，从而形成堤基的下部为深厚强透水砂层、表层为弱透水覆盖的双层地基[24]。当透水砂层堤基的承压水顶穿表层弱透水覆盖层时，即发生管涌、流土等渗透变形。就均质一元岸滩来说，渗透破坏主要是流土和管涌两种基本形式。流土为土体中的颗粒群在渗透力的作用下，颗粒同时起动而流失，其力学特征是渗透力作用在单位土体上；管涌为土体中的细颗粒在渗透力作用下，沿着粗粒骨架间的孔隙通道中移动并被带走，其力学特征是渗透力作用在单位颗粒上。流土和管涌也具有一定的关系，发生流土不一定发生管涌，但发生管涌前，一般会发生流土。

1. 流土发生机理与条件

在岸滩土壤中，水渗流时会受到土粒（体）阻力的作用，反过来水流必然有一个与之相等的力作用在土粒（体）上，即渗透力或动水力 P_s[2,25] 为

$$P_s=\gamma_w J_s \tag{8-32}$$

土体中向上的渗透力克服了向下的重力时，土体就要发生浮起或受到破坏，俗称流土，土体处于流土临界状态的水力坡降即为临界水力坡降 J_{cr}。临界水力坡降可用下

式表示为[23,25]

$$J_{cr}=\frac{\gamma'}{\gamma_w} \tag{8-33}$$

将土的浮容重 $\gamma'\left(=\frac{(G_s-1)\ \gamma_w}{1+e}\right)$代入上式后可得

$$J_{cr}=\frac{G_s-1}{1+e}=(G_s-1)(1-n) \tag{8-34}$$

式中，G_s、e 分别为土粒比重及土的孔隙比；n 为土体的孔隙率。流土的临界水力坡降取决于土的物理性质。利用式（8-34）可以算出比重 $G_s=2.65$ 时，不同密实度（e）的临界水力坡降 J_{cr}如表 8-1 所示。

表 8-1　$G_s=2.65$ 时的临界水力坡降 J_{cr}

e	0.5	0.75	1.0
密度状态	密	中密	松
J_{cr}	1.100	0.943	0.825

在向上的渗透水流的作用下，表层土局部范围内的土体或颗粒群同时发生悬浮、移动的现象称为流土。任何类型的土，只要水力坡降达到临界水力坡降 J_{cr}，都会发生流土破坏。显然，若 $J_s<J_{cr}$，土体处于稳定状态；$J_s>J_{cr}$，土体发生流土破坏；$J_s=J_{cr}$，土体处于临界状态。

2. 管涌发生机理与条件

在渗透水流作用下，土中的细颗粒在粗颗粒形成的孔隙中移动，以至流失；随着土的孔隙不断扩大，渗透流速不断增加，较粗的颗粒也相继被水流逐渐带走，最终导致土体内形成贯通的渗流管道（图 8-7），造成土体塌陷，这种现象称为管涌破坏。管涌破坏一般有个时间发展过程，是一种渐进性质的破坏。管涌发生在一定级配的无黏性土中，发生的部位可以在渗流逸出处，也可以在土体内部，故有人也称之为渗流的潜蚀现象。管涌发生的判别条件参见文献［23，24］。

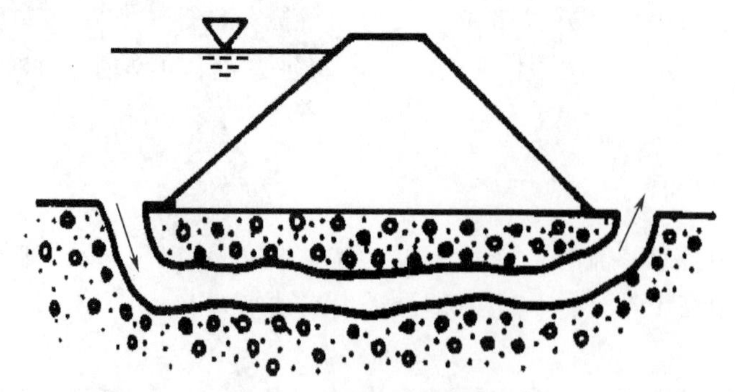

图 8-7　通过堤基的管涌示意图

根据流失颗粒在水中的自重与作用于该颗粒上的渗透力相平衡的原理，可得发生管涌的临界水力坡降计算式[26]：

$$J_{cr}=\chi\ (G_s-1)\ (1-n)\ \frac{D_b}{D_e} \tag{8-35}$$

式中，χ 为土颗粒的形状系数；D_b 为管涌流失土颗粒的粒径；D_e 为土颗粒等值粒径，即将天然土体中不同粒径 D_i 的土颗粒，化为同一粒径的土体而其阻力又不改变的粒径。

对于不均匀土壤堤基，若 $J_s<J_{cr}$，土体颗粒处于稳定状态；$J_s>J_{cr}$，土体颗粒发生管涌破坏，泥沙颗粒在管涌通道内发生流失；$J_s=J_{cr}$，土体颗粒处于临界状态。

3. 流土与管涌发生差异

(1) 流土

根据管涌临界水力坡降计算式（8-35）可以看出，当管涌流失土的颗粒粒径 D_b 逐渐趋近于等值粒径 D_e 时，管涌破坏的临界水力坡降计算公式趋近于流土破坏的公式(8-34)，这一临界条件的变化表明流土和管涌破坏发生的土壤条件是不一样的。流土破坏通常发生在均匀颗粒的土中，如中砂、细砂、粉砂地基及黏性土地基中，当渗透坡降一旦达到或超过临界值，且透水地基又未设滤层保护或设置的滤层因压重不够，则很快出现翻砂泉眼，而后瞬间大面积的砂粒喷涌而出[24]，往往抢护不及时，会造成很大的危害。

若岸滩为比较均匀的沙层（不均匀系数 Cu<10），当水位差较大，渗透途径不够长时，岸堤后渗流逸出处也会有 $J_s>J_{cr}$，这时地表将普遍出现小泉眼、冒气泡，继而土颗粒群向上鼓起，发生浮动、跳跃，称为沙浮，此时土体全部丧失承载能力，是一种典型的液化现象[27]。

(2) 管涌

管涌的发生和发展，有一个变化过程。管涌通常发生在颗粒不均匀的砂层地基中，当渗透坡降达到临界值后，开始有少量细颗粒泥土流失，随着渗流比降的增加，较粗泥沙也逐渐流失，地基发生管涌[24]。当透水砂层地基的承压水顶穿表层弱透水的覆盖层，即发生管涌破坏。此时，在覆盖层的管涌孔口底部出现一个或多个孔洞(图8-8)。管涌孔洞内的流速较大，砂粒不断随水流带出，使该孔洞沿其流线逐渐向上游发展；加之孔洞内的流速与其周围的渗透流速不一致，存在一个流速梯度，若该流速梯度所产生的剪切力超过周围砂粒的摩阻力，使砂粒失去平衡而被水流带出，导致孔洞的孔径不断扩大。文献［24］还从渗流能量损失和泥沙沉降理论分析了管涌出口的流速及管涌通道的剪切力。

在地基中粗粒骨架尚未发生变形之前，这时地基并不具有较大的危害性，只要及时监视，并采取有效的反滤措施就可控制管涌的发展。随着渗透比降的继续加大和时间的延续，地基中的细颗粒泥沙逐渐减少，粗颗粒泥沙也开始流失，管涌破坏将会发生，危害性也很严重。

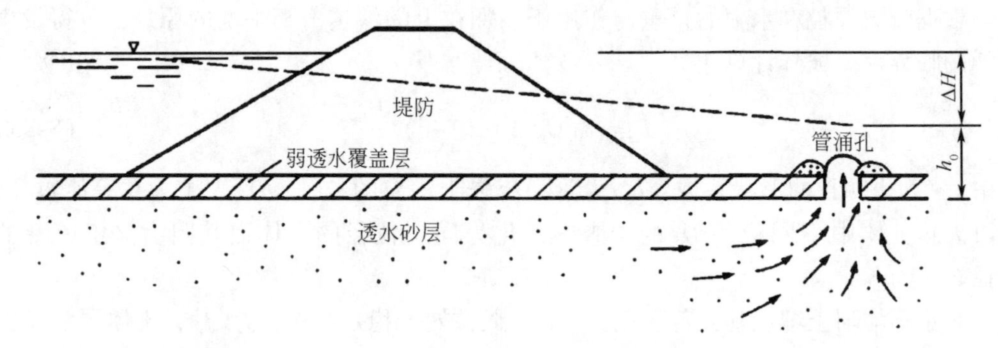

图 8-8　管涌发生后的流态示意图

8.6.2　岸滩渗透与崩岸的关系

众所周知，水在堤基或岸滩下渗流，通过的距离越长，水头损失越大，对堤基的破坏力越小，堤后汛期险情就较轻，甚至无险情；反之，堤后剩余水头大，渗透险情将增加。堤后剩余水头的大小与江河滩地（称为内滩）的宽度有一定的关系。

内滩窄主要产生于以下两个方面：一是建堤时内滩滩地本来就窄，二是建堤后内滩受到水流冲刷发生崩塌而变窄。对于河道滩地崩塌的河段，崩滩后滩地变窄，透水性强的沉积地层裸露在外，水流易于由此渗透到堤后，而且渗径变短，堤后剩余水头变大，汛期堤基渗漏险情就会逐渐加重，有可能会发生“流土”“管涌”[23,28,29]，美国俄亥俄河的滩地崩塌对管涌的发生起到了重要作用[30]。长江下游安庆地区，江河堤基历年出现的险情大部分位于江岸崩坍堤段[31]，如同马大堤宿松县的汇口和王家洲，望江县的关帝庄，广济圩的丁家村到马家窝，枞阳县的殷家沟及南岸东至县的广丰圩和杨家套等，都是崩岸严重的河段。早期内滩宽，有的大堤外有外护圩，堤基渗透不太严重，未能引起注意；20 世纪 80 年代中期内滩仅有几百米、几十米，甚至几米，汛期堤后冒水翻沙，险情非常严重，这表明江岸的崩塌，使内滩变窄，无疑也是堤基产生严重渗透出险的一个主要因素。对于有渗漏的双层地基（表层透水性较弱，称为弱透水层；下层透水层较强，称为强透水层）而言（图 8-9），根据《堤防工程设计规范》(GB 50286—98)[32]可推求堤脚发生流土现象的临界内滩宽度[7,8]。

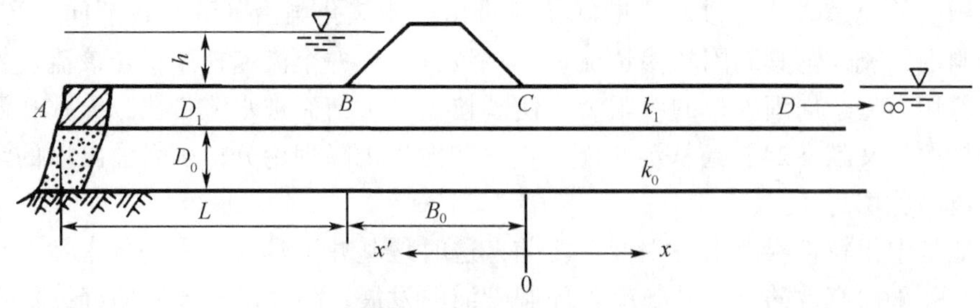

图 8-9　等厚双层堤基计算

根据文献[7,32]可知，滩地弱透水层的承压水头为

$$\text{CD 段：}h_{\mathrm{d}}=\frac{h}{1+aB_0+\tanh aL}\mathrm{e}^{-ax} \tag{8-36a}$$

$$\text{BC 段：}h_{\mathrm{d}}=\frac{h}{1+aB_0+\tanh aL}(1+ax') \tag{8-36b}$$

式中，h_{d} 为弱透水层承压水头；a 为越流系数，$a=\sqrt{\dfrac{k_1}{k_0D_1D_0}}$；$B_0$为堤脚处的宽度；$D_1$和 D_0分别为表层和下层土层的厚度；其他符号的意义参见图 8-9。堤后相应渗流的水力坡降为

$$J_{\mathrm{s}}=\frac{h_{\mathrm{d}}}{D_1}=\frac{h}{(1+aB_0+\tanh aL)D_1}\mathrm{e}^{-ax} \tag{8-37}$$

若令 $J_{\mathrm{s}}=J_{\mathrm{cr}}$，并把式（8-34）和式（8-37）代入和整理后，得

$$\tanh aL=\frac{h}{(G_{\mathrm{s}}-1)(1-n)D_1}\mathrm{e}^{-ax}-1-aB_0 \tag{8-38}$$

由此得堤后发生流土现象的临界内滩宽度 L_{cr}[7][8]为

$$L_{\mathrm{cr}}=\frac{1}{2a}\ln\left(\frac{-aB_0(G_{\mathrm{s}}-1)(1-n)D_1+h\mathrm{e}^{-ax}}{(2+aB_0)(G_{\mathrm{s}}-1)(1-n)D_1-h\mathrm{e}^{-ax}}\right) \tag{8-39}$$

利用崩滩后的剩余内滩宽度 L 与上述临界内滩宽度 L_{cr}比较，就可以判断滩地崩塌至什么状态，堤后会否出现渗透险情。若 $L>L_{\mathrm{cr}}$，堤后不会发生流土破坏的险情；若 $L\leqslant L_{\mathrm{cr}}$，堤后可能会发生流土破坏的险情。一般情况，堤后最先发生流土破坏的位置是堤脚附近，即相当于在图 8-9 中，$x=0$ 或者 $x'=0$。因此，对应堤脚处的剩余水头为

$$h_{\mathrm{d}}=\frac{h}{1+aB_0+\tanh aL} \tag{8-40}$$

堤脚发生流土现象的临界内滩宽度 L_{cr}为

$$L_{\mathrm{cr}}=\frac{1}{2a}\ln\left(\frac{-aB_0(G_{\mathrm{s}}-1)(1-n)D_1+h}{(2+aB_0)(G_{\mathrm{s}}-1)(1-n)D_1-h}\right) \tag{8-41}$$

作为一个例子（取 $G_{\mathrm{s}}=2.7$，$n=0.44$，$B_0=20\mathrm{m}$），按照图 8-9 中的结构，就堤脚渗透破坏的条件进行了计算，计算结果如图 8-10 所示。计算结果表明，崩滩使滩地宽度减

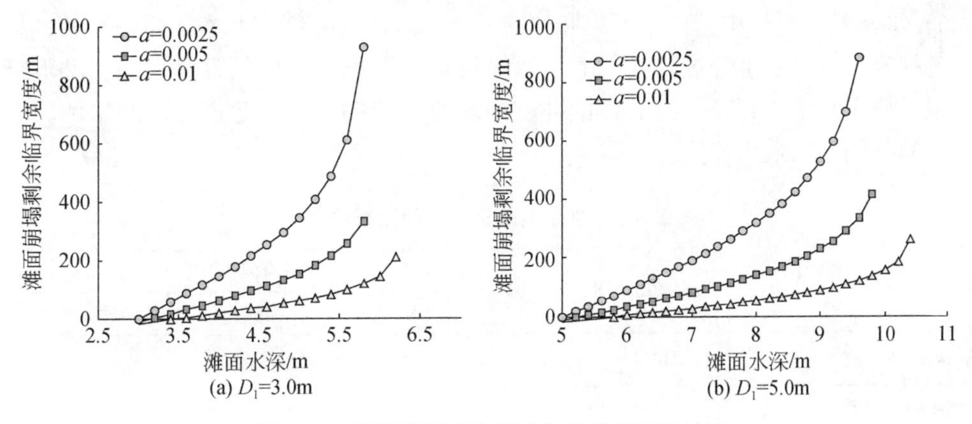

图 8-10　岸滩崩塌剩余宽度与渗透破坏的关系

小，渗径缩短，对堤岸渗透破坏产生一定的影响。崩滩滩地剩余宽度对渗透破坏的影响程度还与堤基结构、土壤性质和水流条件有关。滩面水深越大、堤基越流系数越小，堤后脚发生流土破坏所需的滩面宽度越大。

8.7 洪水期崩岸试验成果与实例

8.7.1 洪水期崩岸试验成果

在模型试验中，针对顺直河道和弯曲河道，就高水位洪水浸泡、洪水位变化等条件下的崩岸特点进行了试验研究[8]，顺直河道试验参见照片 8-1 和照片 8-2 弯曲河道试验参见照片 8-3 和照片 8-4。各种试验的条件参见表 2-3，主要试验现象和成果见表 8-2 和表 8-3，图 8-11为不同试验方案典型断面崩塌对比。主要试验成果如下：

1）在洪水浸泡或者洪水升降过程中，河岸的崩塌过程和崩塌特点有很大的不同，特别是水位升降方式及升降速率对河道的崩塌及崩塌过程产生重要的影响。

2）在洪水涨升过程中，由于中小水期近岸水流的冲刷，河岸会发生纵向裂隙，有数处裂隙产生，随着水位的不断升高，一方面土壤浸泡后河岸稳定性减弱，另一方面水流可能进入裂隙，进一步降低土壤崩块的稳定性，在洪水涨升到后期会有崩岸发生，崩岸发生的形式以滑崩和挫崩为主。

3）河岸在高水位长期浸泡的过程中，河岸土壤特性及受力状态发生一定的变化，河岸在重力作用下，会产生一定程度的沉陷，而崩塌的程度并不十分严重。

4）当水位分时段均匀降落时，从岸坡初期有数处下沉坐塌，到坐落的部位逐渐增多，但主要发生在岸坡中下部或岸脚处，河岸以挫崩和滑崩为主；分时段降落，各阶段岸边冲刷，但不足以崩塌，造成岸边层次分明。

5）水位骤降以后，在河岸渗透力的作用下，在一定时段内，河岸整体下滑，崩塌严重，崩岸后的断面形态为“U”字形，对应的崩塌形式以滑崩和挫崩为主。此后在水流的作用下，下滑崩体淘刷，再崩塌。

6）洪水升降过程中，顺直河道和弯曲河道崩岸的变化特点基本上是一致的，但也有一定的差异。洪水上升过程中，由于凹岸较陡，洪水浸泡后更容易崩塌；洪水降落过程中，特别是水位骤降，滑崩体的冲刷崩塌有一定的差异，弯道上游凸岸和凹岸弯顶下游的冲刷崩塌最为严重。

表 8-2　洪水期顺直河道的崩岸现象

方案	顺直河道方案 3	顺直河道方案 4	
		突降前	突降后
干容重/(kN/m^3)	14.13	14.30	
河岸空隙比	1.275	1.215	

续表

方案		顺直河道方案3	顺直河道方案4	
			突降前	突降后
河岸含水率/%		53.01	50.85	
产生崩塌时间/min		30	15～20	
崩塌总数		第2时段有4～5处下塌，以后逐渐增多	浸泡后期数处下沉	整体下沉滑坍
崩塌形式		坐塌，伴有较多的裂隙	坐沉	滑坍
崩块尺度/cm	长度	第2时段：20～40	10～30及以上	整体
	宽度	3～5	2～5	>3～5
崩塌特点及有关现象		第1时段浸泡期间，岸坡没有发生崩塌，水位开始降落后时段（第2时段），有数处下沉坐塌，下一时段水位降落时，坐落的部位逐渐增多，但主要发生在岸坡中下部或岸脚处；岸边层次分明，每阶段岸边冲刷，但不足以崩塌	水位突然降落之前，岸坡基本完整，无崩塌出现，仅有几处岸面下沉的现象	水位骤降以后，河岸整体下滑，崩塌严重，10min内继续下滑；此后在水流的作用下，下滑崩体淘刷，再崩塌
备注		照片8-1	照片8-2	

表8-3　洪水期弯曲河道的崩岸现象

方案		弯曲河道方案3	弯曲河道方案4	
			水位上升	水位骤降
曲率半径/m		2.5	2.5	
容重/(kN/m^3)		14.17	14.30	
河岸空隙比		1.324	1.215	
河岸含水率/%		56.85	50.85	
产生崩塌时间/min		15	53	
崩塌总数		骤降前无崩塌，骤降后整体滑崩	1	整体滑落
崩塌形式		坐塌和滑崩		坐落
裂隙发生		有裂隙	有裂隙	有裂隙
崩块尺度/cm	长度	无崩塌，整体崩陷 滑体崩塌尺度： （10～30）cm×（4～8）cm	30	整体滑落
	宽度		7	

续表

方案	弯曲河道方案 3	弯曲河道方案 4	
		水位上升	水位骤降
崩塌特点及有关现象	水位骤降之前，岸坡基本完整，无崩塌出现，仅有局部岸面下沉的现象；水位骤降以后，河岸整体下滑，崩滑严重；此后在水流的作用下，下滑崩体淘刷，再崩塌，淘刷崩塌的部位主要是弯道上游的凸岸及凹岸弯顶下游	在水位上升过程中，有数处裂隙产生，到后期才有一处崩塌	河岸整体下滑，崩滑严重
备注	照片 8-3	照片 8-4	

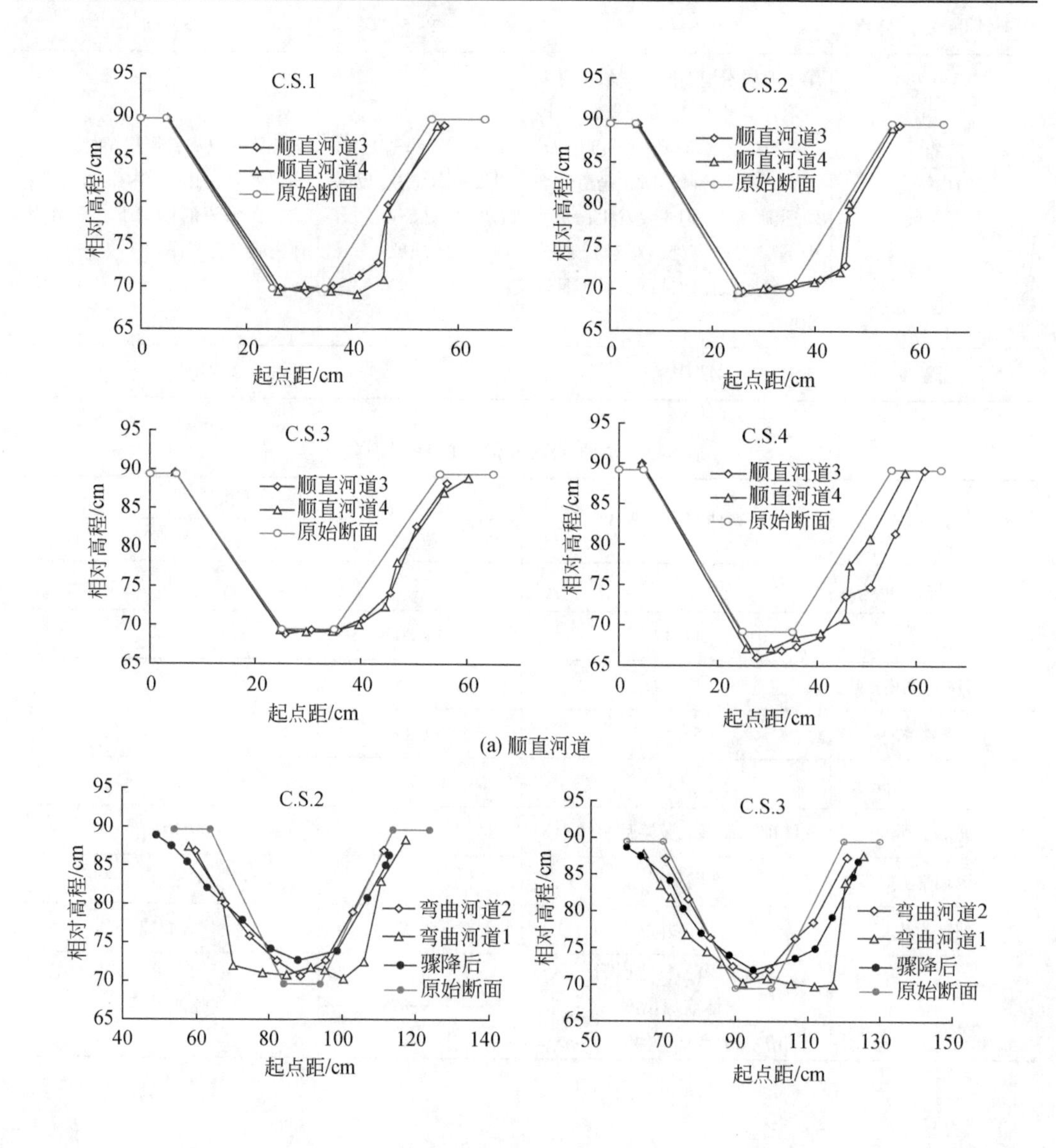

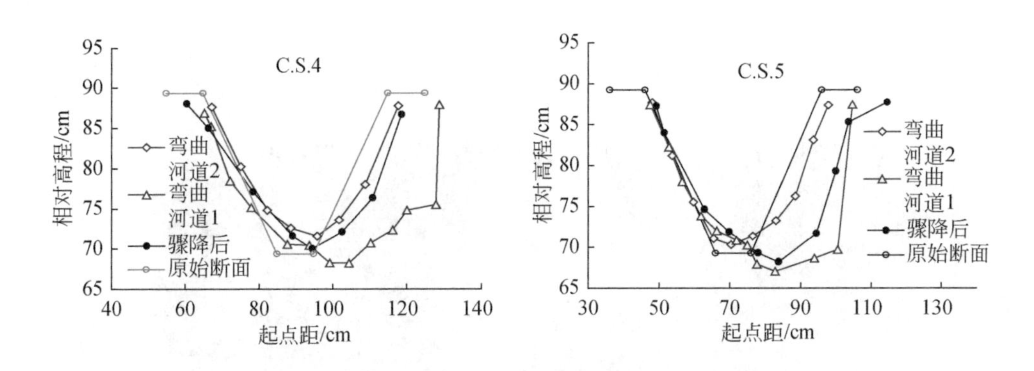

(b) 弯曲河道

图 8-11　洪水升降对河道崩岸的影响

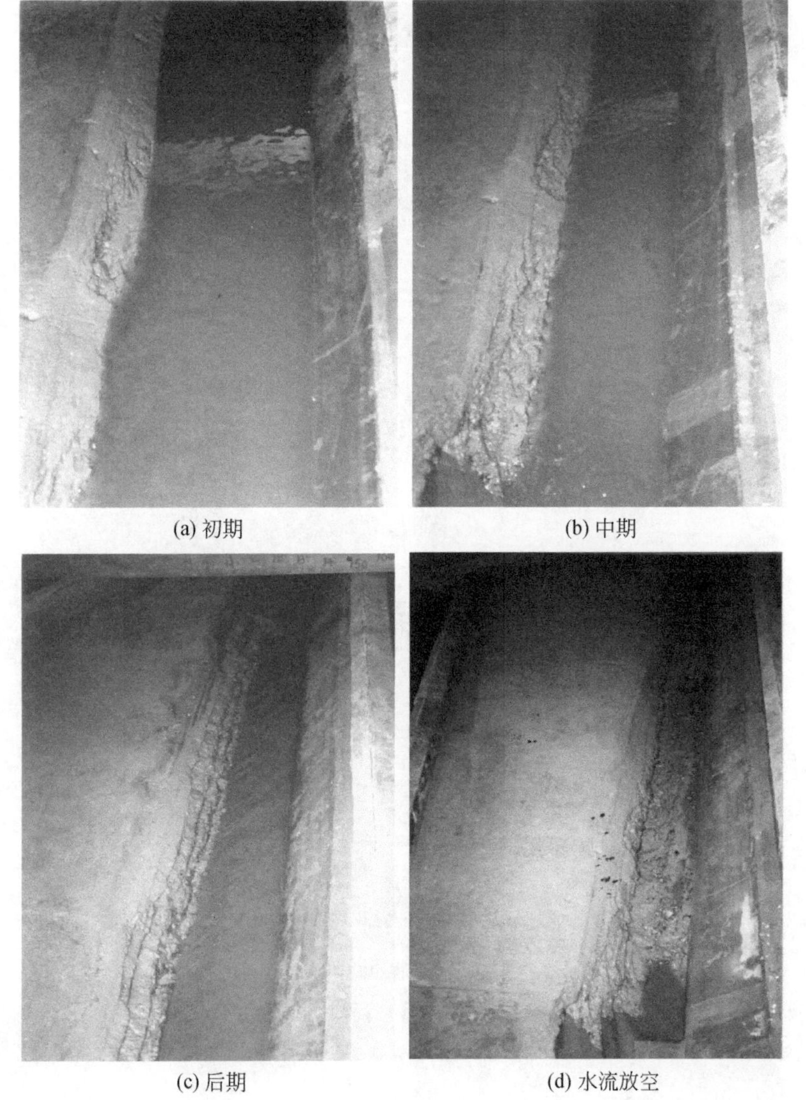

(a) 初期　(b) 中期

(c) 后期　(d) 水流放空

照片 8-1　顺直河道方案 3 水位分时段降落过程的崩岸现象

(a) 骤降前

(b) 骤降后初期

(c) 骤降后冲刷期

照片 8-2　顺直河道方案 4 水位骤降后冲刷的河岸崩塌过程

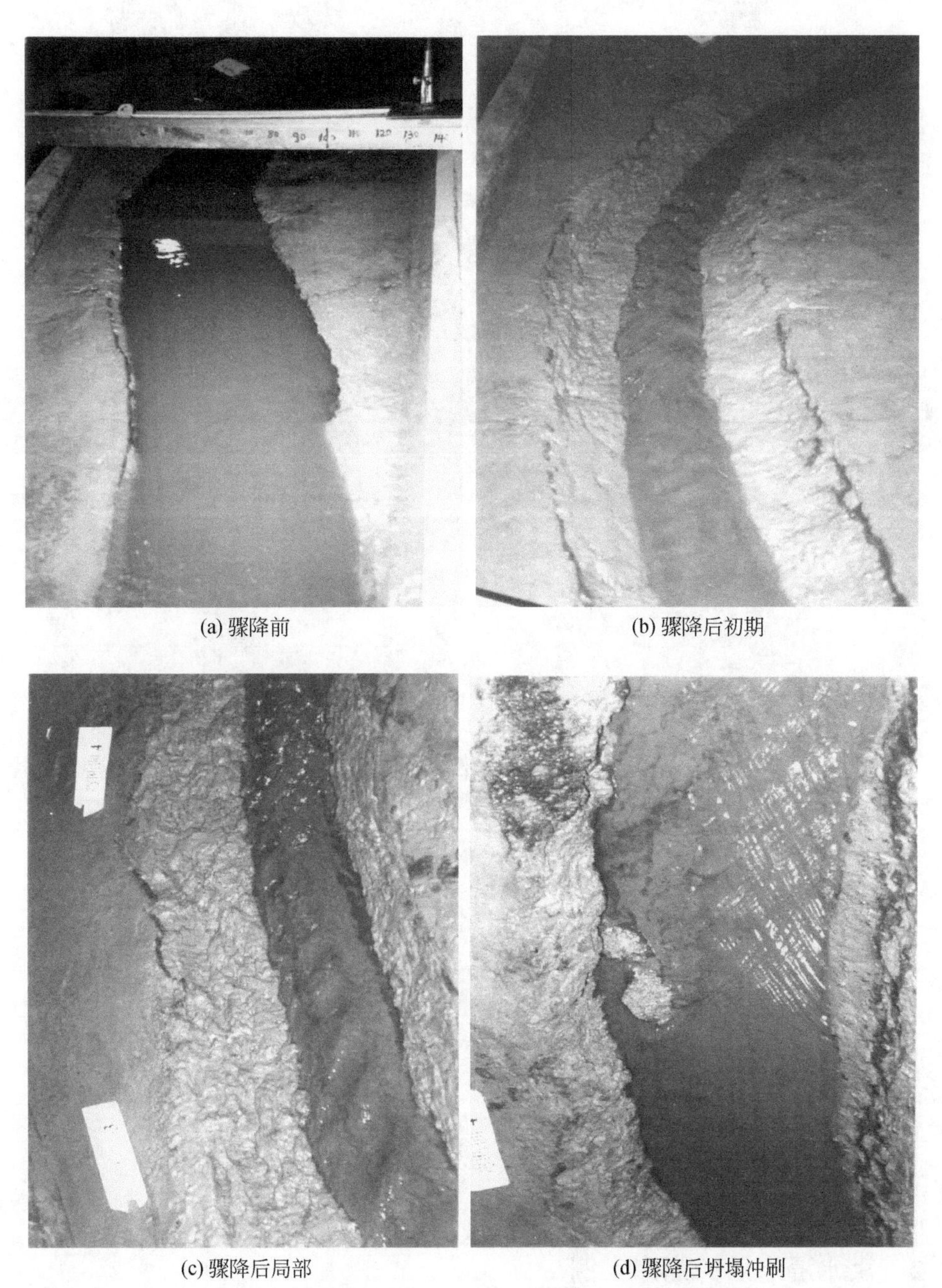

(a) 骤降前　(b) 骤降后初期

(c) 骤降后局部　(d) 骤降后坍塌冲刷

照片 8-3　弯曲河道方案 3 水位骤降过程河岸崩塌过程

(a) 水位分时段上升

(b) 水位骤降

照片 8-4　弯曲河道方案 4 水位先上升后骤降的河岸崩塌现象

8.7.2　洪水浸泡后的崩岸实例

崩岸，特别是大型的滑崩和窝崩，常常发生在洪水期，洪水浸泡对加速崩岸起到了重要作用。例如，汉江入长江口门段的罗家埠至艾家嘴河段[11]，长 2100m，两岸堤距 260 ~ 300m，枯水位的水面宽仅为 150m 左右。1949 年以来，这一河段曾先后几次发生岸顶崩塌或较严重的裂缝。四六三厂堤段处于这一老险工的中段，1963 年汛后曾发生过一次严重的崩岸滑坡。1983 年 10 月洪水后，右岸发生了较严重的崩岸、滑坡、裂陷等险情，长度共达 1341m，占岸线总长度的 64%，其中四六三厂 520m，艾家嘴 420m，罗家埠 401m，而以四六三厂的险情最为严重。其原因主要包括地质土壤因素、水流因素及水位速降等，其中河段高水位的长期浸泡进一步促使险情的发展。该河段历年来汛期经受着汉江、长江洪水的浸泡和汉江水流的冲刷，其中 1954 年、1964 年和 1983 年河段高水位洪水浸泡历时长达 67 天以上（表 8-4），最长可达 4 个月。软土岸坡受洪水高水位的长期浸泡后，岸坡土体饱和，强度降低，重量加大，稳定性减小。

表 8-4　四六三厂险段大水年高水位历时

年份	武汉关		舵落口	
	测量起止时间	天数/天	测量起止时间	天数/天
1954	6 月 17 日 ~ 10 月 21 日	127	（未测）	
1964	6 月 28 日 ~ 7 月 15 日，9 月 20 日 ~ 10 月 16 日	72	6 月 27 日 ~ 7 月 16 日，7 月 27 日 ~ 8 月 4 日，9 月 5 日 ~ 10 月 23 日	78
1983	6 月 30 日 ~ 8 月 20 日，8 月 24 日 ~ 8 月 31 日，9 月 15 日 ~ 9 月 22 日	67	6 月 29 ~ 10 月 28	122

注：险段处于舵落口与武汉关之间

8.7.3　洪水降落过程中的崩岸实例

对不同土质岸滩而言，洪水降落对崩岸的影响程度也是不同的，粒径较粗的沙质土壤，由于渗透性较好，容易密实，降水对崩岸的影响较小；但对于淤泥、亚黏土等软土岸坡，降水对崩岸的影响较大。当洪水迅速退落，平衡岸坡饱和土体的侧向水压力迅速减小，淤泥和淤泥质的软土基础难以支承沉重的饱和土体和抗拒侧向土压力产生的剪应力，特别是淤泥和淤泥质黏土、亚黏土具有流变性，在剪应力作用下，岸坡土体将发生缓慢而长期的剪切变形；再加上堤内水外渗产生的动水压力，必然推动岸坡下滑，并加剧剪切变形的发展；软土岸滩崩岸险情历时较长，应引起足够重视。

长江马湖堤 1996 年 1 月的崩岸实际上与洪水的长期降落有重要关系[33]。1995 年 7 月、8 月特大洪水之后，长江水位从 20.72m 开始长达 6 个月的持续回落，至 1996 年 1 月8 日下降至 8m，落差达 10 余米。在此期间，近岸坡一带的渗流场亦处于由洪水期对隔水层的浮托力向堤岸坡的渗透静、动水压力转化的调整阶段，特别是 1995 年 12 月原堤进行了加高 2m、加宽 6m 的加固工程，并采用机械碾压。加固期间堤基土体仍然存在着向长江的渗透压力，且微弱的碾压振动也足以引起粉砂土的液化，也直接改变了土层原始结构而使粉砂土沉陷并侧向流动，构成岸坡整体变形，成为岸滩失稳的起动点。

武汉市汉江汉阳沿河堤罗家埠至艾家嘴堤岸滑坡也是如此[11]。1983 年汛后，自 10 月 25 日武汉关水位从 24.55m 降到 12 月 15 日的 15.41m，水位以平均日降幅接近 0.2m（最大日降幅 0.82m）的速率迅速退落，平衡岸坡饱和土体的侧向水压力迅速减小，再加上内水外渗产生的动水压力，淤泥和淤泥质的软土基础难以支承沉重的饱和土体和抗拒侧向土压力产生的剪应力而变形，形成滑崩。崩岸裂缝从 12 月 5 日开始重新出现，并随着水位的降落而上下延伸发展（图 8-12）。由于水位降落，该河段的崩岸长度和河岸沉降明显增加，如表 8-5 所示。

表 8-5　四六三厂崩岸长度、沉降量与武汉关水位变化关系　　（单位：m）

项目	1983 年				1984 年
	12 月 5 日	12 月 15 日	12 月 17 日	12 月 23 日	1 月 15 日
武汉关水位	16.87	15.41	15.2	14.73	14.18
崩岸长度	20.0	300.0	380.0	500.0	520.0
沉降量	0.0	0.2	0.3	0.8	0.92

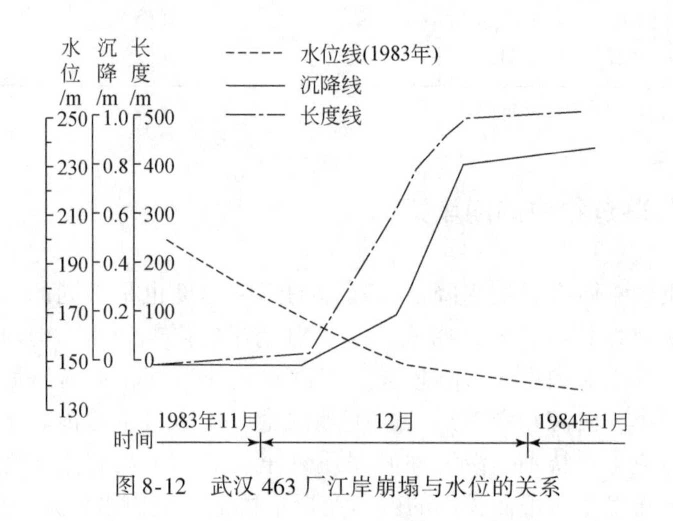

图 8-12　武汉 463 厂江岸崩塌与水位的关系

Abam 针对西非尼日尔河不同时期的河岸崩塌频率进行了研究[10]，研究成果也说明上述结论是正确的。图 8-13 为尼日尔河三角洲崩岸频率与水位变化的关系，结合图 1-10可以看出，随着降雨量的增加，逐渐进入汛期，河道内水位上升，促使枯水期淘刷严重的河段崩塌，崩岸次数增加（2～5 月）；随着降雨量的继续增大，洪水位快速升高，河岸反而稳定，崩塌次数减少（6～9 月）；降雨量减少，河水位急剧降落，河岸崩塌次数猛增（10～12 月）。

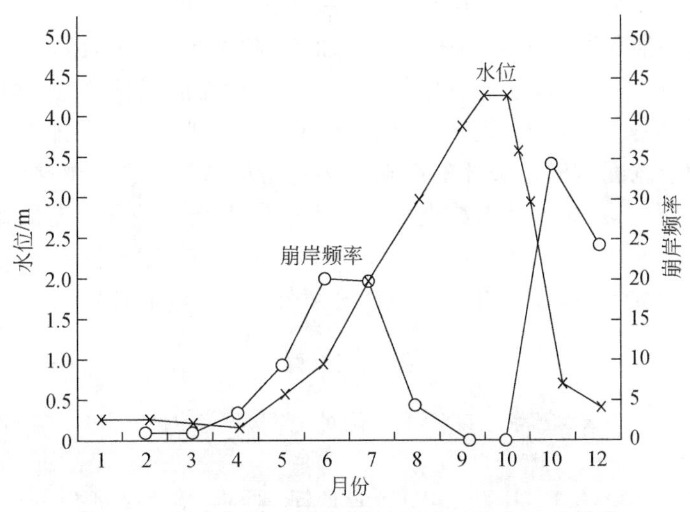

图 8-13　尼日尔河三角洲崩岸频率与水位的对比关系

8.8　小结

1）洪水长期浸泡后，河岸土壤的内摩擦角和内聚力随土壤相对含水量的增加以指数形式衰减，即河岸土体抗剪强度降低，导致河岸稳定系数减小，发生崩塌的概率增大。

2）在洪水上涨过程中，洪水上涨速率和岸滩土壤性质对岸滩稳定性具有重要影响。洪水缓慢上涨过程中，岸滩不仅遭受渗流内流的影响，而且还受到洪水长期浸泡的作用，使得岸滩内聚力和内摩擦角减小，洪水浸泡的影响一般大于渗透作用，即洪水缓慢上升的黏性岸滩的稳定性以减弱为主。对于黏土岸滩，洪水迅速上涨，在水压力的作用下，岸滩稳定系数大于洪水上涨前的稳定系数，稳定性增加。

3）在洪水降落过程中，黏土岸滩在汛期长时间浸泡后，洪水骤降使得侧向水压力突然消失，而黏土岸滩又来不及排水，停留在土体内部的水流增大了岸滩的重量，岸滩稳定系数将会大幅度减小，岸滩崩塌的机会大幅度增加。黏性土岸滩长时间浸泡后，洪水位降落使得岸滩土体产生流向河流的渗透力，岸滩土体下滑力增大，洪水降落致使黏性岸滩的稳定系数减小，崩岸机会增加，险情加重。

4）洪水期典型情况包括洪水快速上涨期、洪水缓慢上涨期、洪水浸泡期、洪水骤降期和洪水缓慢下降期等，洪水变化期岸滩稳定系数从大到小的顺序依次为：洪水快速上涨期、洪水缓慢上涨期、洪水浸泡期、洪水缓慢下降期、洪水骤降期，与洪水期崩岸试验成果和实际岸滩稳定性一致。

5）洪水期试验成果表明，在洪水涨升和浸泡过程中，岸滩会产生一定程度的沉陷和纵向裂隙，随着洪水水位的升高和浸泡，河岸土壤稳定性减弱，后期会有崩岸发生；在洪水水位降落过程中，岸滩崩塌逐渐增多，主要发生在岸坡中下部或岸脚处；水位骤降以后，河岸整体下滑，崩塌严重，崩岸后的断面形态为“U”字形；洪水期的崩岸形式以滑崩和挫崩为主，弯道上游凸岸和凹岸弯顶下游的冲刷崩塌最为严重。

6）在洪水浸泡和洪水涨退过程中，岸滩的渗流将会发生很大的变化，而且岸滩的渗透压力和渗透破坏也与岸滩崩塌有重要的关系。岸滩崩塌发生后，内滩缩窄，渗径缩短，堤后剩余水头增大，可能发生管涌、流土等渗透破坏，险情加重。

7）崩岸剩余宽度对渗透破坏的影响程度还与堤基结构、土壤性质和水流条件有关，滩面水深增加、堤基越流系数越小，堤后脚发生流土破坏所需的滩面宽度越大。本章导出了强弱渗透堤基后发生流土破坏时，崩岸剩余的临界内滩宽度公式为式（8-39）；堤脚发生渗透破坏的临界内滩宽度公式为式（8-41）。

参考文献

[1] 马崇武，刘忠玉，苗天德，等. 江河水位升降对堤岸边坡稳定性的影响. 兰州大学学报（自然科学版），2000，36（3）：56-60.

[2] Springer F M，Ullrich C R，Hagerty D J. Streambank stability. Journal of Geotechnical Engineering，1985，111（5）：624-640.

[3] Ullrich C R，Hagerty D J，Holmberg R W. Surficial failures of alluvial stream banks. Canadian Geotechnical Journal，1986，23（3）：304-316.

[4] 李青春，施裕兵，杨威，等. 水位变化对某水库库岸边坡稳定性影响研究. 成都：四川省水文、工程、环境地质学术交流会，2010.

[5] 陆彦，陆永军，张幸农. 河道水位降落对边坡稳定的影响. 水科学进展，2008，19（3）：389-393.

[6] 赵炼恒，罗强，李亮，等. 水位升降和流水淘蚀对临河路基边坡稳定性的影响. 公路交通科技，2010，27（6）：1-8.

[7] 王延贵，匡尚富，黄永健. 洪水期岸滩崩塌有关问题的研究. 中国水利水电科学研究院学报，2003，1（2）：90-97.

[8] 王延贵. 冲积河流岸滩崩塌机理的理论分析及试验研究. 北京：中国水利水电科学研究院，2003.

[9] 王延贵，匡尚富，陈吟. 洪水位变化对岸滩稳定性的影响. 水利学报，2015，46（12）：1398-1405.

[10] Abam T K S. Factors affecting distribution of instability of river banks in the Niger delta. Engineering Geology，1993，35（1/2）：123-133.

[11] 侯润北. 武汉市汉江汉阳沿河堤罗家埠至艾家嘴堤岸滑坡分析和整治//长江中下游护岸工程论文集（3）. 武汉：长江水利水电科学研究院，1985：58.

[12] 赵树德. 土力学. 北京：高等教育出版社，2001.

[13] 杨永红，刘淑珍，王成华，等. 土壤含水量和植被对浅层滑坡土体抗剪强度的影响. 灾害学，2006，21（2）：50-54.

[14] 王丽，梁鸿. 含水率对粉质黏土抗剪强度的影响研究. 内蒙古农业大学学报（自然科学版），2009，30（1）：170-174.

[15] 罗小龙. 含水率对黏性土体力学强度的影响. 矿产勘查，2002，（7）：52-53.

[16] 程彬，卢靖. 含水量对陕北 Q_ 3 黄土抗剪强度影响的试验研究. 施工技术，2009，（s1）：40-43.

[17] 王延贵. 河流岸滩挫落崩塌机理及其分析模式. 水利水电科技进展，2013，33（5）：21-25.

[18] 王延贵，匡尚富．河岸崩塌类型与崩塌模式的研究．泥沙研究，2014，(1)：13-20.

[19] Taylor D W. Fundamentals of soil mechanics. Soil Science，1948，66（2）：161.

[20] Haefeli R. The stability of slopes actedupon by parallel seepage. Rotterdam：Proceedings of the Second International Conference on Soil Mechanics and Foundation Engineering，1948：57-62.

[21] Burgi P H，Karaki S. Seepage effect on channel bank stability. Journal of the Irrigation & Drainage Division，1971，97（1）：59-72.

[22] 智研咨询集团. 2015—2020 年中国水利管理业行业前景预测及发展前景报告．北京：智研咨询集团，2015.

[23] 陈仲颐，等．土力学．北京：清华大学出版社，1994.

[24] 陶同康，鄢俊．堤防管涌的破坏机理和新型滤层结构设计．水利水运工程学报，2003，(4)：7-13.

[25] 蔡伟铭，胡中雄．土力学与基础工程．北京：中国建筑工业出版社，1991.

[26] 毛昶熙．渗流计算分析与控制．北京：水利电力出版社，1990.

[27] 汪闻韶．土的动力强度和液化特性．北京：中国电力出版社，1997.

[28] Hagerty D J. Piping/sapping erosion. I：basic considerations. Journal of Hydraulic Engineering，1991，117（8）：991-1008.

[29] Hagerty D J. Piping/sapping Erosion II. Journal of Hydraulic Engineering，1991，117（8）：1009-1025.

[30] Hagerty D J，Spoor M F，Ullrich C R. Bank failure and erosion on the Ohio river. Engineering Geology，1981，17（3）：141-158.

[31] 许润生．堤基渗漏与长江崩岸关系的探讨//长江中下游护岸工程论文集（3）．武汉：长江水利水电科学研究院，1985：110.

[32] 水利部水利水电规划设计总院．堤防工程设计规范（GB 50286–98）//赵春明．水利技术标准汇编．防洪抗旱卷．北京：中国水利水电出版社，2002.

[33] 吴玉华，苏爱军，崔政权，等．江西省彭泽县马湖堤崩岸原因分析．人民长江，1997，28（4）：27-30.

第9章 典型土壤结构岸滩的崩岸问题

9.1 河岸土壤结构与崩岸

9.1.1 岸滩土壤结构类型

岸滩地质结构是影响岸滩稳定、崩塌形式及崩塌过程的主要因素，所谓地质结构是指在不同地质年代或相同地质年代所形成的一元结构、二元结构和多元结构。岸滩一元均质结构是由性质相同的土壤组成，岸滩崩塌特点和崩塌过程相对简单。对于黏滞性不大的均质岸滩（一元结构），河流冲刷时发生挫（落）崩的可能性较大；对于黏滞性较大的均质结构，岸滩相对稳定。前几章所研究的崩岸问题基本上都是一元均质结构的河岸。

二元结构岸滩是由两类或者两种性质不同的土层组成的河岸滩。二元结构岸滩主要有以下几类：①岸滩上部为黏性土层，下部为沙质土层；②岸滩上部为沙质壤土，下部为黏性土层；③对于不同性质的同一类土（黏性土或沙质土）组成的岸滩，也是二元结构岸滩，称为异性土结构。和一元结构相比，受上下土层性质不同的影响，其崩塌形式和崩塌过程也有较大的差异，对应的破坏面也是比较复杂的组合形式。

多元结构岸滩则是由两种以上性质不同的土层组成，常见的类型主要有：沙层和黏层相间的岸滩结构，不同黏性土相间的岸滩结构，沙质夹层的黏性岸滩以及不规则的复杂结构。实际上，不同河段、不同部位的岸滩土壤结构都有很大的差别。例如，长江下游近800km的河段内，有17种以上的江岸结构[1]。多元结构岸滩的崩塌也是十分复杂的，类似的岸滩结构或不同的岸滩结构在遭受不同的水流条件，河岸发生崩塌的过程和特点也有较大的差异，文献［2］根据意大利阿尔诺（Arno）河的岸滩结构实际情况，给出了多种岸滩崩塌形式，如图9-1所示。

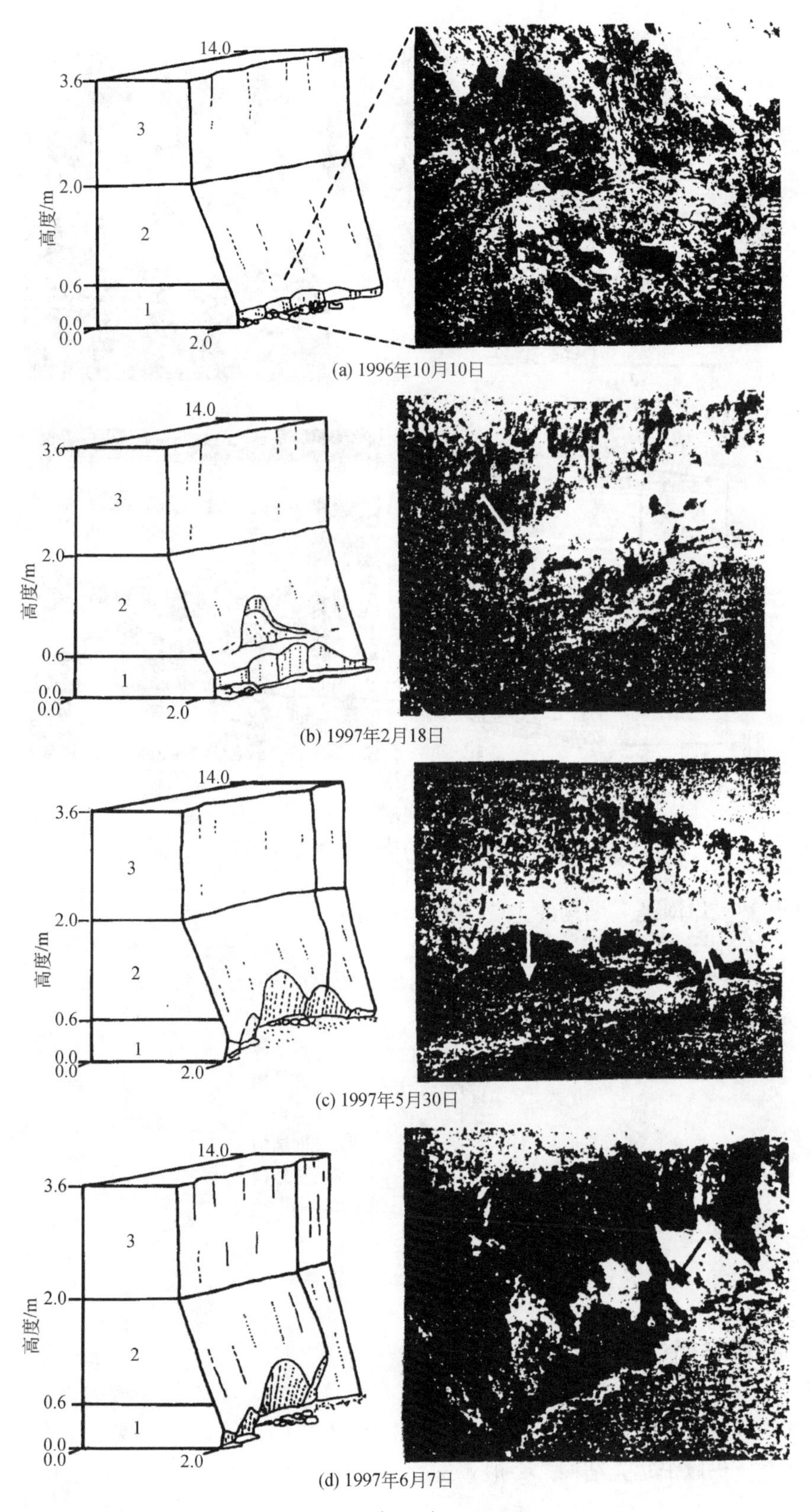

(a) 1996年10月10日

(b) 1997年2月18日

(c) 1997年5月30日

(d) 1997年6月7日

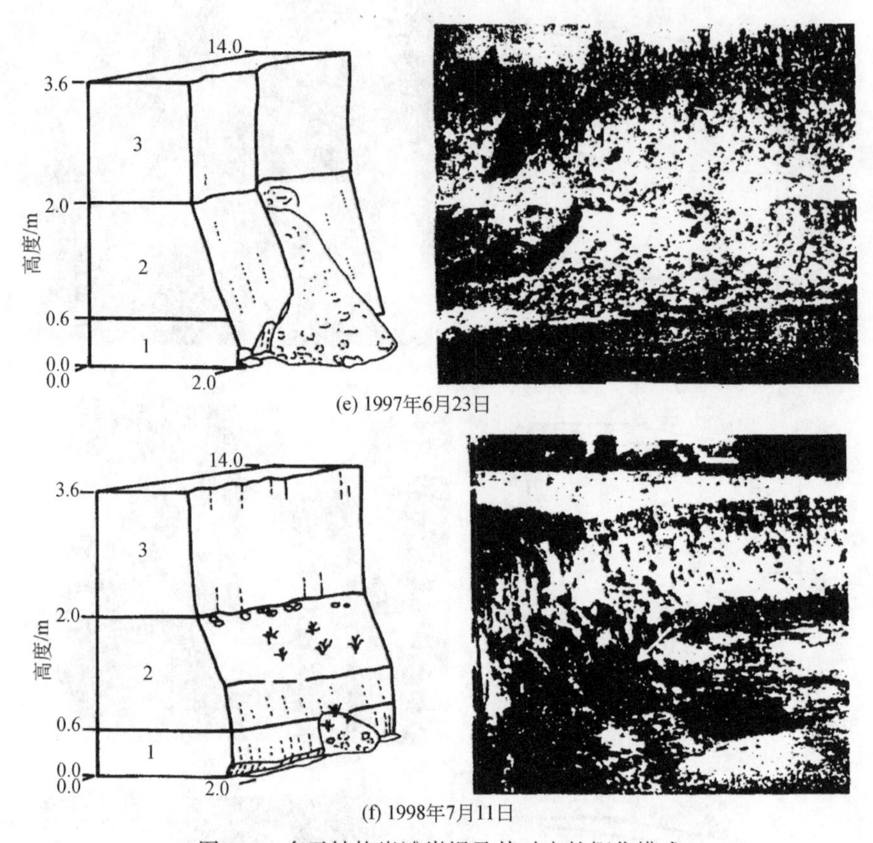

(e) 1997年6月23日

(f) 1998年7月11日

图 9-1 多元结构岸滩崩塌及其对应的概化模式

1 黏土粉沙层；2 粉质沙层；3 黏土粉沙层

综上所述，岸滩地质结构的主要类型参见图 9-2。

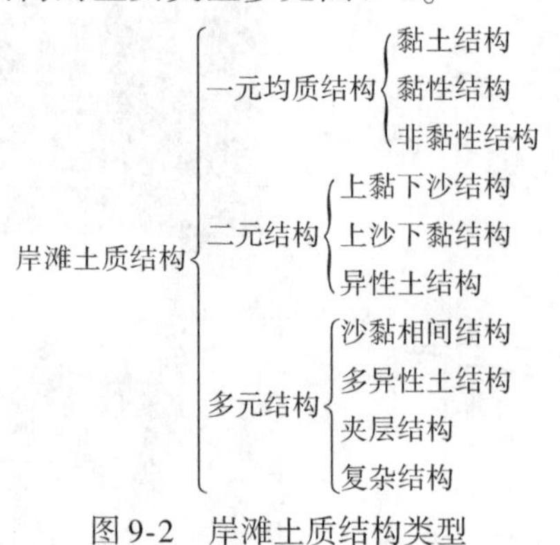

图 9-2 岸滩土质结构类型

9.1.2 长江下游江岸土壤结构特点

据有关资料表明，长江中下游河道两岸的地质结构为第四纪地层，从大的土壤组成类型来看，仍属于二元结构。一般情况，上部为黏性土、下部为砂性土的二元结构是长江中下游河岸常见的结构，其抗冲能力较弱。黏性土和沙性土的种类及其厚度与埋深的不同，又会组成多种岸滩地质结构，这些结构的抗冲性能有很大的差异，对崩岸及其形式也有直接的影响，常见的崩岸形式主要有挫崩、落崩和窝崩[1,3]。文献［1］结合长江下游793km 河段（九江至河口）的实际情况，根据枯水位以上疏松沉积物的组成和层次结构，把河岸分为 4 个大类 17 个亚类，如表 9-1 所示。枯水位以上河岸类型划分是以河岸物质组成指标 A_1 和 A_2 为依据，其中 A_1 为河岸物质组成（黏粒、粉沙粒及沙粒）中粉粒含量和黏粒含量之比，A_2 为（粉粒+沙粒）含量和黏粒含量之比。每个大类中各亚类之间的 A_1 和 A_2 值相对比较接近，而大类与大类之间的 A_1 和 A_2 值则相差较大；大类是河岸物质（黏粒、粉沙粒及沙粒）组成的差异，而亚类的划分则更多考虑各层次的组合结构。选用 A_1 和 A_2 值以及各层次的组合结构作为大类和亚类的划分根据具有一定的物理意义，它是河岸可动性大小的一种反映，因为粉粒和细砂易于为水流所冲动，黏粒则相对耐冲，它们的组合状况反映了河岸的可动性。层次结构同样也反映可动性，以冲层在上和在下，可动性大小是有差异的。因此，上述的河岸分类实际上是按泥沙组成与可动性大小划分的。类型Ⅰ是以黏土亚黏土质为主的河岸，A_1 和 A_2 值最小，其可动性最小；类型Ⅱ以亚黏土质为主，间夹其他土层，其可动性稍大；类型Ⅲ以亚砂土质为主，夹有一定数量的粉砂亚黏土，其可动性进一步增加；类型Ⅳ则是以粉细砂为主的河岸，其可动性最大。不同类型河岸的崩岸情况也有很大的差异，如长江下游在20 世纪70 年代，类型Ⅰ河岸基本上没有崩岸发生，类型Ⅳ河岸崩塌最严重，崩岸数占总崩岸数量的 54%，崩岸长度占总长度的 68. 2%。

表 9-1　长江九江至河口段枯水位以上河岸分类

4 个大类				17 个亚类			
编号	名称	A_1	A_2	编号	河岸类型名称	A_1	A_2
Ⅰ	黏土亚黏土质为主的河岸	1. 18	1. 34	1	黏土亚黏土质河岸	1. 27	1. 27
				2	上厚层黏土、下细砂质河岸	1. 08	1. 40
				3	上薄层亚砂土、下砾石层河岸		
Ⅱ	亚黏土质为主的河岸	1. 78	2. 31	1	亚黏土质河岸	1. 70	1. 79
				2	亚黏土夹亚砂土质河岸	1. 66	1. 97
				3	上厚层亚黏土、下粉细砂质河岸	1. 72	2. 85
				4	亚砂土亚黏土互层河岸	2. 03	2. 63
				5	上薄层粉砂、下亚黏土质河岸		
				6	上薄层黏土、下亚砂土质河岸		
Ⅲ	亚砂土质为主的河岸	2. 34	4. 38	1	亚黏土亚砂土粉砂互层河岸	2. 34	4. 08
				2	亚砂土质河岸	2. 77	3. 82
				3	上厚层亚砂土、下粉细砂质河岸	2. 38	4. 68
				4	上薄层亚黏土、下粉细砂质河岸	1. 88	4. 94

续表

编号	名称	A_1	A_2	编号	河岸类型名称	A_1	A_2
Ⅳ	粉细砂为主的河岸	6.54	13.31	1	上薄层亚砂土、下粉细砂质河岸	3.71	8.58
				2	上薄层亚砂土亚黏土、下粉细砂质河岸		
				3	亚砂土粉砂互层河岸	4.51	6.49
				4	粉细砂质河岸	11.40	21.40

注：厚层为厚度超过枯水位以上总高度的2/3。薄层为厚度不超过枯水位以上总高度的2/3

在表9-1给出的长江下游17个亚类河岸中，有9类属于二元结构。也就是说，长江中下游河道岸滩结构虽然很复杂，但河道堤防一般都位于第四纪地层上，属于多元或二元地质结构，上部为黏性土、下部为砂性土的二元结构是最普遍的。其下层沙质土的抗冲刷能力都是比较弱的，河道容易冲刷下切或扩宽。江岸的边坡形态与上层黏性土的厚度有重要的关系，当上层黏性土较厚时，整个河岸坡度较陡，有的几近垂直状态；当上层黏性土较薄时，河岸上部较陡，几近垂直状态，下部坡度较缓。两种模式参见图9-3。

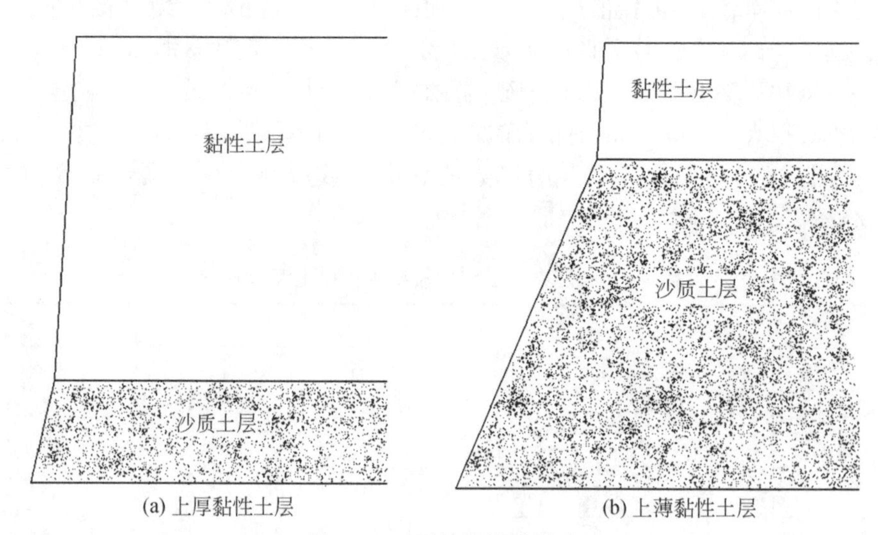

图9-3　二元结构岸滩模式

9.1.3　典型土壤结构崩岸与崩塌形态

在实际情况中，岸滩的土体并不是均匀的，有时是由多种土质和结构组成的，即所谓的多元地质结构，经常碰到岸滩地质结构是多层结构、二元结构和沙质夹层黏土结构。

1. 多层结构岸滩

对于黏性土、沙质土相间的多层结构岸滩，其岸滩崩塌仍以弧形滑崩为主，破坏面的形式参见图9-4[4]，这一滑崩分析可以参考一元结构滑崩条形分析方法。

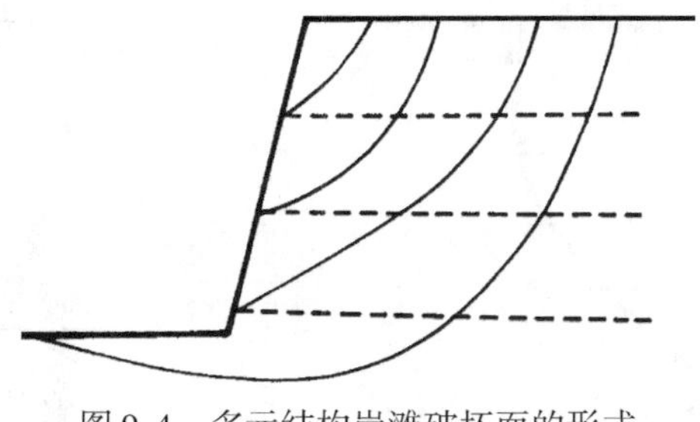

图9-4 多元结构岸滩破坏面的形式

2. 常见二元结构岸滩

常见的二元结构岸滩一般是上层为黏性土，下层为沙质土。这种二元结构岸滩的崩岸主要有以下三种情况：

1）当上部黏性土层较薄，其厚度与其形成的张性裂隙相当时，岸脚逐渐被冲刷，岸坡变陡后，岸滩会发生挫落崩塌，此时岸滩破坏面为平面，如图9-5（a）所示；当黏性土层较厚，低水位时河岸岸脚冲刷，或者沙层淘刷，岸滩也有可能发生挫崩，如图9-5（b）所示。

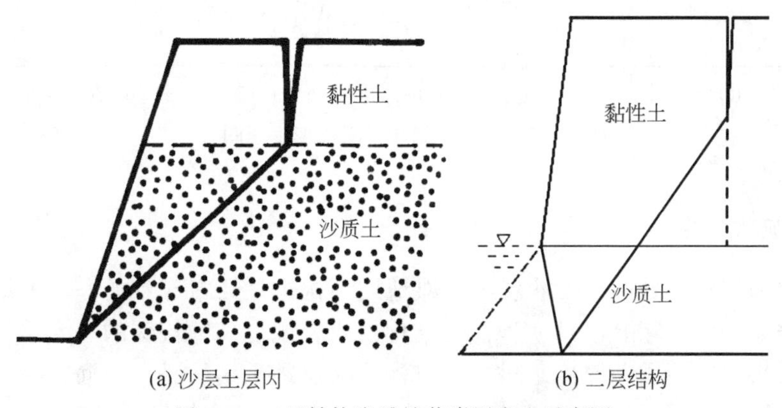

(a) 沙层土层内　　(b) 二层结构

图9-5 二元结构岸滩挫落崩塌发生示意图

2）当沙质土层较低，而黏性土层覆盖较厚，岸脚冲刷严重的河段，岸滩可能会发生弧形滑崩[4]，如图9-6（a）所示；或者洪水位较高或当水位下降时，黏性不大的岸滩可能会出现滑崩，如图9-6（b）所示。

3）对于上层为黏性土层、下层为沙质土层的二元结构，特别是当上部黏性土层较厚时，下层沙质土被水流淘刷，或者由于洪水位突降沙层发生渗透破坏，使上部黏性土体处于临空状态，悬空土体可能会发生落崩（图9-7）。若临空土体的重力大于上层土体的抗剪强度时，二元岸滩会发生剪切落崩；若临空土体的重力矩大于上层土体的阻力矩时，二元岸滩会发生旋转落崩。

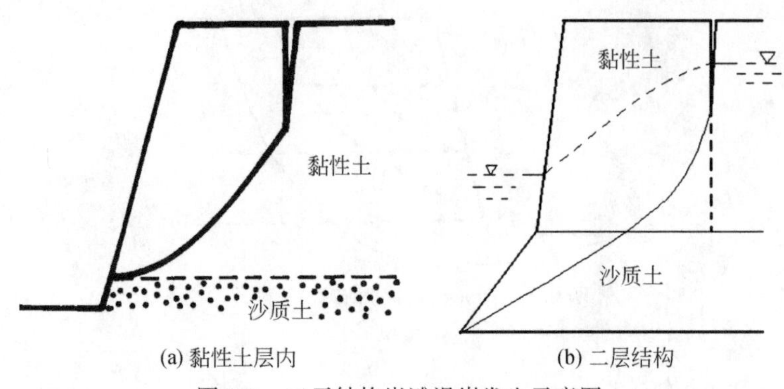

图 9-6　二元结构岸滩滑崩发生示意图

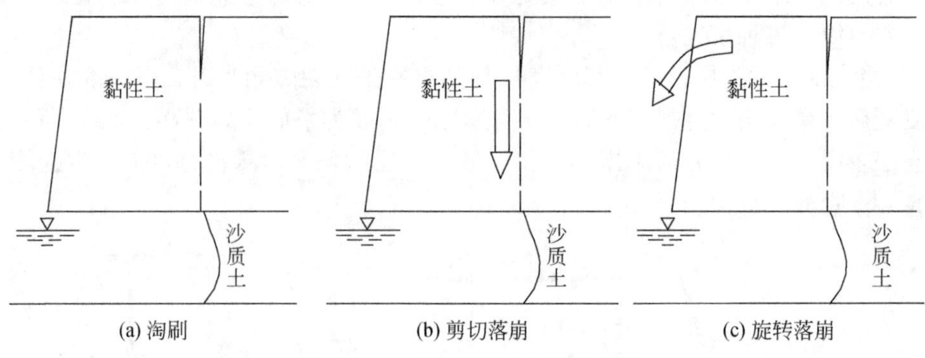

图 9-7　二元结构岸滩落崩示意图

3. 沙质夹层黏土结构岸滩

冲积平原河流，黏性土夹沙层的岸滩地质结构也是经常碰到的。这一结构虽然归类为多元结构，但实际上也是一种二元结构，或者说是一种特殊的一元结构，这主要取决于沙质夹层的性质和厚度。对于岸滩沙质夹层黏土结构，一方面，在黏土内聚力的作用下，黏土土体处于整体状态，本身的稳定性较好，其渗透性较差；另一方面，沙质夹层的透水性较强，内聚力为零，沙层的抗剪强度相对较低，同时沙层的抗冲刷能力较弱，因此，这种结构的崩塌特点有其特殊性[5,6]。根据沙质夹层所处的位置不同，岸滩崩塌具有以下三种可能的形式，如图 9-8 所示。

1）当沙质夹层处于河床以上时，当上部黏土层出现张隙裂缝的情况下，裂隙外的崩体可能沿沙质夹层挫崩[5,6]［图 9-8（a）］。

2）当沙质夹层处于河床以上时，当水位上升时，沙质夹层很快形成渗流，对黏性土体产生向上的水压力，而且水流对黏性土体有一个侧向水压力，从而对崩岸产生重要的影响；再者，水位的急剧变化，可能导致沙质层的泥沙发生渗透破坏（淘刷或管涌），沙层被淘空，上部黏性土体处于临空状态，此时临空崩体将会发生落崩[6]［图 9-8（b）］。

3）当沙质夹层稍低于河床时，河岸可能会发生如图 9-8（c）所示的滑崩崩岸。

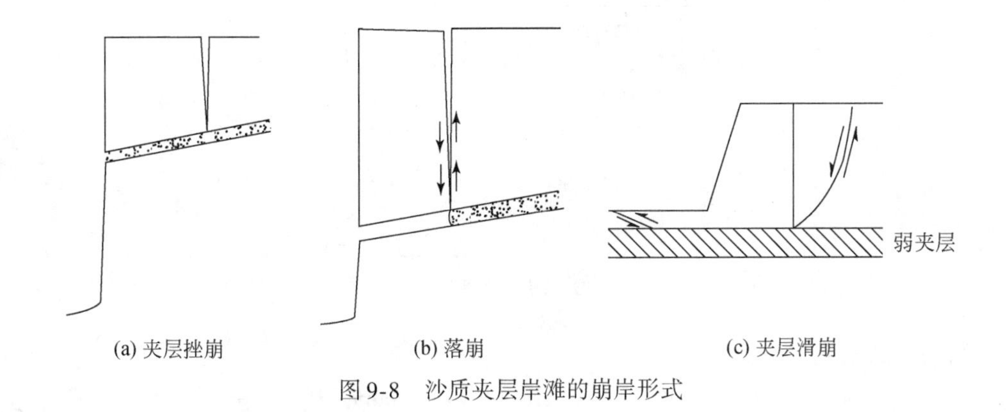

图 9-8　沙质夹层岸滩的崩岸形式

9.2　典型二元结构岸滩的崩岸分析

二元结构岸滩在长江中下游河道上是经常碰到的[3]，一般为上层为黏性土、下层为沙质土层，即常见二元结构。不同的黏性土层厚度和不同的水流条件将会产生不同的崩岸形式，仍然以滑崩、挫崩和落崩三种类型为主[7-11]。其中滑崩分析方法可采用弧形条分法进行稳定性分析，参见第 3 章的 3.4 节。

9.2.1　挫崩稳定性

二元结构岸滩挫崩的机理与一元结构挫崩基本上是一致的，挫崩稳定性分析的基本原理可参考第 3 章的分析过程。但是，由于二元结构的土壤性质有较大的差异，其稳定性分析也有一定的差异。

在洪水期，岸滩经过长时间浸泡，崩体的重量包括黏性土层的重量（W_n）、沙质饱和层的重量（W_s），而黏性土层的重量又包括渗流面以上的土体重量和渗流面以下的土体重量，沙质土的土体重量包括渗流面上的重量和渗流面下的重量，如图 9-9 所示。即崩体的有效重量 W' 为

$$\begin{aligned} W' &= W'_n + W'_s = \gamma_n A_{nu} + (\gamma_{nsat} - \gamma_w) A_{nd} + \gamma_{sh} A_{su} + (\gamma_{ssat} - \gamma_w) A_{sd} \\ &= [\gamma_n F + \gamma_{sh}(1-F)] A + (\gamma_{nsat} - \gamma_w - \gamma_n) f_n F A + (\gamma_{ssat} - \gamma_w - \gamma_{sh}) f_s (1-F) A \end{aligned} \tag{9-1}$$

式中，A_{nu}、A_{nd}、A_{su}、A_{sd}分别为黏性土层和沙质土层渗流面以上部分、渗流面以下部分的面积，A 为崩塌总面积；γ_n、γ_{nsat}、γ_{sh}、γ_{ssat}分别为黏性土和沙质土的容重和饱和容重。且有

$$F = \frac{A_n}{A} \quad f_n = \frac{A_{nd}}{A_n} \quad f_s = \frac{A_{sd}}{A_s} \tag{9-2}$$

挫崩破坏面可能由上层黏性土和下层沙壤土组成，对应的长度分别为 L_n 和 L_s，破坏面上的下滑力 D_F 和阻滑力 P_τ 分别为

$$D_F = W'\sin\alpha + P_d\cos(\beta - \alpha) \tag{9-3}$$

$$P_\tau = [-W'\cos\alpha - P_d\sin(\beta - \alpha)] \tan\theta_z + L_n c_n + L_s c_s \tag{9-4}$$

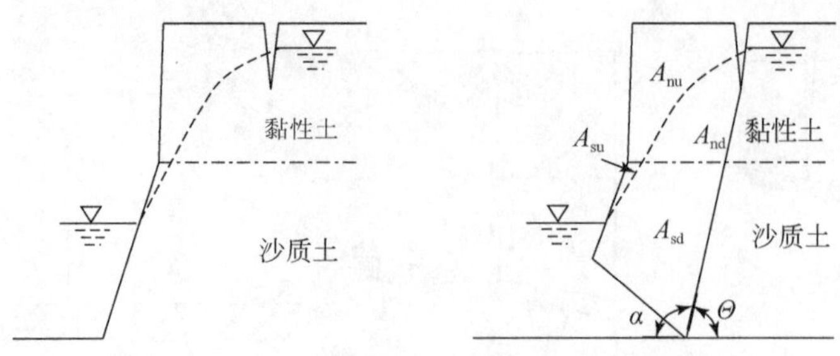

图 9-9 二元结构岸滩挫崩分析示意图

二元结构岸滩稳定系数为

$$K=\frac{P_{\tau}}{D_{F}}=\frac{[-W'\cos\alpha-P_{d}\sin(\beta-\alpha)]\tan\theta_{z}+L_{n}c_{n}+L_{s}c_{s}}{W'\sin\alpha+P_{d}\cos(\beta-\alpha)} \tag{9-5}$$

式中，θ_z 为破坏面上土壤综合内摩擦角；c_n、c_s 分别为黏土和沙土的黏性系数。一般说来，沙质土层的内聚力为零。即 $c_s=0$，那么，岸坡的稳定系数 K 为

$$K=\frac{[-W'\cos\alpha-P_{d}\sin(\beta-\alpha)]\tan\theta_{z}+L_{n}c_{n}}{W'\sin\alpha+P_{d}\cos(\beta-\alpha)} \tag{9-6}$$

当上层黏性土较薄，且表层裂隙深度与黏性土相当，挫崩示意图如图 9-5（a）所示。对应的稳定系数为

$$\begin{aligned}K&=\frac{[-W'\cos\alpha-P_{d}\sin(\beta-\alpha)]\tan\theta}{W'\sin\alpha+P_{d}\cos(\beta-\alpha)}\\&=\frac{[W'+P_{d}\sin\beta-P_{d}\cos\beta\tan\alpha]\tan\theta}{-(W'+P_{d}\sin\beta)\tan\alpha-P_{d}\cos\beta}\end{aligned} \tag{9-7}$$

若不考虑水压力和渗透力的影响，崩体的稳定系数为

$$K=-\frac{\tan\theta}{\tan\alpha} \tag{9-8}$$

9.2.2 落崩稳定性与临界淘刷宽度

对于上部为黏性土层、下部为沙质土层的二元结构岸滩，当下部沙质土层被淘空，上部黏性土层处于临空状态，剩下的上部黏性土层变为均质岸滩，因此，二元结构岸滩的稳定分析也就变成均质岸滩落崩稳定性分析。与一元均质结构对比，二元结构河岸淘刷主要发生在下层的沙质土层，崩塌块体多近似为等厚度，淘刷形态和位置受上层黏性土的限制，但二者崩塌机理是一致的。

1. 剪切落崩

由于下部沙层被淘空，岸滩上部黏土层处于临空状态，当上层崩体重力大于沿垂直破坏面上的土体内聚力时，岸滩发生剪切落崩[12]，如图 9-7 所示。二元结构岸滩的剪切落崩稳定性分析可采用第 7 章均质岸滩稳定分析，结合二元岸滩淘刷特点，二元结构岸滩剪切落崩稳定分析仍然采用坐标法与河深法两种表达方式，如图 9-10 和图 9-11所示。在剪切落崩中，崩体的重力即为崩体的破坏力，在坐标法中，$x_3=x_4=x_5$，

对应的崩体重力表示为

$$W=\frac{1}{2}\gamma\ (2x_3-x_1)\ y_3 \tag{9-9a}$$

或河深法中对应的崩体重力表示为

$$W=\gamma A=\gamma\left[B-\frac{H_1}{2\tan\Theta_1}\right]H_1 \tag{9-9b}$$

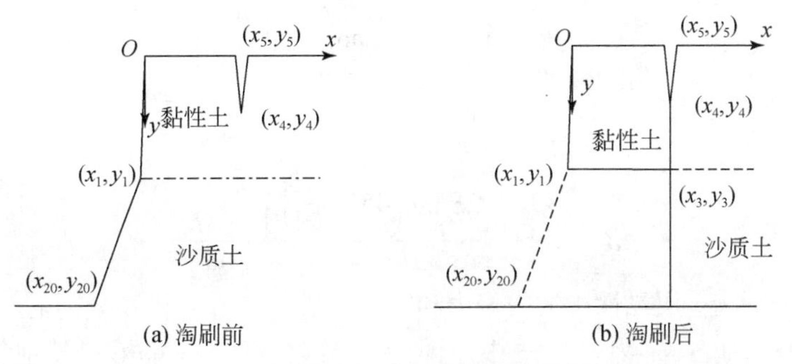

图 9-10　二元结构岸滩剪切落崩稳定分析示意图

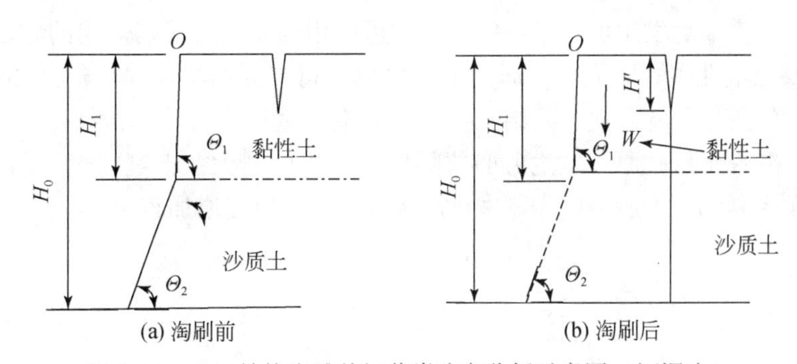

图 9-11　二元结构岸滩剪切落崩稳定分析示意图（河深法）

破坏面上土体内聚力的合力为

$$P_\tau=c\ (y_3-y_4) \tag{9-10a}$$

或

$$P_\tau=c\ (H_1-H') \tag{9-10b}$$

崩体稳定系数为

$$K=\frac{P_\tau}{W}=\frac{2c\ (y_3-y_4)}{\gamma\ (2x_3-x_1)\ y_3} \tag{9-11a}$$

或

$$K=\frac{P_\tau}{W}=\frac{c\ (H_1-H')}{\gamma\left[B-\frac{H_1}{2\tan\Theta_1}\right]H_1} \tag{9-11b}$$

令 $K=1$ 及 $y_1=y_3=mx_1$，便得河岸发生剪崩的临界淘刷宽度 B_{cr} 为

$$B_{cr}=x_3-x_1=\frac{c\ (y_3-y_4)}{\gamma y_3}-\frac{y_3}{2m} \tag{9-12a}$$

或

$$B_{cr}=\frac{c\ (H_1-H')}{\gamma H_1}+\frac{H_1}{2\tan\Theta_1} \tag{9-12b}$$

同样，把 $H'=y_4=\frac{2c}{\gamma}\tan\left(45°+\frac{\theta}{2}\right)$ 代入上式，并令 $S_t=\frac{c}{\gamma}$，$\Theta_1=\Theta$，$H_1=H$，得剪崩发生的临界淘刷宽度为

$$B_{cr}=x_3-x_1=\frac{S_t\left[y_3-2S_t\tan\left(45°+\frac{\theta}{2}\right)\right]}{y_3}-\frac{y_3}{2m} \tag{9-13a}$$

或

$$B_{cr}=\frac{S_t\left[H-2S_t\tan\left(45°+\frac{\theta}{2}\right)\right]}{H}+\frac{H}{2\tan\Theta} \tag{9-13b}$$

式中，c 和 γ 分别为上层黏性土的内聚力和容重，H_1（或 H）和 B 分别上部黏性土层的厚度和崩体的淘刷宽度；m 为坐标法中岸滩边坡系数，且 $m=\tan\Theta$；其他符号的意义见图 9-10和图 9-11。显然，式（9-12b）和式（9-13b）与式（7-17）是一致的，进一步说明二元结构岸滩淘刷后发生剪切落崩的稳定性可以用均质岸滩剪切落崩的方法进行分析。在给定河岸及土壤性质的情况下，通过上式可以求得二元结构岸滩剪崩的临界条件。按照表 9-2 所示的条件，就直立二元结构剪崩临界淘刷宽度进行计算，如图 9-12 所示。计算结果显示，黏性土层越厚，发生剪崩的临界淘刷宽度越大；土壤内聚力与容重的比值越大，这种关系越明显，所需的淘刷宽度随黏性土层的厚度增加较快。

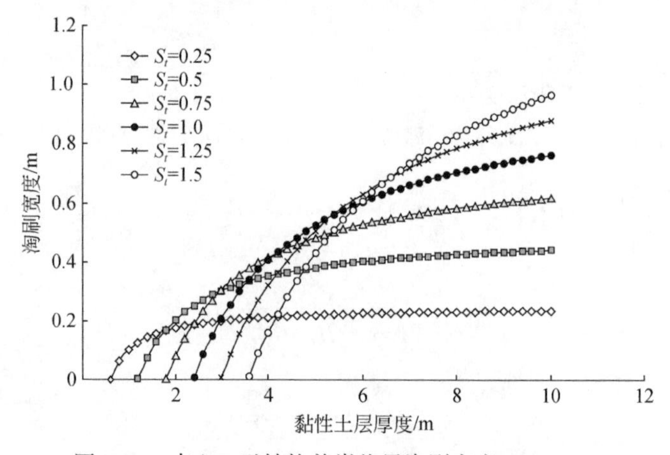

图 9-12　直立二元结构剪崩临界淘刷宽度（$\theta=10°$）

表 9-2　二元结构河岸稳定计算基本条件

土质基本参数		内聚力/(kg/m²)	内摩擦角/(°)	比重	孔隙比	饱和度/%
		750	10	2. 7	0. 8	50
崩体几何形态	点号	0	1	3	4	5
	X/m	0	0	0. 5	0. 5	0. 5
	Y/m	0	3	3	0. 83	0. 0

2. 旋转落崩

二元结构岸滩在淘刷过程中，下部沙层被淘空，岸滩处于临空状态，若崩体重力矩大于破坏面上黏性阻力矩，岸滩将会发生旋转落崩[12]，即倒崩。显然，二元结构崩塌体为直线边坡和等厚块体，其岸滩的倒崩稳定分析与一元结构岸滩基本上是一样的，同样把破坏面上的应力分布分为 $\sigma_1=\sigma_2$ 和 $\sigma_2=0$ 两种情况，如图 9-13 所示。根据第 3 章均质一元结构岸滩倒崩稳定分析过程，分析二元结构岸滩倒崩的崩体稳定系数和临界淘刷宽度。

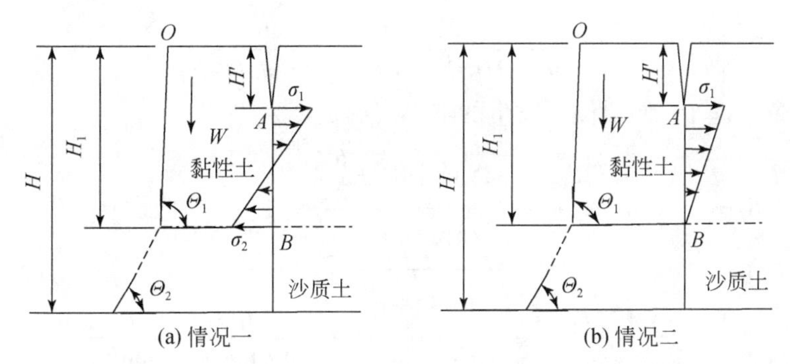

图 9-13　二元结构岸滩倒崩破坏面应力分布示意图

(1) $\sigma_1=\sigma_2$ 的情况

对于破坏面而言，当张应力 σ_1 大于土体的内聚力 c，即 $\sigma_1>c$ 时，崩体开始发生撕裂破坏，即倒塌；当压应力 σ_2 大于土体的极限压力 σ_l 时，崩岸同样会发生。结合第 3 章的推导过程，可求得相应的安全系数为

$$F_{s1}=\frac{S_t\,(y_3-y_4)^2}{y_3\,[-x_3^2+(x_1-x_3)(2x_3-x_1)]} \tag{9-14a}$$

$$F_{s2}=\frac{\sigma_l\,(y_3-y_4)^2}{\gamma y_3\,[-x_3^2+(x_1-x_3)(2x_3-x_1)]} \tag{9-15a}$$

或

$$F_{s1}=\frac{c}{\sigma_1}=\frac{S_t\,(H_1-H')^2\tan^2\Theta}{3H_1B^2\tan^2\Theta-3H_1^2B\tan\Theta+H_1^3} \tag{9-14b}$$

$$F_{s2}=\frac{\sigma_l}{\sigma_2}=\frac{\sigma_l\,(H_1-H')^2\tan^2\Theta}{\gamma\,[3H_1B^2\tan^2\Theta-3H_1^2B\tan\Theta+H_1^3]} \tag{9-15b}$$

令 $F_{s1}=1$，便得倒崩发生的临界淘刷宽度为

$$B_{cr}=x_3-x_1=\frac{\sqrt{S_t}\left[y_3-2S_t\tan\left(45°+\frac{\theta}{2}\right)\right]}{\sqrt{3y_3}}-\frac{y_3}{2m} \tag{9-16a}$$

$$B_{cr}=\sqrt{\frac{S_t\left[H-2S_t\tan\left(45°+\frac{\theta}{2}\right)\right]^2}{3H}-\frac{H^2}{12\tan^2\Theta}}+\frac{H}{2\tan\Theta_1}$$

$$\tan\Theta > \sqrt{\frac{H^3}{4S_t\,(H-H')^2}} \tag{9-16b}$$

(2) $\sigma_2=0$ 的情况

对于破坏面而言，当张应力 σ_1 大于土体的内聚力 c，即 $\sigma_1>c$ 时，崩体开始发生撕裂破坏，即倒塌，对应的稳定系数为

$$F_{s1}=\frac{2S_t\,(y_3-y_4)^2}{y_3\,[-x_3^2+(x_1-x_3)(2x_3-x_1)]} \tag{9-17a}$$

或

$$F_{s1}=\frac{c}{\sigma_1}=\frac{2S_t\,(H_1-H')^2\tan^2\Theta}{3H_1B^2\tan^2\Theta-3H_1^2B\tan\Theta+H_1^3} \tag{9-17b}$$

同样，令 $F_{s1}=1$，便得倒崩发生的临界淘刷宽度为

$$B_{cr}=x_3-x_1=\frac{\sqrt{2S_t}\left[y_3-2S_t\tan\left(45°+\dfrac{\theta}{2}\right)\right]}{\sqrt{3y_3}}-\frac{y_3}{2m}\quad(假设\ \sigma_2=0) \tag{9-18a}$$

$$B_{cr}=\sqrt{\frac{2S_t\left[H-2S_t\tan\left(45°+\dfrac{\theta}{2}\right)\right]^2}{3H}-\frac{H^2}{12\tan^2\Theta}}+\frac{H}{2\tan\Theta_1}$$

$$\tan\Theta>\sqrt{\frac{H^3}{8S_t\,(H-H')^2}}\quad(\sigma_2=0) \tag{9-18b}$$

在给定河岸及土壤性质的情况下，通过上式可以求得倒崩发生的临界淘刷宽度。作为例子（计算条件参见表9-2），二元结构河岸直立状态下，淘刷宽度与黏性土层厚度的关系参见图9-14。计算结果表明，黏性土层越厚，发生倒崩的淘刷宽度越大；岸滩土壤强度系数越大，所需的淘刷宽度随土层厚度的增加速率加快。

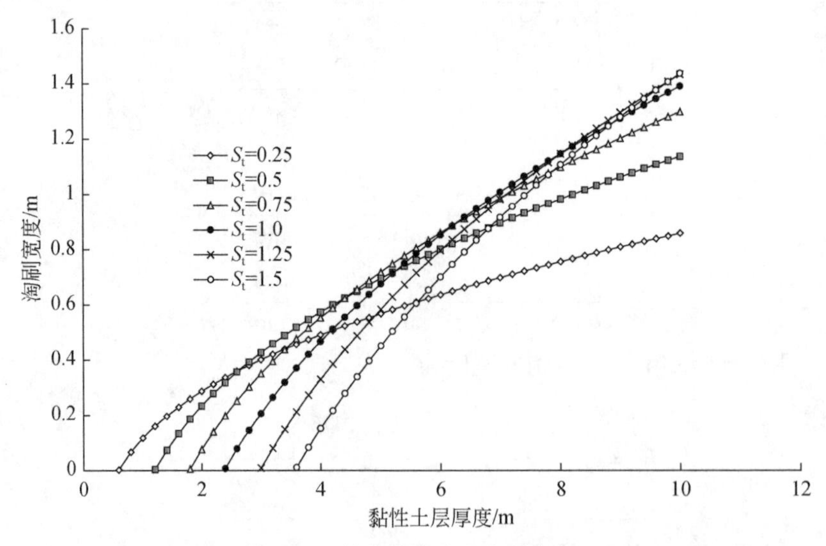

图9-14　直立二元结构剪崩临界淘刷宽度（θ=10°）

9.3 沙质壤土夹层结构岸滩的崩岸问题

9.3.1 滑动崩岸稳定分析

对于黏性较大的岸滩，其透水性较差，在岸滩表层一般会出现张隙裂缝，黏性土之间发生断裂，临河一侧的土体有可能发生滑崩[6]（图 9-15）。当水位上升时，沙质夹层很快形成渗流，对黏性土体产生向上的水压力，以及水流对黏性土体的侧向水压力，同时裂隙内充满水流，对土体产生裂隙水压力；当水位降落时，崩体临水侧水压力减小或消失，虽然崩体所受渗透水流向上的浮力减小，但在裂隙水压力作用下，夹层内还会产生渗透水压力，对崩体的稳定性产生重要的影响。

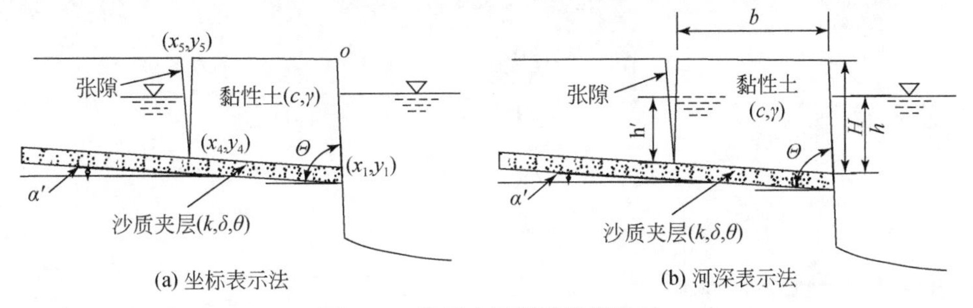

图 9-15　沙质夹层岸滩滑崩机制

崩滑体的重量 W 为

$$W=A\gamma=\frac{\gamma}{2}\left[-x_1y_4+x_4\left(y_1-y_5\right)+x_5y_4\right]$$

$$=\frac{\gamma}{2}\left[-x_1y_4+x_4\left(y_1-y_4\right)\right] \tag{9-19a}$$

或

$$W=A\gamma=\frac{H^2-H'^2}{2\tan\alpha'}-\frac{H^2}{2\tan\Theta} \tag{9-19b}$$

崩滑体底部所受 X 和 Y 向的水压力为

$$\begin{cases}P_{f_y}=\dfrac{\gamma_w}{2}\left(y_1-y_0+y_4-y'\right)\left(x_4-x_1\right)\\[2ex] P_{f_x}=\dfrac{\gamma_w}{2}\left(y_1-y_0+y_4-y'\right)\left(y_4-y_1\right)\end{cases} \tag{9-20a}$$

或

$$\begin{cases}P_f=\dfrac{\gamma_w}{2}\left(h+h'\right)\left(H-H'\right)\sqrt{1+\cot^2\alpha'}\\[2ex] P_{fy}=\dfrac{\gamma_w}{2}\left(h+h'\right)\left(H-H'\right)\cot\alpha'\\[2ex] P_{fx}=\dfrac{\gamma_w}{2}\left(h+h'\right)\left(H-H'\right)\end{cases} \tag{9-20b}$$

崩体临水面 X 和 Y 向所受的水压力为

$$\begin{cases} P_{L_x} = \dfrac{\gamma_w}{2}(y_1 - y_0)^2 \\ P_{L_y} = \dfrac{\gamma_w}{2}(y_1 - y_0)(x_1 - x_0) \end{cases} \tag{9-21a}$$

或

$$\begin{cases} P_{L_x} = \dfrac{\gamma_w}{2} h^2 \\ P_{L_y} = \dfrac{\gamma_w}{2} h^2 \cot\Theta \end{cases} \tag{9-21b}$$

垂直张裂面 X 和 Y 向所受的水压力为

$$\begin{cases} P_{R_x} = \dfrac{\gamma_w}{2}(y_4 - y')^2 \\ P_{L_y} = 0 \end{cases} \tag{9-22a}$$

或

$$\begin{cases} P_{R_x} = \dfrac{\gamma_w}{2} h'^2 \\ P_{L_y} = 0 \end{cases} \tag{9-22b}$$

联解 x，y 方向的平衡方程

$$x\text{ 方向：} D_F\cos\alpha' - N\sin\alpha' - P_{f_x} + P_{L_x} - P_{R_x} = 0 \tag{9-23a}$$

$$y\text{ 方向：} W - N\cos\alpha' - D_F\sin\alpha' - P_{f_y} + P_{L_y} = 0 \tag{9-23b}$$

得崩体所受的下滑力 D_F 为

$$D_F = (W + P_{L_y} - P_{f_y})\sin\alpha' - (P_{L_x} - P_{f_x} - P_{R_x})\cos\alpha' \tag{9-24}$$

崩体所受的支撑力 N 为

$$\begin{aligned} N &= W\cos\alpha' + (P_{L_x} - P_{R_x} - P_{f_x})\sin\alpha' + (P_{L_y} - P_{f_y})\cos\alpha' \\ &= (W + P_{L_y} - P_{f_y})\cos\alpha' + (P_{L_x} - P_{R_x} - P_{f_x})\sin\alpha' \end{aligned} \tag{9-25}$$

崩体所受的阻滑力为

$$F_R = [(W + P_{L_y} + P_{f_y})\cos\alpha' + (P_{L_x} - P_{R_x} - P_{f_x})\sin\alpha']\tan\theta \tag{9-26}$$

岸滩崩体安全系数

$$K = \frac{[(W + P_{L_y})\cos\alpha' + (P_{L_x} - P_{R_x})\sin\alpha' - P_f]\tan\theta}{(W + P_{L_y} - P_{f_y})\sin\alpha' - (P_{L_x} - P_{f_x} - P_{R_x})\cos\alpha'} \tag{9-27}$$

式中，α'为沙质夹层的倾斜角度；H 和 h 分别为沙质夹层以上的岸滩高度和水深；H'和 h'分别为沙质夹层以上的岸滩裂隙深度和渗流水深；其他符号如图 9-15 所示。上式表明，沙质夹层越陡，以及水位降落越快（即临水面水压力减小），崩体稳定系数越小，越容易发生崩塌。若令 $K=1$，便得沙质夹结构岸滩发生滑崩的临界条件。

文献［5］针对俄亥俄河沙质壤土夹层的滑动崩岸特点，利用改进的楔形体稳定性分析方法探讨了影响河岸稳定性的主要因素，指出河岸张性裂缝充水高度、沙质夹层的有效内摩擦角、渗透系数、楔形滑体的容重、砂层倾斜度，以及河岸顶部的斜率、河岸高度和洪水过程线，都是影响河岸稳定性的重要因素，其中河岸张性裂缝充水深度对河岸稳定性影响很大，而且夹层有效内摩擦角和土体的容重对滑崩体的稳定性也很重要，这些成果与上述分析结果是一致的。

9.3.2 落崩稳定性分析

对于沙质夹层上部黏性土层较厚时，裂隙深度小于黏性土层厚度。在此情况下，水位的急剧变化，可能导致沙质层的泥沙发生渗透破坏，沙层被淘空，上部黏性土体处于临空状态。当崩体的重力大于土壤内聚力时，将会发生剪切落崩（剪崩）；当崩体的重力矩大于土体立面上的拉力矩时，将会发生旋转落崩（倒崩）；当临空土体自重产生的拉应力超过土体的抗拉强度，将会发生拉伸落崩，如图 9-16 所示[5,11,12]，其中以前两种崩塌形式最为常见，也是本章分析的重点。

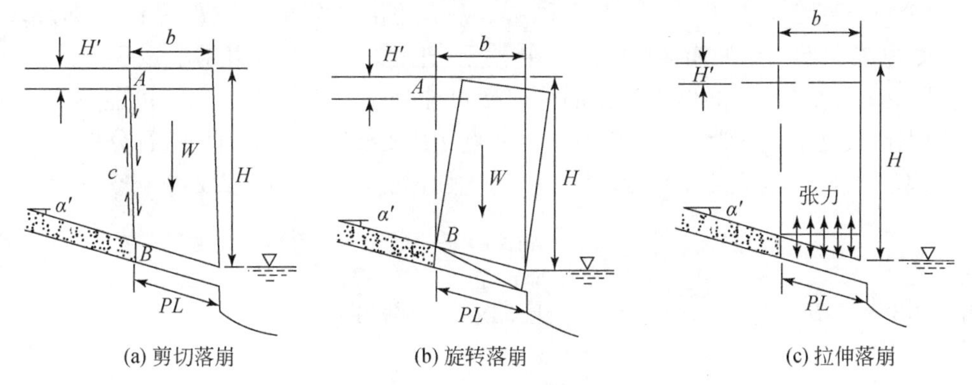

(a) 剪切落崩　(b) 旋转落崩　(c) 拉伸落崩

图 9-16　沙质夹层岸滩崩塌示意图

1. 剪崩及崩后稳定性

夹层结构岸滩发生剪崩的机理类似于上述二元结构的剪崩，阻滑力同样是沿垂直破坏面的剩余内聚力。当重力超过剩余内聚力时，岸滩发生剪崩，其稳定分析类似于一元和二元结构岸滩的剪崩分析[12]，可参考 3. 4. 3 节、7. 1. 2 节和 9. 2. 2 节。但是由于夹层较薄（其厚度为 δ），剪崩后的岸滩可能平行沉落到下层的土壤上面，处于相对稳定状态，有待二次崩塌，二次滑崩的稳定性分析原理类似于夹层滑崩，但也有很大的差异。其主要差异为滑动面为黏性土质，而非沙质土，其渗透能力大为减弱，而黏质性有所增加。作为例子，以下就枯水期直立沙质夹层剪切落崩后二次崩塌的稳定性进行分析。

崩体的重量为

$$W=\frac{\gamma}{2}\left[H^2-(H_S+H')^2\right]\cot\alpha' \tag{9-28}$$

在下层土壤面上的下滑力为

$$D_F=W\sin\alpha=\frac{\gamma}{2}\left[H^2-(H_S+H')^2\right]\cos\alpha' \tag{9-29}$$

对应的阻滑力为

$$F_{\mathrm{R}} = W\cos\alpha'\tan\theta + Lc$$
$$= \frac{\gamma}{2}\left[H^2-(H_{\mathrm{S}}+H')^2\right]\cot\alpha'\cos\alpha'\tan\theta + c\,(H_{\mathrm{S}}-H'-H)\sqrt{1+\cot^2\alpha'} \tag{9-30}$$

稳定系数为

$$K=\frac{\gamma\left[H^2-(H_{\mathrm{S}}+H')^2\right]\cot\alpha'\cos\alpha'\tan\theta+2c\,(H-H'-H_{\mathrm{S}})\sqrt{1+\cot^2\alpha'}}{\gamma\left[H^2-(H_{\mathrm{S}}+H')^2\right]\cos\alpha'} \tag{9-31}$$

式中，H、H'、H_{S}分别为首次崩体的临水侧岸滩高度、黏性土层裂隙深度和破坏面剩余黏性土厚度。

若令 $K=1$，便得沙质夹层结构岸滩初次剪切落崩后发生二次滑崩的临界条件。

2. 倒崩后的稳定性

崩体处于临空状态时，当重力产生的力矩大于阻力矩时，岸滩将发生倒塌，对应的稳定分析参见 3.4.3 节、7.1.3 节和 9.2.2 节的倒崩分析[12]。但是由于夹层较薄（其厚度为 δ），倒崩后的崩体可能倾斜在下层的土壤上面，处于相对稳定状态，有待二次崩塌。在重力（矩）的作用下，崩体仍然可能处于滑动状态，也有可能继续倒塌。鉴于倒塌比较复杂，作为例子，仅对估水期直立沙质夹层倒崩的滑塌进行分析。

崩体的重量仍然用式（9-28）计算。此时崩体旋转一个角度 $\Delta\alpha$ 为

$$\sin\Delta\alpha=\frac{\delta}{L} \tag{9-32}$$

式中，$L=(H-H'-H_{\mathrm{S}})\sqrt{1+\cot^2\alpha'}$。对应的崩体倾斜角为

$$\alpha_1=\alpha'+\Delta\alpha \tag{9-33}$$

在下层土壤面上的下滑力为

$$D_{\mathrm{F}}=W\sin\alpha_1=\frac{\gamma}{2}\left[H^2-(H_S+H')^2\right]\cot\alpha'\sin\alpha_1 \tag{9-34}$$

对应的阻滑力为

$$F_{\mathrm{R}} = W\cos\alpha_1\tan\theta + Lc$$
$$= \frac{\gamma}{2}\left[H^2-(H_{\mathrm{S}}+H')^2\right]\cot\alpha'\cos\alpha_1\tan\theta + c\,(H-H'-H_{\mathrm{S}})\sqrt{1+\cot^2\alpha'} \tag{9-35}$$

岸滩的稳定系数为

$$K=\frac{\gamma\left[H^2-(H_{\mathrm{S}}+H')^2\right]\cot\alpha'\cos\alpha_1\tan\theta+2c\,(H-H'-H_{\mathrm{S}})\sqrt{1+\cot^2\alpha'}}{\gamma\,(H^2-(H_{\mathrm{S}}+H')^2)\cot\alpha'\sin\alpha_1} \tag{9-36}$$

若令 $K=1$，便得沙质夹层结构岸滩初次旋转落崩后发生二次滑崩的临界条件。文献［6］结合俄亥俄河沙质壤土夹层岸滩崩岸延迟现象，利用改进的楔形体稳定性分析方法研究了主要因素对河岸稳定性和沙质夹层发生管涌的影响，指出当遇到适宜的降雨事件或在洪水上涨早期，造成沙质夹层发生管涌，使得沙质夹层上部土体可能发生落崩或延迟破坏，二次崩塌；夹层渗透系数、毛细管上升高度、砂层的坡度、洪水位及其持续时间等对管涌发生有重要影响，进一步影响河岸崩塌；夹层上部土体的内聚力和容重对旋转破坏的影响较大，河岸高度对旋转破坏的影响也较大。

9.4　典型二元结构崩岸试验成果

为了模拟二元结构岸滩的崩塌特点，文献［11、13］利用弯道水槽开展了相关研究。作者在弯曲河道模型试验中，选用了两种模型沙组成的河岸，上层 10cm 内为较细的模型沙（d_{50}=0.05mm），下层为粒径较粗的模型沙（d_{50}=0.085mm），并进行了两个流量级的放水试验，试验条件参见表 2-4（a）。一元和二元结构岸滩的试验成果参见表 9-3，图 9-17 为不同试验方案典型断面崩塌对比。结合均质岸滩的试验成果（照片 6-1、照片 6-2），主要试验结果如下[11]。

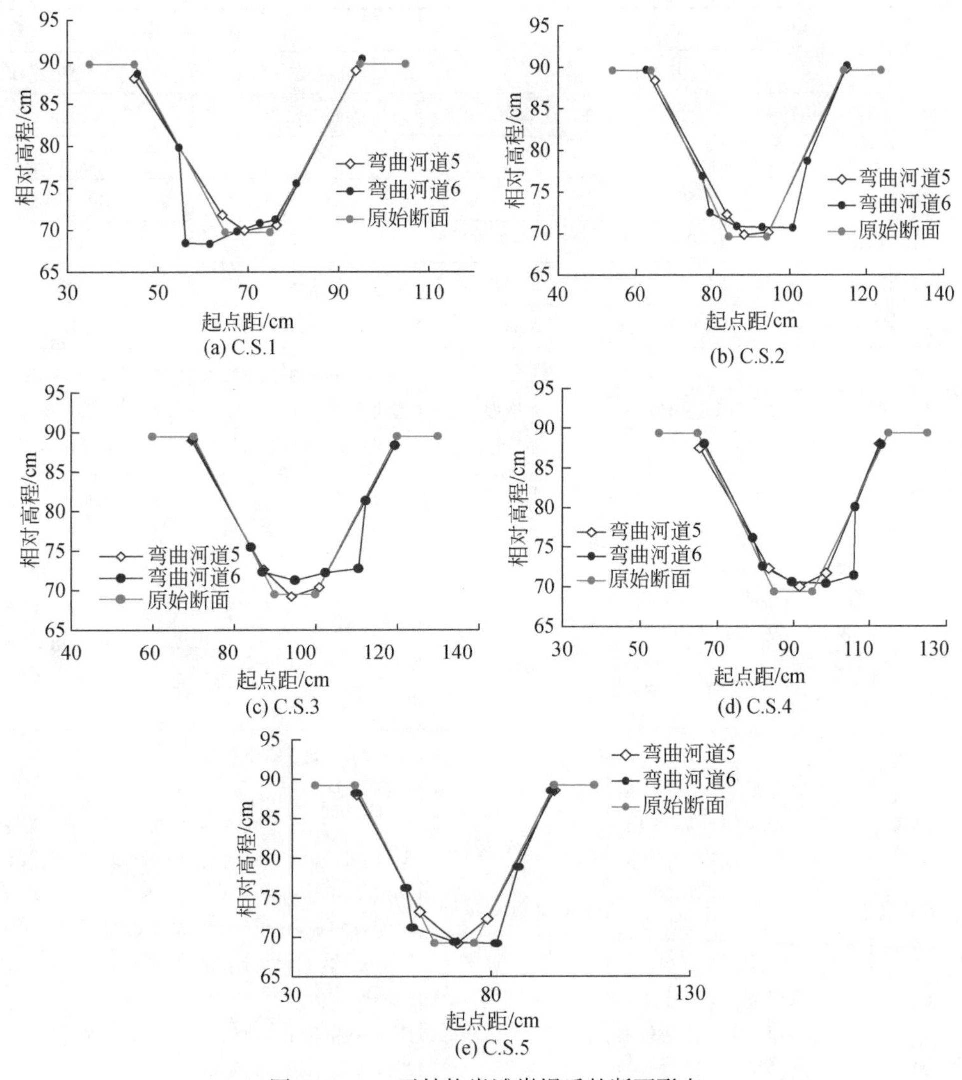

图 9-17　二元结构岸滩崩塌后的断面形态

1）二元结构（上部细、下部粗）河岸由于上部内聚力较大，造成崩塌块体较大，以倒崩或剪崩为主，崩后河岸伴有其他裂隙出现，岸坡几乎为垂直状态。

2）由于河岸上层细颗粒泥沙具有一定的承载能力，对河岸稳定是有利的，能延缓河道崩岸的时间。与一元结构的河岸崩塌（弯曲河道方案 1 和弯曲河道方案 2）相比，二元结构的河岸崩塌（弯曲河道方案 5 和弯曲河道方案 6）频率有所减少。

3）无论是一元结构，还是二元结构岸滩，在弯道上游河段的凸岸（或过渡段）和弯道凹岸顶部及其以下河段，河流崩岸均比较严重，河岸淘刷可达 10cm 以上。

4）高水位较大流量运行的弯曲河道方案 5，其河道冲刷较少，几乎没有崩岸发生；而低水位小流量运行的弯曲河道方案 6，下部沙质层有利于河道淘刷，相应的崩岸严重。

表 9-3　弯曲河道二元结构河道的崩岸现象

项目		第一组对比		第二组对比	
		弯曲河道方案 1	弯曲河道方案 5	弯曲河道方案 2	弯曲河道方案 6
河岸结构		一元	二元	一元	二元
曲率半径/m		2.5	2.5	2.5	2.5
容重/(kN/m^3)		13.58	13.91	12.78	14.35
河岸空隙比		1.397	1.175	1.445	1.115
河岸含水率/%		54.90	43.90	48.57	44.51
产生崩塌时间/min		25	无崩塌	12	35
崩塌总数		C.S.1～C.S.3 右岸和弯道顶部及以下有数次崩塌	无崩塌	C.S.1～C.S.3 右岸和弯道顶部及以下（C.S.3 以下）崩岸严重	C.S.1～C.S.3 右岸和弯道顶部及以下（C.S.3 以下）有崩岸
崩塌形式		挫崩	无崩塌	挫崩、倒崩	倒崩或剪崩
裂隙尺度/cm	长度	裂隙较多（10～20）×（0.3～2.5）	有少量裂隙	裂隙较多	有裂隙产生
	宽度				
崩块尺度/cm	长度	10～20	无崩塌	大崩块：30～50 小崩块：10～20	10～20
	宽度	5		2～5	2～5
崩塌特点及有关现象		上游凸岸淘刷、崩塌较多，以挫崩、落崩为主，崩片并列，尺度为 20cm×5cm；弯道凹岸顶部及其以下淘刷较严重，且有小块崩塌发生，伴随较多的纵向裂隙	无崩塌现象出现，仅有部分淘刷	C.S.1～C.S.3 右岸和弯道顶部及以下（C.S.3 以下）崩岸严重的主要部位，以挫崩、剪崩或倒塌为主，崩片并列，尺度为 20cm×5cm，河岸犬牙交错；上游凸岸和下游凹岸淘刷严重，淘刷达 10cm 以上，进而出现较大的崩塌，此时以倒崩和剪崩为主	C.S.1～C.S.3 右岸和弯道顶部及以下（C.S.3 以下）是崩岸的主要部位，以倒崩或剪崩为主；上游凸岸和下游凹岸淘刷严重，进而会出现较大的崩塌
备注		照片 6-1	照片 9-1	照片 6-2	照片 9-2

岳红艳等也就二元结构岸滩不同土层厚度、边坡坡度、水位变化等情况的崩岸进行了试验研究，实验布置和试验条件参见第 2 章有关内容和文献[13]。主要试验结果如下：

1）在流量、河岸坡比相同的情况下，上黏土层与下砂土层厚度比越大，河岸崩塌幅度越小，也即越相对稳定；两种不同组成的河岸在各级流量情况下，都呈现出随着流量增大河岸崩塌幅度逐渐增大的规律。

照片 9-1　二元结构弯曲河道方案 5 试验的崩岸情况

(a) 整体

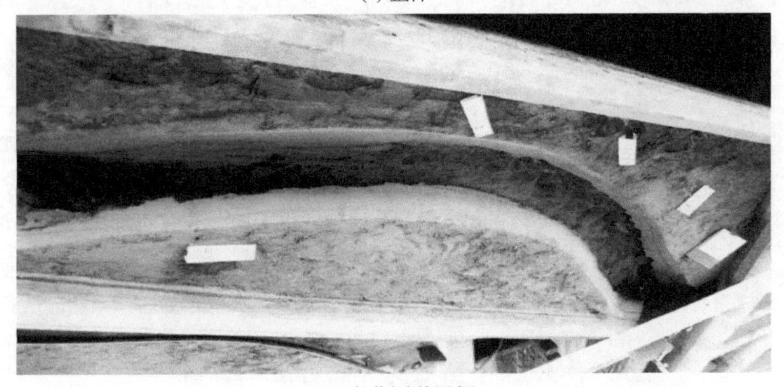

(b) 弯曲河道局部

照片 9-2　二元结构弯曲河道方案 6 试验的崩岸情况

2）试验河段主要发生了两种不同类型的崩塌形式，即窝崩和落崩。窝崩主要出现在上黏性土层和下砂土层厚度比为2∶1、岸坡坡比为1∶2的弯顶附近的河岸，即黏性土层覆盖较厚、沙质土层较薄、受水流冲刷较严重的河段；落崩主要发生在上层黏性土层较薄、沙质土层较厚的河段。

3）在涨落水过程中，岸坡局部土体发生了阶段性崩塌，如照片9-3所示。开始阶段随着流量的增加（$0.09m^3/s \to 0.12m^3/s$）和水位的上升（$0.14m \to 0.18m$），土体含水量增幅较大，河岸坡面上开始出现裂缝，水下和水面附近表层土体发生轻度侵蚀或塌落。然后，随着流量的继续增加（$0.12m^3/s \to 0.18m^3/s$）和水位的持续上升（$0.18m \to 0.21m$），水流冲刷近岸河床坡脚后，下层砂性土体被淘空，上部临空土体发生落崩，且滩面上出现沿水流方向较粗的裂纹。当流量继续增大至$0.24m^3/s$，水位继续抬高至0.22m时，河岸也继续崩塌。

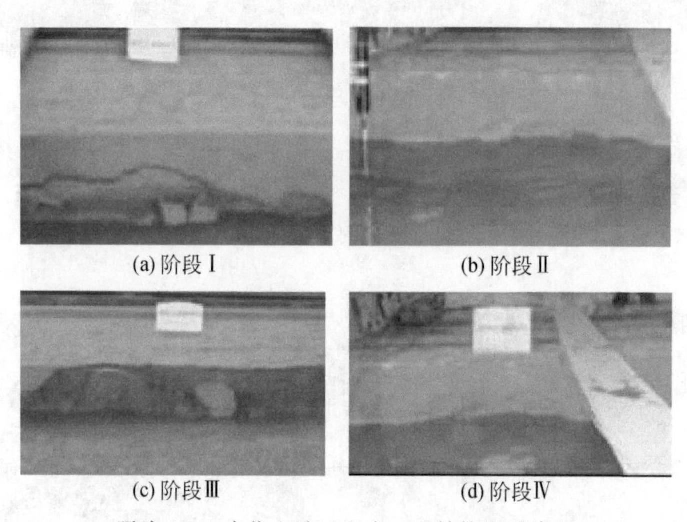

(a) 阶段Ⅰ　(b) 阶段Ⅱ　(c) 阶段Ⅲ　(d) 阶段Ⅳ

照片9-3　水位上涨过程中二元结构岸滩崩塌

4）在水位下降过程中，水流对河岸侧向支撑作用减小，加上之前受高水位水流浸泡后，岸滩土体抗剪强度和岸滩的稳定性都减小，崩岸发生的概率也增大，如照片9-4所示。此外，水位下降过程中，由于河岸地下水位的变化滞后于河道内水位的变化，造成向临水方向的渗透水压力增加，将增加崩体的下滑力，导致岸坡安全系数降低。显然，同级流量条件下，水位下降过程中河岸稳定性较水位上涨过程中明显减小。

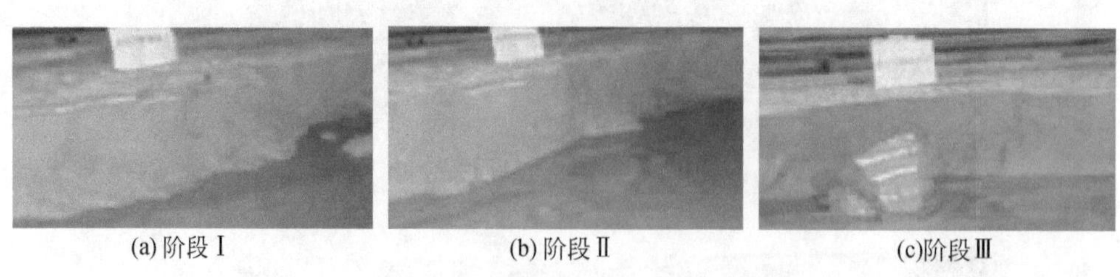

(a) 阶段Ⅰ　(b) 阶段Ⅱ　(c)阶段Ⅲ

照片9-4　水位下降过程中二元结构岸滩崩塌

综上所述的两类试验，二元结构岸滩崩岸特点如下：

1）二元结构河岸崩塌过程大体可分为 5 个崩塌阶段：坡脚冲刷变陡阶段→滩面裂缝形成发育阶段→坡面渐进侵蚀阶段→河岸崩塌阶段→河岸冲刷趋于稳定阶段。

2）二元结构（上部细、下部粗）河岸由于上层细颗粒泥沙内聚力较大，具有一定的承载能力，其临界崩塌宽度或临界崩塌高度较大，河岸崩塌块体较大，崩塌前后河岸伴有相应的裂隙出现，岸坡几乎为垂直状态。

3）在二元结构岸滩崩塌发生的过程中，首先是下层泥沙受冲变陡，其次是上层河岸泥沙在多种因素影响下发生不同的崩塌形式，主要崩塌形式为落崩（倒崩或剪崩），也可能会发生挫崩或窝崩。

4）由于二元结构河岸上层细颗粒泥沙具有一定的承载能力，对河岸稳定是有利的，能延缓河道崩岸的时间。与一元结构的河岸崩塌相比，二元结构的河岸崩塌频率有所减少。

5）与均质岸滩弯道一样，在弯道上游河段的凸岸（或过渡段）和弯道凹岸顶部及其以下河段，河流崩岸比较严重，河岸淘刷可达 10cm 以上；在同级流量条件下，水位下降过程中河岸稳定性较水位上涨过程中明显减小。

9.5 小结

1）岸滩地质结构一般分为一元均质、二元和多元地质结构，其中一元均质结构包括黏土、黏性和非黏性三种结构，二元结构包括上黏下沙结构、上沙下黏结构和异性土结构，多元结构包括沙黏相间结构、多异性土层结构、夹层结构和复杂结构。经常遇见的岸滩结构主要有二元结构（上黏下沙）和沙质夹层结构。

2）通过对常见二元结构岸滩的稳定分析，指出厚黏性土二元结构岸滩在一定条件下可能会发生滑崩、挫崩和落崩等崩塌形式，薄黏性土结构岸滩则可能会发生挫崩和落崩两种形式。

3）在常见二元结构岸滩的沙层土壤被淘刷的过程中，岸滩会发生剪崩或倒崩，其稳定分析方法与一元均质结构岸滩落崩类似。二元结构岸滩发生剪崩和倒崩的临界淘刷宽度分别用式（9-13）和式（9-17）或式（9-18）表达。

4）沙质夹层岸滩可能发生滑崩和落崩两种形式的崩塌。滑崩主要是沿着沙质夹层的滑动崩塌，可用崩体稳定系数进行分析；而落崩则主要是沙层淘空后发生的剪崩和倒崩。沙质夹层岸滩发生落崩后，可能处于相对稳定状态，也可能会发生二次崩塌，或者滑塌，或者继续倒塌。

5）试验成果表明，二元结构河岸崩塌过程大体可分为 5 个崩塌阶段：坡脚冲刷变陡阶段→滩面裂缝形成发育阶段→坡面渐进侵蚀阶段→河岸崩塌阶段→河岸冲刷趋于稳定阶段。

6）二元结构河岸由于上部内聚力较大，有利于岸滩稳定，能延缓河道崩岸的时间，崩塌频率有所减少；而且造成崩塌块体较大，以倒崩或剪崩为主，崩后河岸伴有其他裂隙出现，岸坡几乎为垂直状态；崩塌部位仍然发生在弯道上游河段的凸岸（或过渡段）和弯道凹岸顶部及其以下河段；在同级流量条件下，水位下降过程中河岸稳定性较水位上涨过程中明显减小。

参考文献

[1] 中国科学院地理研究所. 长江九江至河口段河床边界条件及其与崩岸的关系//长江流域规划办公室. 长江中下游护岸工程经验选编. 北京：科学出版社，1978.

[2] Dapporto S，Rinaldi M，Casagli N. Failure mechanisms and pore water pressure conditions：analysis of a riverbank along the Arno River（Central Italy）. Engineering Geology，2001，61（4）：221-242.

[3] 水利部长江水利委员会. 长江中下游护岸工程40年//长江中下游护岸工程论文集（4）. 武汉：水利部长江水利委员会，1990：15.

[4] 夏军强. 河岸冲刷机理研究及数值模拟. 北京：清华大学，2002.

[5] Springer F M，Ullrich C R，Hagerty D J. Stream bank stability. Journal of Geotechnical Engineering，1985，111（5）：624-640.

[6] Ullrich C R，Hagerty D J，Holmberg R W. Surficial failures of alluvial stream banks. Canadian Geotechnical Journal，1986，23（3）：304-316.

[7] Thorne C R，Tovey N K. Stability of composite river banks. Earth Surface Processes & Landforms，2010，6（5）：469-484.

[8] Chitale S V，Mosselman E，Laursen E M. River width adjustment I：processes and mechanisms. Journal of Hydraulic Engineering，2000，124（9）：881-902.

[9] Thorne C R. Processes and Mechanisims of Bank Erosion//Hey R D，Bathurst J C，Thorne C R. Gravel-Bed Rivers. New York：John Wiley and Sons Ltd，1982：227-271.

[10] 钱宁. 河床演变学. 北京：科学出版社，1987.

[11] 王延贵. 冲积河流岸滩崩塌机理的理论分析及试验研究. 北京：中国水利水电科学研究院，2003.

[12] 王延贵，匡尚富. 冲积河流典型结构岸滩落崩临界淘刷宽度的研究. 水利学报，2014，45（7）：767-775.

[13] 岳红艳，姚仕明，朱勇辉，等. 二元结构河岸崩塌机理试验研究. 长江科学院院报，2014，31（4）：26-30.

第 10 章 河流窝崩及其机理

10.1 窝崩机理研究

河岸窝崩是一种十分复杂的局部河床演变过程，其影响因素很多，对于窝崩发生的机理目前还存在不同的认识。国内外有关窝崩机理的研究主要可归纳为以下四类[1,2]。

第一类为岸滩土壤液化假说[3-6]。持这种观点者认为岸滩土填液化致使大范围的崩岸。国内外有关江河海岸液化的崩塌已有不少记载，如荷兰的 Zeeland 海岸 1881 ~ 1946 年共记下不少于 229 次沙体液化现象[3]，每次流塌面积在 100 ~ 200 000m^2，体积在 75 ~ 3 000 000m^3，流塌面积合计为 2.65×10^6m^2，体积合计为 25×10^6m^3，其中 90% 的流塌发生在直径为 0.07 ~ 0.2mm 的均匀细沙区域，汪闻韶用土壤液化理论进一步解释这一现象[4]。20 世纪 40 年代末 50 年代初，美国学者在对密西西比河下游窝崩的研究中，鉴于数十万至数百万立方米的泥沙在数小时内快速运动和崩塌，首先提出土壤液化导致大堤窝崩的概念，1970 年美国的罗伯特、威格尔等提出沙层和沙透镜体的液化对窝崩有促进作用。80 年代，丁普育和张敬玉对土体液化的机理、液化与崩岸的关系进行了研究[5]，认为土体液化与土体的粒径、级配和密实程度密切相关；对于满足液化的岸滩土壤，一旦具备振动、渗透、剪切等条件之一时，产生或诱发崩滩的可能性是存在的。

第二类为不连续岸滩土壤抗蚀性差[7-9]。长江下游堤防多建于第四纪沉积物冲积层上，堤防土体颗粒组织较为松散，抗冲能力较弱。陈引川和彭海鹰分析了发生在长江大通以下的安徽和江苏省境内的窝崩岸滩土质后指出[7]，由中密及稍密细沙或粉质、沙质壤土组成的河堤，不仅抗冲能力极弱，而且崩塌的土体极易分解成散粒而被水流带走；在水流冲刷能力很强和土质抗冲能力极弱的条件下，如果河岸抗冲性沿程比较均一，河岸将以较大的崩塌速度平行后退，岸线呈连续的“锯齿形”或“香蕉形”，只有在间断护岸或丁坝、矶头护岸或者其他某种特定条件形成的河岸局部抗冲性较强的前提下，才有可能形成“鸭梨形”或“口袋形”的窝崩[1]。荣栋臣在分析下荆江天星阁护岸段上端崩岸原因时指出，窝崩发生的部位往往是沙层和黏性层的分界处[8]。

第三类为岸滩淘刷与流势顶冲的作用。冷魁[9]认为河岸冲刷、岸坡变陡是窝崩的先决条件，特别是岸坡坡脚被淘刷，局部深槽楔入，造成水下坡度变陡，当岸坡高度和坡度超出稳定限值后就会发生崩塌，而控制岸坡冲刷的水流条件即是泥沙颗粒起动的水流条件。王志昆指出，江水主流顶冲是造成嘶马段窝崩的主要原因，而局部水流结构有加剧作用[1]。陈引川和彭海鹰认为在岸滩土质抗冲能力弱且不连续的情况下，水流顶冲是关键；河宽较窄的河段，由于单宽流量大，滩岸受水流顶冲后会在河岸抗冲薄弱的部位发生淘刷，进而形成大流速的竖轴环流，即回流，对河岸造成剧烈的冲刷[7]。

对于平原河流，一般近似地用流量 Q 的平方值与持续时间 T 的乘积 Q^2T（称为造床值）来反映水流造床作用[10]，水流造床值的大小直接影响崩岸大小和强度，文献［7］针对长江下游大窝崩的发生特点，利用 $\sum Q^2T$ 来判别长江下游窝崩的发生情况。通过对长江大通站 1980 ~ 1884 年大于造床流量的各年日平均流量进行统计，发现当 $\sum Q^2T < 2.0 \times 10^{11}$ 时（Q>45 000m^3/s），窝崩发生较少；在 $\sum Q^2T \geqslant 2.5 \times 10^{11}$ 后，窝崩发生就较为频繁，如表 10-1 所示。这表明持续时间长的大流量，对河床的冲刷作用大，易造成窝崩。

表 10-1　$\sum Q^2T$ 与窝崩的关系

年份	>45 000m^3/s 的天数/天	$\sum Q^2T$	南京长江大桥以下窝崩次数/次
1980	91	2.73×10^{11}	6
1981	21	4.8×10^{10}	基本未发生
1982	86	2.19×10^{11}	1 ~ 2
1983	120	3.53×10^{11}	10
1984	58	1.44×10^{11}	1 ~ 2

第四类为窝崩发生多因素分析。作者通过分析窝崩发生的过程和特点，从岸滩淘刷和土壤性质变化方面，深入研究窝崩产生的机理和条件，给出了窝崩发生的边界条件、水流条件和触发因素的具体内涵[11]。分析结果表明，若从窝崩产生原因出发，窝崩可分为淘刷窝崩和液化窝崩。

10.2　河流窝崩及其分类

10.2.1　窝崩过程及其特点

近几十年，南京、马鞍山、江都和江县都曾发生过规模较大的窝崩。表 10-2 列出几个典型窝崩的基本情况、崩塌过程和崩塌特点[7,9,12]。

表 10-2　长江下游典型窝崩情况

地点			高家圩	燕子矶	潜洲	嘶马	
编号（年–月–日）			1973-10-6	1983-8-21	1973-12-31	1984-7-21	1985-7-15
历时/h			12（分 5 ~ 6 次完成）	5.5		63	
崩窝尺度/m	窝长		360	120	680	350	250
	窝宽		460	150	680	330	150
	口门宽		270	100	570		
	最大冲深		25	21	25	25	
	平均水深		15	15	15		
深槽变化	崩前		–20m 槽楔入	口门前出现 –20m 深潭		–35m 槽楔入 40 ~ 60m	
	崩后		–20m 槽楔入 190m	–20m 槽楔入 40m	–25m 槽楔入 240m	–20m 槽楔入 140m	
水下坡比（起迄高程/m）	崩前		1 : 7（0 ~ –25）	1 : 3.5（0 ~ –20）		1 : 5（0 ~ –40）	
	崩后		1 : 35（–15 ~ –25）	1 : 30（5 ~ –25）	1 : 70（–10 ~ –30）	1 : 15（0 ~ –35）	
岸边坡比（起迄高程/m）	崩前		1 : 4（5 ~ 6）				
	崩后		1 : 2.4（0 ~ –10）	1 : 1.4（5 ~ –5）	1 : 3（0 ~ –10）		
崩失体积/×$10^4 m^3$			248.4	30.0	693.6		
泥沙堆积范围（以口门中心分上下游）	上游	长度/m	220	100	760		
		面积/m^2	59 400	19 000	182 400		
	下游	长度/m	420	90	860		
		面积/m^2	113 400	17 100	27 500		
	上下游面积比		0.52	1.11	0.66		
	体积/$10^4 m^3$		207.4	21.6	453.6		
淤积区深度最大处高程/m	崩前		–41.4	–39.7	–49	–53.4	
	崩后		–27.6	–26.5	–37	–36.1	
	平均淤高		12	6	10		
冲淤交界面高程/m			–25	–25	–30	–35	

1）窝崩发生前，江河岸坡坡脚一般遭受冲刷侵蚀、出现较狭窄的深槽楔入，并不断向堤内进逼。高家圩、燕子矶等窝崩发生后［图 10-1（a）、(b)］，原岸线冲深 20 ~ 30m，崩坍前的岸线有一个较狭窄的深槽楔入，这个深槽在崩窝口门处长度仅几十米，

为崩窝口门长度的$\frac{1}{2}\sim\frac{1}{3}$。资料表明，在窝崩前深槽已开始向将要发生窝崩处的岸线逼近，江都嘶马 1984-7-21 窝崩前 9 天测图［图 10-1（c）］上，-35m 槽有两处较 10 天前向岸边逼进了 40m 和 60m；燕子矶 1983-8-21 窝崩前 12 天［图 10-1（b）］出现-20m 深潭，同时-15m 槽也向岸边进逼。这表明窝崩前深水部分已经发生变化，向岸边进逼的局部深槽与崩后楔入岸线的深槽方向和位置是一致的。

2）窝崩一般在短时间完成。从南京、镇扬河段和安徽省境内的窝崩现场，观测到的大窝崩都是在较短的时间内（几小时到几十小时）分若干次完成的。首先崩塌的部位是正对着楔入深槽的那部分堤身土体，而后每次崩塌间隔或几分钟或十几分钟，或几小时，而且是由外向里，由中间向两边发展的［图 1-1（a）］，平面上多为圆弧形，淘刷窝崩过程实际上是很多不同圆弧形的组合体。土体的崩塌和冲击水流，往往形成高于岸边的浪头，并形成复杂的水流结构。一方面推挤前期崩块进入主流或回流中而被带走，另一方面冲击水流形成的冲击波和震动进一步促使它后面的土体开裂，导致更大范围的崩塌，这样便形成了“窝”。

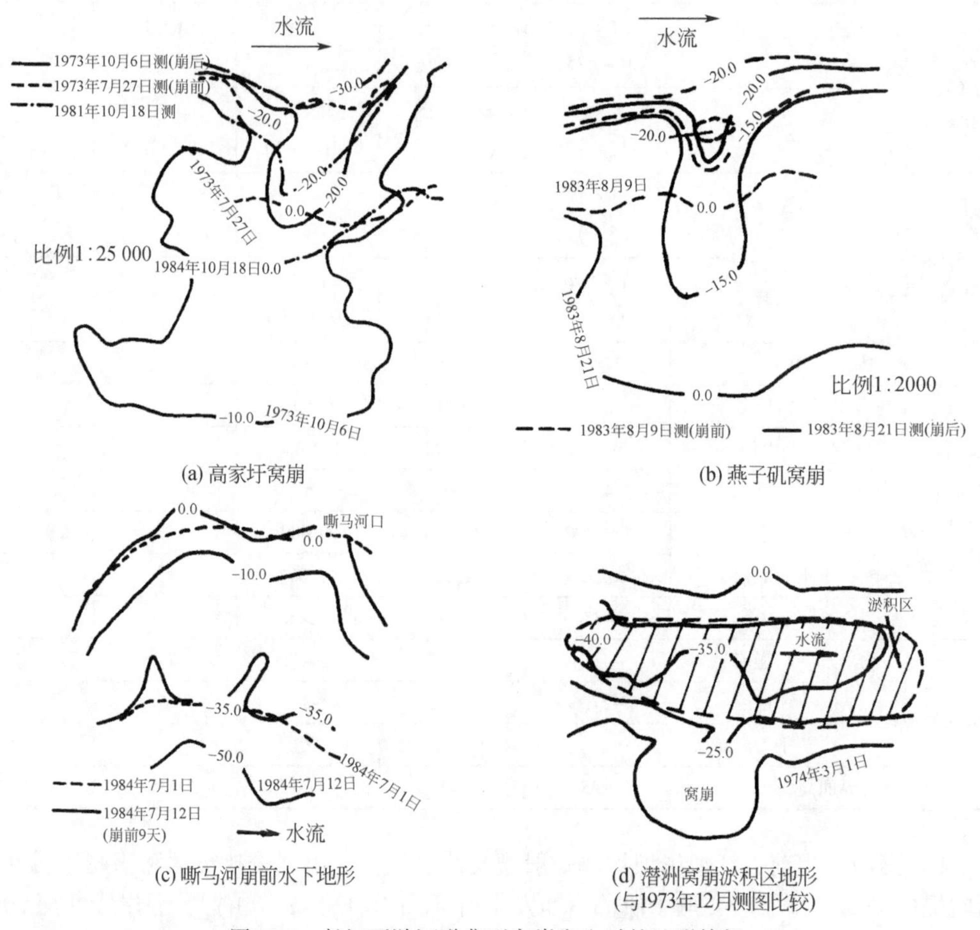

(a) 高家圩窝崩

(b) 燕子矶窝崩

(c) 嘶马河崩前水下地形

(d) 潜洲窝崩淤积区地形
(与1973年12月测图比较)

图 10-1　长江下游河道典型窝崩发生时的地形特征

窝崩过程表明，每次窝崩是成块的土体向下崩坍，崩塌撞击水流，并产生浪花，水流翻滚，可以在现场听到轰隆隆的沉雷声。发生窝崩的瞬时，崩窝内已测到回流的流速达 1.5 ~ 2.0m/s，窝崩接近稳定时回流流速一般在 1.0m/s 左右。强烈的回流将塌下的土块分解为散体，然后形成泥沙浓度较大的水流向崩窝外运动。随着崩塌范围的扩大，崩窝的平面范围增大，崩塌土体激发的水流紊动减小，冲击作用减弱；另外，崩窝周边边坡经过崩塌调整，逐渐趋于稳定，因此窝崩逐渐减缓直至停止。

3）崩塌泥沙的分布特点：在崩塌后不久的测图上，深槽的形态与窝崩正在发生时的形态有很大差异。淤积在崩窝外深槽的泥沙向上、下游和对岸三个方向铺开，铺在上、下游方向长度差不多。例如，潜洲 1973-12-31 窝崩崩塌泥沙向上游运动 760m，向下游运动 860m，向对岸运动 280m，淤积体顶面高程相差不大，坡度平缓。上游方向一般为 1∶60 左右，下游方向和对岸方向基本上为平面。淤积体的平面形状大体呈上游方向尖、下游方向钝的条棱体［图 10-1（d）］。淤积厚度以崩窝口外最厚（可达 12 ~ 14m），然后逐步向四周减薄。崩后一两天测图上淤积体的体积为崩坍泥沙体积的 70% ~ 80%。考虑到淤积的泥沙容重小于崩前泥沙容重，则有 1/3 左右崩失泥沙作为悬移质向下游运动。窝崩发生后，淤积体则是由浓度较大、颗粒较粗的泥沙逐次、分层淤积的。

4）非连续边界条件的影响：在非连续护岸工程的间隙处所形成的里大口小的“鸭梨形”窝崩中（如高家圩 1973-10-6），由于原平顺抛石（两边共约 $1.5\times10^4 m^3$ 块石）形成较稳定的水下陡坡（坡度陡于 1∶2），从而形成狭窄的口门。当未加防护的河岸受到水流淘刷时，交界处的块石逐步调整成为控制口门宽度的防护层。

综上所述，窝崩发生前已在河床深槽附近岸边不断发生淘刷，这些淘刷逐步发展（很可能导致水下小塌方）形成回流，强大回流使每次大方量的土体坍塌。崩塌土体的惯性造成冲击波，使水流形成强烈的紊动，带走崩窝内的泥沙，同时又使后面土体开裂和不断下塌；前一次塌下的土体受后面土体的推挤和回流的作用，不断分解、破碎，并运动到深槽，细颗粒泥沙被主流带向下游，大部分较粗颗粒的泥沙则淤积在深槽里。随着崩窝的发展，回流的强度和崩坍的强度逐步减弱至崩坍停止，这就是窝崩的发展过程。

10.2.2 窝崩条件与分类

在一定的边界条件下，岸滩受到水流的剧烈冲刷，或土体失去承载能力，导致岸滩连续大范围的崩塌，岸滩崩塌在平面尺度上相当于“口小肚子大”的窝。窝崩本身仅涉及河岸崩塌后的形态，并没有说明崩塌的原因。发生窝崩的成因及条件是多方面的，主要包括边界条件、水流条件和突发因素。其中边界条件包括岸滩结构的不连续性、岸滩抗冲能力差等，是发生窝崩的必要条件和内因；水流条件是指局部强烈的紊动结构（环流、斜流、横流）、深泓靠岸、洪水涨落等，是窝崩发生的重要条件；水压力的突变、突加荷载、地震等是窝崩发生的激发条件。综合分析，导致窝崩发生的原因主要是岸滩剧烈淘刷和岸滩土体的承载能力减小或消失，因此把窝崩分为淘刷窝崩和液化窝崩两大类型[2,11]，如图 10-2 所示。

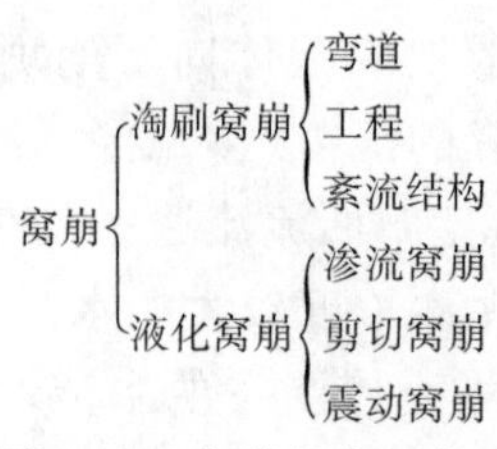

图 10-2 窝崩的成因类型

淘刷窝崩：对于不连续岸滩，局部河段的抗冲性能很弱。在强水流的顶冲或淘刷之下，深泓靠近河岸，岸滩大块崩塌，并迅速为水流冲走，为崩塌连续发生创造条件，此时形成的崩塌为淘刷窝崩。

液化窝崩：对于一定组成的沙性河岸，经过洪水期的长期浸泡后，在洪水水位突变或地震等触发因素的作用下，土体内的孔隙水压力迅速增大，使土体承载能力大幅度减弱或消失，可能会发生液化窝崩，或者发生渗透破坏。

无论是淘刷窝崩，还是液化窝崩，都是通过强烈的水流条件和触发因素，作用于脆弱的边界条件上完成的。结合下面的分析研究，窝崩发生的过程和成因可用图 10-3 来表达[2,11]。

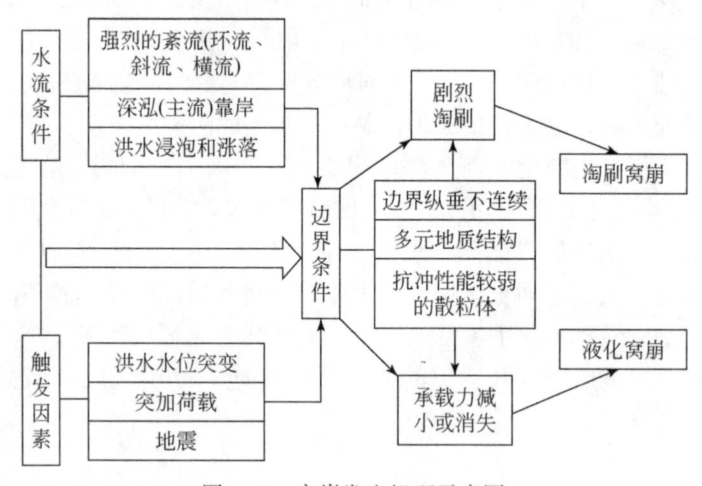

图 10-3 窝崩发生机理示意图

10.3 液化窝崩力学机制与崩塌模式

10.3.1 液化窝崩力学机制

1. 岸滩土体的抗剪强度

岸坡土体内部的抗剪强度可以用下式表达[4]：

$$\tau_f = c' + \sigma' \tan\theta' = c' + (\sigma - u)\tan\theta' \tag{10-1}$$

式中，τ_f 为抗剪强度；c'为有效内聚力，其中黏性土的 c'一般大于零，无黏性土的 c'为零；θ'为有效内摩擦角，一般不为零；σ'为有效应力；u 为孔隙水压力，$u=\gamma_w h_w$；σ 为总应力；γ_w 为水的容重；h_w 为水位差。

洪水时期，岸滩土壤的长期浸泡，一方面使得土壤的凝聚力、摩擦角和相应的抗剪强度都有较大幅度的减小，岸滩的稳定性随之大幅度减小；另一方面，由于土壤颗粒间孔隙水压力的存在，破坏面上的有效法向应力减小，从上式也可以看出破坏面上的抗剪强度进一步减小，相应的稳定性减小。

2. 岸滩液化机理与液化类型

对于非黏性土，在一定条件下，孔隙水压力增大到σ，有效法向应力接近于零，即

$$\sigma' = (\sigma - u) \to 0 \tag{10-2}$$

从式（10-1）可知，破坏面上的抗剪强度接近于零，即 $\tau_f \to 0$。此时岸滩泥沙处于液化状态，几乎无任何承载能力，岸滩崩塌发生，甚至出现大范围的崩塌。

显然，土体液化的主要特征是土体的抗剪强度 τ_f 趋近于零。土体由固体变为液体的条件是

$$\tau_f \to 0 \Rightarrow \begin{cases} c' \to 0 \\ \sigma' = (\sigma - u) \to 0 \end{cases} \Rightarrow \begin{cases} c' \to 0 \\ u \to \sigma \end{cases} \tag{10-3}$$

土体液化按照不同的作用力，分为震动液化、剪切液化和渗透液化等[4]。无论震动液化或剪切液化，都是由于突然增加荷载，孔隙水压力上升，土体有效法向应力减小，随着荷载的持续，孔隙水压力不断升高，沙土有效应力不断减小，当沙土有效应力趋于零时，岸滩发生液化，此时岸滩完全丧失其承载能力，发生崩塌，甚至连续的窝崩。而渗透液化则主要是洪水位的变化导致岸滩内渗透力发生变化，当岸滩内渗透力大于土体的浮重时，在一定范围内的土体同时发生移动，即发生渗透液化现象。其中沙沸（sand boil）、流沙（quicksand）等都是典型的渗透液化现象，文献[4,5,13,14]对沙沸、流沙和流滑现象进行了深入的研究。土体发生渗透液化的首要条件是具有一定的水力坡降，所以岸坡排水条件对渗透液化影响很大。

10. 3. 2 液化窝崩崩塌模式

岸滩发生液化前后，岸滩将在自重的作用下，不断发生坍塌。液化窝崩仍然用力学平衡进行分析，结合窝崩崩塌特点，假设窝崩崩体为台柱形态，台柱崩体的受力分析如图 10-4 所示。岸边初次崩塌发生以后，在崩窝中形成强大的回流，带走坍塌的泥沙，同时又使后面的土体开裂和崩塌，称为岸内崩塌（或再次崩塌）。岸内崩塌的模式和岸边初次崩塌模式在崩体形态上有很大差异，岸边初次崩塌的平面形态近似为圆弧形，即弓形；而岸内崩塌的形态比较复杂，平面形状多种多样［图 1-1（a）］，一般为多弧边形，包括二弧边形、三弧边形、四弧边形等，最简单的为新月形，属于二弧边形；为了便于简单分析，以下主要针对岸边弓形崩塌和岸内新月形崩塌进行探讨。

假设块体受到的阻滑力为 F_R，块体的下滑力为 D_F，液化窝崩崩体的稳定系数 K 定义为崩体下滑力和阻滑力的比值，即

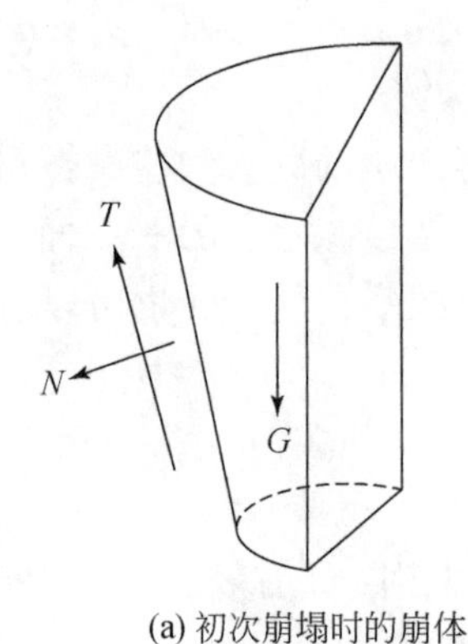

(a) 初次崩塌时的崩体

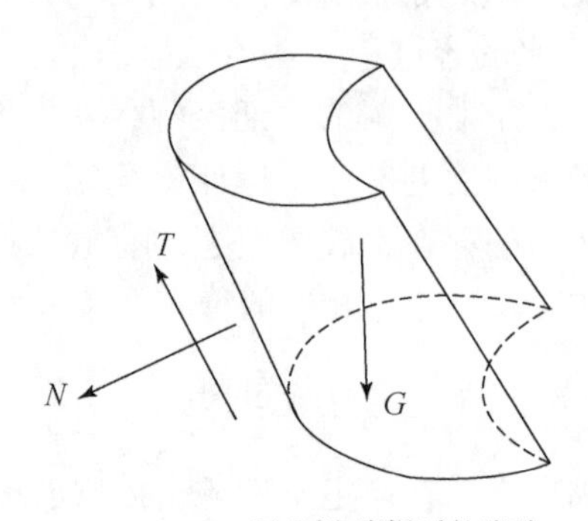

(b) 再次崩塌时的崩块

图 10-4　窝崩液化崩塌模式示意图

$$K=\frac{F_{\mathrm{R}}}{D_{\mathrm{F}}} \tag{10-4}$$

窝崩初次崩塌和再次崩塌的机理与分析方法是一致的，但由于再次崩塌的分析计算比较复杂，这里仅对初次崩塌的发生情况进行说明。对于初次崩塌，可以假定破坏面是圆弧形的，崩体为台柱体，对应的崩塌台柱体体积为

$$V_A=\frac{1}{3}\left(A_{\mathrm{t}}+A_{\mathrm{b}}+\sqrt{A_{\mathrm{t}}A_{\mathrm{b}}}\right)H \tag{10-5}$$

破坏面面积为

$$A_1=\frac{1}{2\sin\Theta}\left(C_{\mathrm{t}}+C_{\mathrm{b}}\right)H \tag{10-6}$$

崩体所受的重力为

$$W=\frac{\gamma}{3}\left(A_{\mathrm{t}}+A_{\mathrm{b}}+\sqrt{A_{\mathrm{t}}A_{\mathrm{b}}}\right)H \tag{10-7}$$

为便于分析，设崩体台柱破坏面的概化倾角为 Θ，崩体下滑力主要是重力 W 在滑面上的分力，即

$$D_{\mathrm{F}}=W\sin\Theta \tag{10-8}$$

崩体抗滑力为崩体破坏面上的抗剪力 F_{R}，鉴于破坏面上的切应力分布是不均匀和未知的，计算其抗剪合力需进行破坏面上的剪应力求和，计算方法比较复杂。为简单分析起见，假定崩体破坏面上的抗剪力等于崩滑面上的平均切应力 τ_f 与崩塌块体的接触面积 A_1的乘积，即

$$F_{\mathrm{R}}=\tau_f A_1 \tag{10-9}$$

那么，崩体稳定系数 K：

$$K=\frac{\tau_f A_1}{W\sin\Theta}=\frac{3\tau_f\left(C_{\mathrm{t}}+C_{\mathrm{b}}\right)}{2\gamma\left(A_{\mathrm{t}}+A_{\mathrm{b}}+\sqrt{A_{\mathrm{t}}A_{\mathrm{b}}}\right)\sin^2\Theta} \tag{10-10}$$

仍然假定崩体破坏面上的平均切应力采用式（10-1），变为

$$\tau_f=c'+\left(\sigma-\gamma_{\mathrm{w}}h_{\mathrm{w}}\right)\tan\theta' \tag{10-11}$$

把式（10-11）代入式（10-10），得

$$K=\frac{3\left[c'+(\sigma-\gamma_{w}h_{w})\tan\theta'\right](C_{t}+C_{b})}{2\gamma(A_{t}+A_{b}+\sqrt{A_{t}A_{b}})\sin^{2}\Theta} \tag{10-12}$$

式中，A_l 为崩体破坏面的面积；A_t、A_b 分别为崩塌台柱体上表面和下底面的面积；C_t、C_b 分别为台柱体破坏面顶边和底边的长度；H 为崩体高度。也就是说，只要能确定破坏面上的应力分布、崩体台柱上下面和破坏面的尺度，就可以进一步分析渗透窝崩崩体的稳定性。

对于岸边初次崩塌，假定岸边初次崩体为弓（圆）台，崩塌体上表面和下底面弓形面积分别为

$$A_{t}=\frac{\pi\varphi_{0}}{360}R^{2}-\frac{1}{4}\sqrt{(2R)^{2}-b_{t}^{2}}\quad A_{b}=\frac{\pi\varphi_{0}}{360}r^{2}-\frac{1}{4}\sqrt{(2r)^{2}-b_{b}^{2}} \tag{10-13a}$$

若岸边初次崩塌体为半圆形，此时 $b_t=2R$，$\varphi_0=180$，崩塌体上表面和下底面的面积分别为

$$A_{t}=\frac{\pi}{2}R^{2}\quad A_{b}=\frac{\pi}{2}r^{2} \tag{10-13b}$$

对于岸内窝崩崩塌，其崩塌形态比较复杂，仅以新月形崩体台柱为例进行分析，假定上下新月形具有相同的张开角，上下新月形的面积分别为

$$A_{t}=R^{2}\eta\quad A_{b}=r^{2}\eta \tag{10-13c}$$

破坏面的顶边和底边长度分别为

$$C_{t}=\frac{2\pi R\varphi_{0}}{360}\quad C_{b}=\frac{2\pi r\varphi_{0}}{360} \tag{10-14a}$$

岸边初次崩塌体为半圆形时破坏面顶边和底边长度分别为

$$C_{t}=\pi R\quad C_{b}=\pi r \tag{10-14b}$$

新月形台柱的顶边和底边长度分别为

$$C_{t}=\frac{2\pi R(360-\varphi)}{360}\quad C_{b}=\frac{2\pi r(360-\varphi)}{360} \tag{10-14c}$$

为便于分析，岸边初次半圆和岸内新月形台柱崩体的相关尺度公式分别代入式（10-12），可得岸边初次半圆台柱崩体的安全系数为

$$K=\frac{3\left[c'+(\sigma-\gamma_{w}h_{w})\tan\theta'\right](R+r)}{\gamma(R^{2}+r^{2}+Rr)\sin^{2}\Theta} \tag{10-15a}$$

和岸内新月形台柱崩体的安全系数为

$$K=\frac{\pi\varphi\left[c'+(\sigma-\gamma_{w}h_{w})\tan\theta'\right](R+r)}{120\gamma\eta(R^{2}+r^{2}+Rr)\sin^{2}\Theta} \tag{10-15b}$$

式中，R 和 r 分别为台柱崩塌体上表面和下底面弓形（或新月形）的半径；b_t 和 b_b 分别为弓形台柱崩体上下弓形的弦长；φ_0 和 φ 分别为弓形的圆心角和新月形的张开角；$\eta=\pi-\frac{\pi\varphi}{180}+\sin\varphi$。由式（10-12）和式（10-15）可以看出：①在洪水期，岸滩经过长时间的浸泡，土体的内聚力和内摩擦角将会大幅度减少，使得崩体的稳定系数减小；②台柱崩块体的上表面和下底面（或半径）越大，崩块的稳定系数越小，也就是说，崩块体越大，越容易崩塌；③假设土体的特性没有发生变化，当水位差 h_w 逐渐变大的

时候，稳定系数 K 逐渐变小，即在落水期，洪水在短时间内大幅度下降，水位差快速增大，崩体的稳定系数大幅减少，导致崩体快速崩塌，发生窝崩；④对于沙质岸滩，其内聚力很小，若土体发生液化，即洪水快速降落，岸滩水位差增加，渗透力增大，有效应力会急剧减小，稳定系数 K 会迅速下降到较小值，甚至接近于零，河岸就会发生液化窝崩。

10.3.3 液化窝崩发生的条件

1. 土质条件

饱和砂土和少黏性土，能否发生液化与土体的组成和级配条件、边界条件和排水条件等因素有关。并不是所有的饱和非黏性土都会发生液化，而是与沙土的组成和级配条件有关。文献［5］根据《水工建筑物抗震设计规范（试行）》（SDJ 10-78）有关规定给出土壤的组成和级配要求，沙土抗液化能力与中值粒径 D_{50} 关系密切，当 D_{50} 为 0.07～0.15mm，不均匀系数为 2～5，黏粒含量小于 10%时，抗液化能力很低。D_{50} 小于 0.07mm 或大于 0.15mm 时，抗液化能力增强。

对于亚黏土和沙壤土，其强度随土体中含水量的变化而变化，《水工建筑物抗震设计规范（试行）》（SDJ 10-78）中建议，对于塑性指数 $I_P \geqslant 3$ 的饱和少黏性土，当液性指数 I_L 为 0.75～1.0 时，震动下就可能发生液化。文献［4］则给出了粒径范围更广的条件，即：①颗粒粒径一般不大于 2mm，②塑性指数 $I_P<3$，③黏粒（<0.005mm）含量小于 3%。

在长江下游河道，一些岸滩（如长江潜洲）沙土的组成具有如下特征[15]，中值粒径 d_{50} 为 0.07～0.15mm，不均匀系数为 2～5，黏粒含量小于 10%，这类岸滩抗液化能力很低。也就是说这种土壤一旦具备振动、渗透、剪切等条件之一时，产生或诱发崩坍的可能性是存在的。

根据现有参考资料[5,7,9,11,12,15,16]，总结了长江中下游河道发生窝崩的地质条件和发生时间，如表 10-3 所示。表中发生窝崩的河岸多为二元结构，上层一般为细颗粒的亚黏土、黏土、粉质黏土，具有较强的抗冲能力，下层一般为较粗的沙土层，包括细砂、中砂、粉砂，其抗冲刷的能力较弱。而江西彭泽马湖、安徽枞阳河段发生窝崩的河岸为多元结构，主要有黏沙质亚沙土层、淤泥质亚黏土层和亚粉土层，以及沙壤土、中粉质壤土与轻粉质壤土层组成，多元结构岸滩抗冲能力仍较弱。这种发生窝崩的二元结构和多元结构岸滩，下层土质抗冲能力较差，同时岸滩土壤中都含有能液化的细沙，在一定条件下可以发生液化。

表 10-3　不同地区窝崩发生的时间和地质条件

地点	时间（年-月-日）	地质条件
湖北石首	1998-6-13	河岸土体垂向组成基本为上部黏性土和下部非黏性土组成的二元结构，且垂向分层结构明显。上部黏性土层厚度较薄，一般为 1～3m；下部非黏性的沙土层较厚，在大部分河岸均超过上部黏性土层厚度

续表

地点	时间（年-月-日）	地质条件
江西彭泽马湖	1996-1-8	下部为黄棕色黏砂质亚砂土层，厚 18m。中部为灰色淤泥质亚黏土层，厚约 6m。上部为黄褐色亚粉土层，厚约 10m
江西九江	1998-2-12；2013-4	具有二元结构的特征，上部为黏土或亚黏土，左岸下部位细砂，中砂或砂砾，右岸为沙土。河床是细砂与中砂、床沙中值粒径约为 0.15mm
安徽芜湖江	2007-12-1	二元结构，上层为细粒层，主要是亚黏土，局部黏土和亚黏土，厚 4～30m，抗滑强度较低。下为粗粒层，河床相，主要是细砂、中砂、局部粉砂和砾石，抗滑强度相对较高
安徽无为	2012-6-24；2010-9-2；2008-9-27；2009-10-17	二元结构，上为细粒层，主要是亚黏土，局部黏土和亚黏土，厚 4～30m，抗滑强度较低。下为粗粒层，河床相，主要是细砂、中砂、局部粉砂和砾石，抗滑强度相对较高
安徽枞阳	1998-6-12；2012-9-8；2008-8-30/9-29；2011-7-7	表层 1～5.2m 砂壤土夹细砂层，中部为粉质壤土夹淤泥质土，及中粉质壤土与轻粉质壤土层，厚度超过 10m
安徽马鞍山	1976-11	河岸呈二元结构，上为细粒层，为亚黏土，厚 4～30m，下为粗粒层，为细砂、中砂、局部粉砂和砾石
安徽六合圩	1989-12-3	具有二元相结构，上层为细颗粒层的亚黏土和亚砂土，下层为粗颗粒层的细砂
江苏镇江	1996-1-3；2012-9-11；2012-10-14	上层河漫滩相的黏土，下层为河床相的中细沙
江苏江都嘶马	1984-7	组成江岸的土层以淤泥质粉质黏土和粉砂为主，抗冲性能较好的粉质黏土分布于其顶部，厚度 1～2m，埋深 20m 处皆有粉砂、淤泥质粉质黏土互层组成
南京浦口	2013-4-16；1970-6	上层是亚黏土，厚 0.8～3.5m，中层是淤质亚黏土夹薄层粉砂，厚 5～25m，下层是粉细砂层，厚 20m
南京燕子矶	1983-8	河岸上层为 7m 厚的淤质亚黏土，下层为 30m 厚的粉细沙层
南京三江口	2008-11-18	二元结构，上层是厚度 1～2m 的壤土或粉质黏土，下部为厚达数十米的粉细沙或细沙

2. 液化窝崩的诱发因素

在岸滩土壤满足了液化的条件之后，并不一定会发生液化，而是在外界因素诱发之下，才会发生液化。土体发生液化按照不同的作用力，可分为振动液化、剪切液化和渗透液化[16]。它们均是由于孔隙水压力上升造成土体的有效法向应力减小，土体的抗剪强度趋于零，当岸滩处于液化状态时，在岸滩土壤自重或外加荷载的作用下，发生快速崩塌。

（1）洪水水位的突变

对于冲积平原河流，河床组成主要是水流所挟带的泥沙，河岸砂层也分布较广，渗透性较强，河岸地下水与江水有同步升降的特点。例如，长江马鞍山恒兴洲地下水观测资料表明[4]，长江涨水期，江水的上涨率大于地下水的上涨率（如1964年9月15～25日，江水每天上涨0.095m，地下水每天上涨0.035m）；长江落水期，江水下落率大于地下水的下落率（如1964年11月25日～12月5日，江水每天下落0.131m，地下水每天下落0.08m）。当江水与地下水存在水位差时，在水压力作用下就会产生渗流。一般情况，当江水位高于地下水位时，渗流对岸坡稳定起积极作用；当地下水位高于江水位时，水体通过岸坡向外渗出，此时动水压力对岸坡稳定起破坏作用。当洪水位变化速率越大，渗流的水压力越大，当水压力比降达到一定数值时，渗透力大于土体浮重，在某一范围内的土体同时发生移动，此时发生渗透破坏，这就是人们所说的渗透液化现象。照片10-1为湖南岳阳河段和安徽巢湖无为河段发生的窝崩，其中岳阳河段天字一号崩岸发生于2月，岸滩边界多为二元结构，下部为沙质土壤；巢湖无为河段崩岸发生于2009年10月中旬，河岸由沙质土壤组成。河岸沙质土壤皆满足形成渗透液化的边界条件，岳阳天字一号崩岸发生前长时间下雨，无为河段崩岸正处于洪水末期水位降落阶段，显然，这两处崩岸前河岸都曾遭受水流浸泡，在河岸内可能形成渗流，河岸浸泡和渗流促使窝崩发生。

(a) 长江干堤岳阳河段天字一号崩岸

(b)长江巢湖无为河段发生窝崩

照片10-1　长江典型河段发生的窝崩

另外，从表10-3中窝崩发生的时间可以看出：窝崩主要发生在汛期（6～10月）和汛末（10～12月）。这是因为在汛期，洪水水位比较高，河岸受到了长期的浸泡，土体的抗减强度很低，在汛末洪水位下降时，渗流的影响使河岸的稳定性进一步降低，这时如果条件成熟，很可能发生窝崩。例如，长江马湖堤1977年1月和1996年1月发生的河岸崩塌与洪水长期浸泡和水位降落有重要关系[12]，江水与地下水位差越大，渗透坡降与压力越大，对崩岸所起的助滑作用也越大。官洲河段[17]1964～1989年的窝崩都发生在汛后或枯水季；马鞍山河段电厂上游的大窝崩发生在1976年11月，贵池河段南岸王家缺前后两次大坍岸出现在1973年底，高家圩窝崩于1973年10月形成，潜洲窝崩发生在1984年12月底等[18]。由此可见长江下游窝崩的发生与时间有密切的关系，窝崩一般发生在汛后，因为汛后退水较快，使地下水流动产生的渗透坡降与压力大。

（2）地震因素

地震因素对崩岸的影响主要包括两个方面，一方面使岸滩增加一个循环剪切力，岸滩崩塌的概率大大增加；另一方面，地震会使具有液化条件的沙土发生震动液化。地震增加荷载，使地下水面以下土体的孔隙水压力上升，又来不及消失，沙土体积变密，土体内应力发生变化，原来有沙粒骨架承受的有效压力转化为孔隙水压力。随着地震荷载的持续，孔隙水压力不断升高，沙土有效应力趋于零，沙土突然表现得像液体一样，即沙土液化。岸滩沙土发生液化后，完全丧失了承载力，致使岸坡失去稳定，发生液化窝崩。

根据历史地震记载、现代地震和模拟试验，造成沙土液化的震级大于里氏 5 级，液化过程一般发生于地下一定深度（20m）内，而且地震导致的土体液化与地震的强度和土体本身的性质也有很大的关系。据文献［5］的研究成果表明，当设计地震烈度为6度时，若土壤相对密度小于0.65，或者设计地震烈度为7度时，相对密度小于0.7，则地震发生时可以发生液化。

（3）突加荷载

对处于窝崩临界状态的岸滩，如果在堤身上突加荷载，如修建堤坝增加河岸的重量，或者受到风浪等侧向作用，使岸滩所受的力骤增，加剧岸滩的失稳，从而对窝崩的发生起到了促进和加速作用。例如，水利部门于1995年12月对马湖堤段原堤加高2m、加宽6m后，大堤附加荷载21.6t/m，加固期间采用机械碾压[9]。当碾压振动达到一定程度时，引起堤基内部粉沙土层骨架破坏，从而导致该层土体的微小沉陷。这种微小沉陷可能激发岸坡的整体变形、启动窝崩。实际上，马湖窝崩就发生在1996年1月3日大堤加固工程刚刚完工之际。

（4）河岸局部冲刷崩塌

洪水期间，来水流量较大，近岸附近将会形成紊动强度大的水流结构，或者工程的挑流作用，产生斜流冲击岸滩，使河流岸脚冲刷拓宽，或者河床冲刷下切，岸脚和河床的冲刷都将直接引起岸滩崩塌，岸滩崩塌反过来会影响岸滩的继续崩塌。

10.4 淘刷窝崩力学机制与崩塌模式

岸脚淘刷与岸滩崩塌有非常重要的关系[19]。淘刷窝崩是泥沙快速运动的结果，而泥沙运动的动力是水流。对于不连续且局部河段抗冲性能很弱的岸滩，顶冲水流对河床及岸滩的冲刷作用较强，使近岸河床岸脚处产生较剧烈的冲刷，而顶冲水流会在抗冲薄弱部位淘刷，形成较强的竖轴环流，导致河岸淘刷剧烈，造成岸滩连续崩塌，形成淘刷窝崩。淘刷窝崩强度与上游来水流量成正比，即来水流量越大淘刷强度就越大。

10.4.1 淘刷窝崩崩退模式与力学机制

水流的淘刷作用使岸脚处的泥沙被快速冲走，导致岸坡上部的土体处于临空状态，临空土体在水流的连续作用下，崩体以窝的形式快速崩塌[7]，如图1-1（c）所示。从淘刷窝崩的平面图形上来看，崩塌体破坏面的平面形状呈弧形，淘刷窝崩的崩塌体仍然假定为台柱体，如图 10-4 所示，台柱体的稳定系数仍可用式（10-10）表达。淘刷窝崩一般发生在河道水位不是很高且变化不大的阶段，岸滩内无渗流发生，破坏面的平均切应力表达形式为

$$\tau = c + \sigma' \tan\theta \tag{10-16}$$

将式（10-16）代入式（10-10），得淘刷窝崩崩体稳定系数

$$K = \frac{3\ (c+\sigma\tan\theta)(C_t + C_b)}{2\gamma\ (A_t + A_b + \sqrt{A_t A_b})\ \sin^2\Theta} \tag{10-17}$$

对于淘刷窝崩，若能确定破坏面上的应力分布、崩体台柱上下面面积和破坏面的尺度，就可以进一步分析淘刷窝崩崩体的稳定性。上式表明，淘刷窝崩的稳定系数主要取决于崩体的尺度和土壤性质，崩体尺度越大，河岸的稳定系数越小，越容易发生窝崩；崩体土壤的剪切力越大，崩体稳定系数越大，窝崩不易发生。若假定淘刷崩塌体为柱状体，柱状崩体的顶面与底面的面积和周长是相等的，即 $A_t = A_b$，$C_t = C_b$，式（10-17）变为

$$K = \frac{(c+\sigma\tan\theta)\ C_t}{\gamma A_t \sin^2\Theta} \tag{10-18}$$

若令 $K=1$，则得柱形崩体发生崩塌的临界条件为

$$R_b = \frac{A_t}{C_t} = \frac{c+\sigma'\tan\theta}{\gamma\sin\Theta} \tag{10-19}$$

一般说来，崩体周长 C_t 反映了崩块承受的剪切力的大小，面积 A_t 则反映了崩块重力引起的下滑力。显然当崩体周长一定，或者崩体所受的剪切力一定时，鉴于圆形的面积最大，表明崩体呈圆弧形态时所受的下滑力最大，此时窝崩最容易发生，这也进一步解释了窝崩发生的形状一般呈圆弧形。假定淘刷窝崩崩体形态为一圆弧柱体，可以将岸边初次发生淘刷窝崩的崩体平面形态近似假定为弓形柱体，如图 10-5（a）；与液化窝崩类似，再次窝崩发生的形态比较复杂，仅以新月形台柱式窝崩为例进行分析，如图 10-5（b）所示。岸边初次弓形台柱状崩塌体顶面面积和破坏面上下边的长度分别采用式（10-13a）和式（10-14a），代入式（10-19），得

$$R = \frac{90\sqrt{(2R)^2 - b_t^2}}{\pi\varphi_0 R} + \frac{2\ (c+\sigma'\tan\theta)}{\gamma\sin\Theta} \tag{10-20}$$

若岸边初次崩塌平面形状为半圆，此时 $b_t = 2R$，式（10-20）变为

$$R = 2R_b = \frac{2\ (c+\sigma'\tan\theta)}{\gamma\sin\Theta} \tag{10-21}$$

显然，窝崩发生时块体的大小取决于岸滩土壤性质，也就是说窝崩发生时崩体尺度与土壤的剪切力成正比，与干容重成反比。对于半圆形崩塌，当岸脚淘刷严重时，崩塌面处于直立状态时，$\sin\Theta = 1.0$，对应的法向应力 $\sigma' = 0$，对应的崩塌半径为

$$R = \frac{2c}{\gamma} \tag{10-22}$$

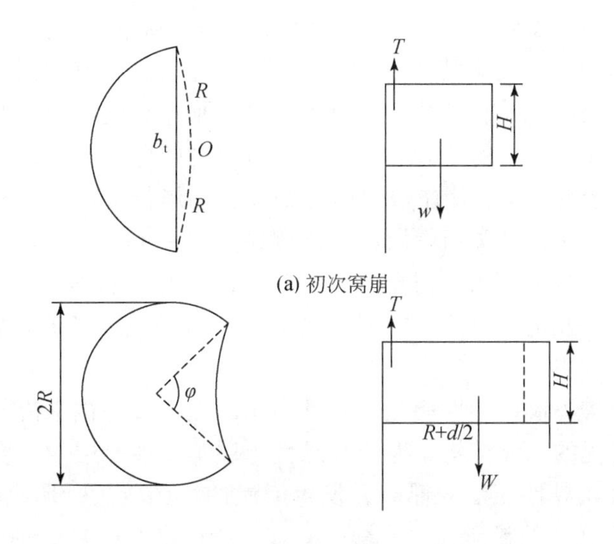

(a) 初次窝崩

(b) 再次窝崩

图 10-5　初次崩塌的块体形状

对于再次崩塌，以新月形台柱式崩塌为例，新月形的弧边长度 C_t 和面积 A_t 分别采用式（10-14c）和式（10-13c）。代入式（10-19）便得新月形台柱窝崩的临界崩塌半径：

$$R=\frac{\pi\ (c+\sigma'\tan\theta)\ (360-\varphi)}{180\gamma\eta\sin\Theta} \tag{10-23}$$

式中，φ 为新月形的张开角，R 为新月形的半径，$\eta=\pi-\frac{\pi\varphi}{180}+\sin\varphi$。

10.4.2　淘刷窝崩的条件

强烈紊动的水流条件是发生局部冲刷的必要条件，边界抗冲性能差是发生局部冲刷的基本条件。淘刷窝崩的条件主要包括岸滩边界条件和水流动力条件，其中边界条件包括岸滩土体特性及其抗冲性、河岸边界结构的连续性和河岸边界的轮廓形态，水流动力条件包括岸脚附近局部水流强烈的紊动结构、近岸流的流势与河势和洪水岸滩浸泡及洪水位的降落。

1. 岸滩土体特性及其抗冲性

岸滩的稳定性和抗冲性能取决于土体的类型、组成、含水量、孔隙比、内摩擦角等指标。一般说来，黏土的稳定性和抗冲性能远大于粉质或沙质壤土。文献［15］针对长江下游 793km 河段（九江至河口）的实际情况，根据枯水位以上疏松沉积物的组成和层次结构，把长江岸滩分为四大类河岸，如表 9-1 所示。在这四大类型河岸中，河岸崩塌程度差别很大，类型Ⅰ河岸崩岸最少，类型Ⅳ河岸崩岸最多。表 10-4 为 20 世纪 70 年代长江下游河道崩岸与河岸类型的特点。结果表明，类型Ⅰ是黏土亚黏土质为主的河岸，占河岸类型总长度的1.2%，可动性最小，不易于冲刷，基本上无崩岸发生。类型Ⅱ以亚黏土质为主，间夹其他土层，其可动性增大，能够冲刷，这类河岸占河岸类型总长度的27.6%，对应的崩岸数比例为23%，崩岸长度比例为18.1%。类型Ⅲ以亚砂土质为主，夹一定数量的粉砂亚黏土，占河岸类型总长度的29.1%，该类型河岸的可动性较大，较容易冲刷，崩岸数比例为23%，崩岸长度比例为13.7%。类型Ⅳ则是以粉细砂为主的河岸，这类河岸所占的比例最高，占35.7%，其可动性最大，最容易冲刷，崩岸最严重且范围大，占全部崩岸数量的54%，占全部崩岸长度的68.2%。剧烈的河岸崩塌主要发生在Ⅲ、Ⅳ类型的河岸，占91.5%，窝崩常发生于Ⅲ、Ⅳ类型河岸，以Ⅳ类河岸为主。

粉质和沙质土壤不仅抗冲性能差，而且崩塌的土体极易被水流分割成散粒而被水流带走。特别是常见的二元结构岸滩，其黏性土层与砂性土层的厚度与埋深对崩岸有直接的影响。当表层黏性土层较厚时，发生崩岸的块体较大，形成窝崩的机会较大。对于黏粒含量少于10%的粉质或沙质壤土，其抗滑稳定性很差。例如，马湖堤河岸抗冲性差是导致该区域不断发生窝崩的基本条件，马湖堤区域地质勘探分析结果表明，该地区近地表10m深度范围内土体的内摩擦角只有5°、孔隙比达0.93～1.15、压缩系数达0.3～0.4，可见其稳定性较差[16]；在近地表30m深度范围内，多含粉质黏土或沙质黏土，而且在深度介于20～30m范围有一层厚度近10m的细沙层，这种沙层的抗滑稳定性能很差。表10-3所发生窝崩的河岸皆为二元结构和多元结构，其下部土层的抗冲能力较差，进一步说明岸滩抗冲性能差是淘刷窝崩发生的重要条件。

表10-4　长江下游20世纪70年代崩岸与河岸类型的特点

河岸类型	崩岸处数	所占比例/%	崩岸长度/km	所占比例/%	各类河岸占河岸总长度的比例/%
Ⅳ类	27	54	299.4	68.2	35.7
Ⅲ类	11.5	23	60.4	13.7	29.1
Ⅱ类	11.5	23	79.8	18.1	27.6
Ⅰ类	0	0	0	0	1.2
石质	0	0	0	0	6.4
合计	50	100	439.6	100	100

2. 河岸边界结构的连续性

河岸边界结构的连续性主要包括垂向和纵向（沿水流方向），在护岸抗冲性能很差且不均匀的条件下，才有可能形成楔入的深槽，特别是位于上、下游均有较强抗冲性能的护岸之间的堤段，更容易发生局部堤岸脚淘刷，形成楔入的深槽，有利于窝崩的形成和输沙。同时垂向不均匀的多元结构，特别是典型的二元结构岸滩，也是形成窝崩的条件之一，若岸滩为均匀的沙壤土或黏性土，虽然岸脚淘刷会引起河岸崩塌，但仍难形成大面积的窝崩。此外，河岸树木植被也是一种不连续的特殊形式，在适当的水流条件下同样会发生窝崩[20]。

模型试验和天然河流的窝崩现象也进一步说明了河岸边界的不连续性对淘刷崩塌起到的重要作用。在模型试验中，进口河段做成定床模型，在进口定床河段与动床河岸之间存在一个不连续的边界条件，在定床和动床河岸的过渡段，一般会出现剧烈淘刷，同时伴有河岸的迅速崩塌，其平面形态就像一个窝（照片 10-2 和照片 10-3），即发生淘刷窝崩[2]。在天然河道中，护岸工程的不连续，造成局部河段的强烈窝崩崩塌，如马湖堤河段发生的窝崩就是如此[16,21]（图 10-6），马湖堤河段是典型的二元结构岸堤，下层抗冲性能差，且处于彭泽河段的凹岸，长江主流直接顶冲堤脚，河岸淘刷比较严重；彭泽河段护岸抗冲性不均一，彭泽县城堤段由于有较坚固的浆砌块石护岸，抗冲性能较好，而马湖堤段只有不均匀且很单薄的抛石护岸，抗冲性能较差。在照片 10-4 中，（a）、（b）和（c）为护岸工程不连续发生窝崩的例子，（d）为树木植被不连续引起的窝崩；（e）则为塔里木河支流渭干河东方红水库在泄空冲刷过程中在新老滩交界处形成的整体窝崩崩塌。显然，这些窝崩发生原因之一就是河岸边界的不连续，再加上河段出现强烈的紊动环流，该处泥沙迅速淘刷，形成淘刷窝崩。

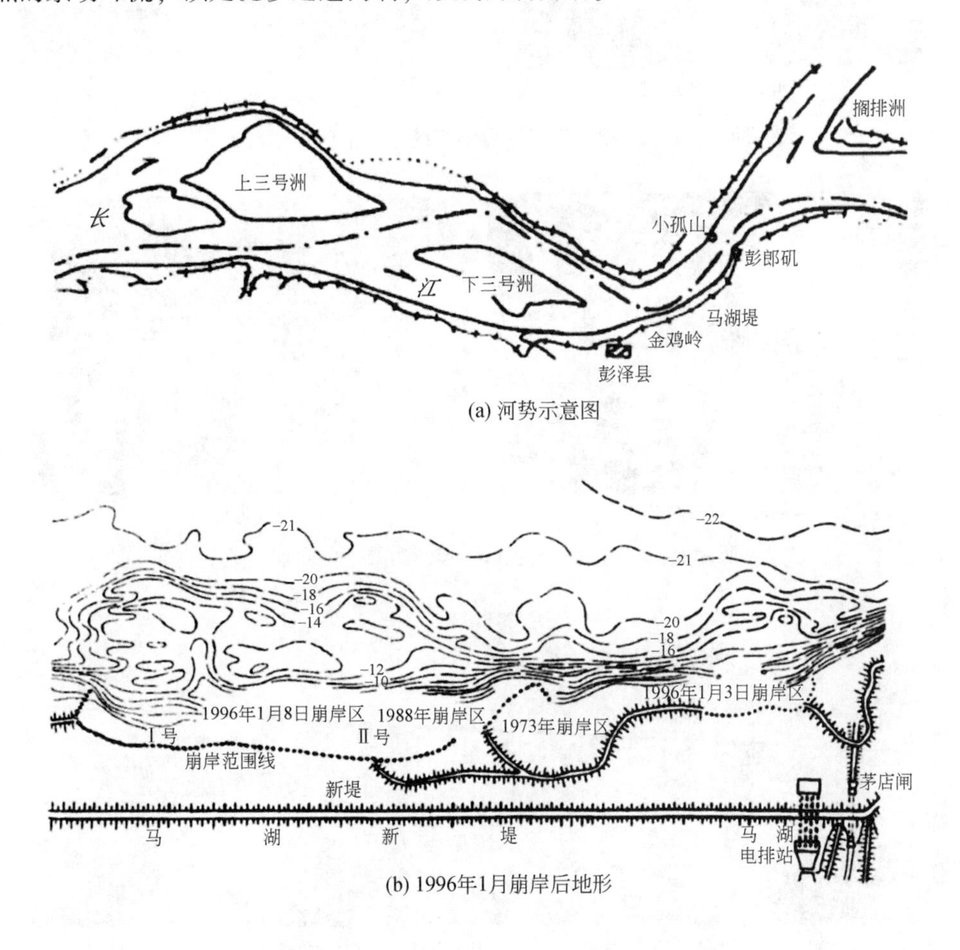

(a) 河势示意图

(b) 1996年1月崩岸后地形

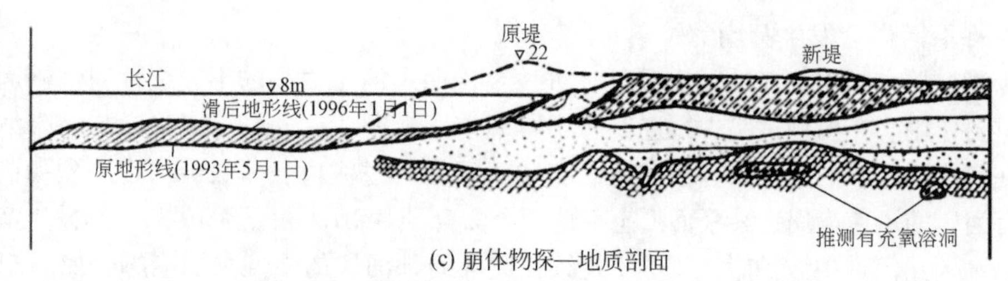

(c) 崩体物探—地质剖面

图 10-6 江西省彭泽县马湖堤河段河势与边界条件

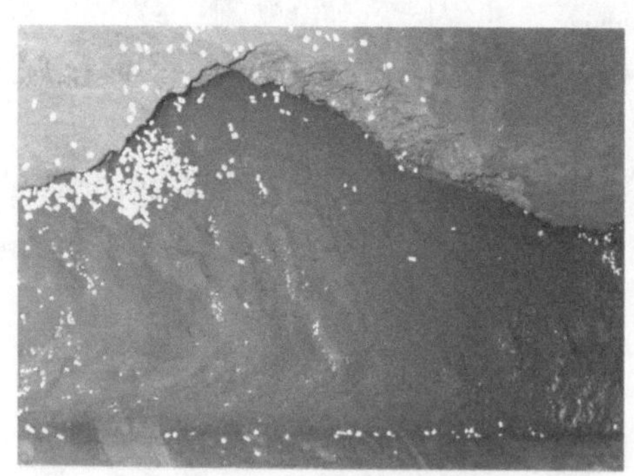

(a) 窝崩形成过程

(b) 窝崩形成后

照片 10-2 顺直方案进口不连续边界下的窝崩现象

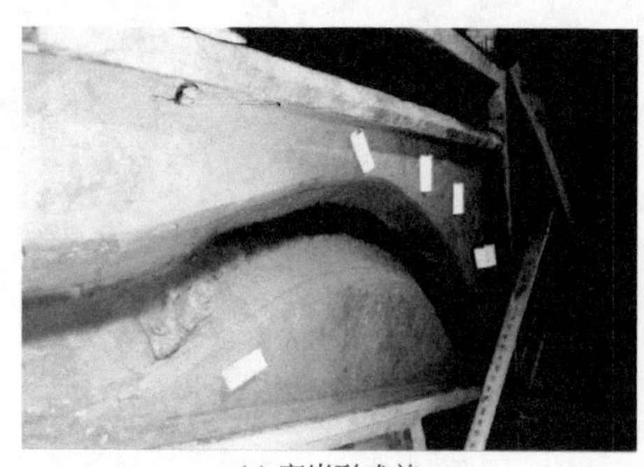

(a) 窝崩形成前

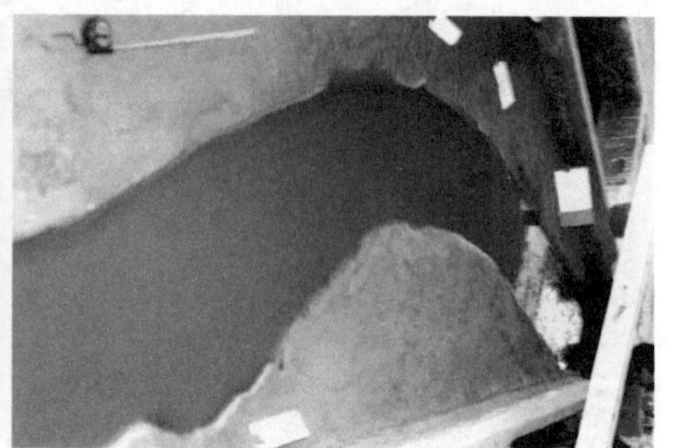

(b) 窝崩形成后

照片 10-3 弯道方案进口不连续边界下的窝崩现象

(a) 黄河下游三门峡库区边界不连续

(b) 渭河下游华县水文站河段边界不连续及弯顶冲刷

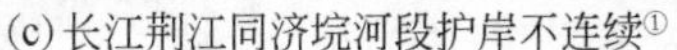

(c) 长江荆江同济垸河段护岸不连续①

(d) 长江荆江门段边界不连续[24]

(e) 塔河渭干河东方红水库水库（新老滩交界）

照片 10-4　典型河流边界不连续和弯顶冲刷产生的窝崩

3. 河岸边界的轮廓形态

河岸边界的轮廓形态主要包括河道平面形状和河岸垂直形态。河道是弯曲型还是顺直型，对岸滩的崩塌有重要的影响。弯曲河道更有利于崩岸的产生，特别是建筑物的平面不连续，容易形成与主流方向相反的竖轴环流，对窝崩产生起到一定的作用。河道岸滩边坡形态是指岸坡的坡度和形状，对于直线边坡的河岸滩，常用岸坡系数 m 或坡角 Θ 来反映，岸坡系数和坡角越大，河岸越不稳定，当岸坡系数或坡角大到一定程度或者岸坡处于直立状态或内切状态，河岸处于不稳定状态，发生崩岸的概率较大。实际上，很多天然河岸滩属于复杂边坡，甚至是曲线型的河岸滩，一般划分为简单型岸坡形态和复合型岸坡形态，前者包括直线形、外凸形和内凹形，后者包括上凹下凸形和上凸下凹形，如图 3-6 所示，3. 3. 1 节给出了岸滩边坡形态参数式（3-15），并给出了不同边坡形态岸坡的稳定性排序[23]。河岸的外凸或内凹直接影响崩体下滑力的大小，对于外凸形状的河岸［如图 3-6（b），相当于图 3-12 或式（3-25）和式（3-26）中的 x_1 和 x_2 较小，而 x_3 较大］，类似于弯道凹岸淘刷的情形，其稳定系数较小，崩岸发生的概率较大；反之，对于内凹形状的河岸［如图 3-6（c），相当于图 3-12 或式

① 长江水利委员会荆江水文水资源勘测局．荆江险工段崩岸监测预警简报，2016，(5)。

(3-25) 和式 (3-26) 中的 x_2 较大，而 x_3 较小]，类似于崩塌后的河岸形态，其稳定系数较大，崩岸发生的概率较小。

4. 岸脚附近强烈的水流紊动结构

根据河流动力学理论，河道冲刷一般发生在水流动力作用较强之处，而水流动力的强弱与水流的单宽流量成正比，单宽流量较大的地方容易发生冲刷现象。诸如河流弯道的凹岸，束流节点的上游狭窄河段，河道主流的顶冲位置附近和一些导流建筑物(如丁坝、矶头) 的顶部等部位，其单宽流量都较大，常常会产生一些特殊水流结构，易于发生局部冲刷[9]。河流经常产生的特殊水流结构主要有环流 (涡流)、斜流和横流，这些特殊水流结构具有较大的流速和很强的破坏作用，其主要特点如下。

(1) 环流 (涡流)

目前常见的环流主要包括弯道环流、障碍漩涡、紊流漩涡、边界回流[24]、汇流漩涡。弯道环流作为最普通的环流，有很多学者进行了分析和阐述，在此不再赘述，仅就其他类型环流简述如下。

障碍漩涡：水中障碍包括沉船、水面停船、水中桥墩、硬埂等，在其两侧和背面都会引起水流离解而产生漩涡，这些障碍漩涡引起河道边界的局部冲刷。

紊流漩涡：在水流中因强烈的紊动作用而产生漩涡，这种漩涡有的向上翻滚 (俗称翻花水)，有的绕竖轴急速旋转。后者漩涡尺度大，冲刷能力很强，在抗冲性能差的河段上，由于紊流漩涡的作用，常会引起较大的冲刷。

边界回流：水流受边界条件影响发生局部变形如收缩、扩散、陡弯等，水流就会发生分离，在分离面上产生摩擦力形成一系列漩涡，并在岸边形成较大的回流。这种漩涡带或回流的位置比较固定，回流强时，河床河岸冲刷；回流弱时，回流区淤积。在回流流速比主流流速小得多的情况下，回流区常常是淤积区。在主流流速较大的地方，当受到边界局部变形，如深泓贴岸、丁坝挑流等，就会形成较强的回流，河床冲刷形成坑塘。这种坑塘连续冲刷和扩展，且难以控制，如丁坝坝头局部冲刷坑。

汇流漩涡：两股不同流速的水流汇合在一起，在汇合面上产生流速梯度形成一系列的漩涡，汇合面就被漩涡所代替，大尺度的漩涡会引起河床冲刷。

(2) 横流、斜流

横流、斜流实际上是发生横河、斜河时的一种水流结构，是河势演变过程中的一种特殊水流流态[25,26]。横流、斜流发生的时机主要是汛期和汛末，以 8 月、9 月较多，与洪水造床作用大、河势演变激烈有关，横流、斜流会直接冲击河岸滩，危害很大。其主要影响因素包括流量的大小，洪峰陡涨陡落；含沙量高，冲淤交替转换快；河槽宽窄相间，滩槽高差小；横比降大，工程间距大和布置不当或长度不足。在黄河下游游荡型河段，由于河道宽浅，河势变化频繁，在洪水期和洪水过后，可能会出现横流和斜流，形成横河和斜河[27]，是黄河下游防洪过程中需要关注的险情。

5. 近岸流的流势与河势

所谓近岸流就是指河道主流靠近河岸的水流运动，如弯道水流、工程挑流等皆为近岸流。近岸流是窝崩连续发生的基本条件，只有当水流靠近河岸，水流对河岸才能发挥作用，主流距河岸越近，水流对河岸的作用越强。弯道近岸流的纵向主流靠近凹岸，而且还存在弯道环流，弯道横向输沙不平衡导致凹岸淘刷严重，进而促使凹岸的崩塌，淘刷严重时就会发生窝崩。例如，渭河华县水文站弯道发生的崩塌属于淘刷窝崩，如照片 10-4（b）所示；长江嘶马河段、马湖河段等发生的窝崩也与弯道凹岸淘刷有关[21,28]。另一种近岸流就是工程（矶头和坝头）附近的水流，这些水流的纵向流速横向分布虽有不同，主流距河岸较近，近岸流的流速梯度和水流剪切力是比较大的，使得河床和岸脚冲刷严重，形成冲刷坑。从长江荆江河段的观音矶和天星阁两处的近岸流速分布（图 10-7）可以看出这一点[29]。

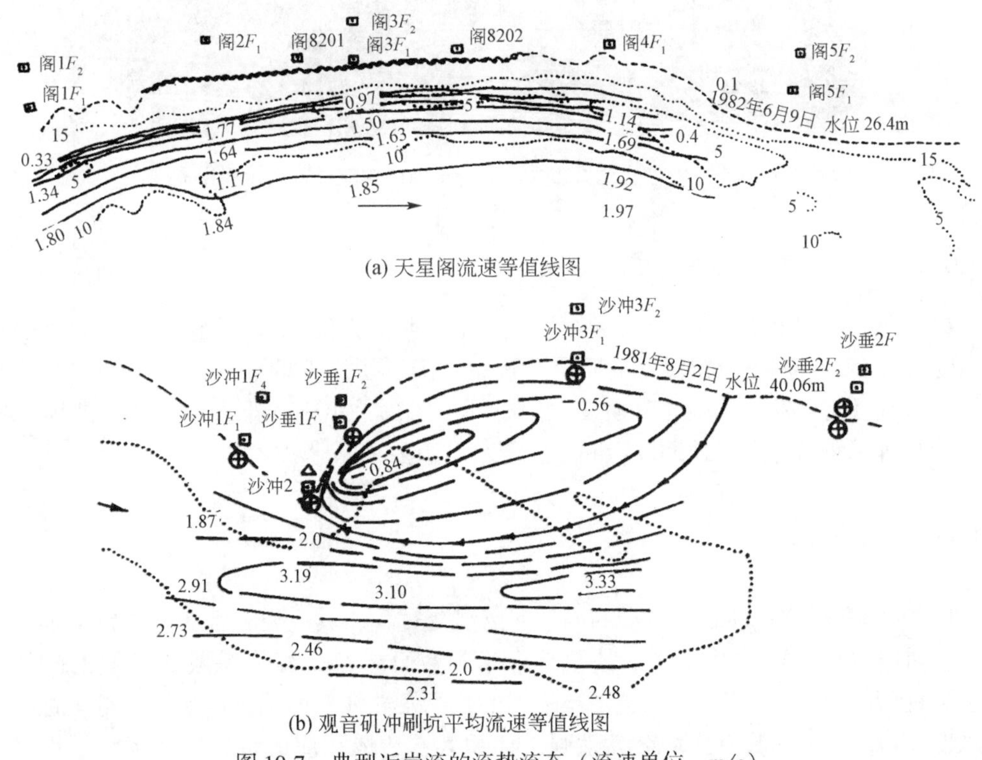

(a) 天星阁流速等值线图

(b) 观音矶冲刷坑平均流速等值线图

图 10-7　典型近岸流的流势流态（流速单位：m/s）

由于近岸流的主流靠近河岸，相应的河道深泓位置也将靠近河岸一侧，深泓位置对河道窝崩的发生具有重要的作用。深泓位置靠岸越近，河岸就越不稳定，常常会形成淘刷窝崩，如照片 10-5 所示。另外，工程（矶头和坝头）头部所形成的冲刷坑对崩岸也有一定的影响，冲刷坑的形成和扩展，使局部地形发生突变，促使丁坝间的大窝崩发生[30]，如嘶马西一号丁坝 1971 年 10 月建成，1973 年（大水年）汛期形成长 180m、宽 70m 的–40m 等高线的冲刷坑，–30m 与–15m等高线向江岸大幅度推进，岸坡失稳，江岸崩进 120m。因此，窝崩发生前近岸附近形成的楔入槽实际上是一种典型的窝崩河势，相当于河槽深泓位置靠近河岸的一种极限情况。

照片 10-5　安徽省桐城市大沙河青草河段主流冲刷发生崩岸①

6. 岸滩洪水浸泡及洪水位降落

在汛期，特别汛末，岸滩已经遭受了长期的洪水浸泡，使得岸滩的抗剪强度有较大幅度的减小，再加上汛末洪水的骤降，进一步降低了岸滩的稳定性[31]，一旦条件成熟，窝崩有可能会发生，因此窝崩发生的时间一般都是汛中和汛末。长江马湖堤 1996 年 1 月的河岸崩塌与洪水长期浸泡和水位降落有重要关系[16,21]。

10.5　小结

1）河岸窝崩是一种十分复杂的局部河床演变过程，其主要特征为：①窝崩崩塌体积大，崩塌体尺度可达几十米，甚至百余米和数百米；②窝崩一般在较短的时间内（几小时到几十小时）一次或分若干次完成的，突发性强，崩塌速度快；③危害性及预测难度大：由于窝崩具有崩塌突发性强、体积大，造成相应的危害性大，且崩塌过程复杂，崩塌预测难度大。

2）根据崩塌成因窝崩可分为淘刷窝崩和液化窝崩，淘刷窝崩主要是由于岸滩剧烈淘刷形成，主要发生在弯道凹岸、工程连接处和紊流严重处；液化窝崩是由岸滩土壤液化导致土体承载能力减小或消失产生，根据土壤液化成因不同，分为震动窝崩、剪切窝崩和渗透窝崩。窝崩分类如图 10-2 所示。

3）影响窝崩发生的因素很多，其形成机理也比较复杂，准确预测窝崩发生仍有一定的难度。窝崩形成的主要条件包括边界条件、水流条件和触发因素三个方面。其中边界条件包括岸滩结构的不连续性、抗冲性能差等，是发生窝崩的必要条件和内因；

---

① 廖福安．安徽桐城大沙河决堤 武警官兵紧急堵口，新华社网，2010. 7. 12。

水流条件是指局部强烈的紊动结构（环流、斜流、横流）、深泓靠岸、洪水涨落等，是促使窝崩发生的重要条件；水压力的突变、突加荷载、地震等是窝崩发生的激发条件。各影响因素对窝崩的作用与影响机制可用图10-2表达。

4）对于抗蚀能力差和边界形态不连续的岸滩，在靠岸紊动水流的强烈作用下，岸脚剧烈淘刷，土体迅速失稳，并连续崩塌，形成淘刷窝崩，可用台柱弧面模式进行力学平衡分析。淘刷窝崩过程如下：在河床深槽附近河岸边沿已开始不断发生淘刷，逐步发展（很可能导致水下小塌方）形成回流，进而促使大方量的土体坍塌；坍塌土体的惯性造成冲击波，使水流形成强烈的紊动，带走崩窝内的泥沙，同时又使后面土体开裂和不断崩塌；前一次崩塌的土体受后面土体的推挤和回流的作用，不断分解、破碎，并运动到深槽，细颗粒泥沙被主流带向下游，较粗颗粒的泥沙则淤积在深槽里；随着崩窝的发展，回流的强度和崩坍的强度逐步减弱，至崩坍停止。

5）当对于一定泥沙组成和满足一定水流条件的岸滩，在触发因素的作用下，岸滩土体的承载力大幅度减小或消失（$\tau_f \Rightarrow 0$），岸滩在一定时间内大面积连续失衡坍塌，形成液化窝崩；根据触发因素的不同，岸滩土体液化分为震动液化、剪切液化和渗透液化等；液化窝崩可结合土壤应力变化特点，同样可以采用台柱弧面模式进行力学平衡分析。

参考文献

[1] 王志昆．嘶马段崩岸变化及其原因分析//长江中下游护岸工程论文集（4）．武汉：水利部长江水利委员会，1990：303.

[2] 王延贵．冲积河流岸滩崩塌机理的理论分析及试验研究．北京：中国水利水电科学研究院，2003.

[3] Koppejan A W，Wanelen B M V，Weinberg L J H. Coastal Flow Slides in the Dutch Province of Zeeland. Proc. 2nd ICOSMFE，Rotterdam，1948：89-96.

[4] 汪闻韶．土的动力强度和液化特性．北京：中国电力出版社，1997.

[5] 丁普育，张敬玉．江岸土体液化与崩岸关系的探讨//长江中下游护岸工程论文集（3）．武汉：长江水利水电科学研究院，1985：104.

[6] Torrey I V H，Dunbar J B，Peterson R W. Retrogressive Failures in Sand Deposits of the Mississippi River. Report 1. Field Investigations，Laboratory Studies and Analysis of the Hypothesized Failure Mechanism. Technical Report Archive & Image Library，1988.

[7] 陈引川，彭海鹰．长江下游大窝崩的发生及防护//长江中下游护岸工程论文集（3）．武汉：长江水利水电科学研究院，1985：112.

[8] 荣栋臣．下荆江姜介子河段崩岸原因分析及治理意见//长江中下游护岸工程论文集（4）．武汉：水利部长江水利委员会．1990：80.

[9] 冷魁．长江下游窝崩岸段的水流泥沙运动及边界条件//第一届全国泥沙基本理论学术讨论会论文集．北京：中国水利水电科学研究院，1992：492-500.

[10] 钱宁．河床演变学．北京：科学出版社，1987.

[11] 王延贵，匡尚富．河岸窝崩机理的探讨．泥沙研究，2006，(3)：27-34.

[12] 金腊华，石秀清，王南海．长江大堤窝崩机理与控制措施研究．泥沙研究，2001，(1)：38-43.

[13] Casagrande A. Liquefaction and Cyclic Deformation of Sands：A Critical Review. Proceedings of 5th Pan

American Conferenceon Soil Mechanics, Foundation Engineering, Buenos Aires, 1975, 80-133.
[14] Argentina: November 1975. Harvard Soil Mechanics Series No. 88. Pierce Hall. Cambridge. Massachusetts: January1976. Reprinted (with corrections) January 1979.
[15] 中国科学院地理研究所. 长江九江至河口河床边界条件及其与崩岸的关系//长江流域规划办公室. 长江中下游护岸工程经验选编. 北京: 科学出版社, 1978.
[16] 金腊华, 王南海, 傅琼华. 长江马湖堤崩岸形态及影响因素的初步分析. 泥沙研究, 1998, (2): 67-71.
[17] 魏国远, 冷魁. 官洲河段河势分析及左岸护岸工程实施意见. 武汉: 长江科学院, 1990.
[18] 冷魁. 长江下游窝崩形成条件及防护措施初步研究. 水科学进展, 1993, 4 (4): 281-287.
[19] 王延贵, 匡尚富. 河岸淘刷及其对河岸崩塌的影响. 中国水利水电科学研究院学报, 2005, 3 (4): 251-257.
[20] Davis R J, Gregory K J. A new distinct mechanism of river bank erosion in a forested catchment. Journal of Hydrology, 1994, 157 (1-4): 1-11.
[21] 吴玉华, 苏爱军, 崔政权, 等. 江西省彭泽县马湖堤崩岸原因分析. 人民长江, 1997, 28 (4): 27-30.
[22] 中华人民共和国水利部. 中国河流泥沙公报 2012. 北京: 中国水利水电出版社, 2013.
[23] 王延贵, 匡尚富. 河岸崩塌类型与崩塌模式的研究. 泥沙研究, 2014, (1): 13-20.
[24] 赵启承. 长江镇江河段窝塘的成因和治理//长江中下游护岸工程论文集 (4). 武汉: 水利部长江水利委员会. 1990: 314-319.
[25] 方宗岱. 浅水河流河床演变的斜河现象. 泥沙研究, 1958, (1): 42-55.
[26] 胡一三, 张红武. 黄河下游游荡性河段河道整治. 郑州: 黄河水利出版社, 1998.
[27] 王恺忱, 王开荣. 黄河下游游荡性河段横河和斜河问题的研究. 人民黄河, 1996, (10): 8-10.
[28] 孙敏, 张勇. 长江江苏河段嘶马弯道窝崩与护岸研究. 矿产勘查, 2005, 8 (2): 70-73.
[29] 张应龙. 荆江护岸工程近岸河床演变//长江中下游护岸工程论文集 (3). 武汉: 长江水利水电科学研究院, 1980.
[30] 师哲. 嘶马护岸工程稳定趋势的初步分析//长江中下游护岸工程论文集 (4). 武汉: 水利部长江水利委员会, 1990: 323.
[31] Lane P A, Griffiths D V. Assessment of stability of slopes under drawdown conditions. Journal of Geotechnical and Geoenvironmental Engineering, 2000, 126 (5): 443-450.

第 11 章

河流崩岸间接防护

所谓崩岸间接防护措施是指通过工程措施，将水流导离河岸或者减弱水流对河岸的冲击，使得河岸免遭直接冲击或冲刷减弱，起到保持岸滩稳定的作用，以达到护岸的目的。间接防护措施主要包括丁坝、坝墩与河道控导工程，其中丁坝是最重要的间接护岸工程之一，根据丁坝是否被淹没将其分为潜水丁坝和非潜水丁坝，前者顶部可以过水，后者顶部不能过水；从坝身是否过水而言，丁坝可分为实体（不透水）丁坝和透水丁坝。坝墩是短丁坝的一种特殊形式，包括实体坝墩和透水桩坝。河道控导工程实际上是一项综合治理工程，主要是通过控制河道水流和稳定河势来达到保护河岸的目的。

11.1 实体丁坝护岸防护机理与应用

丁坝是指与河岸正交或斜交伸入河道的建筑物，其坝根与岸滩连接，坝头伸向河中心。坝身长短不仅导致丁坝名称的变化，而且对河岸防护的作用也有很大的影响。坝身较长且伸入河中间下挑水流的叫“坝”，主要用于控导水流和防护其下游岸滩不受水流冲刷；坝身较短的叫“垛”或“矶头”，其作用是迎托水流和消减水流能量，避免急流直接冲刷岸滩。对于河道宽浅、水流横向摆动大及河势变化剧烈的河段，常以坝为主；而对于河道狭窄和水流横向摆动不大的河段，或岸滩突出的河段，常以垛为主[1-4]。

在河岸整治与防护中，根据河岸整治和防护的特点，可采用潜水丁坝和非潜水丁坝。相比之下，非潜水丁坝对水流的控制作用更强，对河岸的防护作用也是硬性的，而非潜水丁坝的特点是水流漫溢坝身，水流结构相对复杂，对河道和水流的作用要弱一些。此外，潜水丁坝和非潜水丁坝的判别标准主要是坝顶高程与河流水位的对比关系，当河道水位低于丁坝坝顶高程，丁坝为非潜水丁坝；当河道水位高于丁坝高程，丁坝为潜水丁坝。鉴于潜水丁坝的水流流态及其影响因素比较复杂，而且非潜水丁坝的实用很普遍，因此，除说明外，本节涉及的实体丁坝皆为非潜水丁坝。

11.1.1 丁坝护岸防护机制与特点

1. 丁坝水流特征

丁坝修建后，人为改变了原河道的边界条件，迫使河道流态和流势发生变化，使得上游水流脱离岸滩向河道中间流动，造成水流不断压缩，水流单宽流量和水流流速逐渐增加，并在丁坝上游水面形成壅水和在脱流区域内形成一个回流；水流绕过丁坝后，在水流惯性的作用下，主流继续压缩，流速继续增加，但压缩的速率减慢，然后开始扩散，当水流行进一段距离后，才逐渐扩散到整个横断面。水流在丁坝下游扩散过程中，由于丁坝后水流压力沿程变化，在逆压梯度区域会产生边界层分离现象，并在边界层分离后形成的尾流中产生回流和漩涡[5]，即在丁坝下游区域产生一个回流。显然，丁坝断面水流流速增加及上下游各形成一个回流是该项措施实施后最明显的水流特征，如图 11-1 所示。

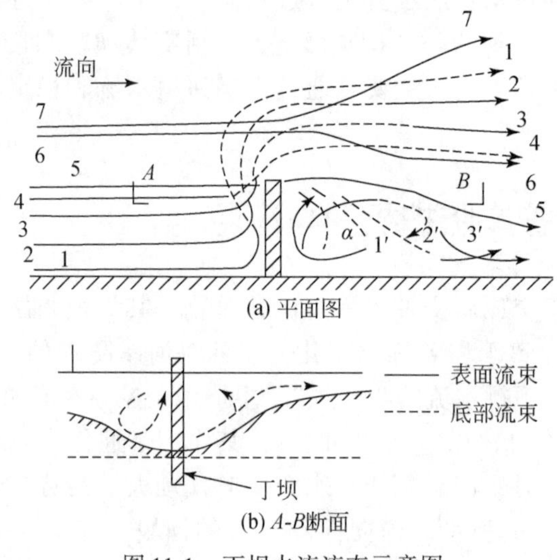

图 11-1　丁坝水流流态示意图

受丁坝水流压缩的影响，丁坝断面及下游侧的水流流速增加很多，坝头附近的强烈紊动使得河床严重冲刷，在坝头及其下游侧附近形成局部冲刷坑。另外，丁坝上下游回流区的水流和泥沙与主流区水流和泥沙不断地进行着质量、动量和能量的交换，鉴于回流区的水流流速较小，从主流区进入回流区的泥沙将会在此淤积，虽然泥沙淤积会给水利及航运等工程的运行带来不利的影响，但对丁坝上下游岸滩稳定性起到一定的保护作用，防止岸滩崩塌发生。

丁坝上下游的回流范围与丁坝尺度和布置、水流条件、河流边界（包括河宽、河床调整）等因素有重要的关系，特别是与河道水流条件和边界条件的关系密切。一般说来，丁坝回流范围将随着河床冲淤调整而不断变化，丁坝的修建改变了河道的水流结构，从而导致坝头附近的局部冲刷和河床的普遍冲刷，河床的冲刷调整又反过来影响水流结构，水流结构变化进一步影响河床演变，使得河床冲淤和水流条件相互适应。河床调整是影响回流长度的动态因素，尤其是丁坝头部的局部冲刷，随着丁坝局部冲刷坑深度和范围的增加，丁坝下游分离区附近泥沙淤积体逐渐下延并且变宽，丁坝的回流长度也逐渐减小。动床试验结果表明[6]，丁坝的回流长度随河床调整而不断减小，回流长度从试验开始的 10m 左右逐渐减小到平衡时的 5m 左右，如图 11-2 所示。图 11-3 为冲刷坑深度和相对回流长度随时间的变化过程，反映了冲刷过程中回流长度随冲刷坑冲深和断面扩大而减小的变化规律[6]。在冲刷过程初期，冲刷坑深度发展很快，但平面尺度变化不大，对回流长度影响很小；在冲刷过程中期，冲刷坑深度增加缓慢，平面尺度扩大迅速，相对回流长度（L_a/L_b，L_a 为回流长度，L_b 为丁坝长度）迅速减小；在冲刷过程后期，冲刷坑趋于稳定，冲刷坑的深度和面积变化较小，回流长度趋于稳定。

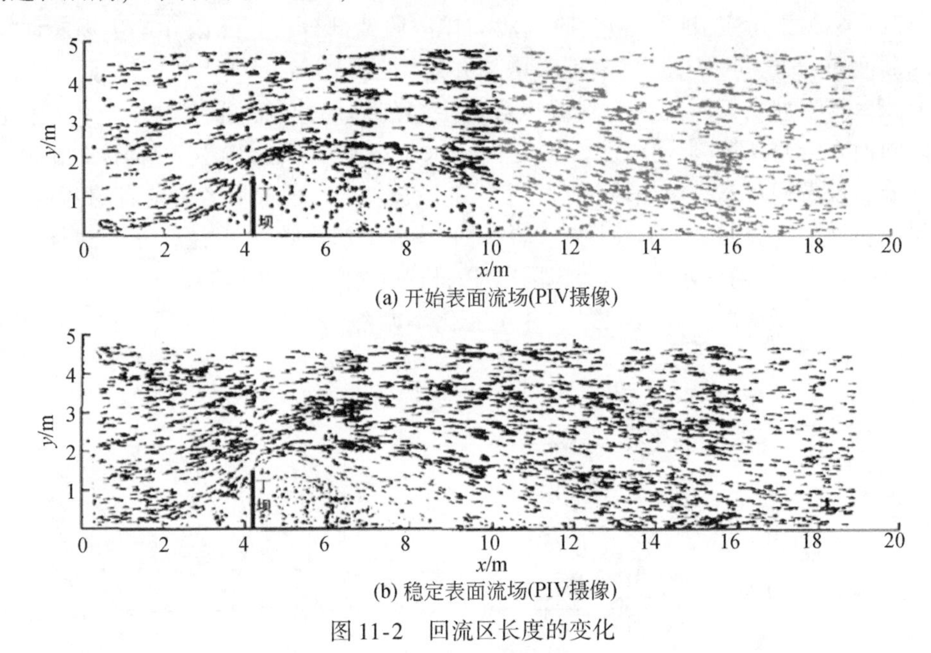

(a) 开始表面流场(PIV摄像)

(b) 稳定表面流场(PIV摄像)

图 11-2　回流区长度的变化

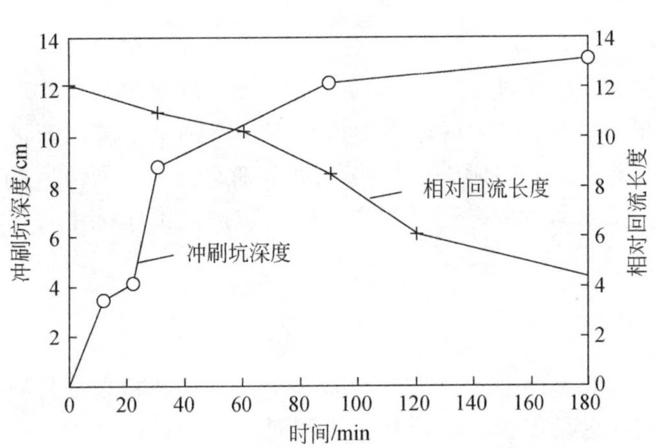

图 11-3　冲刷坑和相对回流长度随时间的变化

2. 丁坝附近流态分区及防护范围

结合丁坝水流流态变化和河道冲淤特点，丁坝上下游附近流态可分为以下 4 个区域，如图 11-4 所示[7]。

Ⅰ区：称为上游壅水区，位于丁坝断面上游河段，包括上游回流区和主流区，其中主流区的水流流速随着水流压缩而逐渐增大，回流区的水流流速较小；上游回流区与主流区的水流和泥沙在质量、动量和能量方面不断地进行交换，使得回流区泥沙淤积。

Ⅱ区：称为下游回流区，下游回流区范围明显大于上游回流区，同样下游回流区与主流区水流和泥沙也存在着质量、动量和能量的交换，使下游回流区泥沙淤积严重。

Ⅲ区：称为下游主流区，包含收缩段和扩散段两部分，收缩段介于丁坝断面 $a—a$ 与收缩断面 $b—b$ 之间，水流流速不断增加并达到最大状态，坝头绕流紊动强度较强，不仅河床会发生冲刷，而且坝头附近也会产生强烈局部冲刷，形成冲刷坑；扩散段介于收缩断面 $b—b$ 与回流末端断面 $c—c$ 之间，水流流速沿程逐渐减小，河床冲刷逐渐减弱，甚至出现淤积状态；收缩段长度小于扩散段长度，一般取后者为前者的两倍。

Ⅳ区：称为恢复区，位于回水末端断面 $c—c$ 下游，该河段往往很长，恢复末端（指完全恢复到建坝前的水流状态）距丁坝的长度一般可达 30 倍坝长以上，才能恢复到无丁坝时的水流特性；该区域泥沙冲淤变化不剧烈，也处于恢复状态，冲淤主要取决于上游冲淤状态。

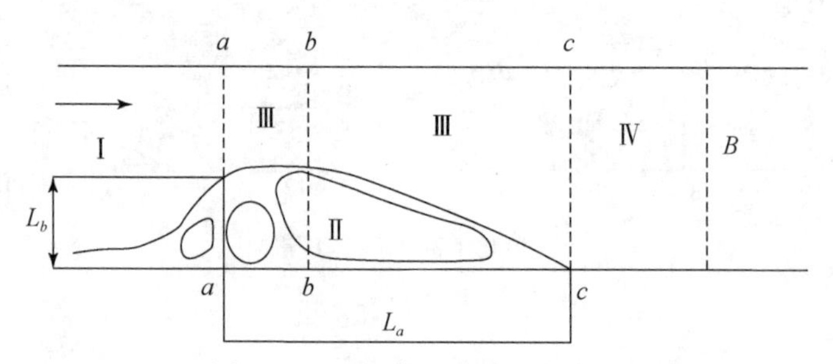

图 11-4　丁坝附近平面流态分区

丁坝流态分区表明，丁坝工程修建后，主流被丁坝导向河道中间，使河岸免受主流冲击；同时，在丁坝的上下游区域会形成回流，特别是下游回流区范围较大，虽然回流对岸滩淘刷可能产生一定影响，但由于回流流速较小和回流区的泥沙淤积，回流区范围内的河岸仍将受到防护。也就是说，岸滩防护范围应该主要是丁坝上下游回流区范围内的岸滩。

3. 回流尺度估算

丁坝的回流长度和宽度是河道整治和防护工程设计的重要指标。在河道防护与整治过程中，估算回流区长度、宽度及其边界线对于了解回流区的影响范围，合理布设丁坝（群）的间距以及评价和预估丁坝工程岸滩防护效果具有重要的意义。丁坝回流长度和宽度的估算主要包括理论方法和经验方法，其中理论方法主要有两种[8]，第一种是从动量方程入手，第二种是采用势流理论的办法；经验法或半经验法在工程实践中应用比较普遍，但目前所得的结果差别较大。如在工程中，通常认为丁坝的回流长度（L_a）是丁坝长度（L_b）的 2 ~4 倍[9]，但大量的水槽实验结果表明，丁坝下游回流长度更大，如应强[7]认为是 12 倍丁坝长度，而李国斌等[10]计算成果为丁坝长度的 13.66 倍。关于理论方法和经验方法计算丁坝回流长度的代表成果和计算公式见表 11-1 所示。

表 11-1　丁坝回流长度估算公式

方法类型	来源和理论基础	公式	符号意义
理论公式	动量和运动方程[7]	$L_a=160\left(\frac{1}{1-0.5\eta_A}\right)^2\eta_A^{0.5}\left(\frac{h^{1/6}}{n}\right)^{1.1}Re^{-0.44}h$	L_a 为回流长度；h 为水深；η_A 为丁坝对断面的压缩比；Re 为水流雷诺数；n 为曼宁系数
经验和半经验公式	窦国仁[9]	$L_a=\frac{C_0^2h}{1+\frac{C_0^2h}{12L_b}}\left(1+\ln\left(\frac{b}{b-L_b}\right)\right)$	L_a 为回流长度；C_0 为谢才系数；b 为水槽（河流）宽度；L_b为丁坝长；h 为水深
	李国斌等[10]	$L_a=\frac{13.66C_0^2h\ln\eta_A}{2+C_0^2\frac{h}{L_b}\ln\eta_b}$	L_a 为回流长度；L_b为丁坝长；h 为水深；C_0 为谢才系数；η_A 为过水面积压缩比；η_b 为过水宽度缩窄率
	韩玉芳和陈志昌[6]	$L_a/L_b=-1.7\ln(b/h)+16.8$	L_a 为回流长度；b 为水槽宽度；h 为水深；L_b为丁坝长度
	吴小明和谢宇峰[11]	$L_a=(6-9)\times(b-b_0)$	L_a 为回流长度；b_0、b 分别为水槽扩散前后的宽度

11.1.2　丁坝防护布设与适用性

1. 防护位置与适用性

在一些崩岸线长、崩塌强度较大或主流直接冲击的较宽河段可采用丁坝护岸，丁坝具有明显的挑流作用，使水流脱离岸边，岸滩免受主流的直接冲击，起到护岸的作用，达到守点固线的目的。文献［12］按丁坝的作用、高低、长短，结合河道整治与洪水变化特点，把丁坝划分为堤丁坝（洪水丁坝）、岸丁坝（中水丁坝）、汀丁坝（枯水丁坝）和潜丁坝4 种类型，每种类型又结合丁坝长短分为长丁坝和短丁坝，长丁坝称为坝，短丁坝称为垛，各丁坝的主要特点如表 11-2 所示。

表 11-2　各类丁坝主要特点

丁坝类型	长短	特点	作用	备注
堤丁坝（洪水丁坝）	堤坝	洪水不淹没，长度较长	有挑流作用	一般有堤防工程
	堤垛	洪水不淹没，长度较短	没有挑流作用，只有迎流护岸作用	
岸丁坝（中水丁坝）	岸坝	洪水淹没、中水不淹没，长度较长	有挑流作用	一般有岸滩
	岸垛	洪水淹没、中水不淹没，长度较短	没有挑流作用	
汀丁坝（枯水丁坝）	汀坝	洪水、中水淹没，枯水不淹没，长度较长	有挑流作用	
	汀垛	洪水、中水淹没，枯水不淹没，长度较短	保护堤脚、岸脚	
潜丁坝	潜坝	枯水淹没，长度较长	对底流有一定作用	
	潜垛	枯水淹没，长度较短	护脚	

（1）堤丁坝（洪水丁坝）的适用性

1）堤丁坝中的堤坝高且长，对洪水有挑流作用，对堤防有一定的防护作用，在黄河下游河道整治中有应用。虽然堤坝对洪水挑流作用明显，但其工程量大，且坝头附近的水流流态不好，因此堤丁坝布置的地点、长度、方向都必须十分慎重，除已建成的堤丁坝外，现已较少采用。

2）堤垛虽高，但较短，对洪水基本没有挑流作用，但仍能起到护堤防冲的效果，故应用更加方便。在宽阔和宽浅河道需保护的堤段，可以应用堤垛防护，如在黄河下游河道护岸整治工程中，具有普遍的应用。

（2）岸丁坝（中水丁坝）的适用性

1）岸丁坝（岸坝、岸垛）不宜用于窄深河段，因为窄深河段两岸距离较小，岸线大多符合规划的要求，且岸高坡陡，如需保护，宜用平护，个别卡口段还应扩宽。

2）岸丁坝（岸坝、岸垛）可用于宽、浅和宽浅河段。对于有岸滩的宽浅河段，河段宽度较大，岸坝可用于塑造凸岸新的岸线，而对凹岸则应慎重使用。一般情况，凹岸基本符合规划整治线，如需保护，宜用平护，且“水深流急处”不宜采用岸坝。在特别凹入和崩岸即将贴近堤防的河段，为了使水流挑离河岸，保住堤脚，可采用岸坝和岸垛。

3）对于没有明显岸线的宽浅河段，为了稳定中水河槽，需布置岸坝等治导建筑物以形成新岸线。如黄河下游的“坝岸”工程，或称“险工”就是这方面的成功例子，“坝岸”是岸坝、岸垛与平铺护岸的组合体，但坝顶较高，一般小的洪水不淹没，“坝岸”工程主要是控制凹岸。

（3）汀丁坝（枯水丁坝）的适用性

1）汀垛低而短，对水流流态和壅水影响不大，主要用来保护岸脚、堤脚，应用相当广泛。

2）汀坝较长，具有挑流作用，不宜用于窄深河段，但可用于宽深河段和宽浅河段。宽河段一般会有心滩和边滩，如果宽河道对航道水深等尺度有要求时，可以在凸岸采用汀坝，但坝头高度要低一些，坝长短一些，纵坡大一些。通过合理布设汀坝，发挥汀坝的促淤护滩作用，通过稳定河道边滩和消除心滩，来达到形成和稳定枯水河槽的目标。

（4）潜丁坝的适用性

由于潜丁坝、潜垛在枯水期处于淹没状态，一般适用于宽式河段枯水河槽的岸滩防护，可与其它丁坝联合使用，而不适用于窄式河段。

2. 丁坝布置原则

对于单个丁坝，其对岸滩的防护范围是一定的，丁坝护岸范围 L_p 和丁坝坝长 L_b、水流夹角 α 以及河宽 b 成函数关系[13]，即

$$L_p = \mu L_b \sin\alpha \tag{11-1}$$

式中，系数 μ 由 $\dfrac{L_b \sin\alpha}{b}$ 确定。但是，实际调研表明[9]，丁坝的护域大小与河势及近岸水流束的流速和流向有密切的关系，在迎流顶冲段，丁坝的护域范围不仅很小，并且容易引起窝崩，$L_p =（1 \sim 3）L_a$；而在过渡段尾部，丁坝的护域范围明显增大，$L_p =（10 \sim 20）L_a$，布置丁坝后，水流可以向江心或对岸提前过渡。

对于遭受水流顶冲或崩岸威胁的长河段岸滩，仅布置一个丁坝是不能满足护岸要求的，需要布置多个丁坝（丁坝群）进行岸滩防护，如图 11-5 所示，其中（b）为长江口深水航道维护工程中的丁坝群布置示意图①。对于丁坝群而言，由于坝长、坝距、坝角和护底布置的确定是比较复杂的，若丁坝群不能形成有效的挑流，丁坝就不能有效地解决丁坝区的崩岸问题。根据河道比降、流速、弯道半径，以及水流动力轴线的变化规律，合理调整丁坝角度，确定坝长和坝高，将会发挥良好的防洪和护岸效果[14]。丁坝群布置遵循的主要原则如下。

1）丁坝工程的布设应当符合河道防洪（潮）总体规划及河道治理工程规划要求，并遵循水流运动和河床演变规律，因势利导，统筹兼顾上下游、左右岸的利益，同时还要尽量满足航运、交通、港埠、取水、工矿企业、农田水利等部门的要求[15]。

2）丁坝群整治工程是一种非连续性的控制工程，要达到预期的要求，需同时发挥每座丁坝的作用，要求每座丁坝所承担的水流控制与引导作用是相当的，水流在每座丁坝处所产生的能量损失也应接近相等[16]。

3）丁坝间距和坝长与水流流向变化有关，一般应遵循充分发挥每道丁坝掩护作用的原则，具体通过公式计算并结合工程运用经验来确定。黄河下游丁坝间距多采用坝长的11.2 倍，长江下游潮汐河口地区采用坝长的1.53 倍，我国海岸堤防护滩丁坝一般采用坝长的1.5 ~2.5 倍，欧洲一些河流丁坝间距为坝长的23 倍[15]。

---

① 水下地形变化简报第十五期（2011 年 8 月 ~2011 年 11 月）. http://www.cjkhd.com/index.php? id=64 [2016-10-19].

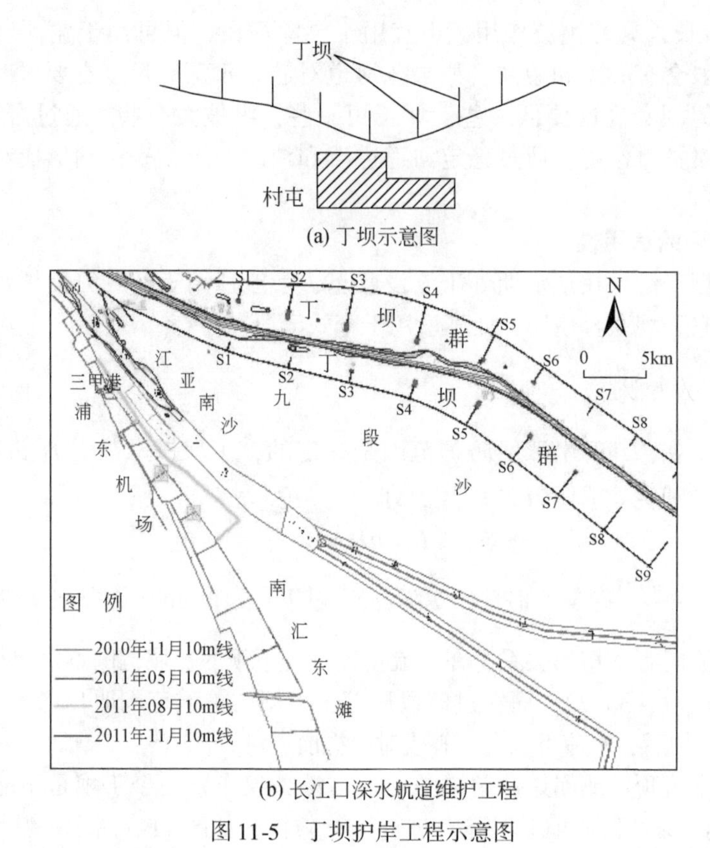

(a) 丁坝示意图

(b) 长江口深水航道维护工程

图 11-5　丁坝护岸工程示意图

3. 丁坝护岸的应用与实践

丁坝在我国江河治理工程中使用较多，不仅在河势整治工程中使用，而且在许多护岸工程中也有使用。单个丁坝的护岸范围主要是丁坝上下游回流区内，护岸作用是有限的，而且丁坝实施对水流有一定的干扰作用。因此，河流整治护岸工程一般采用丁坝群，单个丁坝使用较少，特别是单个长坝挑流。在丁坝群布设过程中，丁坝坝头一般要在规划的治导线上，沿治导线顺坝布置。丁坝长度需要根据坝岸、滩岸与治导线的距离确定。在黄河下游河道，因河道泥沙严重淤积，河床宽浅，主流游荡摆动频繁，常出现横流、斜流顶冲堤防的情况。因此，在黄河下游河道两岸较普遍地采用丁坝、垛（短丁坝、矶头）以及坝间辅以平顺护岸的防护布局形式[15]，即险工；在辽河流域，在 1986 年以前铁岭市采取的下挑潜丁坝护岸方案，仅辽河治理险段达 39 处，丁坝 500 余座[17]；在长江下游与河口段，江面宽阔、水浅流缓，也常采用丁坝、顺坝保滩促淤，保护堤防安全，在蕲马河段[18]、澄通河段[19]、九江河段[20]等都布设了丁坝或丁坝群；在汉江下游河段都曾布置大量的丁坝或丁坝群[21]，为崩岸治理发挥了重要作用。照片 11-1 为黄河下游与长江中游河段丁坝群布置与应用。

(a) 黄河下游河道险工和丁坝群

(b) 长江中游石首市碾子湾左岸丁坝群①

照片 11-1　典型河流丁坝群布置与应用

11.1.3　丁坝护岸中存在的主要问题

由于丁坝护岸是有条件的，而且丁坝布设仍有一些问题没有得到解决，如果丁坝群布设不合理，即使修建了丁坝或丁坝群，其护岸效果也不佳，丁坝护岸中存在的主要问题如下。

1. 丁坝产生的冲刷坑问题

丁坝修建后，在坝头及其下游侧位置水流收缩严重，对应的河道单宽流量和流速最大，在坝头附近形成脱流和漩涡，局部冲刷严重，并在坝头附近产生局部冲刷坑，局部冲刷坑直接威胁丁坝的安全。造成坝头附近河床剧烈冲刷的因素主要包括坝头附近的漩涡、单宽流量、下潜水流等[5,22]。由于坝头的冲刷坑涉及丁坝的安全，许多学者就丁坝局部冲刷坑问题进行了深入细致的研究，获得了丁坝冲刷坑估算公式，具体的冲刷坑计算公式可参考相关文献[23-25]。

① 长江中游碾子湾水道航道整治工程 . http://project. cjk3d. net/viewnews-301-proj. html [2016-12-7] .

2. 丁坝阻流和阻水问题

丁坝伸向河内，占用一定的过水面积，导致水流被压缩，使得丁坝不仅具有挑流作用，而且还具有阻水作用[26]，其阻碍泄洪和对河势的影响还是比较严重的。例如，采用丁坝群护岸的河段，泄洪能力削弱 10% ~15%，上游水位抬高 0.15 ~0.30m。工程实践表明[27]，在水深流急的岸段采取丁坝护岸，不仅会使近岸水流紊乱，影响通航安全，而且还需要比平顺护岸更多的护岸石料，同时还会阻碍水流，壅高水位。因此，在水深流急的河段，护岸工程基本上采用平顺护岸形式，并尽可能将已做丁坝拆除。

3. 丁坝的“坝根包抄”和淘刷问题

丁坝上下游回流的强弱与来水流量有较大的关系，当来水流量较大，其回流强度较强，相应的上下游回流流速也较大，坝根可能会产生窝塘并不断扩大，容易形成“坝根包抄”问题，从而切断丁坝，使其孤悬江河之中。例如，江苏邢江在丁坝施工过程中曾发生过走坝现象，两侧水流紊乱，坝头被冲刷；江都嘶马东 2 号坝坝根被冲刷，1981 年 8 月 17 日开始坍塌，21 日坝被坍穿，开口长达 185m[8]。

当丁坝区水流流速较大时，将会冲刷坝间岸滩，特别是岸滩坡脚的淘刷，使得岸滩护坡大部分下坠脱落，局部地段严重脱坡倒堤，丁坝区岸滩淘刷是丁坝护岸形式的又一大弱点。例如，在长江宿松汇口和枞阳三百丈河段都建有较大规模的丁坝[27]，其中汇口 6 座丁坝建于 1969 ~1975 年，丁坝平均间隔 1.74km；三百丈 9 座丁坝建于 1958 ~1961 年，丁坝平均间隔 488m；两河段修建丁坝后，主流并未被挑离岸边，丁坝之间的岸滩仍然受到水流冲刷，而且丁坝上下腮部位受水流强烈淘刷，不断产生崩塌，经常需要加固。又如，1983 年江都嘶马东 2 号坝至东 1 号坝间小桥口段就发生上述岸滩淘刷情况，江滩内切，堤脚严重脱坡，用于抢险的块石达万吨[8]。此外，在辽河铁岭市曾修建 500 座丁坝，当水位超过下挑式潜丁坝顶后，水流产生涡旋，受弯道环流作用，表层水流流向凹岸，丁坝间岸滩被淘空，出现严重的丁坝水毁，除法库县代荒地修建的 32 座丁坝由于采取了坝间防护措施得以保全外，其他丁坝全部水毁[17]。

4. 丁坝“根石走失”问题

河道整治工程中，常用散抛石护根，以维护坝、垛与河岸的安全。由于洪水水流强度大，在丁坝前头、迎水面、背水面河床受折冲水流和马蹄形漩涡流的强烈淘刷，散抛护根石最易被洪水冲走（即根石走失），导致工程出险。因此，防止根石走失是河道整治工程设计和抢险中的一大问题，历来受到水利专家和学者的重视，文献［28］曾通过建立河道整治工程根石起动的模型，导出适用于天然河流根石走失的块石临界起动边长的计算公式，并进行深入分析。

5. 丁坝的拆除问题

丁坝如果布置合理，将对护岸发挥重要作用；若布设不合理或出现特殊状况，丁坝不能发挥护岸作用，甚至损坏或被拆除，将会使河道治理既复杂又困难。由于丁坝一般是由石块建造，在拆除过程中，具有一定的难度，甚至无法完全拆除干净，残留的石块不仅影响河道水流流态和河道防洪，而且还会对河道演变产生一定的影响，需要认真对待。

11.2 透水丁坝护岸防护机理与应用

透水丁坝是一种新型丁坝形式，与传统丁坝的不同之处在于坝身具有一定的透水率。随着混凝土等新型材料的引进和施工技术的大幅提高，这种透水结构在河道护岸和航道治理中得到了长足的发展和广泛的应用。从透水丁坝的使用材料和结构布置来看，透水丁坝可分为钢筋混凝土井柱桩坝、钢筋混凝土框架坝垛、井柱桩板帘导流排透水丁坝、钢管桩网坝等。

11.2.1 透水丁坝的护岸机理

各种透水丁坝的工作原理没有本质的区别，都是通过增加阻水耗能、减小流速造成泥沙淤积来达到护岸的目的，在此仅对透水桩坝的防护机理进行分析。透水桩坝的基本原理是利用多根混凝土井柱桩或钢管桩按一定间隔沿治导线布置形成透水丁坝群，起到滞流减速作用，以达到减速增淤的目标[1]。河道水流挟沙能力可以用下式表示：

$$S=K\left(\frac{V^3}{gh\omega}\right)^m \tag{11-2}$$

式中，S 为水流挟沙能力；V 为水流平均流速；h 为平均水深；ω 为泥沙平均沉速；g 为重力加速度。上式表明，水流的挟沙能力与水流速度的高次方成正比，因而当流速略有减少，水流挟沙能力将会有较大的减小。因此，在岸脚附近或滩地防护区布设透水丁坝后，增加了岸滩防护区水流阻力和能耗，使得岸脚防护区水流流速减小，防止产生回流，致使岸脚区冲刷减弱甚至淤积，达到护堤护岸的目的，进而控导河势，实现河道整治的目标。文献［29］从能量方程（伯努利方程）出发，研究了透水桩坝的能耗损失问题，如图 11-6 所示。由能量方程可求得水流穿过透水丁坝后的水头损失为

$$\Delta Z=\frac{1}{2g}\left[V_2^2+\left(\chi\xi^{4/3}-1\right)V_0^2\sin^2\alpha\right]=\frac{V_2^2}{2g}+\frac{1}{2g}\left[\chi\left(1-\frac{1-\chi}{\chi}\right)^{4/3}-1\right]V_0^2\sin^2\alpha \tag{11-3}$$

$$V_2=\sqrt{2g(Z_1-Z_2)+\left[1-\chi\left(\frac{1-\chi}{\chi}\right)^{4/3}\right]V_0^2\sin^2\alpha} \tag{11-4}$$

式中，ΔZ 反映了由 1-1 断面至 2-2 断面的水位差，实际上代表了透水丁坝的阻水作用或缓流作用；V_1 为透水丁坝上游 1-1 断面的水流流速，V_2 为下游 2-2 断面处的水流流速；χ 为栅柱形状参数；ξ 为桩间距 l_z 与桩径 d_z 之比，称为透水比，即 $\xi=\frac{d_z}{l_z}$。λ 为桩坝透水率，$\lambda=\frac{l_z}{d_z+l_z}$，且 $\xi=\frac{1-\lambda}{\chi}$。

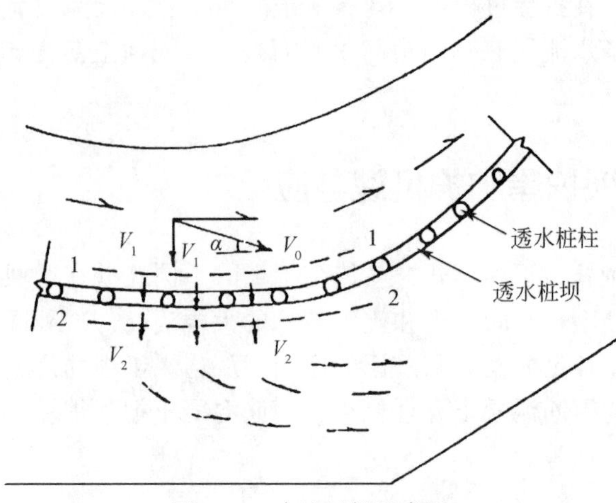

图 11-6　水流过坝示意圈

桩坝的阻水作用或坝前坝后的水位差 ΔZ 主要取决于河流的流速 V_0、入流角 α、上滩水流流速 V_2、桩坝透水率 λ 及桩柱形状参数 χ。当水流含沙量、河床边界及桩柱形状一定时，式（11-3）计算的水位差将主要取决于桩坝的透水率，随透水率 λ 的增大而减小。而且由于透水丁坝的存在，水流能量损失，水流流速减小，水流挟沙能力降低，泥沙发生淤积。

文献［29］利用试验进一步说明了桩坝的缓流效果，当入流角相同时，随着透水率的增大，坝前后水位差的变化趋势是逐渐减小的，与上述理论分析结论相一致。例如，在入流角 60°、流量 5000m^3/s 条件下，透水率 27% 的水位差是透水率 43% 的 2 倍多。李玉健等[30,31]计算了塔里木河其满水库三号口断面单排井柱桩透水丁坝上下游的平均流速，下游平均流速明显低于上游平均流速，表明井柱桩透水丁坝具有缓流减速的效果。

11.2.2　透水丁坝的主要特点

1. 过坝水流流态特征

由于坝身的透水性，水流经过桩式丁坝的流态与实体丁坝有很大不同。试验研究发现[32]，经过桩式丁坝后的水流流态与来流条件、丁坝结构尺寸、丁坝透水率等因素有关。与实体丁坝坝后存在回流区不同，桩式丁坝随着透水率的增大，其坝后回流逐渐消失，形成相对缓流区。根据单排桩柱正挑单丁坝水槽的试验成果（图 11-7），当透水率达到 20% ~30% 时，坝后回流基本消失，水流在桩式丁坝后面形成相对缓流区，既不使流速过大，也不致流态紊乱。显然，桩式丁坝坝身具有透水性，阻水性较小，对河道行洪、主槽及岸滩水流流速影响均不大，且可在其坝后形成相对缓流区，有利于水生生物，尤其是行动迟缓、对水流适应性差的水生软体动物的生长[33]，而且还有利于护滩区域的泥沙淤积，提高岸滩的保护效果。

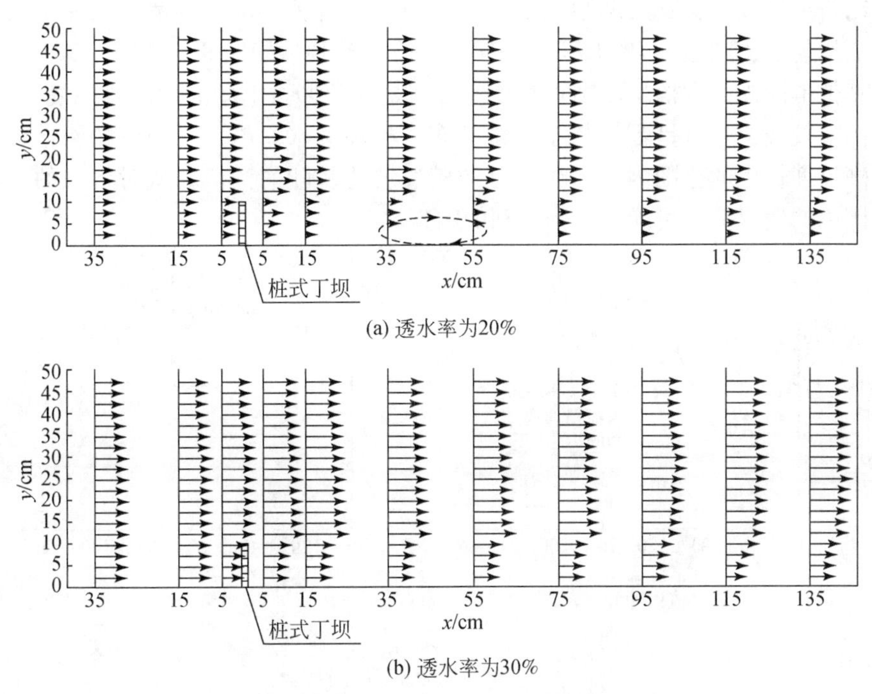

(a) 透水率为20%

(b) 透水率为30%

图 11-7　不同透水率时桩式丁坝附近实测流场

2. 透水丁坝泥沙淤积特征

结合黄河下游河道护岸整治特点，采用单排桩柱布置，针对不同桩坝透水率的阻水效果和淤积效果进行了试验研究[29]，桩坝布置如图 11-6 所示。试验结果表明，在水流过坝上滩初期，坝后滩地落淤不甚明显，退水仍有一定的含沙量；随着过流历时的增加，滩地淤积过程加快，水下心滩逐渐形成，退水含沙量也随之降低；到心滩出露后，退流基本上为清水。在顶冲段部位，过坝水流含沙量较高，使得坝后滩地落淤发展速度比其他坝段要快，也就是说，滩地淤积体首先在顶冲范围内形成，其后逐渐向上游发展；坝后心滩沿程出露并不是均一的，顶冲段滩地首先形成零星小滩，其后发展为较大的藕节状连滩，藕节处仍有上滩水流，但流速已明显降低；随着泥沙淤积的不断发展，最后在整个过流段范围内形成顺坝走向的连续淤积体。在同样流量、入流角条件下，随透水率增大，透水桩坝的阻水作用随之降低，坝后淤积速度越快，坝后滩面淤积体出露的时间越早。

3. 桩坝局部冲刷特征

（1）桩坝后绕流形成的沟槽

因坝桩的绕流作用，紧贴桩柱坝后会形成一条沿坝轴线方向发育的沟槽，当滩地淤积体形成出露后，滩地过流明显减少，坝后沟槽也趋于稳定，其长度一般较坝后连续淤积体大。其原因为形成这两种床面形态的机理是不同的，淤积体主要是上滩流速减小引起泥沙落淤造成的，其形体长度与过流范围有关；而沟槽则是由坝桩附近水流绕流紊动作用形成的，其尺度则主要与靠溜段长短有关。沟槽的宽度和深度沿坝轴线分布是不均匀的，如图 11-8 所示[29]。虽然，在主流顶冲段断面，沟槽的深度、宽度最大；在其他范围内的沟槽尺度则相对小，特别是在顶冲段上游的大河滩地漫水过坝段，形成的沟槽较浅，且多呈零星的小冲坑分布。桩坝透水率越大，相应的沟槽尺度亦越大；沟槽尺度较大的范围内，往往也是沟槽边坡比较陡的沟段。从对桩坝的稳定性来说，沟槽内的较大流速可能是一个不利的因素。

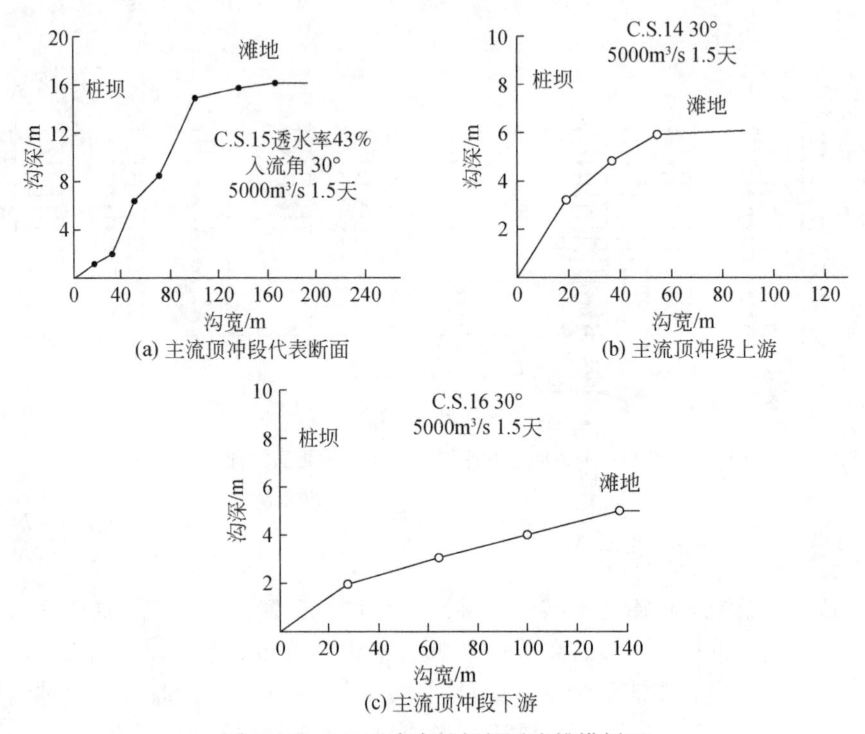

图 11-8　43% 透水率桩坝坝后沟槽横剖面

(2) 桩坝局部冲刷形态及深度

与实体丁坝群坝前的冲坑平面形态对比[29]，两者是相似的，一是最深点位于迎流顶冲段，且冲坑范围主要在迎流段；二是外边界呈凹字形；三是总体形态呈沿坝走向的长条状。透水桩坝局部冲刷形态的不同之处是冲坑紧贴桩柱，桩坝前侧上部以桩柱为边壁形成立面，桩后有一冲沟，桩坝上部与坝后淤起的滩面并不相连，如图 11-9 所示。透水桩坝坝前冲坑与坝后沟槽共同构成了冲坑的边界轮廓，即坝后沟槽形成了坝前冲坑的一部分。这样，也就相对增大了局部冲坑的尺度，特别是当坝后沟槽冲深较大时，将对桩坝的稳定造成不利的影响。

姚文艺等[29]通过河工动床模型试验，对护岸式透水桩坝附近局部冲刷过程进行了研究，研究结果表明，在透水桩坝前，水流对床面具有淘刷作用，形成明显的局部冲刷坑。冲刷深度与桩坝的透水率、来水入流角及流量有很大关系。从表 11-3 可以看出，在入流角和流量相同时，坝前冲坑的最大冲深随着透水率增大有所减小；在透水率一定时，同流量坝前冲深随入流角的增大而明显增大；在透水率和入流角一定时，最大冲深随流量增加而增大。

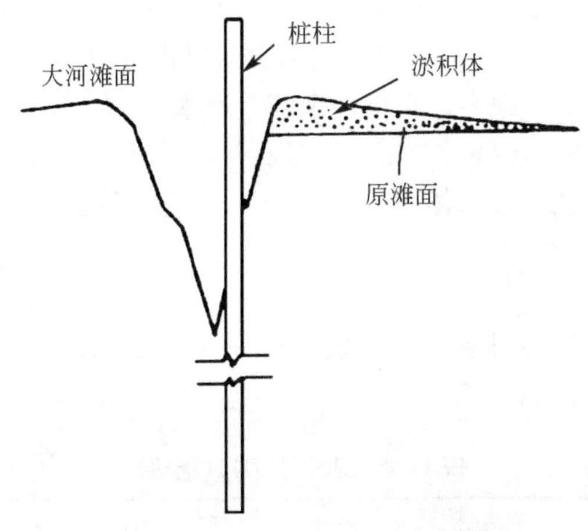

图 11-9　桩坝冲坑横断面概化图

表 11-3　各方案坝前最大冲刷深度[29]

透水率/%	入流角/(°)	流量/(m^3/s)	冲刷后最大水深/m	透水率/%	入流角/(°)	流量/(m^3/s)	冲刷后最大水深/m	透水率/%	入流角/(°)	流量/(m^3/s)	冲刷后最大水深/m
27	15	洪水过程	8.40	33	15	洪水过程	8.80	43	15	洪水过程	8.10
	30	3000	11.60		30	3000	11.18		30	3000	8.45
		5000	17.04			5000	14.40			5000	13.16
	60	3000	13.29		60	3000	12.51		60	3000	11.75
		5000	19.82			5000	16.48			5000	15.27

11.2.3　透水丁坝的布设和实践

1. 桩柱式透水丁坝的布设问题

在各类透水丁坝中，每种透水丁坝各有其特点，其设计方法和参数也有一定的差异，但其防护机理和布设原则具有一定的相似性，且桩柱式透水丁坝在实践应用中较为普遍，因此仅就桩柱式透水丁坝的布设问题作一简要总结。桩柱式透水丁坝的布设主要包括丁坝结构布设和主要参数选择等问题，文献［34，35］根据实践经验和研究成果，给出了桩柱式透水丁坝的结构形式与设置参数。

（1）布置位置与结构形式

透水丁坝布置起始位置的确定方法与实体丁坝相同，起始位置一般在河道或航道需要治理部位的上游；透水丁坝群（组）的坝头连线应与整治线一致，呈平缓曲线。桩柱式透水丁坝的桩柱呈单柱“一”字形排列，桩柱底部直达河床冲刷深度以下，通常采取以下结构形式，来保持桩柱的稳定性和透水效果[34,35]。

1）各桩柱顶部用钢筋混凝土帽梁贯联，既可加强整体性，又可在帽梁上设置栏杆兼作人行桥，但这种结构要求各桩柱间距不宜过大，一般不得超过桩柱直径的40%。

2）当桩柱间距较大时，在枯水位以上部分等间距用2～4个横梁连接成矩形网格状空间钢架体系，在网格间镶嵌透水板用来调节透水率。

3）桩柱之间可用柴草、枝条芭子或铅丝石笼作透水体，并固定在桩柱上。但随着桩柱根部的不断冲刷，这些透水体也将不断下沉，这样就需要每年从上面增加透水体以保持整体性。

（2）主要参数

透水桩柱丁坝在规划设计过程中，需要确定透水率、桩柱间距、丁坝长度、丁坝角度、丁坝间距等，如表11-4所示[34,35]。

表11-4　透水丁坝布设参数

设计参数	设计依据和原则	参数取值范围	备注
透水率	透水率的取值一般为15%～40%		
桩柱间距	从丁坝的稳定考虑，桩柱间距不宜过大，间距过大稳定性差；间距过小又加大了工程量。按照一般水流冲刷情况，从坝枕到坝头桩柱的间距依次缩小是合理的	一般坝枕到坝中桩柱的中心距为2.0～15m，坝中至坝头的中心距为0.8～1.5m为宜	
丁坝长度	丁坝长度确定取决于护岸整治目的，若将水流动力轴线移向对岸，采用长丁坝；若护岸护滩，采用短丁坝；丁坝群（组）的坝头连线应与整治线一致，呈平缓曲线	有效坝长一般为河宽的10%～30%	土默川灌区单个丁坝长度为5～10m，保护范围为10～30m（即丁坝的间距）
丁坝角度	丁坝具体角度应根据现场情况而定。丁坝角度小，挑流效果差；角度大，又过于阻水，并增大丁坝的压力，丁坝容易损毁	丁坝轴线与下游河岸的夹角一般控制在30°～60°[34]；或坝轴线与水流方向夹角一般取值范围为45°～60°[35]	
丁坝间距	丁坝群坝间要有适当的间距。间距过小，浪费物料，增大造价；间距过大，起不到此迎彼送的目的，形不成理想的淤积保护形状；一般一组丁坝从起始位置开始角度小，间距亦小，而后丁坝间距和角度逐步增大，末端时减小丁坝角度，而增大丁坝间距	一般取有效坝长的1.5～4倍	

2. 透水丁坝的应用

目前，国内外江河治理、航道整治和河口治理等工程中均有透水丁坝的应用，尤其是钢筋混凝土桩坝应用最为广泛[31,35]。透水桩坝是用钻孔、振动、水力冲孔等施工工艺按一定间隔排列将预制或浇注混凝土桩打入河床深处，形成透水丁坝。它除具有一定的挑流控导河势的作用外，还能起到减缓过坝水流流速，使泥沙在坝后沉降，有目的地落淤造滩，保护岸滩免遭冲刷。同时，它还具有结构简单、施工机械化程度高、运用安全可靠、可适应各种洪水标准、不用抢险防守、占挖耕地少、保护生态、赔偿费用低等优点，是一种极具发展前景的河工建筑物。透水丁坝在我国塔里木河流域有着广泛的应用。塔里木河具有内陆性、生态性、季节性、沙漠性和游荡性的综合河性特征[36]，在许多河段实施了不同的透水丁坝[31]。

1）在塔里木河干流上游阿拉尔河段实施了井柱桩排透水丁坝防洪护岸工程，井柱桩排透水丁坝由数根混凝土井柱桩及上部混凝土联系梁组成，井柱桩直径一般为 1m，深度为 20m 左右，井柱桩为灌注式，桩间净间距为 20～40cm。通过透水丁坝群的联合布置与运用，起到了导流淤滩护岸的作用。

2）在塔里木河上游源流叶尔羌河上的小海子水库引水口，实施了井柱桩梢石笼透水丁坝，这种透水坝是由混凝土井柱桩组成，井柱桩间距为 4m，顶部有混凝土联系梁，井柱桩空间由树梢和小块碎石装成的笼子填压。其中，井柱桩起稳定作用，梢石笼起防冲护根作用。

3）井柱桩板帘导流排透水丁坝已在阿克苏河公路桥护岸工程和塔里木河大桥护岸工程中应用。这种透水丁坝由排成“一”字型的数根混凝土井柱灌注桩及顶部联系梁组成，井柱桩间距为 4m 左右，桩排迎水面装有混凝土板帘，每个混凝土板帘宽为 20cm、厚为 10cm、长为 4.5cm，上部两端用悬挂钢筋环结构与井柱桩连接，下部自由，板帘间空隙为 20cm。这种丁坝导流效果较好，主要用于保护建筑物上游护岸。

此外，透水丁坝在美国迈阿密河也有着广泛的应用。美国迈阿密河应用较广的透水坝有木桩透水堤和钢支撑透水堤[31]。其中，木桩透水堤按不同的设计，由相距不远的单排、双排或多排木桩组成，可在桩上加钢丝以拦截沙石，从而减小流速，桩基可用足量的抛石防止冲刷。钢支撑防护堤由连接在一起并用钢丝捆扎的角钢组成，防护堤用钢索串联成行组成防护堤带，防护堤带适用于浅水河流，使其成为单一而较窄的河道，防护堤可降低近岸流速，防止河岸冲刷，它对含有大量沙石和高浓度悬移质的河流更为有效。

11.3 河势控制工程护岸特点

河势是河道水流动力轴线的位置、走向以及岸线和洲滩的分布态势[37]，是河道整治需要控制的。对冲积平原河流来说，根据河槽输水输沙特性的差异，河流河槽一般分为洪水河槽、中水河槽和枯水河槽[36]。其中，洪水河槽是指河道两岸防洪大堤之间的河道部分；中水河槽（或平滩河槽）是指由河漫滩约束的平滩水位下的河床部分，也是造床流量对应的部分；枯水河槽是指由低边滩约束的河床部分，即平均枯水位下的河床部分。无论是长江中下游，还是黄河下游河道演变与整治，中水河槽整治是河道整治的关键，对河势起控制性作用[38,39]。

河势控制就是河道采用工程措施使其形成稳定有利的河势，为河道系统整治打下基础[40]，通常采用护岸工程辅以其他工程措施。所谓有利河势包含两层意思，一是指河道平面形态良好，稳定性较好，即主流线与河岸线相对位置较为适应，不会出现重大调整，中水河槽基本稳定；二是指这种河势与两岸的工农业布局及城市建设要求相适应，能发挥河流的服务功能。在各种堤岸防护工程措施中，丁坝和矶头是一种常见的护岸工程形式，但布置后会使河道流态局部发生剧烈的变化，在丁坝、矶头工程上下游同时产生回流和螺旋流，回流淘刷坝根及近岸，螺旋流则对坝头进行剧烈冲刷，形成冲刷坑，这些现象都是造成崩岸和危及丁坝自体安全的隐患。在实际工程中，对河段出现崩岸或丁坝、矶头冲刷等严重现象，时常采用抛石加固（如照片 11-10 所示），但块石往往需要多次抛投才能形成稳定的护岸，不但耗资巨大，而且存在着基础被再次淘刷的问题。文献［29］进行了透水构件防护丁坝和矶头冲刷的试验研究，试验成果表明四面六边透水框架用于防护丁坝和矶头后，丁坝和矶头附近均无环流和螺旋流出现，不形成冲坑，地形保留完好，对防止丁坝和矶头冲刷具有明显的效果。

黄河下游河道整治工程主要包括险工和控导工程，其中险工是指在经常临水的危险堤段，依托大堤修建的丁坝、垛（短丁坝）和护岸工程；控导工程是指为保护滩岸，控导有利河势，稳定中水河槽，在滩岸上修建的丁坝、垛和护岸工程[39]，如图 11-10 所示。在黄河下游的河道整治工程中，布置了大量的丁坝、垛（短丁坝）和护岸工程，截至 2013 年，黄河下游白鹤至高村游荡型河段共有险工和控导工程 110 处，工程长度 305. 2km，裹护长度 261. 3km，坝垛 2830 道[41]，其主要目的是以挑流离岸，掩护坝后滩岸或堤防不受冲刷，另一目的是作为治河的控导工程，防止洪水期出现斜流和横流，工程实践表明险工和控导工程对黄河下游控制中水河势和防洪发挥了重要作用。

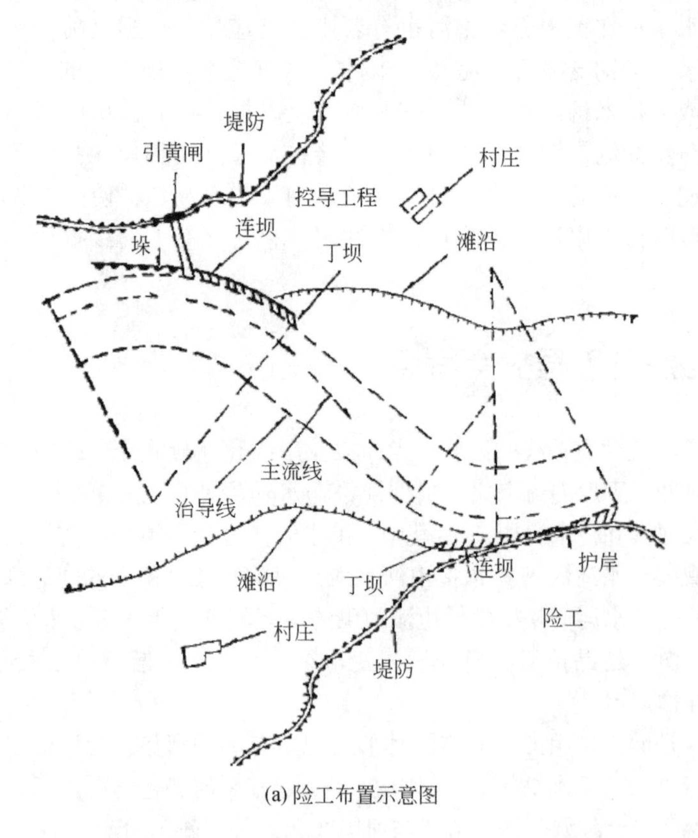

(a) 险工布置示意图

(b) 山东郓城苏阁险工

图 11-10　黄河下游险工和控导工程

11.4　崩岸间接防护措施的综合分析

崩岸间接防治工程主要包括丁坝群与河势控导工程，其中丁坝又分为实体丁坝和透水丁坝，实体丁坝和透水丁坝的主要特点和存在问题如表 11-5 所示[42]。

表 11-5　丁坝护岸的主要特点和存在问题

护岸措施	护岸防护机理与技术特点	防护位置（目的）	适用性	主要特点与问题	典型河段
实体丁坝	挑流作用明显，水流脱离岸边，起到护岸的作用	受主流直接冲击或崩岸严重的河段	游荡河道、较宽河段的岸滩、多沙河流	①具有一定的阻水阻流作用；②坝头局部冲刷严重，形成冲刷坑；③丁坝上下游出现回流，致使泥沙淤积；④丁坝拆除难度大；⑤耗材多，工程量大，投资高，维护难	黄河下游两岸险工，长江中下游嘶马、澄通、九江河段等
透水丁坝	阻碍和消耗水能，流速减小，冲刷减弱或淤积增加	受主流冲击的河段、崩岸河段、需整治的宽河段	松散河岸、整治的宽河段、游荡河段、多沙河流	工程量较小，结构比较安全，合理调控滩槽冲淤性能，防洪影响小，施工难度较大，导流、挑流作用小	塔里木河阿拉尔河段

实体丁坝目前应用仍比较广泛，但由于其局限性，对少沙河流和多沙河流应区别对待。对于水深流急的少沙河流，宜采用平护和短丁坝，河宽较大时也可以采用丁坝；如采用丁坝护岸防崩，工程险情较多和不易稳固，投资和加固费用都大，不利于防洪、航运和引水，尤其是水深流急、崩岸速率大、江面狭窄的河段，不宜修建长丁坝，但可以考虑使用短丁坝（即垛和矶头）。但对于以控导为主要目标的多沙河流而言，丁坝仍不失为一种有效的工程措施，因为多沙河流以淤积为主，而且河宽较大，丁坝的弱点难以显现，而且丁坝能有效地控导游荡型河势，不出现横河、斜河等威胁大堤安全的险情。如黄河、海河等多沙河流，丁坝是其主要整治护岸工程。

对于透水丁坝，其挑流控导作用减弱，目前国内外对透水丁坝的研究和应用仍然较少，但在新形势下，透水丁坝与实体丁坝相比显现出了突出的优势[31]：①工程量较小，工程投资较低；②水流遇透水丁坝，能量不是全部集中在坝体上，对坝体的冲刷破坏也较小，透水丁坝结构比较安全；③可以按一定的透水比进行河床滩槽水沙的合理分配，既发挥了主槽的输水冲沙能力，又利用了滩地的漫水滞沙功能，实现刷槽、保滩、护堤的目标；④透水丁坝可以适应各种标准的洪水，不与洪水争河宽，不占据河流的自然空间，壅水较小。但是透水丁坝的施工难度较大，其导流和挑流作用较小。

此外，河势控制护岸工程是由丁坝、矶头等组成的综合整治工程，主要任务是对河道进行整治，形成稳定有利的中水河势，防止洪水期出现斜流和横流，同时以挑流离岸，掩护坝后滩岸或堤防不受冲刷，有利于维护岸滩稳定和防止河岸崩塌，在黄河下游河道整治中发挥重要作用。

参考文献

[1] 杨石磊．实体丁坝群与透水桩坝护岸机理试验研究．杨凌：西北农林科技大学，2014.

[2] 钱宁，周文浩．黄河下游河床演变．北京：科学出版社，1965.

[3] 齐璞，孙赞盈，刘斌，等．黄河下游游荡性河道双岸整治方案研究．水利学报，2003，（5）：98-106.

[4] 王飞寒．黄河下游稳定主槽节点整治方案．水利水电技术，2008，39（9）：95-97.

[5] 黑鹏飞．丁坝回流区水流特性的实验研究．北京：清华大学，2009.

[6] 韩玉芳，陈志昌．丁坝回流长度的变化．水利水运工程学报，2004，(3)：33-36.

[7] 应强．丁坝水力学．北京：海洋出版社，2004.

[8] 徐炳顺．对扬州江岸护岸形式的初步比较//长江中下游护岸工程论文集（4）．武汉：水利部长江水利委员会，1990：203.

[9] 窦国仁．丁坝回流及其相似律的研究．水利水运科技情报，1978，(3)：3-26.

[10] 李国斌，韩信，傅津先．非淹没丁坝下游回流长度及最大回流宽度研究．泥沙研究，2001，(3)：68-73.

[11] 吴小明，谢宇峰．水工建筑物下游回流及底沙淤积研究．人民珠江，1996，(6)：16-19.

[12] 肖先达．丁坝分类与适用问题．水运工程，1991，(7)：10-12.

[13]《平原航道整治》编写组．平原航道整治．北京：人民交通出版社，1979.

[14] 李秀敏，王菲．丁坝群工程在河道整治中的应用．吉林水利，1998，(11)：34-36.

[15] 宾光楣．堤岸防护工程综述．人民黄河，2001，(2)：21-23.

[16] 程年生，曹民雄．航道整治工程中丁坝群的平面布置原则．水运工程，1992，(11)：26-29.

[17] 石凤君，刘世鹏，雷岩．河道险工治理技术应用．东北水利水电，2003，21（2)：8-10.

[18] 李朝枢．对长江嘶马弯道整治的探讨//长江中下游护岸工程论文集（3）．武汉：长江水利水电科学研究院，1985：44.

[19] 深纪兴．深水丁坝工程的兴建及效果．长江中下游护岸工程论文集（2）．武汉：长江水利水电科学研究院，1985：145.

[20] 夏德华．九江大堤抛石护岸工程//长江中下游护岸工程论文集（2）．武汉：长江水利水电科学研究院，1981：158.

[21] 喻学山，周开萍，杜修海．汉江丹江口水利枢纽下游崩岸几护岸工程变化的初步分析//长江中下游护岸工程论文集（2）．武汉：长江水利水电科学研究院，1981：201.

[22] 武汉水利电力学院. 河流泥沙工程学. 中国学术期刊文摘, 2008, (16): 227-228.
[23] 沈焕荣, 陈其慧, 张云, 等. 丁坝局部冲刷深度计算问题探讨. 四川大学学报（工程科学版）, 2001, 33（2）: 5-8.
[24] 卢汉才. 丁坝水利学计算一些问题讨论//山区河道整治论文集. 北京: 人民交通出版社, 1981.
[25] 马继业, 韦直林, 张柏山. 黄河下游丁坝坝头局部冲刷深度计算方法初探. 人民黄河, 1998, (3): 13-15.
[26] 聂芳容, 李朝菊. 丁坝对泄洪的影响及护岸效果分析//长江中下游护岸工程论文集（4）. 武汉: 水利部长江水利委员会, 1990: 149.
[27] 王俊. 安徽省长江护岸工程. 人民长江, 2002, 33（8）: 18-19.
[28] 缑元有. 河道整治工程根石走失的力学分析研究. 人民黄河, 2000, 22（4）: 4-5.
[29] 姚文艺, 王普庆, 常温花. 护岸式透水桩坝缓流落淤效果及桩部冲刷过程. 泥沙研究, 2003, (2): 26-31.
[30] 李玉建, 侍克斌, 李凯. 单排井柱桩透水丁坝的阻水缓流作用分析. 人民黄河, 2008, 30 (8): 89-90.
[31] 李玉建, 侍克斌, 周峰. 游荡型河道透水整治建筑物研究综述. 人民黄河, 2002, 24（11）: 15-17.
[32] 周银军, 李飞, 金中武, 等. 桩式丁坝在山区中小河流治理中的适用性探讨. 人民长江, 2012, 43（18）: 73-75.
[33] Geist J. Integrative freshwater ecology and biodiversity conservation. Ecological Indicators, 2011, 11（6）: 1507-1516.
[34] 苗华, 路锦绣. 桩柱式透水丁坝的设计与施工. 内蒙古水利, 2001, (2): 36.
[35] 周银军, 刘焕芳, 何春光. 透水丁坝工程设计参数的合理选择. 水资源与水工程学报, 2006, 17（5）: 42-45.
[36] 胡春宏, 王延贵, 郭庆超, 等. 塔里木河干流河道演变与整治. 北京: 科学出版社, 2005.
[37] 中国水利百科全书委员会. 中国水利百科全书（二）. 北京: 水利电力出版社, 1991.
[38] 余文畴, 卢金友. 长江河道演变与治理. 北京: 中国水利水电出版社, 2005.
[39] 胡一三. 黄河下游河道整治工程的布局. 水利水电技术, 1982, (1): 48-52.
[40] 潘庆燊. 河势与河势控制. 人民长江, 1987, (11): 3-11.
[41] 王超, 鲁文, 林树峰, 等. 黄河下游河道整治工程建设情况与效果分析. 水利科技与经济, 2013, 19（8）: 20-21.
[42] 王延贵. 冲积河流岸滩崩塌机理的理论分析及试验研究. 北京: 中国水利水电科学研究院, 2003.

第12章 河流崩岸岸脚防护

河道的护岸工程以多年平均枯水位为界一般分为上下两部分，上部称为护坡工程，下部称为护脚工程（或护底工程）。护岸工程的原则是先护脚、后护坡。因此，河道护岸治理都非常注重护脚，只有脚稳才能滩固，滩固则堤坚。

12.1 河流岸脚淘刷与护脚措施

12.1.1 岸脚淘刷对崩岸的作用

第6章就河道近岸流对河岸的淘刷作用进行了系统分析，指出主流贴岸对河流崩岸具有重要的影响，其中贴岸主流方向和强度是影响河流崩岸的主要水流因素。通过岸坡泥沙的起动分析，指出在相同水流条件下，边（斜）坡上泥沙起动所需的剪切力小于平床上泥沙起动所需的切应力，表明岸坡上的泥沙更容易起动。就同一河道的岸坡和河床而言，河岸剪切力分布是不均匀的，岸脚处的剪切力较大（图6-2），因此顺直河道的河岸冲刷主要发生在岸边的中下部或岸脚的位置[1]。对于弯曲河道，结合凹岸水沙运动机理和剪切力分布特点，从水沙运动原理、动力原理和涡流原理对弯道凹岸淘刷机理进行了系统分析，凹岸淘刷机理可用如图12-1所示的框图表达[1]。显然，对于弯曲河道，在主流和副流的共同作用下，弯道进口处的凸岸、弯道及其出口处的凹岸都属于高剪切力区，河岸淘刷严重，其中凹岸岸脚处的剪切力最大、淘刷最严重，而且这些部位都是弯道崩岸严重的地方。

河道冲刷，特别是岸（堤）脚附近的冲刷，导致岸滩泥沙块体的下滑力（矩）增加，阻滑力（矩）减小，相应的稳定系数减小。当冲刷到一定程度，岸滩发生崩塌[2]。其中当河床冲刷达到或超过河岸临界崩塌高度，河岸会发生崩塌，特别是挫落崩塌；当河岸发生岸脚淘刷，岸脚淘刷宽度达到临界淘刷宽度时，河岸会发生剪切落崩和旋转落崩（即倒崩），相应的崩塌临界淘刷宽度与河岸临空厚度、河岸强度系数呈正比关系，与河岸裂隙深度呈反比关系[3]。因此，岸脚是崩岸治理的重要部位，应予重视。

黄河整治工程中根石走失现象也进一步说明岸脚淘刷的作用和重要性。黄河下游河道整治工程一般包括险工和控导工程，其整治建筑物主要有坝、垛、护岸3种形式。

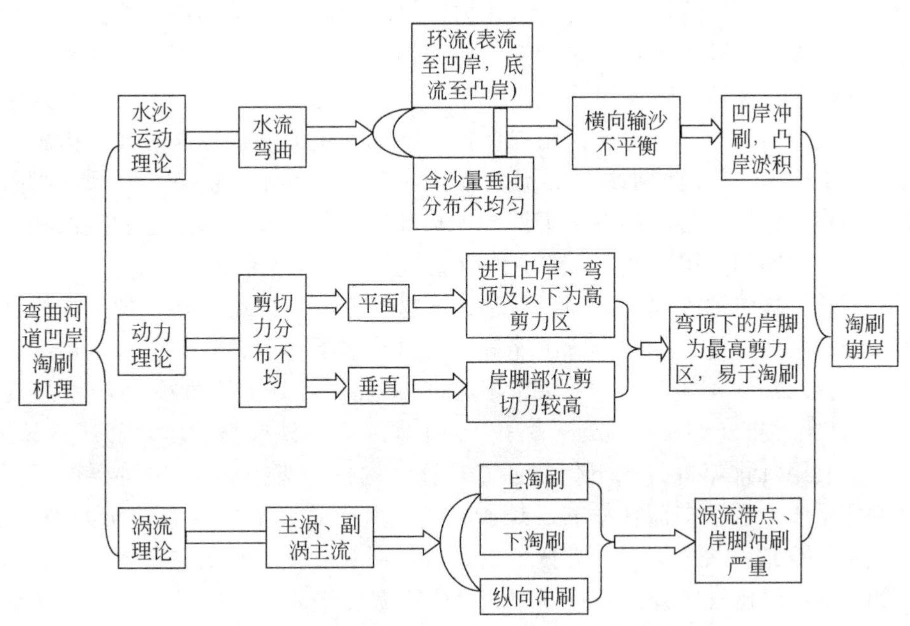

图 12-1　弯道凹岸淘刷机理及其对凹岸崩塌的影响

其中坝、垛主要由坝体（土胎）、护坡、护根 3 部分组成。护根是坝的防护重点，也是用石料最多的部位（此部位石料习惯上称为“根石”）。在水流的冲刷作用下，特别是根部的淘刷作用下，作为坝体基础用于抗击水流冲刷、保护坝体的根石有一部分会离开坝体，即“根石走失”现象[4]。根石走失使原根石裹护断面变小、坡度变陡，最终导致工程出险，甚至出现突然垮坝或“跑坝”，这种突发性的险情严重危及工程安全。据统计，每年根石走失约 20 万 m^3，不仅造成 2000 万 ~ 3000 万元的直接经济损失，而且增加了抢险费用，严重影响工程安全。因此，防止根石走失是黄河防汛急需解决的重大问题[5]。

12.1.2　岸脚防护机理与护脚措施

河道冲刷，特别是岸脚淘刷对河流崩岸具有重要的影响，因此，岸脚防冲是崩岸防护的重要技术关键。河道沙质泥沙起动公式一般用沙莫夫公式[6]：

$$V_c = 1.14\sqrt{\frac{\gamma_s-\gamma_w}{\gamma_w}gD}\left(\frac{h}{D}\right)^{\frac{1}{6}} \tag{12-1a}$$

而河道黏性泥沙起动公式可用武汉大学水利水电学院公式：

$$V_c = \left(\frac{h}{D}\right)^{0.14}\left(17.6\,\frac{\gamma_s-\gamma_w}{\gamma_w}D+0.000\,000\,605\,\frac{10+h}{D^{0.72}}\right)^{0.5} \tag{12-1b}$$

式中，γ_s 和 γ_w 分别为泥沙和水的密度；h 为水深；D 为河床（岸）泥沙粒径；g 为重力加速度。从水流挟沙能力公式（11-2）和泥沙起动流速公式（12-1a）可知：防止岸脚冲刷的途径主要有两个，一是提高岸脚泥沙的起动流速，增粗泥沙粒径，使泥沙不易起动；二是减小水流流速和水流挟沙能力，使岸脚泥沙不被冲刷。因此，保护岸脚的措施可采取以下3种类型：一是加粗岸脚泥沙粒径，增加表层泥沙稳定性，形成粗颗粒泥沙保护层，保护细颗粒泥沙免遭冲刷，这种情况对应的典型岸脚防护措施就是抛石；二是直接增设泥沙防护层，用以保护岸脚泥沙免受冲刷，这方面的措施主要有沉排和混凝土模袋；三是增加岸脚水流的阻力，改变局部水流流态，降低岸脚附近的水流流速和水流挟沙能力，使得岸脚泥沙不被冲刷，甚至在岸脚附近发生淤积，起到保护岸脚泥沙冲刷的作用，这方面的防护措施主要是透水构架。

根据河道岸脚防护机理、护脚工程结构和材料差异，河流岸脚防护工程措施可分为3类：一是沉块措施，如抛石、沉笼等，主要是水下作业，其中抛石是传统和常用的防护措施；二是沉排措施，根据排体的结构特性，可分为刚性排（如模袋混凝土排）、半刚性柔性排（如铰链混凝土块）、柔性排（如充沙模袋软体排和压载软体排）等形式，一般用沉排船进行水下作业；三是透水构件护脚措施[7-9]，主要包括沉树沉梢、克勒那系统，透水多面体框架，螺旋锚潜障等。这些措施既有传统的护脚技术，如梢排、铅丝石笼、抛石等，这类技术措施有的耐久性差，有的造价太高，有的施工困难，如最简单的抛石护脚，边抛边冲刷，往往需要年复一年的反复抛石，才能使滩岸坡脚稳定；也有一些新型护脚措施，如模袋混凝土排、透水多面体构件，这些措施往往具有较好的防护效果。

12.2 抛石护脚措施的防护机理与应用

在各种类型的护岸中，抛石护脚是江河崩岸治理中广泛采用的一种传统的护岸形式，如图12-2所示。由于其材料可以就地取材、来源丰富，施工方法简单，可分期施工、逐年加固，便于维修养护；且抗冲性较强，能较好适应河床变形；同时，抛石岸面较为平顺，对水流、河床的自然形态影响较小。因此，抛石仍是目前江河崩岸治理中主要措施之一，一直得到普遍的应用[10]。为了研究抛石护岸的机理，自20世纪六七十年代，很多学者进行过块石在河床冲刷时的位移特性、平顺抛石护岸破坏过程、抛石加固方案和施工方法等试验研究，取得抛石重要研究成果，对抛石工程实践起到了积极的指导作用[11]。

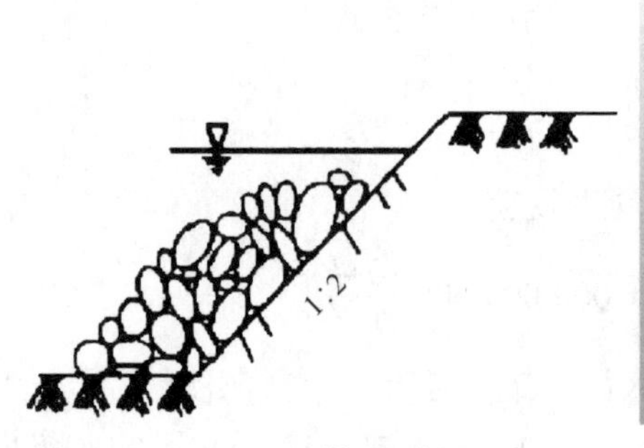

(a) 抛石示意图

(b) 长江洪湖干堤崩岸护脚抛石

(c)黄河苏阁险工抛石护脚

图 12-2　抛石护岸示意图

12.2.1　抛石后水流特点与岸滩防护机理

1. 抛石后的水流特点

岸脚位于河床和岸坡的交界处，局部形态变化显著，局部流态为紊流，流速脉动较强，岸脚附近的水流剪切力较大，使得岸脚泥沙易被冲刷，甚至淘刷严重[1,12]。图 12-3 和表 12-1 分别为抛石护岸块石附近流态变化。抛石前，岸脚水流相对较稳定，紊动现象不显著；抛石后，块石在岸脚表面形成一层保护层，使岸脚泥沙不被冲刷，同时增加了水流阻力，降低了表面水流流速[13]。但是，在护岸抛石外缘，由于块石外侧绕流引起块石附近水流紊动加剧，时均流速增大 10% 左右，且伴有螺旋流、回流等不稳定流态，流速脉动加强，最大脉动幅度值较未抛石时显著增大，相当于主流时均

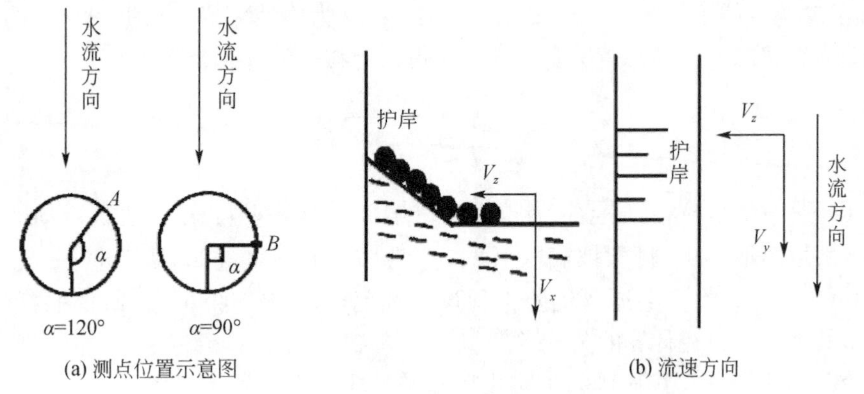

图 12-3　抛石水流流态观测示意图

值的1.938倍，同时产生强大的压强脉动[12,14]，反而加剧了岸脚抛石外缘的淘刷作用，使得岸脚根石侧移翻滚，以致不断走失。在岸脚发生明显冲刷后，流速脉动最大值向岸脚逼近，岸脚的块石加快流失，而上部的块石不断补充，然后再次被冲刷走失，周而复始，抛石护岸的块石大量流失，从而导致岸坡失稳。

表12-1　抛石前后流速脉动最大变幅

位置	流速分量	块石附近最大变幅/(cm/s)	相对变幅	无石块对应点最大变幅/(cm/s)	相对变幅
A	V_x-0	50.93	1.580	10.21	0.3582
	V_y-0	62.47	1.938	15.34	0.5382
	V_z-0	40.95	1.271	9.85	0.3456
B	V_x-0	18.83	0.4581	12.03	0.3326
	V_y-0	21.86	0.5319	16.50	0.4562
	V_z-0	12.39	0.3015	10.05	0.2778

另外，在迎流区的*A*点，脉动值远大于块石外侧的*B*点，表明块石的迎流区部位脉动现象显著，强大的脉动流速使块石迎流区的泥沙极易被冲刷，而泥沙的流失又将引起块石向护岸外侧翻滚，从而破坏岸脚的稳定[12]。

2. 抛石岸滩防护机理

抛石护岸的机理就是选用适当粒径的块石，把崩岸河段的深泓至岸滩范围抛成一定厚度的块石层，把被冲刷的岸脚河床用块石覆盖起来，提高岸脚河床的抗冲能力，使原来的河床泥沙不会被水流带走，达到阻止岸滩崩塌、稳定河势的目的。因此，抛石护岸的关键就是选择合理粒径的块石，抛石后保证块石不被冲走，目前选择抛石粒径的公式很多，结合抗冲稳定性分析，堤防工程设计规范推荐的抛石粒径计算公式[15]：

$$D=\frac{q^3}{27.4h^{7/2}(\cos\Theta)^{3/2}}=\frac{V^3}{27.4\sqrt{h}(\cos\Theta)^{3/2}} \tag{12-2}$$

式中，D为抛石护脚范围抛石球体的等容直径，m；q为单宽流量，m^3/s；h为抛石处水深，m；V为垂线平均流速，取$V=q/h$，m/s；Θ为边坡坡度。根据斜坡上的块石在发生滚动临界状态下的各力矩平衡条件，求得稳定粒径的计算公式[10,15]：

$$D=\frac{V^2}{K^2 2g\frac{\gamma_s-\gamma_w}{\gamma_w}} \tag{12-3}$$

式中，D为块石稳定粒径，m；g为重力加速度（$9.81m/s^2$）；K为块石运动的稳定系数，水平底坡时取0.9，倾斜坡底取1.2；γ_s为块石的容重（$26.5kN/m^3$）；γ_w为水的容重（$10kN/m^3$）。除了上述《堤防工程设计规范》（GB 50286—2013）推荐公式外，还有许多其他抛石粒径计算的公式[16,17]。

无论采用哪种公式，其目的是防止抛石被冲走。但实际上，由于洪水期外缘抛石绕流引起的强烈紊流和漩涡，抛石护岸的外缘块石受到强烈淘刷，散批护脚石易被洪水冲走［也称为根石走失，如图 12-2（c）中的右图］，导致工程出险[18]。因此，防止根石走失是河道整治工程设计和抢险中的一大问题，历来受到水利专家和学者的重视。

12.2.2 抛石护脚的适用性与布设

对于近岸流河段，特别是弯道凹岸，由于受到水流顶冲作用，水流流速较大，深槽靠岸，甚至存在岸脚淘刷问题，常常崩岸严重，抛石护脚措施在江河岸滩崩塌治理过程中经常应用。鉴于抛石护脚技术的重要性，就抛石范围、护坡稳定边坡、抛石大小、抛石厚度等进行了大量的科学研究和实践总结[19-23]，取得重要的设计成果。

1）抛石护脚范围的确定。对于深泓逼近岸滩的河段，在竖直方向上，从控制和保护堤岸的要求出发，抛石护脚范围应从枯水位岸边向下延伸到深泓线以下，并满足河床最大冲刷深度的要求；在水平方向上，从岸坡的抗滑稳定要求出发，使冲刷坑底与岸边连线保持较缓的坡度，并以控制水下稳定边坡为原则。因此，为确保抛石护脚附近不被冲刷，抛石保护层应深入河床并向河底延伸一段，如图 12-4 所示。

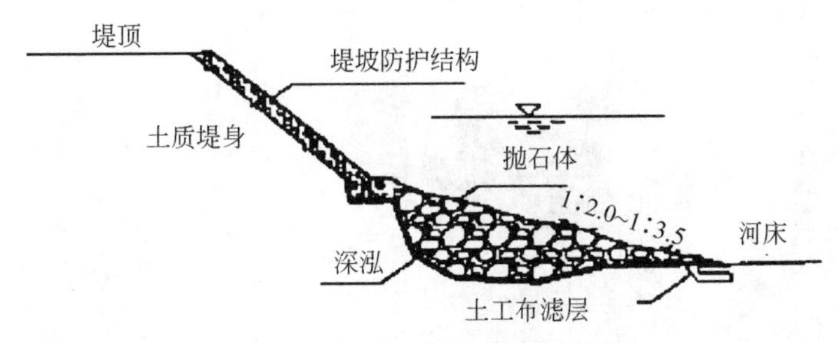

图 12-4　土工织物抛石护脚示意图

对于主流逼近凹岸的急弯河段，深泓线离枯水位岸线在数十米，甚至更近，护底宽度水平方向应超过深泓线冲刷最深的位置；枯水位以下近岸坡度较陡、向下逐渐变缓，从而取得最大的防护效果，应以控制抛石范围和厚度的方法来设计，抛石范围一般至河床横向坡度 1∶1.3～1∶1.4 处或一定深槽高程处。

2）抛石粒径的选择。抛石粒径是抛石工程中最重要的技术参数，若选择块石粒径太小，抛石将会在洪水期被冲走，不能达到护脚护岸的目的；若选择块石粒径太大，使得施工难度加大，石料浪费，增加了工程造价。抛石粒径取决于抛石部位和水流条件，目前确定抛石粒径的理论和公式较多，有的从抗冲稳定性理论出发，有的根据边坡块石稳定性分析，还有的从泥沙起动理论进行研究，获得许多的抛石粒径计算公式[10-17]。无论哪种公式，都有一定的局限性，仍需要实际工程的检验。

3）抛石厚度和稳定坡度。根据已建工程经验，抛石厚度取为抛石粒径的 2 倍、水深流急处为 3～4 倍；一般厚度为 0.5～1.0m，个别堤段为 1.0～1.5m。抛石护岸坡度，枯水位以下为 1∶2.0～1∶3.5，枯水位以上为 1∶1.5～1∶2.0；通过试验研究和现场总结认为抛石稳定边坡为 1∶2～1∶3。

4）抛石区段滤层的设置。据已有抢险工程经验显示，抢险工程实施时间紧迫，往往忽略抛石滤层的设置，工程运用一段时间后，抛石下部泥沙易被淘刷流失，导致抛石的下沉而危及堤岸稳定。为了保护抛石层及其下部泥沙的稳定，抛石底部需要铺设滤层，但由于滤层级配在施工中控制难度大，抢险工程中多为高速水流下的湿法施工，效果很不理想。工程设计中受水利工程中以土工布替代传统砂石反滤的启发，按反滤准则和透水性控制的功能要求，根据河床泥沙情况，可采用的厚度为5mm，孔径为 5×10^{-2}mm 土工布替代砂石垫层[20]。

12.2.3 抛石护脚方案实施中的问题

抛石护脚设计与布设完成后，下一步就是抓住非汛期的关键时间进行抛石护脚工程的实施，特别是抛石的抛投问题，照片12-1为长江干流上实施抛石护脚的实施现场。在抛石护脚方案实施过程中，还需要注意以下几个问题。

(a) 施工现场 (一)　　(b) 施工现场 (一)

照片12-1　长江干流抛石护脚工程措施实施现场

1. 抛石落点实施问题

抛石护脚施工过程中，抛石落点不易掌握，常有部分石块散落河床各处，不能起到护岸护滩作用，造成浪费。因此，在抛石实施之前，需要对抛石落点距离进行估算，以确定抛石位置[17]。目前，根据抛石沉降分析模式的不同，抛石落点距离（抛石位移）的估算公式主要有准静水沉降模式、平均流速模式、变加速运动模式3种[20,22,24]，其中准静水沉降模式仍然是目前常用的公式。但是，准静水沉降模式由于没有考虑惯性力对泥沙运动的影响，其应用也受到一定的限制。

2. 抛石护脚的施工问题

抛石护脚严格按施工程序进行，按设计要求进行详细水下勘测的前提下，开展土工布的定位铺设工作，确定好抛石船位置[19,25]。抛石一般选择在枯水季节实施，抛投自上游至下游，先抛小碎石块，再于其下游抛大石块，从而达到碎石垫底的目的；由远而近，由点至线到面，先深后浅，循序渐进，均匀分层抛填。考虑弯道环流作用，抛石船靠岸侧先抛小碎石块，再在另一侧抛大石块。施工过程中，定时测记施工河段水位、流速，检验抛石位移、高程等数据，及时反馈给设计单位，进行跟踪测算，及时调整相关控制数据来指导施工，做到及时修正及时补抛，以确保工程质量。

3. 水下抛石工程质量控制问题

水下抛石护脚工程的施工环节比较复杂，从开采、装运到抛投入河，需多方协力合作，抓好每一个环节，才能完成好一次抛投任务。抛石工程质量控制是完成抛石护岸工程的关键环节，不容忽视，其质量控制主要包括石料数量、质量和粒径的控制，以及船只定位和移位的控制[19,25,26]。

4. 抛石护岸工程的质量检测

抛石护岸工程完成与否是靠质量检测来体现，是抛石护岸工程完工的主要步骤。抛石护岸工程的质量检测通常是通过抛前抛后水下地形测量来实现的，需要开展抛石定位、抛投挂挡、抛石工程量、抛投均匀度等方面的检验。抛前和抛后的时间间隔不宜太长，以免地形变化影响检测效果[19,26]。

12.3 沉排（体）护脚措施的防护机理与应用

作为护岸护脚的另一普遍采用的措施，沉体和沉排主要是把沉排（体）放置在坡脚处，把岸脚泥沙和水流分开，使得岸脚泥沙受到保护，免受水流的冲刷，以达到抗冲稳定岸坡的目的。与沉块（抛石）相比，沉排（体）面积大、抗冲性强、有柔韧性，能适应坡面、床面变形，但造价较高，施工技术比较复杂。根据沉体和沉排使用的材料不同[7,19,27,28]，沉排（沉体）有柴柳排、金属笼（网）排、土工织物软体排和铰链式混凝土板等，其中软体沉排实际上是利用土工合成材料制成的适应性强的沉排。

12.3.1 柴柳排和沉（柴）枕

柴柳排是一种传统的护岸技术[19,28]，柴排是用塘柴、柳枝、竹梢先扎成一定直径的梢龙，构成上下对称的十字格，中间夹梢料形成排体，铺护在需要保护的岸床和岸脚处，上面再压块石使其稳定并抵抗水流冲刷。沉枕护脚包括柴枕及土工织物枕护脚[28]，其中柴枕一般是柴柳内裹块石、外用铁丝捆绑制作，上面加压枕石；土工织物枕是用土工织物袋装土缝合而成。柴柳排和柴枕多用于迎流顶冲、崩岸强度大、堤外滩较窄、河床抗冲能力弱的岸段，如在长江中游荆江河段的护岸工程（石首河湾和下荆江湖北段）中应用较为广泛[19]。

柴排护岸多用于滩岸抗冲能力差、发生大型窝崩的地段[11]，具有较好的柔性，能较好地适应河床变形，既可用于砂质河床，也可用于老的块石护岸加固工程中。作为柴排的特殊形式，若用石块等系于新伐下来带干枝的柳树，沉至凹岸河底或放置抗冲能力差的岸滩，称为沉树（柳）。沉树具有减缓流速、防止淘刷、增淤护岸的作用。沉树（柳）长期作为一种辅助性护岸工程措施[29]，在窝崩治理中具有很好的促淤作用。在窝崩的整治过程中，一般先在崩窝的上下突咀和窝口抛石守护，或是在口门处建沉梢坝锁口使主流远离岸边，然后在崩窝内使用沉树进行促淤，以稳定岸坡，只需再经过一两个汛期，窝内就可达到较为理想的淤积效果。

柴枕护脚系用柳枝、竹枝、芦苇、秸料等梢料（可先扎成小把）捆包块石（石料缺乏时，可用淤土块代替），每隔0.5～0.6m捆扎一道铅丝或麻绳；柴枕规格应根据堤岸防护要求和施工条件确定，柴石体积比约为7：3；新修工程沉枕可为一层或两、三层，柴枕上端应在最低枯水位以下，以延长使用寿命；柴枕以上应接护坡石，柴枕外脚宜加抛大块石或石笼等[28]。柴枕在深泓离枯水岸线较近时被抛至深泓，在深泓离枯水岸线较远时被抛至1：4坡度处。沉枕护脚的体积和重量均较大，稳定性好，且有一定柔韧性，能适应坡面、床面变形，防护效果较好，汛期常用于抢护堤岸、坝岸出险；柴枕护岸工程整体效果较好，维修、加固简单，取材方便，适用于重点险工段的新护和加固工程。

土工织物枕是用土工织物袋装土缝合而成，多用于崩岸强度小、水流顶冲不强烈的河段，抛在堤岸枯水位以下保护堤岸脚。土工织物枕（排）护岸具有取材容易、体积和质量大、稳定性好、工程数量与质量容易控制、造价较低及施工方便等优点。20世纪80年代初以来，先后在长江中游田家口、天星阁、上车湾新河、七弓岭、后洲、寡妇夹等河段使用，在界牌河段利用沙袋均匀压在排上，适应河床变形的性能较好[11]。但是，土工织物枕最为突出的缺点是防止抛锚破坏的能力差。

无论是柴枕，还是柴排，都能适应河床的冲刷变形，整体性能好，起到缓冲落淤、防止岸脚淘刷的作用[30]，柴排在河流岸滩防护过程中曾有着普遍的应用。20世纪50年代柴排护岸在长江下游南京下关、浦口、大厂镇，海门青龙港，安徽安定街、裕溪口、马鞍山，武汉青山、沙市学堂洲等处均应用过[11]，如照片12-2所示。1956～1957年在马鞍山恒兴洲和无为安定街强烈崩岸段实施沉排护岸工程，共沉柴排97块，面积为56.82万m^2。在辽河流域，浑河、太子河、大辽河上游均流经鞍山，鞍山地区现有河道险工治理形式较多，主要包括柴排护岸、抛石砌石护岸、柴帘沉排护岸、软体排护岸[31]。但是，鉴于柴柳排工程投资较大，施工复杂，取材需要砍伐树木，不利于环境保护，因此，沉柳排（柴枕）这一护岸工程形式后来使用相对减少，仅在长江中下游河道少量护岸工程中采用，1999年度在安徽省马鞍山河段小黄洲左缘和无为大堤的援洲段大崩窝治理中分别应用了沉梢坝技术和沉树技术，取得了成功的经验[19]。

(a) 施工现场一

(b) 施工现场二①

照片 12-2　长江下游河段柴排护岸措施

12.3.2　石笼与金属笼（网）排

石笼排护脚也是崩岸防护工程中常用的结构形式，其优点是体积和质量很大，抗冲性强，柔韧性较好，能适应河床变形的要求，经常与抛石护脚结合使用。一般用金属丝、土工网、植物条（竹篾、荆条等）等做成网格笼状物，内装块石、卵石，构成石笼。石笼大小可根据水深、流速、施工条件确定，使用时将石笼大体按一定坡度依次从河底紧密排放至最低枯水位以下[19,32,33]。

作为石笼排的一种形式，金属笼排是护岸工程中常用的一个传统措施，是将块石装入金属丝编织的网内形成较大体积的抗冲体，减少洪水对单个石块冲刷走失的现象。根据其材料组成，可分为钢筋笼沉排、合金钢丝网石笼、铅丝笼石排等。金属笼排的工作原理是在护岸或坝垛底部受水流冲刷的部位，按最大冲刷深度和稳定坡面设计长度铺设金属丝笼排护底，护底沉排延长了水流行程，减小了水流对坝基河床部位或岸脚的冲刷强度，提高了坝体和岸脚的抗冲能力[32]；排体随排前冲刷坑的发展逐步下沉，自行调整坡度直至达到稳定坡面，从而达到护底、护脚、防止坝体淘刷的目的。另外，排体外沿在自重作用下，紧贴床面并随河床变形下沉内收，使靠近岸滩或坝体的冲刷一侧得到了保护，限制了冲刷向岸滩或坝基发展，将冲刷坑阻隔至不影响或少影响坝体安全的区域。显然，金属笼排的优点是抗冲能力强、整体性好、耐腐蚀、柔性好，能适应河床变形，一般适用于水深流急的重点险工河段。但工程投资较大，施工难度亦大。

2001 年 12 月开始，在长江干流水流顶冲强烈的石首北门口河段，就首次使用钢筋或铁丝石笼护岸技术进行了护岸试验工程[11]，实施长度 460m，共沉放石笼 9660 个，在藕池口水道也进行了钢丝网石笼护坡护岸工程，如照片 12-3 所示。额尔古纳河铅丝笼沉排护岸工程建设起始于 20 世纪 90 年代初，到目前累计完成护岸工程 38 处，长度

① 江心沙农场立新坝建筑始末 . http://epaper. ntrb. com. cn/new/jhwb/html/2015-08/31/content_332177. htm［2016-11-21］.

为35.8km，其中铅丝笼沉排在额尔古纳河护岸工程中得到普遍应用[33]。黄河下游河道武庄护岸整治工程1995年开始修建，设计采用了铅丝笼沉排结构[32]，该结构既可护底，又可护根，抗冲能力和稳定性较强。实践表明，采用铅丝笼沉排结构进行护岸，技术上可行，稳定性好，达到了少抢险或不抢险的目的。

(a) 石首市实施的合金钢丝笼施工

(b)藕池口水道钢丝网石笼挡墙护坡①

照片12-3　长江中游河道钢丝网石笼护岸

12.3.3　铰链混凝土板沉排

铰链混凝土板沉排护岸是在江河护岸工程实践过程中，近期创新优化出的一种新型结构形式[19,34-36]，一般由系排梁、排体组成[30]。系排梁位于上部护坡与下部护脚的结合部位，起承上启下作用，对上稳定护坡，对下固定排首，是工程成败的关键部位；其平面布置需考虑河岸条件、工程地质情况等，尽量拉直平顺，减少转折，以保证排

---

①　长江宜昌航道工程局首次进行砼联锁块软体排施工. http://www.cjhy.gov.cn/hangyundongtai/hangyunjianguan/hangdaotonghang/201108/t20110819_204543.html［2017-2-17］.

体之间良好的搭接，局部崩岸处排体可平行后退与系排梁斜接。排体是预制混凝土沉排护岸的主体，由混凝土预制块、“U”形钢筋连接环及土工布垫层组成，铰链混凝土板起抗冲和压重作用。为使每块混凝土方块纵向拉筋不致因受力不均被拉断造成散排，在拉排梁及排首梁上按混凝土方块间距设拉环，将钢丝绳穿在拉环内，绳头系在梁的两端，用钢丝绳来调整混凝土方块拉环的拉力。土工布位于铰链混凝土板的下面，起反滤与抗冲作用。此外，在设计时还应考虑排体上下游侧的河道冲刷问题，往往在排体上下游侧采用水下抛石的方法，保证沉排护脚工程不致因其上下游的河道冲刷而破坏。预制铰链混凝土板沉排结构布置如图 12-5 所示[35]。

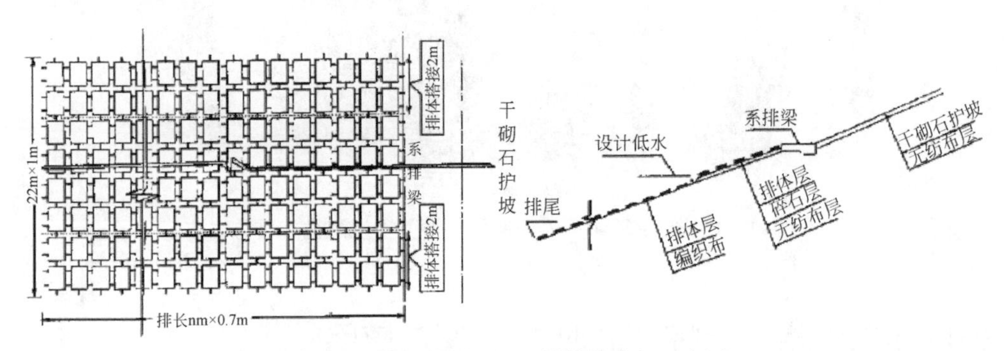

图 12-5　铰链混凝土板沉排结构布置示意图

铰链混凝土板沉排具有护岸整体性好、抗淘刷能力强、适应河床变形好、施工方便、长期社会经济效益显著等优点，被广泛应用于各种水流条件下的河道、湖泊、海岸防护，特别适用于水流复杂、主流贴岸或长期处于迎流顶冲的河岸防护。自 20 世纪 80 年代中期首次在国内应用以后，特别是从 1998 年以后大量推广应用的工程实践来看，新型预制铰链混凝土板沉排施工工艺日臻成熟，施工成本大幅度降低，在江湖河海整治工程中已具有广泛的推广应用价值。先后在湖北武汉和黄冈、安徽铜马和无为大堤、江西长江干堤以及南京二期河道整治等多个护岸工程中得到成功应用，并取得了良好的防洪护岸效果[11,19]，现场布置如照片 12-4 所示。从湖北黄冈干堤吕杨林河段护岸工程施工和水下摄像检测结果，特别是 2001 年汛期对其检测的情况看，工程效果良好。

(a) 铰链混凝土板沉排布设

(b) 安庆河段①

照片 12-4　长江中下游河道预制铰链混凝土板沉排布设与实施

12.4　透水构件护脚措施的防护机理与应用

透水构件护脚是新发展起来的护岸措施，主要是通过增加岸脚河床阻力，局部改变水流流态，降低岸边水流流速和水流挟沙能力，使岸脚的冲刷减弱，甚至达到岸脚淤积的状态，进而起到护脚稳岸的作用。透水构件护脚主要包括沉树沉梢、透水多面体框架、杩杈、螺旋锚潜障等，其中透水多面体框架是目前应用比较广泛的透水构体护脚措施。鉴于这些透水构件护脚机理都是一样的，皆是通过增加岸脚河床阻力，降低防护区水流挟沙能力来实现的。因此，选用目前研究较多的四面六边透水框架为代表，进一步分析总结透水构件的防护机理和防护效果。

12.4.1　四面六边透水框架防护机理

四面六边透水框架（或称四面体框架）是由 6 根混凝土杆件（或其他材料）构成的四面体透水框架群护岸形式[37-39]，如图 12-6 所示。四面六边透水构架是防洪治河护岸技术中的一项先进技术，先后在长江江西河段和渭河下游进行了现场试验，取得了满意的效果。通过多年来的原型试验研究，基本解决了框架杆件材料造型、框架成型组装、施工定位投放等工艺问题[38]。根据有关四面六边透水框架的研究成果，透水框架的防护机理可从以下几个方面进行分析[40-45]。

① 长江宜昌航道工程局首次进行砼联锁块软体排施工. http://www.cjhy.gov.cn/hangyundongtai/hangyunjianguan/hangdaotonghang/201108/t20110819_204543.html［2017-2-17］.

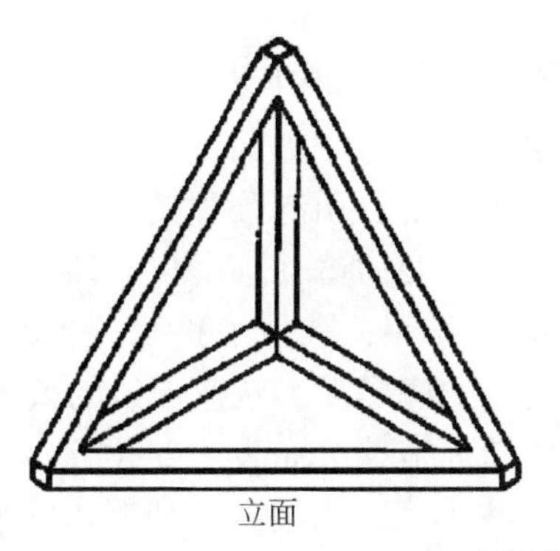

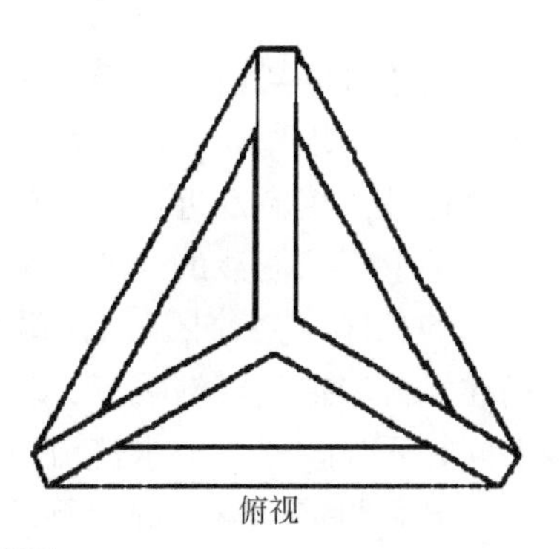

(a)框架示意图

(b)钢筋混凝土框架

(c)毛竹构件

图 12-6　四面六边透水框架的组成与制作

1. 紊动耗能机理与阻力分析

在近壁的黏性底层平面上，相间地存在着低速带和高速带，并在水流运动中，不断发生低速带的上升和高速流体清扫边壁的现象，即所谓的猝发现象，猝发过程是边壁附近产生紊动及其能量和动量传递的主要形式。猝发过程中，由于边壁低速带上升和高速流体对边壁的清扫，使黏性底层内的流体产生强烈的扰动，在低速带上升和崩解时，流速分布形成拐点，流速梯度极大，造成当地很大的紊动切应力，高速流体向边壁的清扫也会产生很大的紊动切应力，显然猝发现象对边壁的泥沙起动有直接的影响[42,44]。

加入四面六边透水框架后，水流穿过四面体透水框架时将会被分散，使得水流在构件区域发生旋涡分离现象，会产生附加的绕流阻力。一方面，这种阻滞作用能在近底流区形成低流速带，相应的近底处紊流切应力降低，引起强烈的紊动，使得河床泥沙难以起动，保护了床面泥沙的冲刷；另一方面，四面体透水框架对顶冲的主流或由于紊流脉动产生的扫床高速流团具有有效的缓冲作用，减少了猝发过程的发生概率，同时降低了高速水流清扫边壁的强度，从而达到护底保滩、减速促淤的效果[44,45]。四面体透水框架同时还会改变局部水流流态，使断面流速分布发生变化，一是水流结构沿垂线方向上有显著调整，框架群中下部流速减小，而框架群上部流速增加；二是水流结构在横向上的调整也比较明显，四面体透水框架群会产生挑流作用，单宽流量重新分配和变化，框架群区水体形成绕流，流速降低，单宽流量减小，框架工程区外流速有所增大，单宽流量也略有增加。

明渠水流只有在一定坡度的条件下才能向前流动，水流不断克服阻力而消耗能量，能量由水流势能的减少来提供，能量的消耗是通过水流阻力（包括黏滞切力和紊动切力）做功来完成的。水流所提供的能量中，有92%来自主流区，这一部分能量中又有90%左右传递到近壁流区，并在那里转化为紊动的动能。在转化过程中，损失一部分能量，其余部分则变为漩涡的动能，漩涡脱离边界进入主流区分解成尺寸更小的漩涡，这些小漩涡又因当地水流的黏滞作用，将它们的能量消耗为热能。在主流区内就地损失的能量仅占全部能量的8%左右，而有73%的能量损失却集中发生在近壁流区，近壁流区具有大量紊动能，能够引起泥沙的起动，同时挟沙能力也较强[41,42,44]。在河道中加入四面六边透水框架，实质上是加入了新的紊源，一方面受到四面六边透水框架杆件的绕流影响，水流更加紊乱，沿程水头损失系数增加，导致沿程水头损失 h_f 增大，消耗了更多的机械能；另一方面水流机械能转化为紊动能和热能的主要消能位置也发生了改变，由于四面六边透水框架成为床面上的主要紊源，因此消能的主要位置由原来的床面附近转移到四面六边透水框架高度及其影响范围内。因此，使得直接作用于床面的能量减少，在四面六边透水框架范围内的紊动和流动减弱，泥沙冲刷减弱或淤积，河床受到保护，这就是四面六边透水框架群促淤护底的耗能机制[40,41,44]。

从水力学理论分析来看，河道水流阻力可通过周界的阻力系数反映，而在阻力系数的不同表达方式中，最重要的3个参数是谢才系数 C、曼宁系数 n 及达西–魏斯巴赫系数 f，可以通过谢才公式、曼宁公式和达西–魏斯巴赫公式来推求阻力系数间的关系[40]：

$$\frac{C}{\sqrt{g}}=\frac{R^{1/6}}{\sqrt{g}}\frac{1}{n}=\sqrt{\frac{8}{f}}=\frac{V}{V_*} \tag{12-4}$$

进一步说明这些阻力系数是可以相互转化的，皆与水流平均流速和摩阻流速的比值 V/V_* 有关，V/V_* 可以通过流速分布积分获得。这表明阻力问题实质上也就是流速分布问题，河道断面流速分布调整，阻力也相应调整。四面六边透水框架利用透水构件分散水流，改变局部水流流态，使河道断面流速分布发生变化，从而也使河道局部阻力发生改变。一方面，阻力变化引起河道水流结构的垂线调整，四面六边透水框架护岸后，在水流近河底床面处形成阻力区，水面产生壅水现象，上部水流流速增大，近河底流速大幅度减小，泥沙起动概率降低，保护了河岸；另一方面，阻力变化引起河道水流结构的横向调整，在岸脚或滩面上布置四面六边透水框架，将增加岸脚和滩面糙率，大于正常冲积河流主槽糙率，势必导致水流横向调整，水流偏向主槽集中，使岸脚或滩地上的流量减小，流速降低，从而达到减速促淤的目的[41,44]。

2. 流速变化

四面六边透水框架群区流态变化情况与其密集状况和架空率有关，在框架密集、架空率较小的情况下，水流受阻较强，水流的动能迅速减小，转变成其他能量，形成紊流、螺旋流、回流等，此时四面体透水框架对流速的消减能力较强，底流速减小，对水流结构的调整更显著，具有实体抗冲护岸工程的特性[43,44]；当四面六边体透水框架架空率较大时，水流受阻后穿过框架，水流能量逐渐消耗变弱，框架内水流流速逐渐减小，在较大的空间内降低流速至不冲流速以下，甚至落淤程度，具有减冲增淤的特性，起到护岸的效果。一般情况，四面六边透水框架的密实状况用架空率来表达，架空率定义为框架群架空总体积（V_A）与四面体体积之和的比值，即

$$\varepsilon=\frac{V_A}{NV_\Delta} \tag{12-5}$$

式中，V_A 为框架群架空总体积，N 为框架总数量，V_Δ 为单个框架体积；四面六边透水框架的减速效果用减速率来反映，减速率定义为投放四面六边透水框架群前后定点流速的差值与投放前流速的比值，即

$$\eta=\frac{V_1-V_2}{V_1} \tag{12-6}$$

式中，η 为减速率，V_1 和 V_2 分别为四面六边透水框架群投放前后的定点流速。文献［43］给出了四面六边透水框架群水流减速率与架空率之间的关系，如图 12-7 所示。当单位体积内架空率 ε 较小时，对水流的减速率相对较低。随着架空率的增加，框架群内部的空隙率增大，框架群内购件的阻水消能性能也得到了充分发挥，减速率也在逐渐增大，在架空率达到 4. 8 时，减速率 η 达到最大；当架空率进一步增大时，框架群的阻水性能减弱，消能效率反而减弱，减速率则迅速减小。

文献［41］利用模型试验研究了四面六边透水框架群与其他护脚措施实施后流态的变化与差异，就河段试验区内布设平顺抛石、四面六边透框架群和混凝土铰链排等护岸形式，开展一定水深不同断面垂线平均流速的量测试验，试验结果如图 12-8 所示，图中 h 为某位置距河床的深度，h_0 为水深，V 为断面平均流速，b 为河宽。从图 12-8 可以看出。

1）在工程区范围及其下游，平顺抛石护岸和四面六边透水框架群护岸工程实施后，河底流速有明显减小，垂线平均流速亦有减小，两者减小幅度相差不大。

2）水流在水平方向分布上，平顺抛石护岸和四面六边透水框架群护岸，工程区横断面垂线平均流速明显减小；工程区外侧附近横断面垂线平均流速稍有所增大，混凝土铰链排护岸形式对流场无明显影响。

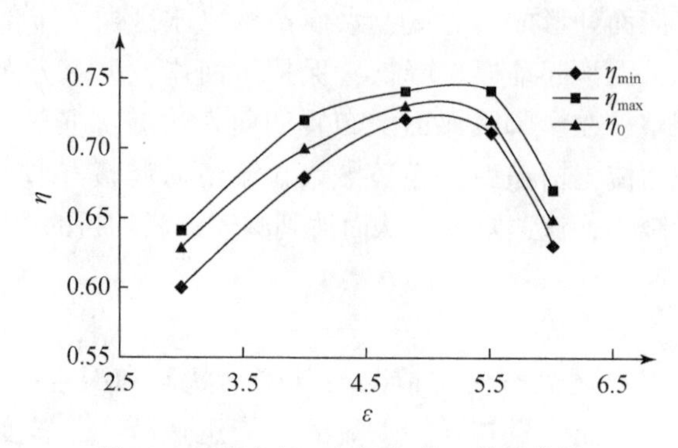

图 12-7　减速率 η 与架空率 ε 关系曲线

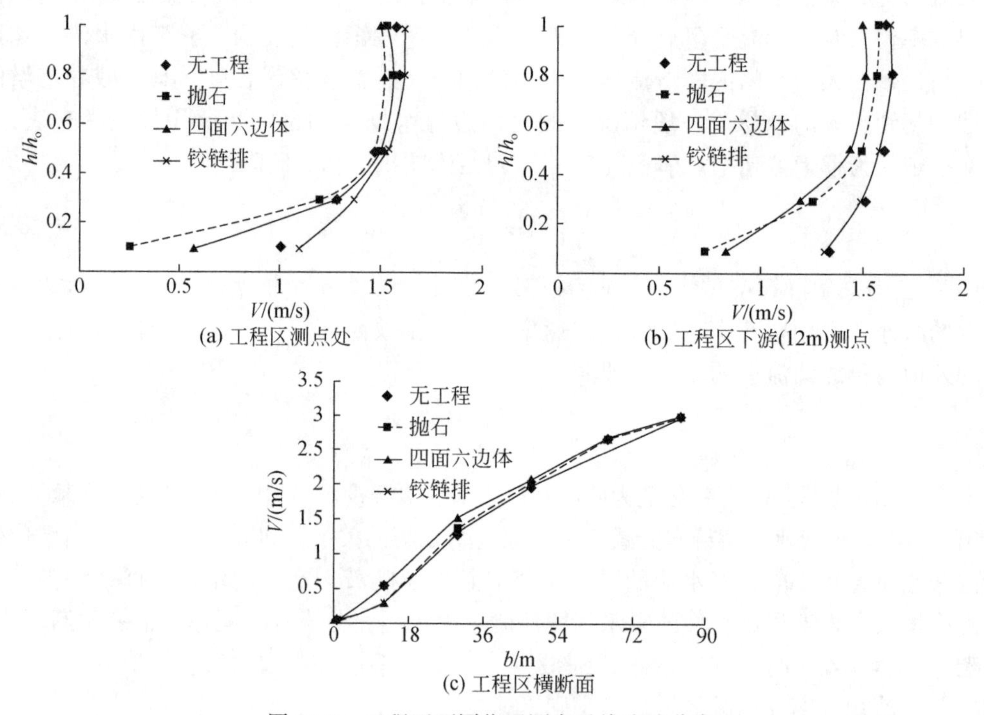

图 12-8　工程区不同位置测点垂线流速分布

3）四面六边透水框架群护岸工程区内各垂线河底流速比工程前平均减小 57%，边缘处河底垂线流速平均减小 15%；平顺抛石护岸形式和四面六边透水框架群护岸形式对工程区下游 12m 处的流速仍有明显影响，平顺抛石护岸河底流速平均减小 44%，四面六边透水框架群护岸河底流速平均减小 41%；混凝土铰链排护岸形式，工程区及附近流速与工程前接近。

4）四面六边透水框架群护岸，水流的垂向调整主要表现在水流近底区形成阻力区，流速降低，致使水流结构在垂向有明显调整；水流在水平方向的调整主要是由于岸坡工程区阻力加大，水流趋向主槽，岸坡流量减小，流速降低。

12.4.2 四面六边透水框架的布设与应用

1. 四面六边透水框架的特点

根据四面六边透水框架群的护岸防护机理的分析，透水框架对河道治理与崩岸防治具有以下优势。

1）缓流落淤，局部改变水流流态。四面六边透水框架实施后，可降低岸边流速至不冲流速以下，实验室实测结果表明流速可降低 30% ~70%，促使泥沙落淤效果明显，达到护滩保岸的目的。

2）消能防冲，适应地形的能力强。四面六边透水框架自身稳定且透水，具有一定的阻水消能作用，对地形的适应性好，不存在基础或根石被冲刷的问题[31]。

3）取材容易，工厂预制，节约工程材料。既可以使用预制混凝土杆件，也可以利用南方毛竹罐装砂石料作为杆件，有利于保护环境。

4）该项技术对多沙河流滩地减速促淤、崩岸不严重处护岸和崩窝促淤效果较明显，而对于导流控制河势、岸滩剧烈崩塌河段防冲促淤的作用较弱，而且制作设备及施工工艺尚需改进。

2. 四面六边透水框架几何尺寸与布设问题

在治河防洪实际过程中，可能遇到多种多样的水沙和边界条件，四面六边透水框架作为新型护崩防崩措施，确定其几何尺寸是非常重要的，但仍有一定的难度，而且确定方法还不成熟。框架群的几何尺度包括平面布置尺寸（长度、宽度和间距）和框架群高度，已有学者就透水框架群几何尺度的确定方法开展研究，具体方法参见有关文献[45-48]。试验观测结果表明，宽浅多沙河流框架群的高度以略低于滩面高程为宜。

另外，透水性防护工程具有滞流减速和防冲增淤的作用，而且具有良好的适应河床变形的能力，这使得它不但具有刚性透水护岸形式的优点，同时也具备类似于土工织物枕（排）等柔性护岸形式的功能。因此，采用四面六边透水框架构与已有刚性实体护岸工程相结合，形成“透水-实体”复合型防护工程[46]。

3. 四面体透水框架群护岸的工程实践

四面六边透水框架群护岸具有减速促淤效果理想、施工简单、造价较低等优势，从 20 世纪 90 年代开始利用原型试验进行研究与示范。1995 年前后在长江江西河段率先开展工程试验，随后在陕西渭河下游及江西赣江等河段也陆续开展了试验工程，先后在全国范围内十余河段实施了该项措施，如表 12-2 所示[37-41,43-48]。长江流域实施最多，仅在长江江西河段就开展了十余处应用工程。这些工程应用经历了“1998 年大洪水”以来的考验，防冲增淤效果比较突出，使得该护岸形势日趋发展和完善。现就一些典型四面六边透水框架群护岸工程介绍如下。

表 12-2　四面体透水框架实践案例

实施地点与河段	时间	技术特点与规模	效果
长江九江大堤益公堤东升河段	1996 年 4 月	崩坍陡坎，堤外无滩；实施钢筋混凝土杆件 $70m^3$，构件杆长 1.0m，断面 10cm×10cm，共 1160 个钢筋混凝土四面六边透水框架；护岸 70m	实测减速率为 47% ~75%；抛投区淤积很好，汛后每个框架抛投区泥沙淤积量为 0.8 ~ $1.5m^3$，平均淤厚 1.0m，总淤积泥沙量为 $1250m^3$
长江九江大堤益公堤东升河段（二期工程）	1998 年 5 月	堤脚被冲崩塌，形成陡岸；钢筋混凝土四面六边透水框架 4324 个；护岸 365m	汛后淤积已连成一片，每个框架抛投区泥沙淤积量近 $1m^3$
长江彭泽金鸡岭河段	1997 年 6 月	岸坡 1 : 2，水深大；毛竹四面六边透水框架 2000 个；护岸范围 50m×20m	潜水探摸淤积，断面边坡由 1 : 2 淤为 1 : 5，汛后明显变缓
长江彭泽金鸡岭河段（二期工程）	1998 年 5 月	毛竹四面六边透水框架 4500 个；护岸区域100m×30m	潜水探摸淤积效果较好
赣江南昌八一大桥桥头顶冲河段	1997 年 12 月	钢筋混凝土四面六边透水框架 5000 个；护岸 200m	产生淤积泥沙厚度为 80cm 左右
赣江南昌县南新联圩垄担咀段崩岸河段	1998 年 5 月	毛竹四面六边透水框架 5200 个；护岸 90m	潜水员探摸产生淤积，有的部位全部淤没
赣江南昌南木堤段顶冲河段	1998 年 5 月	河段顶冲淘刷；毛竹四面六边透水框架 3300 个；护岸 60m	潜水探摸平均淤厚 0.2 ~ 0.3m（汛后）
抚河丰城市抚西大堤楼下河段	1998 年 5 月	河段岸坡不断崩塌，钢筋混凝土四面六边透水框架 6000 个；护岸 140m	止住崩岸，框架群内静水主流漩涡外移
长江永安堤滨江丁坝后腮河段	1998 年 5 月	河段严重淘刷，局部坡度达 1 : 1，四面六边透水框架 18324 个	汛后探摸，部分露出 0.1 ~ 0.5m，部分淤没
长江永安堤河段	2002 年 3 月	河段严重淘刷，四面六边透水框架 654 920 个	汛后探摸，淤积明显
长江九江赤心堤河段	1999 年 6 月	微弯河段，中部有矶头；四面六边透水框架195 672个；护岸 2 688m	汛后实测泥沙淤积量为 396 $000m^3$
渭河吊桥河段	1999 年 4 月	微弯河段，四面六边透水框架 11 354 个；护岸固脚	汛后泥沙淤积明显
新疆阿图什市盖孜河	2001 年 3 月	弯道顶冲、崩岸，四面六边透水框架 19 000 个；护岸固脚	崩岸控制效果和泥沙淤积明显
叶尔羌河库木库勒防洪工程	2013 年 3 月	建 3 条四面六边透水框架，结合宾格笼挑坝，以保护导流堤的安全，已预制混凝土四面六边框架 15 万个，框架杆件体积共计 15 $00m^3$	

(1) 长江中游沙市河段航道整治一期工程

长江沙市河段河道演变剧烈，自荆州长江大桥建设以来，一直是长江中游重点碍航水道。在长江中游沙市河段航道整治一期工程中，重点对三八滩进行加固防护。四面六边透水框架措施被应用于三八滩应急守护工程的中部和尾部区域，构建透水框架防护带[38]。工程使用的透水框架杆件横断面尺寸为 0. 1m×0. lm，杆件长分为 0. 6m 和 0. 8m 两种，采用水上抛投和滩面人工摆放相结合。2010 年 7 月四面六边透水框架抛投完毕，2010 年 10 月进行水下测量和现场观测，护底带边缘基本稳定，淤积效果显著，如照片 12-5 所示[38]。

(a) 汛前

(b) 汛后

照片 12-5　长江沙市河段三八滩四面六边透水框架群护岸效果

(2) 长江九江大堤益公堤东升河段固脚工程

九江长江大堤益公堤东升河段堤脚被冲刷，崩塌形成陡岸，堤外已无河滩，将四面六边透水框架用于堤脚保护[37,44]。该项试验工程于 1996 年 4 月实施，预制钢筋混凝土杆件 70m^3，杆长 1. 0m，断面 10cm×10cm，焊接成 1160 个钢筋混凝土四面六边透水框架，用铅丝将 3 个框架扎成一串进行抛投，抛投长度 70m，每排抛 6 个，高 2 层。1996 年 6 月实测结果表明，水流的实测减速率达到 47% ~75%。1996 年 12 月上旬，长江水位降落，抛投区出露水面，明显看到抛投区泥沙淤积很好，如图 12-9 所示[37]。由淤积前后实测断面比较，经过一个汛期后，每个框架抛投区淤积量为 0. 8 ~1. 5m^3，总泥沙淤积泥沙量为 1250m^3，与钢筋混凝土杆件体积之比为 18。

图 12-9　长江东升堤汛后淤积状况

(3) 长江干堤湖南城螺河段护岸工程

1998～1999 年度长江湖南段干堤护岸工程中，选用城螺河段 300m（2+500～2+800 段）作为试验抛投河段[45]，该河段深泓逼岸，大堤以外无外滩，但是河道水面较宽，河床水下横坡比较平缓，一般为 1∶3～1∶7，适宜采用四面六边透水框架群护岸。四面六边透水框架单个混凝土构件边长为 1.2m，断面尺寸为 10cm×10cm，每端外露长 10cm。经过 1999 年洪水的考验，汛后四面六边透水框架平顺护岸段效果良好，平均淤深达 1.2m 以上。表明透水框架护岸能明显分散水流，消耗能量，具有减小近岸流速、落淤造滩的作用。

(4) 长江九江大堤赤心堤固岸工程

瑞昌市赤心堤段江岸整治工程为长江干流江岸堤防加固整治工程项目中分段项目之一，该段江岸整治工程包括固岸工程和原护岸工程修复[48]。将赤心堤（8+000～10+688 段）作为试验工程段，推广四面六边透水框架群护岸技术。据钢筋混凝土框架群护岸设计方案，在赤心堤 8+000～10+688 范围内需抛投钢筋混凝土透水框架，1999 年 3～6 月共抛投透水框架 195 672 个。汛后 12 月进行观测，各部位均产生了泥沙淤积，总淤积量为 396 000m^3，如图 12-10 所示。

图 12-10　瑞昌市赤心堤汛后淤积实况

12.5 岸脚防护措施的综合分析

没有稳定的基脚，就没有稳定的护岸工程，无论哪种新技术护岸都必须考虑固脚问题。通过分析抛石、沉体和沉排、透水构件 3 类护脚措施，基本了解了这些措施的护岸机理、技术特点、存在问题等，如表 12-3 所示[49]。

表 12-3　护脚护岸的主要特点和存在问题

护岸技术	护岸技术特点	防护位置	适用性	主要问题	典型河段
抛石	利用块石抗冲性和可动适应性来阻碍水流的冲击性，达到稳脚护岸的目的，江河堤防中普遍应用	防止岸滩与河床冲刷和崩塌，主要防护岸脚	弯道凹岸、水流近岸淘刷河段、抢险堵漏	抛石定向性和操作难度大，抛石易冲走，护脚效率较低	长江中下游河道、东北诸江河

续表

护岸技术	护岸技术特点	防护位置	适用性	主要问题	典型河段
沉体和沉排	把沉体和沉排放置在岸脚和河底处，岸脚泥沙免遭水流冲刷，以达到抗冲稳岸的目的，主要包括柴柳排、金属笼（网）排、土工织物软体沉排铰链式混凝土板等	防止岸滩与河床冲刷和崩塌，主要是护脚和护底	弯道凹岸、水流近岸淘刷河段、抢险堵漏	水下投放定向性较差，容易变形	长江典型河段
透水构件	依靠构件局部降低岸边水流流速，岸脚减冲增淤，达到护脚稳岸固滩的效果，包括沉树沉梢、多面体透水框架、杩杈、螺旋锚潜障等	布放岸脚或边滩，防冲增淤，稳岸固滩	凹岸、主流近岸河段，游荡河道边滩	防冲增淤效果需要一定的过程，剧烈崩塌河段的减速促淤和导控作用较弱	长江、赣江典型河段

抛石护脚是江河崩岸治理中广泛采用的一种传统形式，平顺抛石护岸即选用适当粒径的块石，把崩岸河段从深泓边到岸滩抛成一定厚度的块石层，把冲刷的岸坡覆盖起来，提高岸滩的抗冲能力，使原河床泥沙不会被水流冲刷带走，达到防止崩岸、稳定河势的目的。抛石主要应用于受水流顶冲的急弯河段和深槽近岸，应从枯水位岸边抛石至深泓，并以控制稳定水下边坡为原则。抛石护岸具有较好的河床变形适应性，抗冲性较强，施工简便，易于加固，材料来源丰富，至今一直得到普遍使用。但是，其主要问题是在抛石护脚施工过程中，由于多种因素的综合影响，抛石落点不易掌握，常有部分石块散落河床各处，不能起到护岸护滩作用，造成浪费。

沉体和沉排是河道护脚和护底普遍采用的另一种结构形式，主要是把沉体放置在岸脚与河底处，使岸脚与河床泥沙和水流分开，岸脚与河床泥沙受到保护，免受水流的冲刷，以达到抗冲稳岸的目的。与沉块（抛石）相比，沉排面积大、抗冲性强，有柔韧性，能适应坡面和床面的变形，但造价较高，施工技术较复杂。根据沉体和沉排使用的材料，沉排（沉体）有柴柳排、金属笼（网）排、土工织物软体排和铰链式混凝土板等。

透水构件护脚是新发展起来的护岸措施，主要是通过增加岸脚河床阻水，局部改变水流流态，降低岸边水流流速和水流挟沙能力，使岸脚冲刷减弱，甚至促使岸脚淤积，进而起到护脚稳岸的作用；透水构件还具有稳定河势和控制河道主流摆动的功能，在长江崩岸治理和黄河河道整治中逐渐得到广泛的应用。透水构件护脚主要包括沉树沉梢、多面体透水框架、杩杈、螺旋锚潜障等，其中多面体透水框架多为四面六边透水框架，是目前应用比较广泛的护脚措施，具有消能防冲和缓流落淤、取材方便和制作简单等特点。但是，四面六边透水框架护脚技术对岸滩剧烈崩塌河段的减速促淤、导流控制河势的作用较弱；鉴于该项技术属于新发展起来的，其生产设备及施工工艺尚需改进。

参考文献

[1] 王延贵，匡尚富．河岸淘刷及其对河岸崩塌的影响．中国水利水电科学研究院学报，2005，

3（4）：251-257.
[2] 王延贵，匡尚富．河岸崩塌类型与崩塌模式的研究．泥沙研究，2014，（1）：13-20.
[3] 王延贵，匡尚富．冲积河流典型结构岸滩落崩临界淘刷宽度的研究．水利学报，2014，45（7）：767-775.
[4] 刘红宾，赵银亮，周景芍，等．混凝土四脚锥体防止根石走失技术的研究．人民黄河，2000，22（3）：9-11.
[5] 包家全，董强，王辉．黄河河道整治工程根石走失原因及防护措施．人民黄河，2003，25（11）：17-18.
[6] 邵学军，王兴奎．河流动力学概论．北京：清华大学出版社，2005.
[7] 吴中贻，邢福磷，等．国外护岸工程综述//长江中下游护岸工程论文集（2）．武汉：长江水利水电科学研究院，1981：250.
[8] 卢泰山，韩瀛观，徐秋宁，等．多沙河流游荡型河道整治工程措施试验研究．西北水资源与水工程，1997，（2）：17-24，29.
[9] 陈基成，魏文伯．螺旋锚潜障淤滩护堤的试验研究//中国水利水电科学研究院，江西省水利厅．堤防加固技术研讨会论文集．南昌：全国堤防加固技术研讨会，1999：544.
[10] 何源，张增发，刘曙光，等．抛石护岸稳定粒径不同计算公式的对比分析．浙江水利科技，2010，（4）：20-22.
[11] 余文畴，卢金友．长江中下游河道整治和护岸工程实践与展望．人民长江，2002，33（8）：15-17.
[12] 李若华，周春天，严忠民．抛石护岸岸脚淘刷机理试验研究．江西水利科技，2003，29（4）：187-189.
[13] Hemphill R W，Bramley M E．河渠护岸工程．蔡雯，等译．北京：中国水利水电出版社，2000.
[14] 李永祥，苑明顺，李春华．高坝挑流冲刷坑中掺气水流的流速量测及其特性分析．实验力学，1997，12（1）：149-156.
[15] 中华人民共和国交通部．堤防工程设计规范．北京：中国计划出版社，1998.
[16] 余文畴．抛石护岸稳定坡度与粒径的关系．泥沙研究，1984，（3）：71-76.
[17] 张明光．抛石护岸工程设计中块石粒径的确定．人民长江，2003，34（2）：24-25.
[18] 缑元有．河道整治工程根石走失的力学分析研究．人民黄河，2000，22（4）：4-5.
[19] 王造根，夏细禾，王小波．长江重要堤防隐蔽工程护岸工程建设．人民长江，2002，33（8）：11-14.
[20] 李战，赵一民．土工织物抛石护脚在河道崩岸加固中的应用．东北水利水电，2004，（1）：41-42.
[21] 潘庆桑，余文畴，曾静贤．抛石护岸工程的试验研究．泥沙研究，1981，（1）：77-86.
[22] 姚仕明，梁兰．抛石移距规律初探．武汉大学学报（工学版），1997，（6）：24-27.
[23] 肖焕雄，唐晓阳．江河截流中混合粒径群体抛投石料稳定性研究．水利学报，1994，（3）：10-18.
[24] 毛佩郁，毛昶熙．抛石护岸防冲的几个问题．水利水运工程学报，1999，（2）：146-157.
[25] 罗淦堂，朱杰兵．护岸工程水下抛石的数量和质量控制．人民长江，2001，32（1）：24-26.
[26] 刘立新．水下抛石护岸施工的质量控制．安徽水利水电职业技术学院学报，2008，8（1）：47-48.
[27] 刘利蓉，朱知辉．土工合成材料的工程特点及其在水利水运工程中的应用//中国水利水电科学研究院，江西省水利厅．堤防加固技术研讨会论文集．南昌：全国堤防加固技术研讨会，1999：735.
[28] 宾光楣．堤岸防护工程综述．人民黄河，2001，23（2）：21-23.

[29] 王俊．安徽省长江护岸工程．人民长江，2002，33（8）：18-19.
[30] 张洪涛．三江平原地区沉排式护岸的应用及施工方法．黑龙江水利科技，2005，33（5）：54.
[31] 石凤君，刘世鹏，雷岩．河道险工治理技术应用．东北水利水电，2003，21（2）：8-10.
[32] 张翠萍，陈学剑，张林波，等．铅丝笼沉排结构在武庄护岸工程中的应用．人民黄河，2004，26（11）：44-45.
[33] 布林巴雅尔．铅丝石笼沉排在额尔古纳河护岸工程中的应用．内蒙古水利，2008，(5)：27-28.
[34] 陈辉，吴杰，赵刚，等．多波束测深系统在长江沉排护岸工程运行状况监测中的应用．长江科学院院报，2009，26（7）：14-16.
[35] 李涛章，叶松，廖小元，等．铰链混凝土板沉排新技术与施工实践．人民长江，2002，33（8）：26-28.
[36] 赵刚，黄俊友，王冬梅，等．混凝土铰链沉排护岸工程水下部分铺设质量检测技术研究与探讨．长江科学院院报，2013，30（6）：31-34.
[37] 王南海，张文捷，王玢．新型护岸技术——四面六边透水框架群在长江护岸工程中的应用．长江科学院院报，1999，16（2）：11-16.
[38] 李晓兵．四面六边透水框架施工工艺与应用效果分析．中国水运月刊，2011，11（7）：254-255.
[39] 韩瀛观，张耀哲，徐国宾，等．护岸防洪防冲四面六边透水框架：CN2361671，2000.
[40] 林云光．新型河道保滩护岸结构——混凝土杩杈群的水流特性研究．水运工程，2003，(7)：11-14.
[41] 徐锡荣，唐洪武，宗竞，等．长江南京河段护岸新技术探讨．水利水电科技进展，2004，24（4）：26-28.
[42] 钱宁，万兆慧．泥沙运动力学．北京：科学出版社，2003.
[43] 吴龙华，周春天，严忠民，等．架空率、杆件长宽比对四面六边透水框架群减速促淤效果的影响．水利水运工程学报，2003，24（3）：74-77.
[44] 刘刚．透水框架体水流特性及护岸应用试验研究．南京：河海大学，2006.
[45] 陈辉．长江南京河段四面六边体设计施工研究．南京：河海大学，2007.
[46] 张耀哲，徐国宾．四面六边透水框架群治河护岸技术推广应用中有关问题的分析与讨论．中国水利学会青年科技论坛，2005.
[47] 刘莉莉，刘洪言．一种新型护岸构件——透水框架在长江干堤护岸的应用．湖南水利水电，2000，(6)：32.
[48] 张文捷，王南海，王玢，等．四面六边透水框架群用于长江护岸固脚工程实例及设计要点．江西水利科技，2002，28（1）：11-16.
[49] 王延贵．冲积河流岸滩崩塌机理的理论分析及试验研究．北京：中国水利水电科学研究院，2003.

第 13 章
河流崩岸岸坡防护

河岸护坡主要是为了增强河岸坡面的稳定性、抗冲刷和防侵蚀的能力，在岸坡上布设硬软护坡材料和生态植物，提高岸坡的整体性，增强抵抗或缓冲水流的冲击力，保证河岸免受冲刷，维持河岸的稳定性。一般来说，在冲积河流的急流区域，由于水流变化频繁，冲刷侵蚀比较剧烈，宜在全区域整坡面设置护坡；在河道下游的缓流区间，河势变化大，水流易出现弯曲河道，对于遭受水流冲击的部位进行护坡。另外，在桥梁、水闸、水门、堰等建筑物的前后，由于水流容易出现紊流而引发局部侵蚀和淘刷，宜设置岸坡防护。

从护坡材料的性质和护坡机理的差异，护坡可以分为硬体护坡、土工模袋护坡和绿色植物护坡。其中，硬体护坡主要包括干砌或现浇混凝土板、固化土等护坡技术；土工模袋护坡主要包括模袋混凝土（砂）；绿色植物护坡主要包括复合混交防浪林带、植物护坡和土工网（三维植被网）植被护岸。

13.1 硬体护坡防护机理与应用

13.1.1 硬体护坡防护机理

枯水以上护坡工程的主要形式包括两类：第一类是石板，包括干砌块石、浆砌块石、混凝土预制块、混凝土联锁板等，属于石类材料，强度高；第二类为固化土，利用当地材料按一定比例掺入固化剂，并适当养护，使其固化并提高抗冲强度。在第一类护坡措施中，由于干砌块石、混凝土预制块、混凝土联锁板等护坡形式的排水性能较好，适用于土质渗透性较大的河段；浆砌块石等护坡形式可以抵御较强的波浪作用，一般用于风浪作用强烈的河岸段。在第二类护坡措施中，固化剂可以采用水泥制成水泥固化土[1,2]，在崩岸治理中已取得较好效果；固化剂当采用其他固化材料，如 HY 和 LPC-600LE-3001 土壤固化剂[3]、赛绿特Ⅱ号土壤凝结剂[4]和奥特赛特公司 5084、固邦公司 GBW2 固化剂[5]，可以制成不同种类的固化土，其施工工艺流程参见相应的参考文献。

无论是石板类护坡，还是固化土类护坡措施，其防护机理基本上都是一样的，由于硬体护坡具有较强的强度与承受荷载的能力，可以承受外界较强的抗蚀和抗冲击能力，用以隔离河道水流对河岸泥沙的作用，免遭河岸冲刷，抵御风浪冲击、防止坡面被雨水侵蚀、防止堤防黏性土发生冻胀和干裂，防止非黏土被风吹蚀及防止动物的破坏。另外，硬体护坡还具有支撑和稳定岸滩的作用，防止岸滩的崩塌。

为了更加深入地了解硬体护坡的防护机理，以干砌类护坡为例，文献［6］就护坡受力情况和稳定性进行分析，以给出干砌类护坡的防护尺度。在波浪压力等荷载作用下，满足稳定性和坚固性要求，确定预制混凝土铰链板的尺寸和配筋率。

13.1.2 硬体护坡的应用

1. 干砌石板的应用

因为混凝土预制板块护坡有着生产成本较低、施工技术要求不高、施工时间少等优势，在我国主要江河护岸工程上都有应用。在长江中下游河道，特别是城市河道护岸工程中，干砌石、浆砌石、混凝土预制块等护坡措施运用较普遍，如照片 13-1 所示，分别为北京亮马河、长江中游典型河段和荆江河段的干砌板石护坡。此外，在 1999 ~ 2002 年，武汉市长江干堤加固工程共实施了武青堤与月亮湾、中营寺、东岳庙、军山堤等 15 个护岸工程，护岸工程采用平顺形式，水下为抛石或模袋砂固脚，水上为干砌石或混凝土预制块护坡，实际完成护岸总长度为 48.036km，完成工程量如表 13-1 所示[7]。

(a) 北京亮马河预制块和浆砌石护坡

(b) 长江典型河段干砌板石护坡

(c) 荆江河段天字一号浆砌石护坡

照片 13-1　典型河道干砌板石护坡

表 13-1 武汉市长江干堤护岸工程主要工程量 （单位：m^3）

序号	1	2	3	4	5	6	7	8
主要护岸项目	干砌石	浆砌石	混凝土预制块护坡	砂石垫层	土工布	抛石	模袋混凝土	模袋砂
工程量	278 808	98 260	39 067	231 164	5 601	2 043 664	2 305	23 593

2. 固化剂护岸技术的应用

固化剂护岸技术是新发展的一种护坡技术，鉴于还有许多问题需要深入研究和探讨，在护坡工程中还没有得到大面积的应用，仅在一些小河护岸治理中应用或试验。如文献［8］给出了固化剂在河岸边坡整治中的应用和施工前后的情况，如照片 13-2 所示。照片 13-2（b）中左侧为添加 60% 建筑垃圾的河段固化坡面，右侧为添加 10% 建筑垃圾的固化坡面，两者的抗压强度均在 5MPa 以上，说明固化后的河岸整体稳定度较高。固化土养护 2 周后，河岸固化坡面抗剪切强度的测定结果表明，未施加固化技术的裸露河岸常水位处土壤抗剪切强度为（3.4±1.7）kPa，坡顶为（6.3±2.6）kPa；固化土的抗剪切强度为（243±38.6）kPa，固化后土壤抗剪切强度得到极大的提高。侵蚀量调查结果表明，裸露河岸土壤侵蚀量为 $320t/km^2$，固化河岸土壤侵蚀量为 $16t/km^2$，说明坡岸整体固化后河岸表面抗冲、抗蚀能力极大增强，对控制土壤流失发挥了重要作用。因此，河岸整体固化可快速提高河岸的稳定性，控制河岸土壤侵蚀。

(a) 工程实施前河岸

(b) 施工后的土壤固化坡面

(c) 工程实施后11个月

照片 13-2 河岸整体固化工程实施前后研究区河岸状况

另外，固化剂在长江铜陵河段护岸治理部分项目中得到应用[9]，虽然隐蔽工程对铜陵河段部分岸段进行了整治，但河段范围内岸坡仍有 18.63km 发生崩岸，占河道两岸总长度的 15.55%，对沿江两岸的防洪安全构成了严重威胁。铜陵河段崩岸治理工程 2010 年汛后实施工程共划分为 6 个标段，护岸工程总长 12 630m，主要工程措施为预制混凝土六方块护坡、固化砂护坡、模袋混凝土、抛石护脚等，固化砂护坡为该工程的主要措施之一。

13.2 土工模袋护坡防护机理及应用

土工模袋护坡技术主要是指模袋混凝土（砂），它是由两层土工织物中间网状连接所形成的模袋，使用时用高压泵把混凝土或者砂浆灌入模袋内，土工织物起模板作用且透水不透浆液，还可根据需要设置排水孔。多余的水分可以从织物的孔隙中渗出，从而降低水灰比，增强混凝土的强度和凝固的速度，最后形成高强度硬结板块[10-12]。主要用于岸坡防护，土工模袋护坡的防护机理与硬体相似，具有承受外界较强的抗蚀和抗冲击能力，主要用于隔离河道水流与河岸泥沙，保护河岸免遭冲刷，同时可抵御风浪冲击、防止坡面被雨水侵蚀，防止非黏土被风吹蚀。施工时先将模袋平铺于斜坡上，然后由下向上慢慢浇筑混凝土或砂石料。因其有一定体积、面积和质量，防冲效果较好，在江河护岸中有着广泛的应用。

13.2.1 模袋混凝土及其特点

模袋混凝土最初是作为一种河道护坡结构开发出来的，是一种在土工模袋内灌注流动性混凝土（或砂浆）的新型施工技术。20 世纪 60 年代末，荷兰首先提出将两层轻而致密的尼龙编织物，用铁钉和垫圈连接在一起，然后灌注混凝土，作为护坡结构，这是模袋混凝土技术的起源[11]。1969 年加拿大在多伦多航道护坡试验工程中最早应用，80 年代以后，伴随土工织物的快速发展，根据美国建筑技术公司的发明（1960 年专利），日本公司用高强度涤纶 66 型土工布制成了各种模袋（又称法布），土工模袋开始产业化，由此带动了模袋混凝土技术的快速应用[12]。根据模袋的材料和加工工艺不同，可分为机制模袋和简易模袋两大类，常用的是机制模袋。机制模袋按其有无反滤排水点和充胀后的形状可分为 5 种形式[11,13]，即有反滤排水点模袋、无反滤排水点模袋、无反滤排水点混凝土模袋、铰链块形模袋和框格形模袋。

采用模袋混凝土护脚，施工工艺比较简单，具有施工速度快、工效高、工期短、护坡面美观等特点，是一种集抗冲、反滤于一体的整体护岸结构形式，其防护的整体性好，抗冲刷能力强，有利于河岸整体抗滑稳定；初期能适应各种复杂地形，机械化程度高，护坡面积大、稳定性好，使用寿命长；具有一定的透水性，多余的水分通过织物空隙渗出，加快混凝土的凝固速度。但是，由于受水流条件和施工工艺的限制，目前模袋混凝土大多应用于内河浅水及水上岸坡护坡；模袋混凝土水下岸坡整修量大、定位较困难，使得造价较高[14]；模袋混凝土成型后适应河床变形的能力较差，护坡不平稳时容易发生断裂，如当河床有较大的冲深，刚性的模袋混凝土排前沿将悬在水流中极易折断破坏，在模袋混凝土排前沿抛一定数量的块石将会很好地适应河床变形[15]，故不宜用在对整体性要求较高和不平整的部位。

13.2.2 模袋混凝土护坡结构设计及应用

水下模袋混凝土施工技术在很多的工程中都得到了应用。但是，由于模袋非常柔软，在进行设计时一定要保证其强度达到要求，这样才能更好地保证抵御风浪和对工程进行保护。目前，模袋混凝土结构设计一般包括模袋规格、模袋混凝土护坡平均厚度、模袋混凝土强度和配合比、护坡边界处理等内容[16]。为了防止模袋混凝土护坡因侧翼、顶部、坡趾等边界侵蚀破坏，处理好边界是很重要的。上下游侧向边界必须开沟，把部分模袋混凝土埋入沟中。一般上游侧沟深 15 ~ 45cm，下游侧沟深 60 ~ 75cm，顶沟沟深应大于 45cm，如图 13-1 所示[11]。

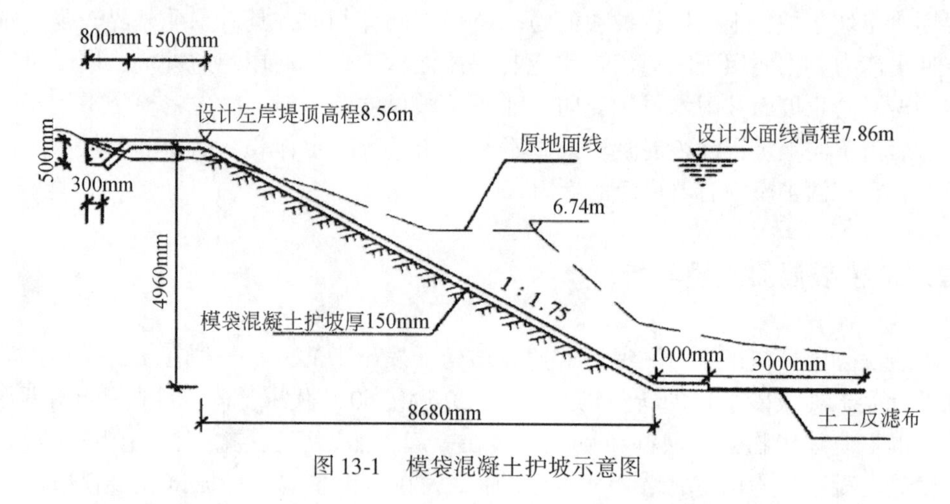

图 13-1　模袋混凝土护坡示意图

模袋混凝土护坡已在国内得到广泛应用，技术基本成熟。我国引进模袋混凝土技术也较早，江苏长江嘶马弯道护岸工程 1974 年首次应用土工模袋混凝土技术[12]，此时为模袋混凝土的初始应用阶段，土工模袋还没有产业化，应用案例较少。在 20 世纪 80 年代以后才开始大量引进并快速推广应用，已广泛应用于江、河、湖、海的堤坝护坡、护岸、高速公路、港湾、码头等防护工程，有大量的工程实例，特别是在长江下游江阴、九江、扬州及无为等河段均有实施；在其他流域也有很多应用，如天津引滦工程[17]、汾河河道治理工程[18]、广东北江大堤芦苞段护坡[19]、浙江慈溪市徐家浦围涂工程[20]、怀洪新河护坡工程[21]等，效果显著。模袋混凝土应用实例如照片 13-3 所示。

(a) 施工现场一　　(b) 施工现场二

照片 13-3　典型河道模袋混凝土护坡布设与实施

13. 3　绿色植物护坡防护机理及应用

生态护坡是指使用活的植物或者与非生命的材料相结合的植被进行岸坡保护和侵蚀控制，实现与环境的协调与适应[22]。作为生态护坡最具有代表性的护坡技术，绿色植物护岸就是以树木、乔木、灌木和草根植物等为主要组成部分的自然护岸措施。从植物种类和分布特点，绿色植物护坡可分为 3 种形式，即复合混交防浪林带、植物护坡和土工网（三维植被网）植被护坡。对水浅流缓河段，堤岸防护工程的临水及背水坡面宜尽量采用草皮护坡，在堤前滩地采取植树植草等生物防护措施可以缓流防冲、固滩保堤。在长江、黄河等一些河流及沿海地区广泛种植防浪林，对防浪、防冲、固滩和保堤起到了很好的作用[23]。

13. 3. 1　绿色植物护坡防护机理

绿色植物护坡主要体现在岸坡上的植物、土壤、水流之间的相互作用，这三者所起的作用也有很大的差异。河岸土壤特性与形态是内因，直接决定岸坡的稳定性；水流作用是外力，属于外因，会改变岸滩的稳定性；绿色植物则是起到水流作用岸坡的缓冲剂，能起到改善岸坡结构和水流缓冲的作用，有利于岸滩的稳定。也就是说，植被与土壤、水流之间的相互作用对岸坡具有抗侵蚀和防护功能，具体表现为植被与岸坡相互作用的水文效应和力学效应[24]，绿色植物护坡的防护机理主要包括以下 3 个方面。

1. 植物根系的固沙防冲作用

岸坡侵蚀是指表层土壤在风、水和冰的作用下被冲蚀的过程，主要包括河道水流冲刷、雨水侵蚀和风蚀作用。在岸坡植物生长过程中，植物根系、根毛、地径穿插在土体中，并在土体中形成网络及根毡层，将土壤粒径吸附在根系周围，使土体通过根系的网络作用紧紧地固结在一起，表现为植物根系的加筋作用，大大提高土体的抗剪强度和抗蚀性，既可以抵抗河道水流的冲蚀，还可以增加雨水的抗侵蚀作用。

植物根系的加筋作用也可从力学的角度进行分析[22]。根的加筋作用是通过根在根/土复合体中的约束作用来增加土的侧限压力、延缓滑坡和增加复合体抗剪强度的能力，不改变土的内摩擦角，主要靠增加土的内聚力来增加土的抗剪强度。根对土的内聚力的增加作用随根在土壤中的分布密度的大小而变化。根的加筋作用主要取决于根的分布密度、抗拉强度、张拉系数、长度与直径的比率、表面粗糙程度、连接程度和其主要受力方向等因素。简单起见，根对土体抗剪强度的增加作用可用简化公式来表达：

$$\Delta S=\tau_{\mathrm{R}}\left(\cos\varphi\tan\theta+\sin\varphi\right) \tag{13-1}$$

式中，ΔS 为由于根的作用而增加的抗剪强度，kPa；φ 为剪切旋转角；θ 为摩擦角；τ_{R} 为单位土体面积上根的抗拉强度，kPa。有关研究表明[22]，根的抗拉强度随根直径的增加而减小，对于直径2～15mm各种类型的树根，其抗拉强度的变化区间在8～80MPa，树根的直径从5mm减小到2mm将导致抗拉强度2倍甚至3倍的增长。

2. 植物根系改善岸坡土壤理化性质，发挥根茎的锚固支撑作用，增加岸坡稳定性

在岸坡植物生长过程中，植物根系、根毛、地径穿插在岸滩土体中的同时，还会有一些植物杆径留在岸坡上，不断增加土体的有机质含量，使土体在水中的分解力大大提高，土体的理化性质得到明显改善；此外，由于植被对氧气的需要，树根大多集中于地表，部分根系生长深入到岸坡土壤中，据估计根系对边坡的机械加固作用大致局限于地表以下1.5m范围内，使得表层根系土壤锚固在河岸上，河岸土体更加稳定，提高岸坡土壤的支撑力，表明植物根系具有明显的锚固和支撑作用，免受岸滩土体在自然力的作用下滑移、倾倒、崩塌、流动或者扩散等。也就是说，大多数树的主根和铅坠根能深入到较深的土层中，对土体具有一定的锚固作用，阻止土体下滑。

3. 阻隔水流与岸坡泥沙的作用，岸坡免受水流冲刷

植物生长在岸坡上，利用植物的地上植株覆盖坡面，形成一层保护层，减少地表裸露面积，起屏障保护作用，使造成土壤侵蚀的外营力尽可能不与坡面土壤直接接触，以防止岸坡土壤面受侵蚀。这里的防侵蚀作用主要包括两个方面：一是防止和减缓河道水流对岸边的冲蚀。首先由于植物保护层的存在，河道水流不能直接冲刷岸坡泥沙，有效地保护了河岸免遭水流冲蚀；其次，岸坡上的植物粗糙，具有较强的阻水作用，对河道水流起到防浪、消能的作用，水流流速减小，使得岸滩冲刷减弱，甚至淤积，进而保护岸坡的稳定。二是防止雨水对河岸的侵蚀作用，降雨直接降落在岸坡植被上，土壤免遭雨滴溅蚀，保护河岸免遭侵蚀，而且岸坡上的根系树叶截留了雨水，阻碍了岸坡径流的产生和流动，减弱了雨水径流的侵蚀效果。

13.3.2 绿色植物护坡的应用

生态护坡技术的应用起源于中国，但我国在生态护坡技术方面的研究起步较晚。发达国家对河流生态退化问题认识较早，很早就开始反思破坏河流自然环境带来的负面效应，认为传统的河流治理，特别是采用硬质材料建成的护岸工程，破坏了河流生态系统。为了有效保护河道岸坡和生态环境，一些学者提出了生态型护坡技术[25,26]，在20世纪80年代末，瑞士、德国等国的学者提出了“自然型护岸”技术，拟将水泥河堤改造成生态河堤，力求河流回归自然状态；20世纪90年代初，日本又首先提出了“亲水”观念，提倡有条件的河流采用木桩、卵石等天然材料修建河堤，开展了“创造多自然型河川计划”；法国在城市河道建设时要求河道地面工程尽量建成透水的草地，增加水体与土体之间的交换。近20年来，土壤生物工程护岸技术在世界范围内风靡一时[27]，即采用有生命力的植物的根、茎（枝）或整体作为护岸结构的主体元素，按一定

方式和方向排列插扦、种植或掩埋在边坡的不同位置，在植物群落生长和建群过程中加固和稳定边坡，控制水土流失和实现生态修复[25]。1993 年我国引进土工材料植草护坡技术，并开发研制出了各种各样的土工材料产品，如三维植被网，结合植草技术在各种边坡工程中陆续获得应用[28]。近些年在充分吸收国外河道整治和其他领域生态护坡研究成果的基础上，我国河岸带生态型护坡技术也取得了长足的发展。

根据岸坡植被布置特点和护岸作用，绿色植物护岸可分为复合混交防浪林带、草类植物护坡和土工网（三维植被网）植被护坡等，典型河道绿色植被护坡实例如照片 13-4 所示，给出了国内外典型河道绿色植物护坡的实例，护岸和生态效果显著。

(a) 北京南长河

(b) 辽河支流浑河沈阳河段

(c) 承德河

(d) 黄河下游大堤

(e) 美国密歇根州某一河

(f) 德国斯图加特河

照片 13-4　典型河道绿色植被护坡实例

1. 复合混交防浪林带

所谓复合混交防浪林带是树木、乔木和灌木的综合林带，其主要目的一是防止岸滩冲刷侵蚀，二是减弱风浪的产生和风浪侵蚀。通过合理布局、长远规划、树乔灌木并种，特别是在树木乔灌种类选择时，结合树种特点，因地制宜，可以做到防护与效益相结合，这也是复合混交防浪林带的重要特点。长江九江大堤在营造复合混交防浪林带取得了一定的经验[29]。并不是所有的树都适用护岸，而且树种不同，其岸堤防护形式与特点也不同，常用树种主要包括柳树、水曲柳或榆树、杨树或刺槐、紫穗槐，其具体特点参见有关研究成果[30]。

2. 草类植物护坡

草类植被护坡主要利用植被根系的土壤增强作用，降低风浪的冲蚀，加强土壤的聚合力，提高滑移抵抗力，同时可以美化环境[31]。在植物选择方面应根据当地的地质条件、气候环境等特点进行选择，选择根系发达、适应性强、成活率高、抗病虫害能力强的草类植物。该技术利用植物地上部分进行消能护坡，利用植物根系的锚固作用，提高坡面表层的抗剪强度，有效地提高了迎水坡面的抗蚀性，大大减少了坡面土壤流失，不仅其护坡效果显著，且投资成本较低。国内很多河道的治理都使用了这一技术，如吉林省水土保持科学研究所根据绿色植物护岸的基本原理，从数百种植物筛选了牛毛草、蒴股颖、瓦巴斯早熟乐、大叶樟、美国早熟禾等 25 种草进行迎水护坡现场试验，同时堤脚布设数行河流防浪林。嫩江大堤护坡植物选优和抗冲防护技术试验成果表明，植物护坡是可行的，并取得较好生态效益和经济社会效益[32]。文献［33］还进行了河流天然植物生长的现场试验，进一步说明植物绿色护坡对崩岸治理具有较好的效果。

3. 土工网（三维植被网）植被护坡

土工网（三维植被网）植被护坡是一项新的护岸技术，这种护岸技术综合了土工网和植被护坡的优点，能起到复合护坡的作用。这一技术有两种实施方法：一种是在修整好的坡面上铺设土工网并固定，然后撒播草种和肥料，最后覆盖表层土，待植被生长起来后与土工网共同起到坡面防护作用；另一种是在砂土或其他介质上铺土、网、播种、覆盖后，等草种生长起来后即形成预制草皮，可直接移植到需要防护的坡面和需要绿化的环境工程中，达到快速防护和美化环境的效果。文献［34，35］就土工网（三维植被网）植被护岸的机理、设计及施工过程进行了详细论述，并给出了相应的应用实例，取得较好的效果。

13.4 崩岸岸坡防护措施的综合分析

从护坡材料的性质和护坡机理的差异来看，护坡可以分为硬体护坡、土工模袋护坡和绿色植物护坡。其中，硬体护坡主要技术包括干砌或现浇混凝土板、固化土等；土工膜护坡主要包括模袋混凝土（砂）；绿色植物护坡主要包括复合混交防浪林带、植物护坡和土工网（三维植被网）植被护岸。硬体护坡、土工模袋护坡和绿色植物护坡的防护机理与主要特点和主要问题如表 13-2 所示[36]。

表 13-2　崩岸岸坡防护的主要特点和存在问题

护岸技术		岸坡防护技术特点	防护位置	适用性	主要问题	典型河段
硬体护坡	干砌或现浇砼板	提高岸坡表面抗冲强度，防止洪水和雨水冲蚀岸坡，与护脚措施联合使用	护坡	主要是城市河段，顺直有边滩河段	投资大，护坡反滤沙垫层或坡脚易被淘刷，导致整体结构损坏	长江中下游城市河段
	固化剂	当地材料内加入固化剂，使岸坡硬化，以提高坡面抗冲能力	护坡	试验河段，顺直河段	水下施工技术高，岸脚仍难以保护，新技术仍在试验阶段	江河试验河段
土工模袋护坡		模袋混凝土（砂）是由两层土工织物中间网状连接所形成的模袋，充入混凝土或砂石料，把岸坡和水流分开，以防止洪水和雨水冲蚀岸坡	护坡、防冲刷	适用范围较广	合成材料老化和破损后其作用易降低	长江堤防、辽河、嫩江等典型河段
绿色植物护坡		绿色植物护岸就是以树木、乔木、灌木和草根植物等为主要组成部分的自然护岸措施。通过植物根系加筋、锚固、支撑作用，提高岸坡抗冲强度，有机质量增加改善土壤结构，植被覆盖减少水流直接冲击，以防护岸坡	护坡	主要是城市河段，顺直河段，有边滩河段	植被成活难度较大，建设周期较长	黄河下游河段、长江九江大堤等

1）硬体护坡具有较高的强度与承受荷载的能力，可以承受外界较强的抗蚀和抗冲击能力，用以隔离河道水流对河岸泥沙的作用，免遭河岸冲刷，抵御风浪冲击，防止坡面被雨水冲蚀、冻胀和干裂、风吹日晒。另外，硬体护坡还具有支撑和稳定岸滩的作用，防止岸滩的崩塌。其中混凝土预制板块护坡有生产成本低、施工技术要求不高、施工时间短等优势；固化土护岸技术是新发展的一种护岸护坡措施，在护岸工程中还没有得到大面积的应用，仍需要深入研究。

2）土工模袋护坡技术主要是指模袋混凝土（砂），是由两层土工织物中间网状连接所形成的模袋，主要用于岸坡防护，其防护机理与硬体相似。使用时在模袋中浇筑混凝土或砂石料，土工织物起模板作用且透水不透浆液，还可根据需要设置排水孔。模袋混凝土（砂）护坡具有施工工艺比较简单、机械化程度高、工效高、护坡面整体美观等特点，初期能适应各种复杂地形，是一种集抗冲、反滤于一体的整体护岸结构形式，其防护的面积大，整体性好，抗冲刷能力强，利于河岸整体抗滑稳定。但是，由于受水流条件和施工工艺的限制，如水下岸坡整修量大、定位较困难，目前模袋混凝土（砂）大多应用于内河浅水及水上岸坡护坡；模袋混凝土（砂）凝固后整体适应性能较差，对平整性要求高的护坡，容易发生断裂。

3）绿色植物护岸就是以树木、乔木、灌木和草根植物等为主要组成部分的自然护岸措施。从植物种类和分布特点，绿色植物护坡可分为复合混交防浪林带、草类植物护坡和土工网（三维植被网）植被护坡。对水浅流缓地段，堤岸防护工程的临水及背水坡面宜采用草皮护坡；在水浅流缓的堤前滩地可采取植树植草等生物防护措施缓流防冲，固滩保堤。绿色植物护坡的防护机理是：①利用植物根系、根毛、地径穿插在土体中，并形成网络及根毡层，将土壤粒径吸附在根系周围，使土体通过根系的网络（加筋、锚固、支撑）作用紧紧地固结在一起，大大提高土体的抗剪强度和抗蚀性；②增加岸坡土体的有机质含量，使土体在水中的分解力大大提高，土体更加稳定，土体的理化性质得到明显改善；③利用植物地上植株覆盖坡面，减少地表裸露面积，起屏障保护作用，减缓外营力对坡面土壤的冲蚀，保护堤防坡面的稳定。

参考文献

[1] 曾全木．水泥土在天兴洲护岸工程中的应用//长江中下游护岸工程论文集（4）．武汉：水利部长江水利委员会，1990：164.

[2] 汤怡新，刘汉龙．水泥固化土工程特性试验研究．岩土工程学报，2000，22（5）：549-554.

[3] 刘惠忠，贾文春．土壤固化剂在渠道防渗中的开发应用．内蒙古水利，2001，(2)：31-32.

[4] 于清涛，黄尊国．赛绿特Ⅱ号土壤凝结剂在砂质堤防防护中的应用//中国水利水电科学研究院，江西省水利厅．堤防加固技术研讨会论文集．南昌：全国堤防加固技术研讨会，1999：706.

[5] 丛蔼森．北京河道堤防加固工程使用的新材料．北京水务，2000，(5)：35-38.

[6] 苏忖安，张登祥．镶嵌铰链混凝土板式护坡加固长江干堤研究．人民长江，2003，34（2）：18-20.

[7] 余文畤．长江河道认识与实践．北京：中国水利水电出版社，2013.

[8] 付融冰，陈小华，罗启仕，等．固化技术在农村河道生态护岸中的应用．应用生态学报，2008，19（8）：1823-1828.
[9] 沙维法．固化砂护坡护岸在铜陵河段崩岸治理工程中的应用．江淮水利科技，2011，(6)：24-25.
[10] 宋巧玲，李彬．模袋混凝土在护岸工程中的应用．科技致富向导，2011，(9)：314.
[11] 周义珏，王均明．模袋砼护坡的施工工艺及要求．盐城工学院学报（自然科学版），2002，15（1）：36-37.
[12] 王瑞海，孙卫平．模袋混凝土充灌施工工艺．水运工程，2000，(12)：70-72.
[13] 李志刚，余天翔，邓辉，等．模袋混凝土护坡技术在河道护坡工程中的应用研究．广东工业大学学报，2001，18（4）：50-54.
[14] 杨春福，于锦波，赵伟．浅析模袋混凝土护坡新工艺施工．黑龙江水利科技，2002，30（3）：132-133.
[15] 余文畴，卢金友．长江中下游河道整治和护岸工程实践与展望．人民长江，2002，33（8）：15-17.
[16] 范生雄，丁昕，宋春山．模袋混凝土护坡的结构设计．黑龙江水利科技，2005，33（2）：49-50.
[17] 刘蜀岷．模袋混凝土流动性的探讨．东北水利水电，2009，27（12）：19-20.
[18] 管枫年，张丽．模袋混凝土护坡设计中几个问题的探讨．水利技术监督，2000，(1)：22-26.
[19] 罗凌云，申明亮．模袋混凝土技术在北江大堤加固达标工程中的应用．广东水利水电，2007，(1)：74-76.
[20] 黄国庆，何朝霞，冯凯．模袋混凝土护坡施工及质量控制．人民长江，2008，39（5）：65-67.
[21] 赵春潮．模袋混凝土在怀洪新河护坡工程中的应用．治淮，2002，(1)：40-41.
[22] 查甫生，刘松玉，崔可锐．生物护坡技术在高速公路工程中的应用 I（原理）．路基工程，2006，(4)：66-68.
[23] 宾光楣．堤岸防护工程综述．人民黄河，2001，23（2）：21-23.
[24] 单炜，王福亮．公路植物护坡水文与力学效应的理论研究．森林工程，2007，23（6）：43-46.
[25] 张丹丹，史常青，王冬梅．河岸带生态护坡技术研究与应用．湖南农业科学，2013，(22)：28-31.
[26] 王越，范北林，丁艳荣，等．长江中下游护岸生态修复现状与探讨．水利科技与经济，2011，17（10）：25-28.
[27] 王雪，田涛，杨建英，等．城市河道生态治理综述．中国水土保持科学，2008，6（5）：106-111.
[28] 周德培，张俊云．植被护坡工程技术．北京：人民交通出版社，2003.
[29] 曹道伍．九江长江大堤营造混交防浪林带经验与初探//长江中下游护岸工程论文集（4）．武汉：水利部长江水利委员会，1990：179.
[30] 吴玉杰，常青，李景春，等．山区河道堤防护坡的工程措施与生物措施．东北水利水电，2003，21（7）：9-10.
[31] 黄丽，丁树文，董舟，等．三峡库区紫色土养分流失的试验研究//水土保持学报，1998，(1)：8-13.
[32] 刘艳军，张利，刘明义．嫩江堤防迎水坡植物护坡试验研究//中国水利水电科学研究院，江西省水利厅．堤防加固技术研讨会论文集．南昌：全国堤防加固技术研讨会，1999：672.
[33] 王贵春．绿色工程治理河道塌岸．东北水利水电，1994，(5)：22.
[34] 苏嵌森，蔡松桃，吕军．土工网植草护坡技术在堤坝护坡中的应用研究//中国水利水电科学研

究院，江西省水利厅．堤防加固技术研讨会论文集．南昌：全国堤防加固技术研讨会，1999：708.

[35] 闫国杰．三维植被网在温孟滩防护堤护坡工程中的应用//中国水利水电科学研究院，江西省水利厅．堤防加固技术研讨会论文集．南昌：全国堤防加固技术研讨会，1999：498.

[36] 王延贵．冲积河流岸滩崩塌机理的理论分析及试验研究．北京：中国水利水电科学研究院，2003.

附　录

主要符号的意义

a—渗流越流系数；

a_1、a_2、a_3—重力 W、浮力 U_t 和渗透力 P_d 对破坏面圆弧的圆心 O 的力臂；

A—岸滩崩体断面面积，或河道断面面积（过水面积），或判断矩阵；

A_1—枯水位以上岸滩物质组成（黏粒、粉粒及沙粒）中粉粒含量与黏粒含量之比；

A_2—枯水位以上岸滩物质组成（黏粒、粉粒及沙粒）中（粉粒+沙粒）含量与黏粒含量之比；

A_u、A_d—岸滩崩体渗透线上、下的面积；

A_t、A_b—崩体台柱体表面和底面的面积；

A_{nu}、A_{nd}、A_{su}、A_{sd}—黏性土层和沙质土层渗流面以上部分、渗流面以下部分的面积；

b—水面宽度，或河道宽度；

b'—河槽宽度；

Δb—河道展宽宽度；

B—崩体淘刷宽度；

B_0—崩体的表层宽度，或堤脚处的宽度；

B_{cr}—崩塌临界淘刷宽度；

B_{fc}—崩塌宽度；

B_{HL}—崩体宽度；

B_{le}—岸滩侧面淘刷宽度；

ΔB_{le}—岸滩侧向冲刷宽度；

c、c'—河岸土体的凝聚力和有效凝聚力；

c_n、c_s—黏土和沙土的黏性系数；

C—谢才（Chezy）系数；

C_D、C_L—泥沙颗粒的阻力系数、升力系数；

CI—度量判断矩阵偏离一致性的指标；

C_k—泥沙黏性力系数；

C_t、C_b—台柱体破坏面定边和底边的长度；

d—模型沙、悬移质泥沙的粒径（mm）；

d_{50}—模型沙、悬移质泥沙的中数粒径（mm）；
d_z—桩柱的直径；
d_x—单位土柱的宽度；
D—河床（岸）泥沙，或抛石的等容粒径（mm）；
D_1、D_0—等厚双层堤基中表层和下层土层的厚度；
D_{50}—河床（岸）泥沙的中数粒径（mm）；
D_b—管涌流失土颗粒的粒径；
D_e—土颗粒等值粒径；
D_F、D_{Fi}—崩体和崩体土柱滑动面上的滑动力；
D_p—单位渗透力或动水力；
e—孔隙比；
E_i、E'_i—原负向指标值和处理后的正向指标值；
E_{max}、E_{min}—负向指标最大值和负向指标最小值；
F—河岸对水流的作用力；
F'—水流对河岸的作用力；
F_D（F'_D）、F_L—作用于泥沙颗粒上的拖曳力和上举力；
F_R—崩体的阻（抗）滑力，或河岸泥沙的阻滑力；
F_{s1}、F_{s2}—破坏面上的张、压稳定系数；
g—重力加速度；
G—河段岸滩安全性综合评价指标函数值；
G_s—土粒比重；
h—河道水深，或弱透水层承压水头，或无量纲水深；
$\bar{h}$—断面平均水深；
h_c—弯道中心半径（R_c）处的水深；
h_d—弱透水层承压水头，或堤脚处的剩余水头；
h_{ui}、h_{di}—崩体渗流线上、下部分的高度；
h_w—水位差；
H—河深，或河岸高度；
H'—岸滩表层裂隙的深度；
H_1、H_2—岸坡第 1 折点和第 2 折点处的岸滩高度；
H_{cr}—河岸临界崩塌高度；
H_i—土柱高度；
H_s—破坏面剩余黏性土厚度；
H_{sy}—岸滩崩塌后河岸的剩余高度；
ΔH—淘刷窝崩崩体圆缺的高；
ΔH_{ve}—岸滩崩塌时河床冲刷深度；
I_L—黏土的液性指数；
I_p—黏土的塑性指数；

J—河床比降或水面比降；
J_f—水流动力轴线处的水面比降；
J_s—渗流水力梯度；
J_{cr}—临界渗流水力梯度；
k—土壤的渗透系数，或公式系数；
K—崩体的稳定系数，或公式系数；
K_0—冲刷前岸滩稳定系数，或静止土压力系数；
K_i—崩体土柱的稳定系数；
l—破坏面的长度；
$\bar{l}$、l_i—滑动面圆弧长；
l_z—桩柱间的距离；
L—直线岸坡的坡长，或崩滩后的剩余内滩宽度；
L_a—丁坝下游回流长度；
L_b—丁坝长度；
L_{cr}—堤后发生流土现象的临界内滩宽度；
L_p—丁坝护岸范围；
m—边坡系数，或系数；
M—崩体破坏面上应力矩，或岸滩边坡形态坡度参数；
M_0—直线岸坡的坡度；
M_d、M_P—崩体所受动水力、外力 P_0的力矩；
M_r、M_f—岸滩崩体的抗滑力矩和滑动力矩；
M_s、M_c—岸滩稳定坡度和岸滩崩塌坡度；
M_w—崩体的有效重力矩；
n—糙率系数，或土体的孔隙率，或因子个数，或指数；
N—崩体破坏面上支撑力（法向力），或岸滩稳定数；
N_i—崩体土柱所受的支撑力（法向力）；
P_1、P_2—作用于脱离体两端断面上的动水压力；
P_d—崩体渗透动水力；
P_{di}—崩体土柱的渗透动水力；
P_{τ_i}、M_{ri}—崩体土柱上的抗滑力及对圆心的抗滑力矩；
P_w、P_{wc}—水流的功率和床沙的临界起动功率；
P_τ、M_r—整个滑动面上的抗滑力和对圆心的抗滑力矩；
q—单宽流量；
Q—河道流量；
$\tilde{r}$、r—水流弯曲半径和相对半径；
r—崩塌弧形圆半径；
R—滑动面圆弧的半径，或弯道曲率半径，或水力半径；
R_b—河床冲刷率；

R_c—弯道中心线半径；

Re—水流雷诺数（$Re=\frac{\bar{V}\bar{d}}{\upsilon_t}$）；

R_f—水流动力轴线的曲率半径；

R_F、R_{Fi}—崩体和崩体土柱所受的阻滑力；

R_{fc}—岸滩平均崩塌速率；

R_l—弯道横向移动速率；

R_{le}—岸滩的侧向冲刷率；

R_{ve}—河床纵向冲刷速率；

R_{bf}—岸滩平均崩退速率（剪崩、挫崩）；

R_{xf}—岸滩平均崩退速率（倒崩）；

S—水流含沙量，或水流挟沙能力；

S_p—横向床面坡度；

S_γ—土的饱和度；

S_t—河岸强度系数；

S_u、S_d—岸坡上部凸出（+）或凹进（-）部分面积；

ΔS—由于根的作用而增加的抗剪强度；

T—持续时间（s）；

T_{bf}—岸滩崩退时间（挫崩、剪崩）T_{fc}—崩塌冲刷时间；

T_{fe}—岸脚的淘刷时间；

T_{le}—岸滩侧向淘刷时间；

T_{ve}—河道垂向冲刷时间；

T_{xf}—岸滩崩退时间（倒崩）；

u—孔隙水压力；

u_0—作用在沙粒上的流速；

U—岸滩边坡形态指标评语的隶属度集；

U_t—崩体受向上的浮力；

V—水流流速，或渗流速度；

$\bar{V}$—垂向平均流速；

V_*—摩阻流速；

V_A—框架群架空总体积；

V_Δ—单个框架体积；

V_c—泥沙（含模型沙）的起动流速；

$\tilde{V}_r$、V_r—弯道水流横向速度和无量纲流速；

$\tilde{V}_z$、V_z—弯道水流垂向流速和无量纲流速；

$\tilde{V}_\theta$、V_θ—弯道水流纵向流速和无量纲流速；

W—崩体的重量；

W'—崩体的有效重量，或颗粒的水下重力；
W'_{0i}—崩体土柱所受的有效重力；
W_1、W_2—枯水期和洪水期各影响指标的权重矩阵；
W_d—渗透面以下崩体的有效重量；
W_{di}—崩体重力；
W_i—崩体土柱所受的重力；
W_n—黏性土层的重量；
W_s—沙质饱和层的重量；
W_u—渗透面以上的崩体重量；
W_{ui}—崩体的重力；
x_i、y_i—x、y 轴的坐标值；
x_i—底层各影响因子的标准量化值；
$\tilde{z}$、z—距河底高度和相对高度，或特征向量；
Z_1—枯水期各影响指标的权重矩阵，或断面 1 的水位；
Z_2—洪水期各影响指标的权重矩阵，或断面 2 的水位；
ΔZ—水位落差；
z_i—底层各影响因子对岸滩安全性作用的权重值；
z_m—V_θ 最大时的相对水深；
α—崩体破坏面与 x 轴的夹角，或岸坡坡度有效系数，或水流夹角；
α'—沙质夹层的倾角；
α_i—崩体土柱破坏面与 x 轴的夹角；
α'_1、α'_2、α'—动量修正系数；
β—水流主流与河岸的夹角；
β、β_i—渗透合力、渗透力与 x 轴的夹角；
γ、γ'—岸滩土体的容重、浮容重；
γ_n、γ_{sh}—黏性土和沙质土的容重；
γ_{nsat}、γ_{ssat}—黏性土和沙质土的饱和容重；
γ_d、γ_{sat}—河岸土体（泥沙）的干容重和饱和容重；
γ_s—泥沙的容重；
γ_w—水的容重；
δ—底流与纵向的偏角；
Δ_u、Δ_d—岸坡上部凸出（+）或凹进（-）的厚度；
ε—透水框架的架空率；
η—减速率；
η_A—丁坝对断面的压缩比；
η_b—丁坝对河宽的缩窄比；
θ—河岸土体的内摩擦角，或泥沙休止角，或柱坐标系的坐标；
θ_z—破坏面上土壤综合内摩擦角；

θ'—土壤浸泡后的内摩擦角，或岸坡土壤的自然休止角；
Θ—岸滩折线坡面的倾角，或破坏面的倾角，或河床横向坡角；
Θ_L—岸滩极限坡角；
κ—Von Karman 常数；
λ—桩坝透水率；
λ_{max}—判断矩阵；
μ_t—动力黏质系数；
ξ—透水丁坝的透水比；
ρ_s—泥沙的密度；
ρ_w—水的密度；
σ—崩滑面（剪切面）上的法向应力，或总应力；
σ'—有效应力；
σ_1、σ_l—张应力和极限压应力；
σ_2—压应力；
σ_x—侧压力；
σ_z—自重应力；
τ—土壤切应力，或水流剪切力；
τ_0—河床切应力；
τ_b—河床水流剪切力；
τ_{bc}—平底时的起动剪切力；
τ_c—河岸土体的起动切应力；
τ_c^*—称为 Shields 数；
τ_c'—为斜坡上的起动剪切力；
τ_f—土的抗剪强度；
τ_R—单位土体面积上根的抗拉强度；
$\tilde{\tau}_{rz}$、τ_{rz}—垂向切应力和无量纲值；
$\tilde{\tau}_{r\theta}$、$\tau_{r\theta}$—弯道纵向切应力和无量纲值；
$\tilde{\tau}_{z\theta}$、$\tau_{z\theta}$—横向切应力和无量纲值；
ϕ—水流与斜坡水平轴的夹角，或者淘刷窝崩弓形的中心角，或新月形张开角；
φ—综合切应力与纵向切应力的夹角，或剪切旋转角；
χ—栅柱形状参数，或土颗粒的形状系数；
ω—土壤含水率，或泥沙沉速；
$\tilde{\Omega}_\theta$、Ω_θ—纵向涡量分量和无量纲值；
Ω_0—中线平均涡量；
$\tilde{\Omega}_r$、Ω_r—径向涡量分量和无量纲值；
$\tilde{\Omega}_z$、Ω_z—垂向涡量分量和无量纲值。